ベストフィット化学

JN091058

目次

■ 目次 ・・・・・・・・・・・・・・・・・・・・ 1

第1章 物質の状態と平衡

❶ 状態変化
❶ 状態変化 ・・・・・・・・・・・・・・・ 2

❷ 固体の構造
❶ 固体の構造 ・・・・・・・・・・・・・ 12

❸ 気体の性質
❶ 気体の性質 ・・・・・・・・・・・・・ 18

❹ 溶液
❶ 溶液 ・・・・・・・・・・・・・・・・・・・ 26

第2章 物質の変化と平衡

❶ 化学反応とエネルギー
❶ 化学反応とエネルギー ・・・・・・・ 40

❷ 電池と電気分解
❶ 電池と電気分解 ・・・・・・・・・・・ 48

❸ 反応の速さとしくみ
❶ 反応の速さとしくみ ・・・・・・・・・ 58

❹ 化学平衡
❶ 化学平衡 ・・・・・・・・・・・・・・・ 66

第3章 無機物質

❶ 周期表
❶ 無機で役立つ理論の知識 ・・・・ 76
❷ 周期表の元素と分類 ・・・・・・・ 80

❷ 非金属元素
❶ 非金属元素① ・・・・・・・・・・・ 82
❷ 非金属元素② ・・・・・・・・・・・ 90

❸ 金属元素
❶ 典型元素とその化合物 ・・・・・・ 98
❷ 遷移元素とその化合物 ・・・・・ 106
❸ 金属イオンの分離と確認 ・・・ 116

第4章 有機化合物

❶ 有機化合物の特徴と分類
❶ 有機化合物の特徴と構造 ・・・ 124

❷ 脂肪族炭化水素
❶ 脂肪族炭化水素 ・・・・・・・・・・ 134

❸ 酸素を含む脂肪族化合物
❶ アルコール・エーテル・カルボニル化合物 ・・ 144
❷ カルボン酸・エステルと油脂 ・・ 158

❹ 芳香族化合物
❶ 芳香族化合物 ・・・・・・・・・・・・ 170

第5章 高分子化合物

❶ 高分子化合物
❶ 高分子化合物の分類と特徴 ・・ 192

❷ 天然高分子化合物
❶ 糖類 ・・・・・・・・・・・・・・・・・・ 194
❷ タンパク質 ・・・・・・・・・・・・・ 210
❸ 核酸 ・・・・・・・・・・・・・・・・・・ 224

❸ 合成高分子化合物
❶ 合成高分子化合物 ・・・・・・・・ 230

❹ 高分子化合物と人間生活
❶ 高分子化合物と人間生活 ・・・・・ 244

■ 付録 ・・・・・・・・・・・・・・・・・・ 250
■ ドリル ・・・・・・・・・・・・・・・・・ 260

▶ 1　状態変化

■化学基礎の復習■ 以下の空欄に適当な語句を入れよ。

■ 物質をつくる結合の種類

基本用語	結合の種類		例
イオン結晶	①(　　　　)結合	陽イオンと陰イオンが②(　　　　　　)力により結合。	NaCl, CaCO₃
金属結晶	③(　　　　)結合	金属原子どうしが④(　　　　　　)によって結合。	Cu, Fe, Mg
分子結晶	⑤(　　　)力	分子と分子の間にはたらく弱い引力。	I₂, H₂O, CO₂
共有結合の結晶	⑥(　　　)結合	隣り合う原子がいくつかの⑦(　　　　)を共有することでできる結合。	ダイヤモンド 黒鉛

解答
① イオン
② 静電気
　（クーロン）
③ 金属
④ 自由電子
⑤ 分子間
⑥ 共有
⑦ 価電子

■ 物質の三態

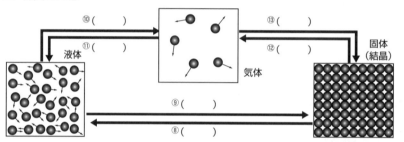

液体　⑩(　　　)　⑪(　　　)　⑬(　　　)　⑫(　　　)　気体　固体（結晶）

⑨(　　　)

⑧(　　　)

⑧ 融解
⑨ 凝固
⑩ 蒸発
⑪ 凝縮
⑫ 昇華
⑬ 凝華

■ 拡散

拡散	粒子は絶えず活発な運動をくり返す。このような粒子の運動を⑭(　　　　)という。粒子が(　⑭　)により自然に散らばって広がる現象を拡散という。	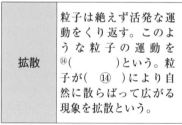 空気 しきり板 NO₂ 

⑭ 熱運動

■ 気体の熱運動とエネルギー（エネルギー分布）

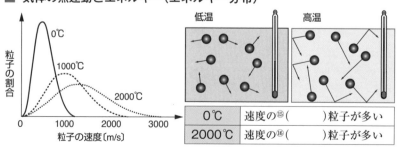

0℃	速度の⑮(　　　)粒子が多い
2000℃	速度の⑯(　　　)粒子が多い

⑮ 小さい
⑯ 大きい

典型元素

	11	12		13	14	15	16	17	18	最外殻

| | | | | | | | | | ₂He
ヘリウム
4.003 | K |

体 | 気体

□非金属 □金属

| | | | | ₅B
ホウ素
10.81 | ₆C
炭素
12.01 | ₇N
窒素
14.01 | ₈O
酸素
16.00 | ₉F
フッ素
19.00 | ₁₀Ne
ネオン
20.18 | L |

| | | | | ₁₃Al
アルミニウム
26.98 | ₁₄Si
ケイ素
28.09 | ₁₅P
リン
30.97 | ₁₆S
硫黄
32.07 | ₁₇Cl
塩素
35.45 | ₁₈Ar
アルゴン
39.95 | M |

Ni
69 | ₂₉Cu
銅
63.55 | ₃₀Zn
亜鉛
65.38 | | ₃₁Ga
ガリウム
69.72 | ₃₂Ge
ゲルマニウム
72.63 | ₃₃As
ヒ素
74.92 | ₃₄Se
セレン
78.97 | ₃₅Br
臭素
79.90 | ₃₆Kr
クリプトン
83.80 | N

d
ム
.4 | ₄₇Ag
銀
107.9 | ₄₈Cd
カドミウム
112.4 | | ₄₉In
インジウム
114.8 | ₅₀Sn
スズ
118.7 | ₅₁Sb
アンチモン
121.8 | ₅₂Te
テルル
127.6 | ₅₃I
ヨウ素
126.9 | ₅₄Xe
キセノン
131.3 | O

Pt
金
5.1 | ₇₉Au
金
197.0 | ₈₀Hg
水銀
200.6 | | ₈₁Tl
タリウム
204.4 | ₈₂Pb
鉛
207.2 | ₈₃Bi
ビスマス
209.0 | ₈₄Po
ポロニウム
(210) | ₈₅At
アスタチン
(210) | ₈₆Rn
ラドン
(222) | P

Os
チウム
31) | ₁₁₁Rg
レントゲニウム
(280) | ₁₁₂Cn
コペルニシウム
(285) | | ₁₁₃Nh
ニホニウム
(278) | ₁₁₄Fl
フレロビウム
(289) | ₁₁₅Mc
モスコビウム
(289) | ₁₁₆Lv
リバモリウム
(293) | ₁₁₇Ts
テネシン
(293) | ₁₁₈Og
オガネソン
(294) | Q

| | | | 3 | 4 | 5 | 6 | 7 | 0 |

ハロゲン | 貴ガス
(希ガス)

遷移元素

Eu
ビウム
2.0 | ₆₄Gd
ガドリニウム
157.3 | ₆₅Tb
テルビウム
158.9 | ₆₆Dy
ジスプロシウム
162.5 | ₆₇Ho
ホルミウム
164.9 | ₆₈Er
エルビウム
167.3 | ₆₉Tm
ツリウム
168.9 | ₇₀Yb
イッテルビウム
173.0 | ₇₁Lu
ルテチウム
175.0

Am
シウム
43) | ₉₆Cm
キュリウム
(247) | ₉₇Bk
バークリウム
(247) | ₉₈Cf
カリホルニウム
(252) | ₉₉Es
アインスタイニウム
(252) | ₁₀₀Fm
フェルミウム
(257) | ₁₀₁Md
メンデレビウム
(258) | ₁₀₂No
ノーベリウム
(259) | ₁₀₃Lr
ローレンシウム
(262)

■■■ 本書の特徴と構成

▶本書の特徴

　本書は，高等学校「化学」の学習内容の定着をはかるために，つくられた問題集です。
本書には以下の特徴があります。
（1）現役の高校教諭の「こんな問題集が欲しい」という希望を形にした。
（2）「化学」の内容を学ぶ前に，「化学基礎」の内容をチェックできるようにした。
（3）「見てわかる」「読んで楽しい」を基本理念とした。
（4）基礎から応用まで無理なく身につく構成にした。

▶本書の構成

◎化学基礎の復習	化学基礎の復習　授業前に確認することでスムーズに化学の内容に入れます。
◎確認事項	化学の要点　高校の化学の要点が簡潔にまとまっています。試験前などに学習事項を復習する場合は，ここを見て下さい。
◎例題	確認事項にある知識を使った問題　典型的な解法をわかりやすく記載しています。
◎類題	例題と同じような方法で解ける問題　無理なく基礎が身につきます。
◎練習問題	類題より少し高度な問題　練習問題を解くことによって応用力が身につきます。
◎付録	学習した知識が項目別に整理されています。読み返すことで確実な定着を図ることができます。

▶マークについて

ベストフィット	問題を解くうえで重要となる公式や概念	難	大学入学共通テストのレベルより高い問題
基礎	「化学基礎」で学習した内容	↓check!	裏表紙の原子量概数値を用いて計算する問題
生活	身のまわりの化学の現象や利用例の問題	？	思考力・判断力・表現力等が必要な問題

● 状態変化と熱量

基本用語	説明
①(　　　)	固体 1 mol が融解するのに②(　　　)な熱エネルギー。
③(　　　)	液体 1 mol が凝固するときに④(　　　)される熱エネルギー。
⑤(　　　)	液体 1 mol が蒸発するのに⑥(　　　)な熱エネルギー。
⑦(　　　)	気体 1 mol が凝縮するときに⑧(　　　)される熱エネルギー。

※融解熱と凝固熱，蒸発熱と凝縮熱の値は
同じ値となる。融解や沸騰が始まると，
熱エネルギーはすべてその状態変化に使
われるため温度は上昇しない。

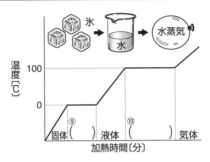

解答
①融解熱
②必要
③凝固熱
④放出
⑤蒸発熱
⑥必要
⑦凝縮熱
⑧放出
⑨固体と液体
⑩液体と気体

1 章 物質の状態と平衡

● 分子間力

分子間力	⑪(　　　)結合	⑬(　　　)，⑭(　　　)，HF	
	⑫(　　　)力	無極性分子	H₂, N₂, O₂, CO₂, CH₄
		極性分子	HCl, H₂S

⑪水素
⑫ファンデルワー
ルス
⑬ / ⑭
H₂O/NH₃
（順不同）

● 分子間力と沸点

分子量と沸点	分子の構造が似ている物質では，分子量が大きいと分子間力が⑮(　　　)，沸点が高い。
極性分子の沸点	分子量がほぼ等しい物質では，極性のある分子の方が分子間力は⑯(　　　)，沸点は高い。水素結合する物質は分子間力がさらに強く，沸点はかなり⑰(　　　)。

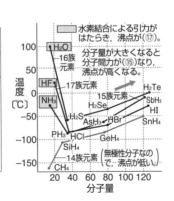

⑮強く
⑯強く
⑰高い

● 気体の圧力

気体の圧力	容器に入れた気体は，熱運動によって容器の壁に衝突し，一定の力を及ぼす。このとき容器の壁が受ける単位面積あたりの力を気体の圧力という。

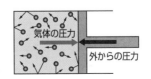

● 圧力の単位

圧力の単位	圧力の単位として国際単位の⑱(　　　)が用いられる。 1 (⑱) = 1 N/m²
大気圧	地表面(海面上)における大気による圧力。 1 気圧 = 1 ⑲(　　　) = 1.013×10⁵ Pa = ⑳(　　　)hPa = ㉑(　　　)mmHg

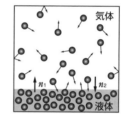

大気圧
(1.013×10⁵Pa)

真空
760mm
水銀面　水銀

● 気液平衡

㉒(　　　)	一定温度に保った密閉容器中では,㉓(　　　)する粒子と㉔(　　　)する粒子の数がやがて等しく($n_1 = n_2$)なり,見かけ上(㉓),(㉔)の変化が止まって見える状態。

気体
n_1　n_2
液体

● 蒸気圧

㉕(　　　)	気液平衡の状態で,蒸気が示す圧力を(㉕)または飽和蒸気圧という。気液平衡において温度が一定であれば,液体や気体の体積に関係なく(㉕)は一定である。

● 蒸気圧曲線

㉖(　　　)	同じ物質でも,温度が高くなれば蒸気圧は㉗(　　　)なる。温度と蒸気圧の関係を示す曲線を(㉖)という。物質により異なり,温度が高くなれば,蒸気圧は急激に高くなる。

ジエチルエーテル　エタノール　水
蒸気圧[×10²Pa]
1013 800 600 400 200
真空
蒸気圧 h
水銀
蒸気圧の測定
0 20 40 60 80 100
34 78
温度[℃]

● 蒸発と沸騰

蒸発	液体表面から液体分子が蒸気となり放出される現象。沸点以下でも絶えず起こる現象である。
沸騰	蒸気圧と㉘(　　　)が等しくなったとき,液体内部からも蒸気が発生する現象であり,そのときの温度を㉙(　　　)という。 高山地帯のように大気圧が低い場所では(㉙)は㉚(　　　)なる。 また,分子間力が大きい物質ほど(㉙)は㉛(　　　)なる。

例題 1 状態変化と熱量 [基礎]

example problem

右図は氷を大気圧のもとで加熱したときの，加えた熱量と温度との関係である。次の問いに答えよ。

(1) AB 間，DE 間の物質の状態を答えよ。

(2) 温度 T_1，T_2 の名称とそのセルシウス温度を答えよ。❶

(3) B → C，D → E の現象を何というか。

(4) DE 間で温度が上昇していないのはなぜか。

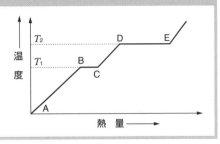

【解答】

(1) AB　固体　　DE　液体と気体が共存

(2) T_1　融点　0℃　　T_2　沸点　100℃

(3) B → C　融解　　D → E　蒸発

(4) 状態変化するために熱が使われているため。

❶状態変化の間は温度が変化しない。

▶ ベストフィット　純物質は，状態変化が起こっている間は温度が変化しない。

【解説】▶

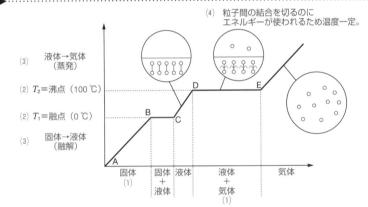

(4) 粒子間の結合を切るのにエネルギーが使われるため温度一定。

(3) 液体→気体（蒸発）

(2) T_2＝沸点（100℃）

(2) T_1＝融点（0℃）

(3) 固体→液体（融解）

固体 (1) ／ 固体＋液体 ／ 液体 ／ 液体＋気体 (1) ／ 気体

---

check!

例題 2 分子間力と沸点

example problem

次の(1)〜(4)の 2 つの物質のうち，沸点の高い物質をそれぞれ化学式で答えよ。

(1) N_2，O_2　　(2) CO_2，CH_4　　(3) HCl，HBr　　(4) H_2O，H_2S

【解答】(1) O_2　　(2) CO_2　　(3) HBr　　(4) H_2O

▶ ベストフィット　沸点は，①水素結合の有無，②極性の有無，③分子量の大小で判断する。

【解説】▶

①水素結合，②極性，③分子量の順に区別できるまで調べる。

	(1) N_2	O_2	(2) CO_2	CH_4	(3) HCl	HBr	(4) H_2O	H_2S
①水素結合	×	×	×	×	×	×	↓ ○	×
②極性	×	×	×	×	○	○	○	○
③分子量	↓ 28	< 32	↓ 44	> 16	↓ 36.5	< 81	18	< 34

分子量よりも水素結合の方が影響が大きい。

例題 3 圧力の単位

example problem

次の A ～ E に適当な数値を入れよ。

(1) 1.01×10^5 Pa = (A) 気圧 = (B) atm = (C) mmHg

(2) 0.60 atm = (D) Pa

(3) 4.04×10^4 Pa = (E) mmHg

解答 (1) (A) 1 (B) 1 (C) 760 (2) (D) 6.06×10^4 (3) (E) 304

ベストフィット 1 気圧 = 1 atm = 1.01×10^5 Pa = 760 mmHg

解説▶

(1) 1 気圧 = 1 atm = 1.01×10^5 Pa = 760 mmHg を用いれば求められる。

(2) $0.60\ \text{atm} \times \dfrac{1.01 \times 10^5\ \text{Pa}}{1.0\ \text{atm}} = 6.06 \times 10^4\ \text{Pa}$ ❶

(3) $4.04 \times 10^4\ \text{Pa} \times \dfrac{760\ \text{mmHg}}{1.01 \times 10^5\ \text{Pa}} = 304\ \text{mmHg}$

❶単位の換算
(→ p.251)

例題 4 気液平衡

example problem

次の問いに答えよ。

(1) 一定温度に保った密閉容器中に液体を入れると，やがて蒸発する粒子と凝縮する粒子の数が等しくなり，見かけ上,❶ 蒸発と凝縮の変化が止まって見える現象を何というか。

(2) (1)の状態❷で蒸気が示す圧力を何というか。

解答 (1) 気液平衡 (2) (飽和)蒸気圧

ベストフィット 平衡とはつりあうことをいう。

❶実際は，粒子は絶えず熱運動している。
❷蒸気は飽和している。

解説▶

(1)(2)

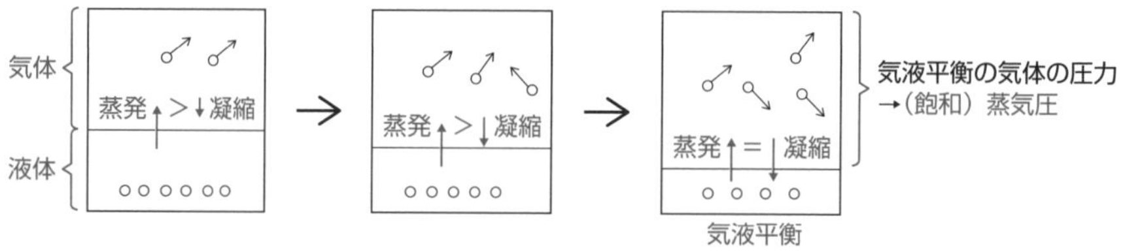

例題 5 蒸気圧曲線と沸騰

example problem

右図は 3 種類の物質 A，B，C の蒸気圧曲線である。次の問いに答えよ。

(1) 大気圧 (1.0×10^5 Pa) 下での物質 B の沸点はおよそ何℃であるか。

(2) 物質 C を 90℃ で沸騰させるためには外圧をおよそ何 hPa❶ にすればよいか。

(3) 3 種類の物質の中で粒子間にはたらく結合力❷が最も弱い物質はどれか。

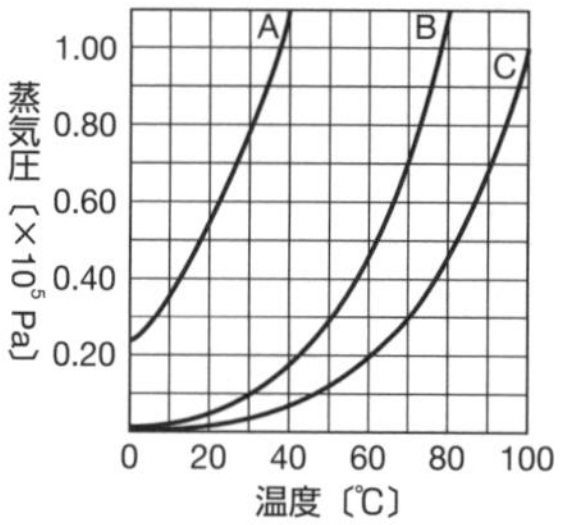

解答 (1) 78℃ (2) 690 hPa (3) A

▶ ベストフィット 蒸気圧と外圧が等しくなれば沸騰する。

> ❶ 1 hPa = 100 Pa
> ❷ 粒子間にはたらく結合力が強い と沸点は高くなる。

解説 ▶ ┈┈┈┈┈┈┈┈┈┈┈┈┈┈┈┈┈┈┈┈┈┈┈┈┈┈┈┈┈┈┈┈

(1) 物質 B の蒸気圧が大気圧（1.0×10^5 Pa）と等しく なるときの温度を読めばよい。

(2) 物質 C が $90\,℃$ のときの蒸気圧を読めばよい。

$$0.69 \times 10^5\,Pa \times \frac{1\,hPa}{10^2\,Pa} = 690\,hPa$$

(3)　沸点　　　A　＜　B　＜　C
　（大気圧下）　37℃　　78℃　　100℃
　　結合力　　　A　＜　B　＜　C

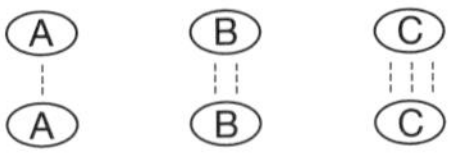

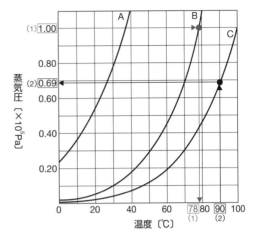

結合力が弱いほど，沸点が低い。

┈┈┈┈┈┈┈┈┈┈┈┈┈┈┈┈ 🏹 **類題** ┈┈┈┈┈┈┈┈┈┈┈┈┈┈┈

1 [状態変化と熱量]　下図は氷を大気圧のもとで，一定の熱量で加熱したときの加熱時間と温度の関係を示したものである。次の問いに答えよ。

基礎

(1) 図中の B，D，E では，水はどのような状態で存在しているか。 次の(ア)～(オ)から選べ。

　(ア) 氷　　　(イ) 液体の水
　(ウ) 水蒸気
　(エ) 氷と液体の水が共存
　(オ) 水蒸気と液体の水が共存

(2) 温度 T_1，T_2 はそれぞれ何と よばれるか。また，その温度を セルシウス温度および絶対温度 で答えよ。

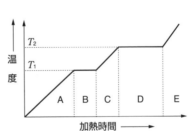

(3) T_1，T_2 で状態変化に使われた熱量は，それぞれ何とよばれるか。

2 [分子間力と沸点]　次の(1)～(4)の２つの物質のうち，沸点の高い物質をそれぞれ化学式で答えよ。

✔check!

(1) F_2，Cl_2　　(2) C_2H_6，C_3H_8　　(3) NH_3，CH_4　　(4) HF，HCl

3 [圧力の単位]　次の問いに答えよ。

(1) 大気圧（1.01×10^5 Pa）は何 hPa か。
(2) 0.90 atm は何 Pa か。
(3) 8.08×10^4 Pa は何 mmHg か。

---

1 ◀例1
状態変化
状態変化をしている間は温度が一定である。

2 ◀例2
沸点
①水素結合の有無
②極性の有無
③分子量の大小
で判断する。

3 ◀例3
気体の圧力
気体の圧力の単位には mmHg, atm, Pa がある。

4 [気液平衡] ピストン付きの容器に少量の水を入れて放置したところ，水の一部が蒸発して飽和状態に達した。次の問いに答えよ。

(1) 蒸発する液体粒子と凝縮する気体粒子の数が等しくなっているこの状態を何というか。

(2) このとき蒸気が示す圧力を何というか。

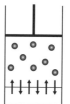

4 ◀例4
気液平衡
密閉容器中では，やがて蒸気は飽和に達する。

5 [蒸気圧曲線と沸騰] 右図は3種類の液体物質A, B, Cの蒸気圧曲線である。次の問いに答えよ。

(1) 1013 hPaのとき，沸点が最も高いものはどれか。

(2) Cを60℃で沸騰させようとすると，外圧を何Paにすればよいか。

(3) 室温(25℃)で密閉容器にAを封入したところ液体Aが存在した。容器内の蒸気圧は何Paか。

(4) 図中の点XにおけるBの状態として正しい記述を次の(ア)〜(ウ)から選べ。

(ア) すべて液体である。

(イ) すべて気体である。

(ウ) 液体と気体が共存している。

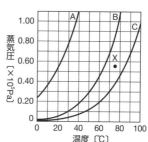

5 ◀例5
沸点
沸点では
飽和蒸気圧
＝外圧(大気圧)

・・・・・・・・・・・・・・・・ 練習問題 ・・・・・・・・・・・・・・・・

6 [状態変化とエネルギー] 右図はある物質の状態変化と，そのときの熱の出入りについて示したものである。次の問いに答えよ。

(1) (ア)〜(カ)の変化はそれぞれ何とよばれるか。

(2) ①〜④の熱はそれぞれ何とよばれるか。

(3) 構成粒子の熱運動が最も激しい状態を答えよ。

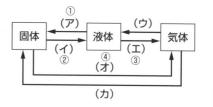

6 粒子の熱運動は温度が高いほど激しくなる。

7 [沸点と融点] 次の(1)〜(3)の2つの物質のうち，沸点((1)は融点)が高い方を選べ。また，その理由として最も適するものを(ア)〜(ウ)から選べ。

(1) I_2, NaCl　　(2) Cl_2, Br_2　　(3) H_2O, H_2S

[理由]

(ア) 水素結合の影響が大きいため。

(イ) イオン結合がはたらくため。

(ウ) 分子量が大きく，ファンデルワールス力が大きいため。

7 イオン結合は分子間力よりも強い結合力がはたらく。

8 [水素化合物の沸点] 右図は 14 族，16 族，17 族の水素化合物の沸点を示している。次の問いに答えよ。

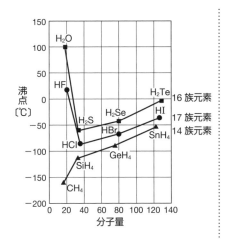

(1) 第 3 ～ 5 周期の同じ族の水素化合物で，分子量が大きくなると沸点が高くなる理由を説明せよ。

(2) 同一周期の中で 14 族元素の水素化合物の沸点が低い理由を説明せよ。

(3) HF の沸点が HCl に比べて高い理由を説明せよ。

8 極性分子と無極性分子にはたらく分子間力では結合力が異なる。

9 [状態変化とエネルギー計算] 1 g の固体の氷の温度を 1 ℃ 上昇させるのに必要なエネルギーは 2.1 J であり，液体の水の場合は 4.2 J である。物質 1 g の温度を 1 ℃ 上昇させるのに必要な熱量を，その物質の比熱という。また，物質に与えられた熱量 Q〔J〕は物質の質量 m〔g〕，比熱 c〔J/(g・℃)〕，温度変化 T〔℃〕と $Q = mcT$ の関係がある。

(1) −30 ℃ の氷 54 g を，大気圧のもとで 0 ℃ まで温度上昇させるのに必要な熱量は何 kJ か。有効数字 2 桁で答えよ。

(2) 氷の融解熱が 6.0 kJ/mol とすると，54 g の氷を融解させるために必要な熱量は何 kJ か。有効数字 2 桁で答えよ。

(3) 水の蒸発熱は 42 kJ/mol であり，融解熱に比べて大きな値をとる。その理由を説明せよ。

(4) 下図は −30 ℃ の氷 54 g に大気圧のもとで，毎分 500 J の割合で熱を与えたときの加熱時間と温度の関係を示したものである。図の(A)～(D)に適当な数字を整数で入れよ。

9 加熱時間と与えた熱量は比例する。

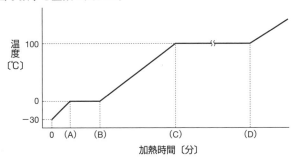

10 [気体の熱運動] 次の(1)～(5)の文章について，下線部が正しいものは○を，誤っているものはその誤りを正せ。

(1) 拡散の速度は<u>高温</u>ほど速くなる。

(2) 同温ならば，アンモニアと酸素のように異なる粒子であっても拡散する速度は<u>同じである</u>。

10 拡散の速度は温度や物質の種類により異なる。

(3) 大気圧において，コップの中に水を入れて放置すると液面が下がるのは，水が蒸発して空気中に拡散するためである。

(4) 窒素を満たした集気びんを下に，水素を満たした集気びんを上にして重ねると，窒素のほうが密度が大きいため，両気体は混ざり合わない。

(5) 5℃の水は，水分子 H_2O の速度が十分に小さいため，自身の熱運動よりも分子間力のほうが強く影響するため液体となる。よって，蒸発する水分子は存在しない。

11 ［気体分子のエネルギー分布］
容積を変えることができる容器に気体を入れて，気体分子のエネルギーを測定したところ，右図に示す曲線 A が得られた。次に，ある条件を変えて再び測定したところ，曲線 B となった。この変化に対応する操作として最も適当なものを次の(1)〜(4)から1つ選べ。

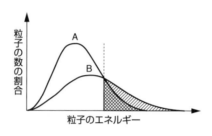

(1) 気体の種類を変えず，温度一定のもとで，圧力を増加させた。

(2) 気体の種類を変えず，圧力一定のもとで，温度を上昇させた。

(3) 気体の種類を変えず，温度，圧力一定のもとで，分子の数を増やすことによって体積を増加させた。

(4) 温度，圧力，体積一定のもとで，気体の種類を分子量のより大きなものに変えた。

11 温度が高くなれば，大きな運動エネルギーをもつ分子の割合が増加する。

12 ［蒸気圧］　25℃，$1.0×10^5$ Pa のもとで，1 m のガラス管に水銀を満たし，水銀槽に倒立させると水銀柱が 760 mm の高さで止まった。その後，ガラス管の下から液体を注入したところ，液体は水銀柱を上昇し，水銀柱はゆっくり押し下げられ，右図のようにやがて 570 mm の高さで止まった。この液体の蒸気圧は何 Pa か。

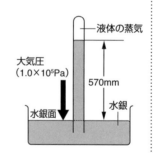

12
外圧＝水銀柱による圧力＋液体の蒸気圧

13 ［蒸気圧と温度・体積］　ピストン付きの容器に少量の水を入れて放置したところ，水の一部が蒸発して飽和状態に達した。次の問いに答えよ。

(1) 体積を一定に保ったまま，温度を上げると，蒸気圧はどうなるか。次の(ア)〜(ウ)から選べ。

(2) 体積を一定に保ったまま，温度を下げると，水蒸気の粒子の数はどうなるか。次の(ア)〜(ウ)から選べ。

(3) 温度を一定に保ったまま，体積を小さくすると，蒸気圧はどうなるか。次の(ア)〜(ウ)から選べ。

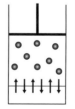

13 蒸気圧は温度により決まり，高温になるほど大きくなる。

(4) 温度を一定に保ったまま，体積を大きくすると，水蒸気の粒子の数はどうなるか。下の(ア)～(ウ)から選べ。

　(ア) 増加する。　　(イ) 変化しない。　　(ウ) 減少する。

14 ［蒸気圧曲線］ 右図は3種類の物質 A，B，C の蒸気圧曲線を表している。A，B，C は水，ジエチルエーテル，エタノールのいずれかである。大気圧は 1.0×10^5 Pa $= 760$ mmHg であるとして，次の問いに答えよ。

(1) 水は A，B，C のうちどれか。判断した理由とともに答えよ。

(2) エタノールを 50℃ で沸騰させるには外圧を何 mmHg にすればよいか。

(3) 3種類の物質の中で揮発性が最も高い物質はどれか。A ～ C の記号で答えよ。

(4) 3種類の物質の中で最も蒸発熱が大きい物質はどれか。A ～ C の記号で答えよ。

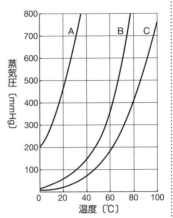

14 揮発性が高い物質とは，蒸発しやすい性質のことをいう。

15 ［気液平衡と蒸気圧曲線］ 右図は3種類の物質 A，B，C の蒸気圧曲線を表している。次の問いに答えよ。

(1) 大気圧が 1.0×10^5 Pa のとき，A，B，C を沸点が高い順に並べよ。

(2) A，B，C それぞれの純粋な蒸気で満たされた3つの密閉容器がある。はじめ容器内は 90℃，1.0×10^5 Pa であった。それを室温(25℃)まで冷却したとき，A，B，C を容器内の圧力が大きい順に並べよ。

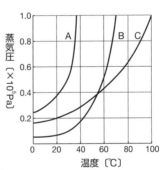

15 容器内に液体が存在すると，気液平衡に達する。

16 ［状態図］ 右図は水の状態図を示している。次の問いに答えよ。

(1) 状態図において，水と水蒸気を隔てる曲線を何というか。

(2) 図中に矢印 A ～ C で示した状態変化と関連が深いものをそれぞれ選べ。

　(ア) 水を加熱すると，沸騰し蒸発する。

　(イ) 氷の上はよく滑る。

　(ウ) コップの表面に水滴がつく。

(3) 図中の矢印 D で示した状態変化を何というか。

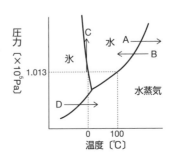

16 状態図は圧力と温度による物質の状態を表す。圧力が変化すれば，融点・沸点も変化する。

▶1 固体の構造

▪化学基礎の復習▪ 以下の空欄に適当な語句を入れよ。

■ 結晶の分類

種類	イオン結晶	金属結晶	分子結晶	共有結合の結晶
構成粒子	①( )と ②( )	③( ) 自由電子を含む。	④( )	(③)
物理的性質	かたいがもろく割れやすい。	金属光沢, ⑤( )性, ⑥( )性。	⑦( )い。	非常に ⑧( )い。
融点	高い。	高いものが多い。	⑨( )い。	非常に⑩( )い。
電気伝導性	固体：なし 液体：⑪( )	固体：あり 液体：⑫( )	なし	なし ※黒鉛はあり
例	塩化ナトリウム 炭酸カルシウム 塩化カルシウム	鉄, 銀, 銅 アルミニウム	ヨウ素 ドライアイス ナフタレン	ダイヤモンド 二酸化ケイ素 黒鉛, ケイ素

解答
①陽イオン
②陰イオン
③原子
④分子
⑤／⑥
展／延
（順不同）
⑦やわらか
⑧かた
⑨低
⑩高
⑪あり
⑫あり

● 確認事項 ● 以下の空欄に適当な語句または数字を入れよ。

● 結晶

基本用語	説明
結晶格子	結晶では構成粒子が規則正しく配列し，この配列構造を結晶格子という。
①( )	結晶格子の最小単位のこと。
②( )	1つの粒子に対して最も近くにある他の粒子の数のこと。
結晶の種類	構成粒子と結合の方法で4種類に分類される。 ③( )，④( )，⑤( )，⑥( )

解答
①単位格子
②配位数
③／④／⑤／⑥
イオン結晶
金属結晶
分子結晶
共有結合の結晶
（順不同）

● アモルファス

基本用語	説明
⑦( )	構成粒子の配列の規則性がない固体のこと。
特徴	一定の融点を示さない。温度を上げると，徐々に軟化する。
例	石英ガラス，ソーダ石灰ガラス，アモルファスシリコンなど。

⑦アモルファス

結晶格子と単位格子

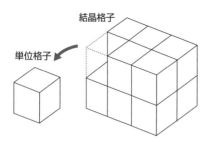

結晶とアモルファスのモデル

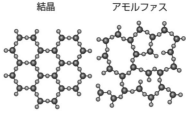

●酸素原子 ●ケイ素原子

● 金属結晶の構造

名称	⑧( )格子	⑨( )格子	⑩( )構造
図	1個 $\frac{1}{8}$個	$\frac{1}{2}$個 $\frac{1}{8}$個	$\frac{1}{12}$個 $\frac{1}{6}$個 あわせて1個
配位数	⑪( )	⑫( )	⑬( )
原子の数	$\frac{1}{8}×$⑭( )$+$⑮( )$=$⑯( )	$\frac{1}{8}×$⑰( )$+\frac{1}{2}×$⑱( )$=$⑲( )	$\frac{1}{12}×$⑳( )$+\frac{1}{6}×$㉑( )$+$㉒( )$=$㉓( )
充塡率	約 68 %	約 74 %	約 74 %
例	Na, K, Fe	Cu, Ag, Au, Al, Ca	Mg, Zn

解答 ⑧体心立方 ⑨面心立方 ⑩六方最密 ⑪8 ⑫12 ⑬12 ⑭8 ⑮1 ⑯2 ⑰8 ⑱6 ⑲4 ⑳4 ㉑4 ㉒1 ㉓2

● 単位格子の一辺の長さ a と原子半径 r の関係

体心立方格子	面心立方格子
A B C a D r $\quad r=$㉔( )a	A D B a C r $\quad r=$㉕( )a

解答
㉔ $\dfrac{\sqrt{3}}{4}$
㉕ $\dfrac{\sqrt{2}}{4}$

● イオン結晶の構造

名称	塩化ナトリウム型		塩化セシウム型		閃亜鉛鉱型	
図	Na^+ Cl^- $\frac{1}{4}$個 1個 $\frac{1}{2}$個 $\frac{1}{8}$個		Cl^- Cs^+ 1個 $\frac{1}{8}$個		S^{2-} Zn^{2+} $\frac{1}{2}$個 1個 $\frac{1}{8}$個	
配位数	㉖( )		㉗( )		㉘( )	
イオンの数	Na^+	$\frac{1}{4}×$㉙( )$+$㉚( )$=$㉛( )	Cs^+	㉟( )	Zn^{2+}	$1×$㊳( )$=($㊳$)$
	Cl^-	$\frac{1}{8}×$㉜( )$+\frac{1}{2}×$㉝( )$=$㉞( )	Cl^-	$\frac{1}{8}×$㊱( )$=$㊲( )	S^{2-}	$\frac{1}{8}×$㊴( )$+\frac{1}{2}×$㊵( )$=$㊶( )

解答 ㉖6 ㉗8 ㉘4 ㉙12 ㉚1 ㉛4 ㉜8 ㉝6 ㉞4 ㉟1 ㊱8 ㊲1 ㊳4 ㊴8 ㊵6 ㊶4

● 分子結晶の構造

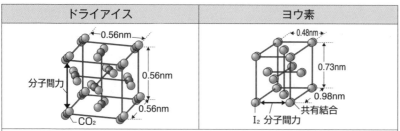

ドライアイス	ヨウ素

分子どうしは^㊷(　　　　　　　)という弱い結合力で結びついているため，^㊸(　　　　)しやすいという性質をもつ。

● 共有結合の結晶の構造

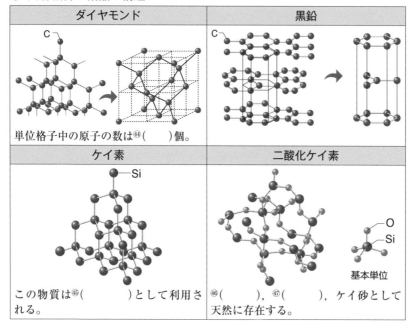

ダイヤモンド	黒鉛

単位格子中の原子の数は^㊹(　　　)個。

ケイ素	二酸化ケイ素

基本単位

この物質は^㊺(　　　　　)として利用される。

^㊻(　　　)，^㊼(　　　)，ケイ砂として天然に存在する。

解答
㊷分子間力
㊸昇華

㊹8
㊺半導体
㊻ / ㊼
石英 / 水晶
(順不同)

例題 **6** 結晶の分類 [基礎]

example problem

(1)イオン結晶，(2)金属結晶，(3)分子結晶，(4)共有結合の結晶に関する記述として，最も適当なものを A 群からそれぞれ選べ。また，具体的な物質を B 群からそれぞれ選べ。

[A 群]

(ア) 融点が低く，昇華しやすい性質をもつ。

(イ) 固体の状態では電気を通さないが，水溶液や融解液にすると電気を通す。

(ウ) 展性や延性に富み，この結晶は特有の光沢をもつ。また，電気，熱ともによく伝える。

(エ) 粒子どうしが強く結びつき，融点は非常に高い。また，結晶はとてもかたい。

[B 群]

(a) 塩化カルシウム　　(b) 二酸化ケイ素　　(c) ヨウ素　　(d) 鉄

解答 (1) (イ), (a)　(2) (ウ), (d)　(3) (ア), (c)　(4) (エ), (b)

▶ **ベストフィット** 結晶の種類・構成粒子・性質・具体例をまとめて覚える。

解説 ▶ ・・

(1) 陽イオンと陰イオンが静電気的引力で結びついてできた結晶である。水溶液や融解液になると，イオンに分かれるため，電気をよく導くことができる。

(2) 金属原子どうしが自由電子による金属結合で結びついてできた結晶である。自由電子を有するため，展性や延性に優れ，特有の光沢をもつ。

(3) 分子が分子間力により規則正しく配列した結晶である。分子間力は結合力が弱いため，結晶は一般的にやわらかく，昇華しやすい。

(4) 原子どうしが共有結合により強く結びついてできた結晶であり，結晶そのものが1つの巨大分子のようになっている。他にもダイヤモンドやケイ素などが具体例としてあげられる。

例題 **7** 金属結晶の構造

example problem

金属結晶には図1，図2のような構造をとるものがある。次の問いに答えよ。

(1) それぞれの単位格子の名称を答えよ。

(2) それぞれの単位格子中の配位数を答えよ。

図1　　図2

解答 (1) 図1　体心立方格子　　図2　面心立方格子　　(2) 図1　8　図2　12

▶ **ベストフィット** 配位数は最近接の原子の数である。

解説 ▶ ・・

(2)

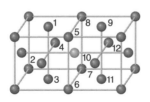

例題 **8** イオン結晶の構造

example problem

右図は塩化ナトリウムの単位格子を示している。単位格子内に含まれるナトリウムイオンと塩化物イオンはそれぞれ何個か。

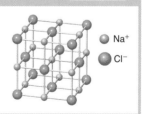

● Na^+
● Cl^-

解答 ナトリウムイオン　4個　　塩化物イオン　4個

▶ **ベストフィット** それぞれのイオンは面心立方格子の構造である。

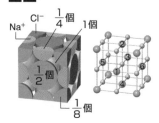

$$Na^+ \cdots \frac{1}{4}個 \times 12 + \frac{1}{1}個 = 4個$$

辺の中心　　立方体の中心

$$Cl^- \cdots \frac{1}{2}個 \times 6 + \frac{1}{8}個 \times 8 = 4個$$

面の中心　　頂点

類　題

17 ［金属結晶の構造］　図1は銅，図2はナトリウムの単位格子を表している。
(1) 銅，ナトリウムの配位数をそれぞれ答えよ。
(2) 単位格子の立方体の一辺の長さを a〔cm〕とすると，銅の原子半径，ナトリウムの原子半径はそれぞれ何 cm か。

図1　面心立方格子　　図2　体心立方格子

17 ◀例7
金属結晶の構造
(2)銅とナトリウムで注目する断面が異なる。

18 ［イオン結晶の構造］　右図は塩化セシウムの単位格子を表している。次の問いに答えよ。
(1) 単位格子内に含まれるセシウムイオンと塩化物イオンはそれぞれ何個か。
(2) 塩化物イオンは何個のセシウムイオンと接しているか。

塩化セシウム型

18 ◀例8
イオン結晶の構造
(2)結晶は単位格子のくり返しでできている。

練習問題

19 ［金属結晶と密度］　次の問いに答えよ。ただし，$\sqrt{2} = 1.41$，$\sqrt{3} = 1.73$，$\pi = 3.14$，$1\,nm = 10^{-9}\,m$，アボガドロ定数 $N_A = 6.0 \times 10^{23}/mol$ とする。
(1) 鉄の結晶構造は体心立方格子である。また，単位格子の一辺の長さは 0.29 nm である。
　(ア) 鉄原子の原子半径は何 nm か。有効数字2桁で答えよ。
　(イ) 結晶の密度は何 g/cm^3 か。有効数字2桁で答えよ。
　(ウ) 鉄原子が球であるとすると，充填率は何 % か。小数第一位まで求めよ。
(2) ある金属の結晶構造は，単位格子が図1のようであり，一辺の長さは 0.405 nm，結晶の密度は 2.7 g/cm^3 である。

✦check!

図1

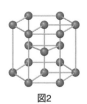

図2

19
密度〔g/cm^3〕
$= \dfrac{単位格子の質量}{単位格子の体積}$

球の体積の求め方
$\dfrac{4}{3}\pi r^3$

(ア) この金属原子の原子半径は何 nm か。有効数字 2 桁で答えよ。

(イ) この金属原子を球とすると充填率は何 % か。小数第一位まで求めよ。

(ウ) この金属原子の原子量を整数で答えよ。

(3) 図 2 の単位格子について，次の問いに答えよ。

(ア) 結晶格子の名称と，単位格子中の原子の数を答えよ。

(イ) 配位数を答えよ。

20 [イオン結晶と密度] 塩化ナトリウムの結晶は右図に示すように，ナトリウムイオンと塩化物イオンが交互に並んでいる。図の立方体の一辺の長さを a〔cm〕，密度を d〔g/cm³〕，アボガドロ定数を N_A〔/mol〕とするとき，塩化ナトリウムの式量を a, d, N_A を用いて表せ。

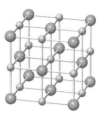

20 まずは，求める式量を M として密度 d に関する式を立てるとよい。

21 [ダイヤモンド] 右図に示すように，ダイヤモンドは炭素原子が他の炭素原子と正四面体をつくるように結合しており，この構造を斜めにすると，立方体の単位格子として考えることができる。

炭素原子

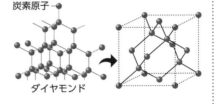

ダイヤモンド

21 単位格子の $\frac{1}{8}$ の立方体を小立方体という。小立方体の中心に存在する炭素原子は 4 個である。

(1) ダイヤモンドはどのような結晶か。次の(ア)〜(エ)から選べ。

(ア) 金属結晶 　(イ) イオン結晶

(ウ) 分子結晶 　(エ) 共有結合の結晶

(2) ダイヤモンドの炭素原子に隣接する炭素原子の数を求めよ。

(3) ダイヤモンドの単位格子中の炭素原子の数は何個か。

(4) 単位格子の一辺の長さを a〔cm〕，アボガドロ定数を N_A〔/mol〕とするとき，ダイヤモンドの密度 d〔g/cm³〕を a と N_A を用いて表せ。

22 [ホタル石型構造] 右の図 A はホタル石型構造の単位格子を示している。また，図 B は図 A の 8 分の 1 を切り出した構造を示している。図 B の立方体の中心にあるフッ化物イオンのまわりには 4 つのカルシウムイオンが正四面体形に配置している。

● : フッ化物イオン
○ : カルシウムイオン
━ : 最近接原子間の結合

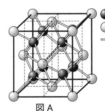

図 A

図 B

22 (3)図 B の対角線の切断面に注目するとよい。

(1) 図 A のカルシウムイオンだけに注目すると，ある単位格子と同様の構造である。この単位格子の名称を答えよ。

(2) この物質の組成式を答えよ。

(3) カルシウムイオンの半径を r^+，フッ化物イオンの半径を r^- として，単位格子の一辺の長さを r^+, r^- を用いて表せ。

(4) 図 A の単位格子の一辺の長さを 5.5×10^{-8} cm，アボガドロ定数 $N_A = 6.0 \times 10^{23}$ /mol とすると，この結晶の密度は何 g/cm³ か。有効数字 2 桁で答えよ。

❶ 気体の性質

● ボイルの法則

ボイルの法則	①(　　　　)一定のとき，一定量の気体の体積 V と圧力 p の関係は $pV = a$（a は定数）となる。
	圧力 p_1 で体積 V_1 の気体が圧力 p_2 で体積 V_2 になったとき，次の関係が成り立つ。 ②(　　　　) = ③(　　　　) = a 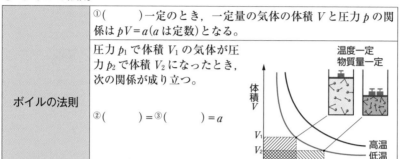

解答
①温度
②/③
p_1V_1 / p_2V_2
（順不同）

● シャルルの法則

シャルルの法則	④(　　　　)一定のとき，一定量の気体の体積 V と絶対温度 T の関係は $\dfrac{V}{T} = b$（b は定数）となる。
	絶対温度 T_1 で体積 V_1 の気体を圧力一定で絶対温度 T_2 にすると，体積が V_2 になった。このとき次の関係が成り立つ。 ⑤(　　　　) = ⑥(　　　　) = b 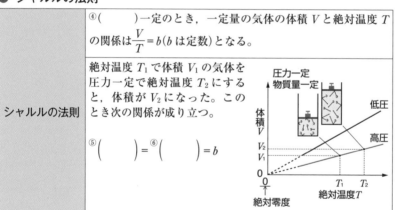

④圧力
⑤/⑥
$\dfrac{V_1}{T_1} / \dfrac{V_2}{T_2}$
（順不同）
⑦ $t + 273$
⑧ 300

絶対温度	$-273\,℃$ では，気体の体積が理論的に 0 となる。このときの温度を絶対零度として表した温度。セルシウス温度 $t\,〔℃〕$ と，絶対温度 $T\,〔K〕$ との関係は次のとおりである。 　　$T〔K〕 = ⑦(\qquad\qquad)$ 　　例 $27\,℃ \rightarrow ⑧(\qquad\qquad)\,K$

● ボイル・シャルルの法則

ボイル・シャルルの法則	ボイルの法則とシャルルの法則は 1 つにまとめることができる。一定量の気体の体積 V は，圧力 p に⑨(　　　)し，絶対温度 T に⑩(　　　)する。 $$\dfrac{p_1V_1}{T_1} = \dfrac{p_2V_2}{T_2} = c（c は定数）$$

⑨反比例
⑩比例

● 気体の状態方程式

気体の状態方程式	物質量 n〔mol〕の気体が，圧力 p〔Pa〕，絶対温度 T〔K〕で体積 V〔L〕のとき，次の関係が成り立つ。 ⑪（　　　　　　　　　）　R：気体定数
	単位には注意が必要。圧力〔Pa〕，体積〔L〕，絶対温度〔K〕，物質量〔mol〕を用いたとき，$R = $ ⑫（　　　　　　）Pa・L/(mol・K)

重要な単位	圧力：1.013×10^5 Pa $= $ ⑬（　　　　）atm $= $ ⑭（　　　　）mmHg 体積：1 L $= $ ⑮（　　　　）mL $= $ ⑯（　　　　）cm³ $= $ ⑰（　　　）m³

● 気体の分子量

質量より 求める	気体の状態方程式を用いると，圧力 p〔Pa〕，体積 V〔L〕，質量 w〔g〕，温度 T〔K〕を測定すれば分子量 M を求めることができる。 $n = $ ⑱（　　　）より，$pV = ($ ⑱ $)RT \rightarrow M = $ ⑲（　　　　　）
密度より 求める	密度 d〔g/L〕の気体は 1 L あたり d〔g〕なので $d = $ ⑳（　　　）より，$M = ($ ⑲ $) = $ ㉑（　　　　）

● 混合気体

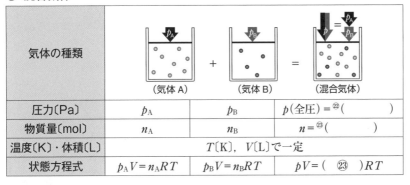

気体の種類	（気体 A）	（気体 B）	（混合気体）
圧力〔Pa〕	p_A	p_B	p（全圧）$= $ ㉒（　　　）
物質量〔mol〕	n_A	n_B	$n = $ ㉓（　　　　）
温度〔K〕・体積〔L〕	T〔K〕，V〔L〕で一定		
状態方程式	$p_A V = n_A RT$	$p_B V = n_B RT$	$pV = ($ ㉓ $)RT$

分圧の法則	p（全圧）$= p_A + p_B + \cdots$（分圧の総和）
分圧と 物質量の関係	分圧 = 全圧 × ㉔（　　　） $p_A = p \times$ ㉕（　　　　） $p_B = p \times$ ㉖（　　　　）

水上置換と 分圧	$p_g = p - $ ㉗（　　　） ※図のように水面を合わせれば，シリンダー内の圧力＝大気圧 となる。
混合気体の 平均分子量 （M）	M_A，M_B を各気体の分子量とすると，平均分子量 M はモル分率を用いて $M = $ ㉘（　　　）× （㉕ ）$+ $ ㉙（　　　）× （㉖ ） と表される。

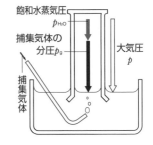

解答
⑪ $pV = nRT$
⑫ 8.31×10^3
⑬ 1
⑭ 760
⑮ 1000
⑯ 1000
⑰ 10^{-3}

⑱ $\dfrac{w}{M}$
⑲ $\dfrac{wRT}{pV}$
⑳ $\dfrac{w}{V}$
㉑ $\dfrac{dRT}{p}$

㉒ $p_A + p_B$
㉓ $n_A + n_B$
㉔ モル分率
㉕ $\dfrac{n_A}{n_A + n_B}$
㉖ $\dfrac{n_B}{n_A + n_B}$
㉗ p_{H_2O}
㉘ M_A
㉙ M_B

● 理想気体と実在気体

	理想気体	実在気体
状態方程式	厳密に従う仮想気体	常温・常圧でほぼ従う。[30]( )・[31]( )では大きくずれる。
分子の体積	[32]( )	[33]( )
分子間力	[34]( )	[35]( )
冷却し続けた場合	常に気体	液体や固体になる。

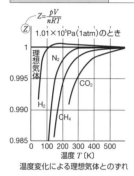

温度変化による理想気体とのずれ

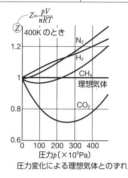

圧力変化による理想気体とのずれ

実在気体は低温ほど
[36]( )の影響を
受け，高圧ほど
[37]( )の影響
を受ける。
よって，[38]( )・
[39]( )が理想気体に
近づく条件。

解答
[30]／[31]
低温／高圧
（順不同）
[32]なし
[33]あり
[34]なし
[35]あり
[36]分子間力
[37]分子の体積
[38]／[39]
高温／低圧
（順不同）

例題 **9** ボイルの法則，シャルルの法則，ボイル・シャルルの法則 `example problem`

次の問いに答えよ。

(1) 2.0×10^5 Pa で 5.0 L の気体を温度一定で 4.0×10^5 Pa にすると体積は何 L になるか。 ❶

(2) 27℃，6.0 L の気体を圧力一定で127℃にすると体積は何 L になるか。 ❷

(3) 27℃，1.0×10^5 Pa で 15 L の気体は，127℃，2.0×10^5 Pa では，何 L の気体になるか。

解答 (1) 2.5 L　　(2) 8.0 L　　(3) 10 L

▶ ベストフィット

ボイルの法則　　$p_1V_1 = p_2V_2 = a$（一定）

シャルルの法則　　$\dfrac{V_1}{T_1} = \dfrac{V_2}{T_2} = b$（一定）

ボイル・シャルルの法則　　$\dfrac{p_1V_1}{T_1} = \dfrac{p_2V_2}{T_2} = c$（一定）

❶温度一定であることから用いる関係式を考える。
❷圧力一定であることから用いる関係式を考える。

解説 ▶

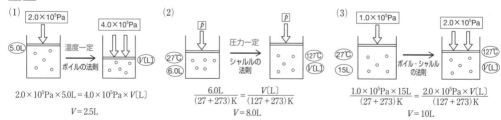

(1)
$$2.0 \times 10^5 \text{Pa} \times 5.0 \text{L} = 4.0 \times 10^5 \text{Pa} \times V\text{[L]}$$
$$V = 2.5 \text{L}$$

(2)
$$\frac{6.0\text{L}}{(27 + 273)\text{K}} = \frac{V\text{[L]}}{(127 + 273)\text{K}}$$
$$V = 8.0\text{L}$$

(3)
$$\frac{1.0 \times 10^5\text{Pa} \times 15\text{L}}{(27 + 273)\text{K}} = \frac{2.0 \times 10^5\text{Pa} \times V\text{[L]}}{(127 + 273)\text{K}}$$
$$V = 10\text{L}$$

例題 10 気体の状態方程式

次の問いに答えよ。ただし，気体定数 $R = 8.3 \times 10^3 \, \text{Pa·L/(mol·K)}$ とする。

(1) 27℃で 8.3 L を占める 1.0 mol の窒素がある。この気体は何 Pa の圧力を示すか。

(2) 27℃，1.5×10^5 Pa で 8.3 L の気体がある。この気体の物質量は何 mol か。

解答 (1) 3.0×10^5 Pa (2) 0.50 mol

▶ ベストフィット $pV = nRT$ を用いればよい。

解 説 ▶

(1) 求める圧力を p〔Pa〕とすると，$pV = nRT$ より $p\,〔\text{Pa}〕 = \dfrac{1.0 \times 8.3 \times 10^3 \times 300}{8.3} = 3.0 \times 10^5 \, \text{Pa}$

(2) 求める気体の物質量を n〔mol〕とすると，$pV = nRT$ より $n\,〔\text{mol}〕 = \dfrac{1.5 \times 10^5 \times 8.3}{8.3 \times 10^3 \times 300} = 0.50 \, \text{mol}$

例題 11 気体の分子量

27℃，2.77×10^5 Pa，100 mL のある気体の質量は 0.80 g であった。この気体の分子量を求めよ。ただし，気体定数 $R = 8.31 \times 10^3 \, \text{Pa·L/(mol·K)}$ とする。

解答 72

▶ ベストフィット $pV = \dfrac{w}{M} RT$ を用いればよい。

解 説 ▶

求める気体の分子量を M とすると，$pV = \dfrac{w}{M} RT$ より $M = \dfrac{wRT}{pV} = \dfrac{0.80 \times 8.31 \times 10^3 \times 300}{2.77 \times 10^5 \times 0.100} = 72$

例題 12 混合気体

次の問いに答えよ。

(1) 空気は物質量比で窒素 80 %，酸素 20 % とすると，全圧が 1.5×10^4 Pa の空気における窒素および酸素の分圧はそれぞれ何 Pa か。

(2) 温度一定で，2.0×10^5 Pa で 6.0 L の窒素と，1.0×10^5 Pa で 3.0 L の酸素を 5.0 L の容器に入れた。❶ このとき，窒素と酸素の分圧をそれぞれ求めよ。また，全圧も求めよ。

解答 (1) 窒素の分圧 1.2×10^4 Pa 酸素の分圧 3.0×10^3 Pa
(2) 窒素の分圧 2.4×10^5 Pa 酸素の分圧 6.0×10^4 Pa
全圧 3.0×10^5 Pa

▶ ベストフィット （分圧）=（全圧）×（モル分率）
全圧は各分圧の総和である。

❶温度一定であることから用いる関係式を考える。

(1)

	窒素	+	酸素	=	全体
モル分率	$\dfrac{80}{80+20}=\dfrac{4}{5}$	+	$\dfrac{20}{80+20}=\dfrac{1}{5}$	=	1
分圧	$1.5\times10^4\times\dfrac{4}{5}$ $=1.2\times10^4\,\mathrm{Pa}$	+	$1.5\times10^4\times\dfrac{1}{5}$ $=3.0\times10^3\,\mathrm{Pa}$	=	$1.5\times10^4\,\mathrm{Pa}$ （全圧）

(2)

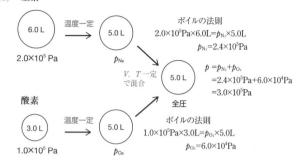

例題 13 理想気体と実在気体

example problem

次の文中の(ア)〜(オ)に適当な語句を入れよ。

　理想気体は分子間の引力がはたらかず，分子自身の（　ア　）が0の仮想気体である。実在気体は，圧力が（　イ　）いときや，温度が（　ウ　）いとき，気体の状態方程式に従わない。つまり，実在気体が理想気体に近づく条件は，（　エ　）温，（　オ　）圧のときである。

解答 (ア) 体積　(イ) 高　(ウ) 低　(エ) 高　(オ) 低

▶ **ベストフィット**　実在気体は，低温ほど分子間力の影響を，高圧ほど分子自身の体積の影響を受ける。

	理想気体	実在気体
状態方程式	厳密に従う仮想気体	常温・常圧ではほぼ従う。低温・高圧(イ)(ウ) では大きくずれる。
分子の体積	なし(ア)	あり
分子間力	なし	あり

👆 類題

23 ［ボイルの法則，シャルルの法則，ボイル・シャルルの法則］　次の問いに答えよ。

(1) $1.0\times10^5\,\mathrm{Pa}$ で $3.0\,\mathrm{L}$ の気体を，温度を一定に保ちながら体積を $2.0\,\mathrm{L}$ に圧縮すると圧力は何 Pa になるか。

(2) 27℃，240 mL の気体を圧力一定で177℃にすると体積は何mLになるか。

(3) 27℃，$1.0\times10^5\,\mathrm{Pa}$ で 15 L の気体は，87℃，$2.5\times10^5\,\mathrm{Pa}$ では，何 L の気体になるか。

23 ◀例9
ボイルの法則，シャルルの法則，ボイル・シャルルの法則
(1)温度一定である。
(2)圧力一定である。

24 ［気体の状態方程式］　次の問いに答えよ。ただし，気体定数 $R=8.3\times 10^3\,Pa\cdot L/(mol\cdot K)$ とする。

(1)　27℃ で 8.3 L を占める $1.5\times 10^5\,Pa$ の水素がある。このとき水素の物質量を求めよ。

(2)　127℃ で 16.6 L を占める酸素 1.5 mol がある。この酸素が示す圧力は何 Pa か。

24 ◀例 10
気体の状態方程式
$pV=nRT$ を利用。

25 ［気体の分子量］　ある気体 4.0 g をとり，27℃，$1.0\times 10^5\,Pa$ で体積を測定したところ 3.32 L であった。この気体の分子量を求めよ。ただし，気体定数 $R=8.3\times 10^3\,Pa\cdot L/(mol\cdot K)$ とする。

25 ◀例 11
気体の分子量
$pV=\dfrac{w}{M}RT$ を利用。

26 ［混合気体］　次の問いに答えよ。

(1)　体積比で窒素 60 %，水素 40 % の混合気体がある。全圧が $2.5\times 10^4\,Pa$ のとき，窒素および水素の分圧はそれぞれ何 Pa か。

(2)　温度一定で，$1.5\times 10^5\,Pa$ で 4.0 L の窒素と，$6.0\times 10^4\,Pa$ で 6.0 L の酸素を 5.0 L の容器に入れた。このとき，窒素と酸素の分圧，および全圧を求めよ。

26 ◀例 12
混合気体
全圧は分圧の総和である。

27 ［理想気体と実在気体］　次の(1)～(5)の記述について，正しければ○，誤っていれば×を記せ。

(1)　理想気体にも実在気体にも分子間力はある。

(2)　理想気体には気体分子の大きさはないが，実在気体には気体分子の大きさはある。

(3)　理想気体は気体の状態方程式に従う気体である。

(4)　温度が低温になれば，実在気体は理想気体に近づく。

(5)　圧力が低圧になれば，実在気体は理想気体に近づく。

27 ◀例 13
理想気体と実在気体
理想気体と実在気体の違いは，分子間力・分子の体積の有無である。

練習問題

28 ［気体の法則］　次の問いに答えよ。ただし，気体定数 $R=8.3\times 10^3\,Pa\cdot L/(mol\cdot K)$ とする。また，$1.0\times 10^5\,Pa=760\,mmHg$ とする。

(1)　温度一定で 304 mmHg，4.8 L の気体の圧力を $8.0\times 10^4\,Pa$ にすると，体積は何 L になるか。

(2)　22℃ で 2.5 L の気体を圧力一定で 4.0 L にするためには何℃ にすればよいか。

(3)　27℃，360 mmHg で 6.0 L の気体は，77℃，840 mmHg で何 L になるか。

(4)　27℃，16.6 L，0.600 mol の窒素が示す圧力は何 mmHg か。

29 ［気体の法則とグラフ］　次の図 1，2 は 1 mol の理想気体の性質に関して，正しい関係を表しているグラフである。p は圧力，V は体積，T は絶対温度，t はセルシウス温度，R は気体定数を表している。

29 $pV=nRT$ の式を変形して，それぞれの値について考える。

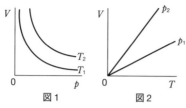

図1　　　　　　図2

(1) 図1, 2の T_1 と T_2, p_1 と p_2 の大小関係を, 不等号を用いて表せ。

(2) 次のグラフ(ア)～(オ)のうち1 molの理想気体の性質に関して, 正しい関係を表しているものをすべて選べ。ただし, グラフの T_1 と T_2, p_1 と p_2 の大小関係は図1, 図2と同様である。

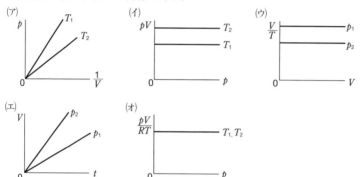

30 ［気体の状態方程式］　次の問いに答えよ。ただし, 気体定数 $R = 8.3 \times 10^3$ Pa·L/(mol·K) とする。

◆check!

(1) 標準状態での密度が1.25 g/Lの気体の分子量を求めよ。

(2) 27℃, 1.0×10^5 Pa において8.3 Lの酸素の質量は何gか。

(3) 同温・同圧での比重が二酸化炭素に対して0.64である気体の分子量を整数で求めよ。

(4) 次の(ア)～(オ)の各気体を同じ質量とり, 同温・同体積でその圧力を測定すると, 最も大きな圧力を示す気体はどれか。

　(ア) ヘリウム　　(イ) メタン　　(ウ) 窒素　　(エ) 硫化水素

　(オ) プロパン C_3H_8

(5) (4)の(ア)～(オ)の各気体について, 同温・同圧で密度を測定したとき, 最も大きな密度を示す気体はどれか。

(6) 温度一定で, 2.0×10^5 Pa の窒素6.0 Lと 1.0×10^5 Pa のヘリウム4.0 Lを混合した気体の平均分子量を求めよ。

31 ［気体の密度と分子量］　次の文の(ア)～(ウ)に適当な数字を有効数字2桁で入れよ。ただし, 気体定数 $R = 8.3 \times 10^3$ Pa·L/(mol·K) とする。

　ある気体Aの密度を27℃, 1.0×10^5 Pa のもとで測定すると, 1.62 g/Lであった。気体Aの分子量は（　ア　）となる。気体Aに気体Bを体積比3：1になるように混合し, その密度を同一の条件で求めると, 1.50 g/Lであった。この混合気体の平均分子量は（　イ　）, 気体Bの分子量は（　ウ　）となる。

30
$pV = \dfrac{w}{M} RT$,
$d = \dfrac{pM}{RT}$ を利用。

31 平均分子量は, 各気体の分子量と, モル分率から求める。

32 [混合気体]　右図のようにコックで連結した容積が 1.0 L の容器 A と，2.0 L の容器 B がある。コックを閉じた状態で容器 A に窒素を 2.8 g，容器 B に酸素を 6.4 g 入れ，容器 A，B ともに 27 ℃ に保った。連結部分やコックの容積は無視できるものとして，次の問いに答えよ。ただし，気体定数 $R = 8.3 \times 10^3$ Pa·L/(mol·K) とする。

容器A　　　　容器B
コック
1.0 L　　　　2.0 L

(1)　コックを開いて気体を混合した。このときの窒素の分圧と全圧はそれぞれ何 Pa か。

難 (2)　コックを開けた状態で容器 A を 27 ℃，容器 B を 127 ℃ に保ち，十分に時間を経過させた。容器 A 内に入っている気体の物質量を求めよ。

32 (2)十分に時間が経過すると，気体は移動し，やがて熱平衡とよばれる状態になる。

33 [水上置換]　酸素を水上置換により捕集したところ，メスシリンダー内の水面と水槽の水面が一致したときの気体の体積は 27 ℃ で 830 mL であった。大気圧を 1.0×10^5 Pa，27 ℃ での水の蒸気圧を 4.0×10^3 Pa として，次の問いに答えよ。ただし，気体定数 $R = 8.3 \times 10^3$ Pa·L/(mol·K) とする。

(1)　酸素の分圧は何 Pa か。

(2)　捕集した酸素は何 g か。有効数字 2 桁で答えよ。

33 水面が一致しているとき，(メスシリンダー内の圧力) = (大気圧)

34 [気体の反応]　0.050 mol のメタン CH_4 と 0.25 mol の酸素を 5.0 L の容器に入れた。容器内でメタンを完全燃焼させたあと，容器の温度を 17 ℃ に保った。容器内の全圧は何 Pa になるか。ただし，気体定数 $R = 8.3 \times 10^3$ Pa·L/(mol·K) とし，水蒸気圧は無視できるものとする。

34 化学反応すると，反応前後の全物質量が変化する。

35 [気体の状態方程式と飽和蒸気圧]　圧力 1.00×10^5 Pa，温度 27 ℃ に保たれた容積 10.0 L の容器に，体積百分率が不明なエタン C_2H_6 を含む混合気体が入っている。次の問いに答えよ。なお，混合気体にはエタンを完全燃焼させるのに十分な酸素が含まれており，気体定数 $R = 8.3 \times 10^3$ Pa·L/(mol·K) とする。

(1)　エタンの物質量が 2.00×10^{-2} mol である場合，この混合気体中のエタンの体積百分率は何 % か，有効数字 2 桁で求めよ。

(2)　この混合気体中のエタンを完全燃焼させたときの化学反応式を書け。

難 (3)　完全燃焼のあと，容器の温度が 37 ℃ となった。このときの圧力は何 Pa となるか。有効数字 2 桁で求めよ。ただし，二酸化炭素の水への溶解と水の体積は無視する。また，37 ℃ における水の蒸気圧は 7.3×10^3 Pa とする。

35 気体はその温度における飽和蒸気圧を超えることはできない。

36 [理想気体と実在気体]　理想気体と実在気体に関する記述として，誤っているものを，次の(1)〜(5)のうちから選べ。

(1)　理想気体では，物質量と温度が一定であれば，圧力を変化させても圧力と体積の積は変化しない。

(2)　理想気体では，体積一定のまま温度を下げると，圧力は単調に減少する。

(3)　理想気体では，気体分子自身の体積はないものと仮定している。

(4)　実在気体は，常圧では温度が低いほど理想気体に近いふるまいをする。

(5)　実在気体であるアンモニア 1 mol の体積が，標準状態において 22.4 L より小さいのは，アンモニア分子間に分子間力がはたらいているためである。

36 実在気体は，低温では分子間力の影響を，高圧では分子自身の体積の影響を受ける。

▶**1** 溶液

■ 化学基礎の復習 ■ 以下の空欄に適当な語句を入れよ。

■ 溶液

基本用語	説明
①( )	液体中に他の物質が均一に混じる現象。
②( )	溶解によりできた液体。
③( )	溶液中に溶けている物質。
④( )	(③)を溶かしている液体。
水溶液	溶媒が⑤( )である溶液。

解答
①溶解
②溶液
③溶質
④溶媒
⑤水

● 確認事項 ● 以下の空欄に適当な語句を入れよ。

● 溶質と溶媒の関係

	基本用語	説明
溶質	①( )	水に溶けてイオンを生じる物質。 ②( )…水中でほぼイオンに電離する物質。 例 HCl, $NaCl$, HNO_3 など ③( )…水中でイオンに電離しにくい物質。 例 CH_3COOH, H_2S, NH_3 など
	④( )	水に溶けても電離せずイオンを生じない物質。 例 スクロース, アルコール, 尿素 など
溶媒	⑤( )	極性の大きな溶媒。極性分子や電解質を溶かす。 例 水, エタノールなど
	⑥( )	無極性分子からなる溶媒。無極性分子を溶かす。 例 ヘキサン, ベンゼンなど

解答
①電解質
②強電解質
③弱電解質
④非電解質
⑤極性溶媒
⑥無極性溶媒

● 電解質の溶解のしくみ　　● 非電解質の溶解のしくみ

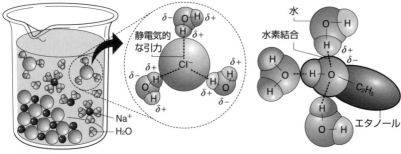

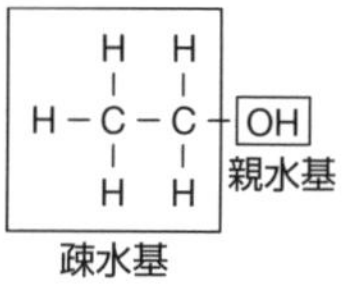

⑦水和
⑧水和イオン
⑨親水基
⑩疎水基

基本用語	説明
⑦( )	溶質の粒子が水分子に囲まれる現象。
⑧( )	(⑦)した結果生じるイオン。
⑨( )	粒子内の(⑦)されやすい基。
⑩( )	極性が小さく(⑦)されにくい基。

■ 固体の溶解度

基本用語	説明
①( )	一定量の溶媒に限度まで溶質を溶解させた溶液。
②( )	溶媒100gに溶かすことのできる溶質の質量〔g〕の値で表される。
③( )	温度と溶解度の関係を表したグラフ。
④( )	温度による溶解度の違いを利用した分離法。

溶解度曲線

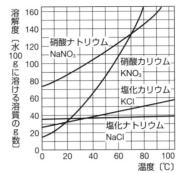

1章
物質の状態と平衡

少量の塩化ナトリウムを含む硝酸カリウム → 高温の水に溶かす → 冷却 → NaClは溶けたまま／KNO₃の結晶／再結晶

■ 水和物の溶解度

水和水を含む化合物の溶解度は無水物の値で表す。
例 CuSO₄・5H₂O 250 g（CuSO₄ 式量 160 H₂O 分子量 18）について

無水物 水和水
↓ ↓
溶質 溶媒

CuSO₄・5H₂O 1 mol 中に CuSO₄ は⑤( )mol
H₂O は⑥( )mol
CuSO₄・5H₂O 250 g 中に CuSO₄ は⑦( )g
H₂O は⑧( )g

● 気体の溶解度

気体の溶解度	一般に温度上昇すると，溶解度は①( )する。
ヘンリーの法則	(1) 温度一定で，一定量の溶媒に溶解する気体の物質量・質量はその気体の圧力に②( )する。 (2) 一定量の溶媒に溶解する気体の体積は，そのときの圧力下で測ると一定である。

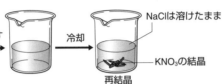

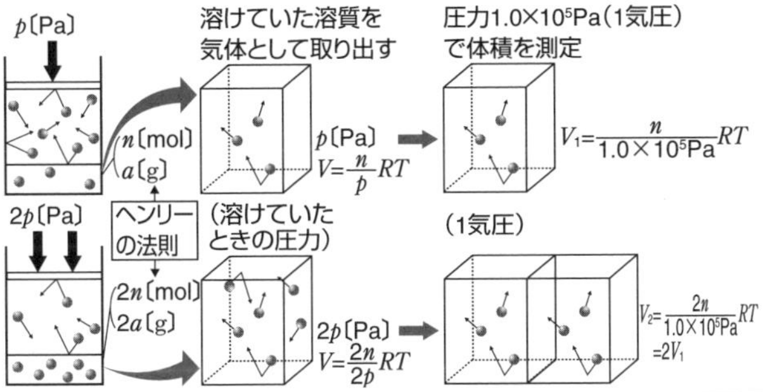

p〔Pa〕 溶けていた溶質を気体として取り出す 圧力1.0×10⁵Pa（1気圧）で体積を測定

p〔Pa〕
$V = \dfrac{n}{p}RT$

$V_1 = \dfrac{n}{1.0 \times 10^5\,\text{Pa}}RT$

ヘンリーの法則 （溶けていたときの圧力）

$2p$〔Pa〕 （1気圧）

$2n$〔mol〕 $2a$〔g〕

$2p$〔Pa〕
$V = \dfrac{2n}{2p}RT$

$V_2 = \dfrac{2n}{1.0 \times 10^5\,\text{Pa}}RT = 2V_1$

■ 溶液の濃度

濃度	単位	説明
質量パーセント濃度	%	溶液①(　　　　)g 中に含まれる溶質の質量〔g〕で表される。 $\dfrac{②(　　　　)の質量〔g〕}{溶液の質量〔g〕}×③(　　　　)$
モル濃度	mol/L	溶液 1 L 中の溶質の物質量〔mol〕で表される。 $\dfrac{④(　　　　)の⑤(　　　　)〔mol〕}{溶液の体積〔L〕}$

● **確認事項** ● 以下の空欄に適当な語句，数字，単位，式または化学式を入れよ。

● 質量モル濃度

濃度	単位	説明
質量モル濃度	①(　　　　)	②(　　　　)1 kg 中の溶質の物質量〔mol〕で表される。 $\dfrac{溶質の物質量〔mol〕}{③(　　　　)の④(　　　　)〔kg〕}$

● 沸点上昇と凝固点降下

基本用語	説明
⑤(　　　　)	溶媒に不揮発性物質を溶かすと，純溶媒に比べ溶液は蒸発しにくく蒸気圧が降下すること。
⑥(　　　　)	右図のように，(⑤)により純溶媒に比べて溶液の沸点が上昇すること。
⑦(　　　　)	純溶媒に比べて溶液の凝固点が降下すること。

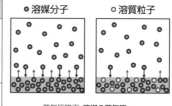

基本用語	関係式	
⑧(　　　　)	右上図 Δt_b のこと。 $\Delta t_b = K_b m$ $\begin{pmatrix} K_b：モル沸点上昇 \\ m：質量モル濃度 \end{pmatrix}$	K_b, K_f は溶質の種類に関係なく，溶媒の種類だけで決まる。また，Δt_b, Δt_f は質量モル濃度〔mol/kg〕に比例する。
⑨(　　　　)	右上図 Δt_f のこと。 $\Delta t_f = K_f m$ $\begin{pmatrix} K_f：モル凝固点降下 \\ m：質量モル濃度 \end{pmatrix}$	

● 浸透圧

解答
⑩半透膜
⑪浸透
⑫浸透圧

1章
物質の状態と平衡

基本用語	説明
⑩(　　)	溶液中のある成分だけを透過する膜。セロハン膜など。
⑪(　　)	粒子が(⑩)を透過して拡散していく現象。
⑫(　　)	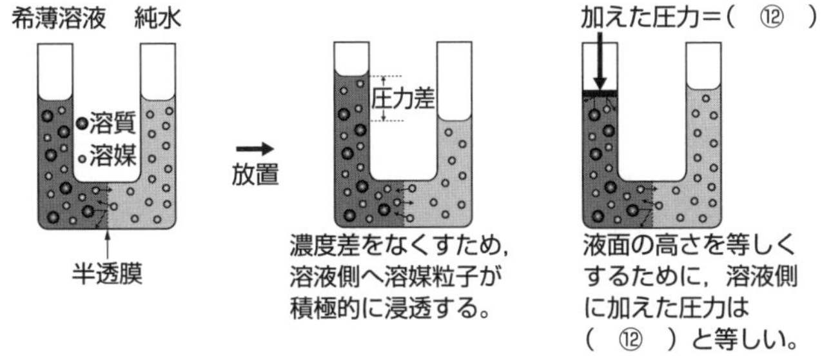 希薄溶液　純水　　　　　　　　　　　　　　加えた圧力＝(⑫)　●溶質　・溶媒　放置　半透膜　濃度差をなくすため，溶液側へ溶媒粒子が積極的に浸透する。　液面の高さを等しくするために，溶液側に加えた圧力は(⑫)と等しい。

● ファントホッフの法則

⑬ $\Pi V = nRT$

⑭ $\dfrac{w}{M}$

⑮ $\dfrac{wRT}{\Pi V}$

ファントホッフの法則

$\Pi = cRT$ で表される。　$\left(\begin{array}{ll}\Pi\,[\text{Pa}]:浸透圧 & c\,[\text{mol/L}]:溶液のモル濃度\\ T\,[\text{K}]:絶対温度 & R:気体定数\end{array}\right)$

溶液の体積を $V\,[\text{L}]$，溶質粒子の物質量を $n\,[\text{mol}]$ とすると，浸透圧 Π は ⑬(　　　　　　) と表すこともでき，気体の状態方程式と同じ形式になる。

モル質量 $M\,[\text{g/mol}]$ の溶質（非電解質）の質量を $w\,[\text{g}]$ とすると，$n\,[\text{mol}] =$ ⑭(　　　　) であるから，$\Pi V = \dfrac{w}{M}RT$ と表すことができる。よって，$M =$ ⑮(　　　　) となり，浸透圧から溶質の分子量を測定することができる。

※高分子化合物の分子量測定に有効である（→ p.193）。

● 電解質溶液の性質

⑯ $2n$
⑰ 2

溶質が電解質のときの沸点上昇，凝固点降下，浸透圧

NaCl などの電解質を $n\,[\text{mol}]$ 溶かした溶液では，NaCl が Na^+ と Cl^- に電離するので，溶液中のすべての溶質粒子の物質量は⑯(　　　　)$[\text{mol}]$になる。
NaCl 水溶液の沸点上昇度，凝固点降下度，浸透圧は非電解質水溶液の⑰(　　　)倍になる。

● コロイド溶液の調製と精製

⑱赤褐
⑲ / ⑳
H^+/Cl^-
（順不同）
㉑透析

水酸化鉄（Ⅲ）コロイドの調製と精製

沸騰水に塩化鉄（Ⅲ）FeCl_3 水溶液を加えると，濃い⑱(　　　　)色のコロイド溶液が得られる。$\text{FeCl}_3 + 3\text{H}_2\text{O} \longrightarrow$ 水酸化鉄（Ⅲ）$ + 3\text{HCl}$

ここで生じたコロイド溶液は混合溶液である。この溶液を図のようにセロハンの袋に入れ純水中につるすと，HCl は⑲(　　　)と⑳(　　　)となりセロハンから外へ出ていき，水酸化鉄（Ⅲ）コロイドが精製される。この操作は㉑(　　　)を用いている。

● コロイド

基本用語	説明
㉒(　　　　　)	直径㉓(　　　　)～㉔(　　　　)nm 程度の粒子のこと。ろ紙は通るが半透膜は通らない大きさの粒子。
コロイド	(　㉒　)が他の物質に均一に分散しているもの。このとき，(　㉒　)となっている物質を㉕(　　　　)，(　㉒　)を分散させている物質を㉖(　　　　)という。
コロイド溶液	(　㉖　)が液体のコロイドのこと。
㉗(　　　　)	流動性のあるコロイドのこと。 例 牛乳，石けん水，ムースの泡
㉘(　　　　)	(　㉗　)が冷却によって流動性を失って固化したもの。 例 ゼリー，豆腐，寒天，ゼラチン
㉙(　　　　)	(　㉘　)を乾燥させて水分を除いたもの。例 シリカゲル
㉚(　　　　)	コロイド溶液において(　㉕　)が大きく固体のもの。 例 墨汁，ペンキ
㉛(　　　　)	コロイド溶液において(　㉕　)が大きく液体のもの。 例 牛乳，マヨネーズ
㉜(　　　　)	多数の分子やイオンが集合しコロイド粒子となったもの。例えば，セッケン分子は油滴に対し，疎水基を内側に，親水基を外側にして取り囲み㉝(　　　　)を形成する。その結果，油滴は細かい粒子となり(　㉛　)となる。この現象を㉞(　　　　)という。
㉟(　　　　)	分子1個がコロイド粒子の大きさであるもの。 例 タンパク質，デンプン
㊱(　　　　)	水との親和力が小さく，水和しにくいコロイド。無機物質のコロイドに多い。例 水酸化鉄(Ⅲ)，粘土
㊲(　　　　)	水との親和力が大きく，水和しやすいコロイド。有機物質のコロイドに多い。例 デンプン，タンパク質
㊳(　　　　)	(　㊱　)に少量の電解質を加えると，電気的反発を失い沈殿する現象。
㊴(　　　　)	(　㊲　)に多量の電解質を加えると，水和水が引き離され沈殿する現象。
㊵(　　　　)	(　㊱　)が(　㊳　)することを防ぐ目的として加えられた(　㊲　)のこと。
㊶(　　　　)	コロイド溶液に光線を当てると，光の進路が輝いて見える現象。
㊷(　　　　)	熱運動する(　㉖　)分子が(　㉒　)に衝突するため起こる不規則な運動。限外顕微鏡で観察することができる。
㊸(　　　　)	コロイド溶液に直流電圧をかけると，(　㉒　)自身が帯電した電荷と反対符号の電極へ移動する現象。
㊹(　　　　)	(　㊸　)で陰極に移動する(　㉒　)。例 水酸化鉄(Ⅲ)，Al(OH)$_3$
㊺(　　　　)	(　㊸　)で陽極に移動する(　㉒　)。例 粘土，S，セルロース
㊻(　　　　)	(　㉒　)が半透膜を通過できないことを利用して，小さな溶質粒子と(　㉒　)を分離する操作。

コロイド粒子の大きさ

(1nm)
(1μm)
(1mm)
〔m〕10^{-10} 10^{-9} 10^{-8} 10^{-7} 10^{-6} 10^{-5} 10^{-4} 10^{-3}
真の溶液
コロイド溶液
(ゾル)
分子･イオン
10^{-9}mより
小さい粒子
コロイド粒子
10^{-9}〜10^{-7}m
の粒子
沈殿粒子
10^{-7}mより
大きい粒子
半透膜
ろ紙

いろいろなコロイド

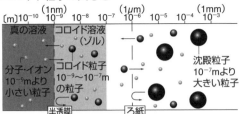

	分散媒	固体(固体コロイド)	液体(液体コロイド)	気体(エーロゾル)
分散質	固体	色ガラス，オパール	泥水，墨汁，絵の具	煙，粉塵(ふんじん)
	液体	ゼリー	牛乳，マヨネーズ	霧，もや，雲
	気体	スポンジ，マシュマロ	セッケンの泡	——

身近なゾルとゲル

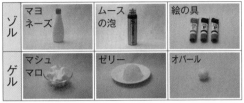

ゾル
マヨネーズ
ムースの泡
絵の具
ゲル
マシュマロ
ゼリー
オパール

コロイドの流動性

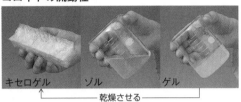

キセロゲル
ゾル
ゲル
乾燥させる

疎水コロイドと凝析

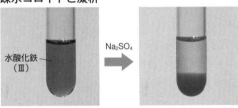

水酸化鉄(Ⅲ)
Na_2SO_4

親水コロイドと塩析

ゼラチン
$Al_2(SO_4)_3$

保護コロイドとその利用

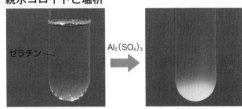

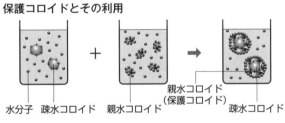

水分子
疎水コロイド
親水コロイド
親水コロイド
(保護コロイド)
疎水コロイド

にかわが保護コロイド　アラビアゴムが保護コロイド

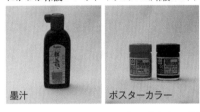

墨汁
ポスターカラー

チンダル現象

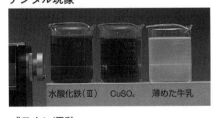

水酸化鉄(Ⅲ)
$CuSO_4$
薄めた牛乳

溶質の分子・イオン
コロイド粒子
散乱光
透過光
真の溶液
コロイド溶液

身のまわりの例

天使のはしご

ブラウン運動

一定時間ごとのコロイド粒子の位置

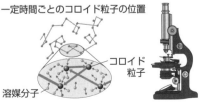

コロイド
粒子
溶媒分子

限外顕微鏡により観察することができる。

電気泳動

⊕
⊖
電圧
水酸化鉄
(Ⅲ)

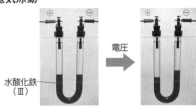

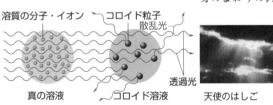

次の問いに答えよ。

(1) ある物質は，水 38 g に 12 g 溶ける。このときの質量パーセント濃度〔%〕を求めよ。

(2) 酢酸（分子量 60）6.0 g を水に溶かし，200 mL の水溶液とした。この水溶液のモル濃度〔mol/L〕を求めよ。

解答 (1) 24 %　　(2) 0.50 mol/L

▶ **ベストフィット**

モル濃度〔mol/L〕＝ $\dfrac{mol}{L}$ で求まる。

解説 ▶

(1) $\dfrac{溶質の質量〔g〕}{溶液の質量〔g〕} \times 100 = \dfrac{12\,g}{38\,g + 12\,g} \times 100 = 24\,\%$　　(2) $\dfrac{溶質の物質量〔mol〕}{溶液の体積〔L〕} = \dfrac{\frac{6.0}{60}\,mol}{0.200\,L} = 0.50\,mol/L$

硝酸カリウムの溶解度は 10℃ で 21，40℃ で 64 である。

(1) 40℃ の飽和溶液 100 g には何 g の硝酸カリウムが含まれているか。

(2) 40℃ の飽和溶液 100 g を 10℃ まで冷却すると，何 g の結晶が析出するか。

$CuSO_4$ の溶解度は 20℃ で 20 である。式量は $CuSO_4 = 160$，分子量は $H_2O = 18$ とする。

(3) 硫酸銅(Ⅱ)五水和物 $CuSO_4 \cdot 5H_2O$ 50 g を水 100 g に完全に溶かした。この水溶液を 20℃ まで冷却すると，析出する $CuSO_4 \cdot 5H_2O$ は何 g か。

解答 (1) 39 g　(2) 26 g　(3) 15 g

▶ **ベストフィット**　飽和溶液では，溶媒：溶質，溶液：溶質の質量の比は常に一定。
　　　　　　　　　水和物が水に溶けると，水和物中の水和水は溶媒としてふるまう。

解説 ▶

(1) 40℃

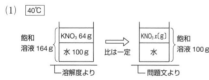

溶液：溶質　$164\,g : 64\,g = 100\,g : x\,〔g〕$

$x = 64\,g \times \dfrac{100\,g}{164\,g} = 39.0 ≒ 39\,g$

(2) 10℃

析出量 64 g − 21 g＝43 g　　析出量 y〔g〕

（1）より 39.0 g

溶液：析出量　$164\,g : 43\,g = 100\,g : y\,〔g〕$

$y = 43\,g \times \dfrac{100\,g}{164\,g} = 26.2 ≒ 26\,g$

(3)

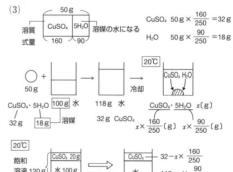

$CuSO_4$　$50\,g \times \dfrac{160}{250} = 32\,g$

H_2O　$50\,g \times \dfrac{90}{250} = 18\,g$

20℃

飽和溶液 120 g

溶媒：溶質　$100\,g : 20\,g = \left(118 - x \times \dfrac{90}{250}\right) : \left(32 - x \times \dfrac{160}{250}\right)$

$x = 14.7 ≒ 15\,g$

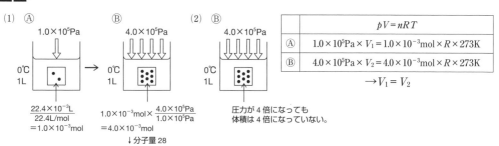

例題 16 物質の溶解性　example problem

次の(1)〜(4)にあてはまる物質を，下の(ア)〜(ク)からすべて選べ。

(1) 水にもベンゼンにもよく溶ける。 **❶**

(2) 水にもベンゼンにも溶けにくい。

(3) 水によく溶け，ベンゼンには溶けにくい。

(4) 水には溶けにくいが，ベンゼンにはよく溶ける。

| (ア) | 塩化ナトリウム | (イ) | エタノール | (ウ) | グルコース | (エ) | 塩化銀 |
| (オ) | 硝酸カリウム | (カ) | ヘキサン | (キ) | ヨウ素 | (ク) | 硫酸鉛(Ⅱ) |

解答 (1) (イ)　　(2) (エ)，(ク)　　(3) (ア)，(ウ)，(オ)　　(4) (カ)，(キ)

ベストフィット 粒子間にはたらく力が同じものどうしは混ざりやすい。

❶ベンゼンは無極性分子である。

解説▶

	イオンからなる物質		分子からなる物質		
	弱電解質	強電解質	極性		無極性
	AgCl，PbSO$_4$	NaCl，KNO$_3$	C$_2$H$_5$OH 疎水 親水	C$_6$H$_{12}$O$_6$	C$_6$H$_{14}$，I$_2$
水(極性)	×	○	○	○	×
ベンゼン (無極性)	×		○	×	○

check! 例題 17 気体の溶解度　example problem

0℃，1.0×10^5 Pa のもとで，水 1 L に溶ける窒素の体積は 22.4 mL である。

(1) 0℃，4.0×10^5 Pa で窒素が水 1 L と接しているとき，水に溶解する窒素は何 g か。

(2) (1)のとき，水 1 L に溶解する窒素の体積は，そのときの温度，圧力では何 mL か。

解答 (1) 0.11 g　　(2) 22.4 mL

ベストフィット 溶解する気体の物質量，質量は圧力に比例する。
　　　　　　　　溶解する気体の体積は，その圧力下では一定である。

解説▶

(1) Ⓐ
1.0×10⁵Pa
0℃ 1L

Ⓑ
4.0×10⁵Pa
0℃ 1L

(2) Ⓑ
4.0×10⁵Pa
0℃ 1L

	$pV = nRT$
Ⓐ	1.0×10^5 Pa $\times V_1 = 1.0 \times 10^{-3}$ mol $\times R \times 273$ K
Ⓑ	4.0×10^5 Pa $\times V_2 = 4.0 \times 10^{-3}$ mol $\times R \times 273$ K

→ $V_1 = V_2$

$\dfrac{22.4 \times 10^{-3} \text{L}}{22.4 \text{L/mol}}$
$= 1.0 \times 10^{-3}$ mol

1.0×10^{-3} mol $\times \dfrac{4.0 \times 10^5 \text{Pa}}{1.0 \times 10^5 \text{Pa}}$
$= 4.0 \times 10^{-3}$ mol

↓分子量28
4.0×10^{-3} mol $\times 28$ g/mol = 0.112 ≒ 0.11 g

圧力が4倍になっても体積は4倍になっていない。

例題 18 溶液の濃度

example problem

分子量 250 の物質 25 g を 250 g の水に溶解した。この溶液の質量モル濃度〔mol/kg〕を求めよ。

解答 0.40 mol/kg

ベストフィット

$$質量モル濃度〔mol/kg〕 = \frac{溶質の物質量〔mol〕}{溶媒の質量〔kg〕}$$

解説▶

$$\frac{溶質の物質量〔mol〕}{溶媒の質量〔kg〕} = \frac{\frac{25}{250}\,mol}{0.250\,kg} = 0.40\,mol/kg$$

例題 19 希薄溶液の性質

example problem

次の(1)〜(5)の記述について, 正しい場合は○, 誤っている場合は×を書け。

(1) 不揮発性の非電解質を溶解した希薄溶液の蒸気圧は, 純溶媒の蒸気圧より高くなる。

(2) 不揮発性の非電解質を溶解した希薄溶液の沸点は, 純溶媒の沸点より高くなる。

(3) 不揮発性の非電解質を溶解した希薄溶液の凝固点は, 純溶媒の凝固点より高くなる。

(4) 凝固点降下度は, 溶液の質量モル濃度に比例する。

(5) 溶液の浸透圧は, 溶液の質量モル濃度に比例する。

解答 (1) × (2) ○ (3) × (4) ○ (5) ×

ベストフィット 蒸気圧降下, 沸点上昇, 凝固点降下, 浸透圧などの希薄溶液の性質については, それぞれ正確に覚えておく。

解説▶

(1) 蒸気圧降下に関する記述。×高くなる→○低くなる

(2) この現象を沸点上昇という。

(3) 凝固点降下に関する記述。×高くなる→○低くなる

(4) 凝固点降下度 Δt は質量モル濃度 m に比例する。$\Delta t = K_f m$

(5) 浸透圧 Π は質量モル濃度ではなく, モル濃度 $\frac{n}{V}$ に比例する。$\Pi V = nRT$。

❶温度変化により体積変化するため, モル濃度ではなく質量モル濃度を用いる。

例題 20 コロイド

example problem

コロイドに関する次の(1)〜(3)の記述と関係性の深い語句を(ア)〜(カ)からそれぞれ選べ。

(1) 水との親和力が小さく, 水和しにくいコロイド。

(2) コロイド溶液に直流電圧をかけると, コロイド粒子が一方の電極へ移動する現象。

(3) 親水コロイドに多量の電解質を加えると, 水和水が引き離され沈殿する現象。

(ア) 保護コロイド (イ) 電気泳動 (ウ) チンダル現象 (エ) 凝析

(オ) 疎水コロイド (カ) 塩析

解答 (1) (オ) (2) (イ) (3) (カ) **ベストフィット** コロイドの関連用語は正確に覚えておく。

解説▶

(1)(3) 水との親和力が小さいコロイド→疎水コロイド→少量の電解質で沈殿→凝析
水との親和力が大きいコロイド→親水コロイド→多量の電解質で沈殿→塩析

(2) コロイド粒子自身は帯電し, 正コロイドと負コロイドがある。
正コロイド→陰極に移動   負コロイド→陽極に移動

37 [無水物の水溶液と水和物の水溶液]　水 100 g に対する硝酸カリウムの溶解
基礎　度は 40℃ で 64，60℃ で 109 である。

(1)　60℃ の飽和溶液 100 g 中には何 g の硝酸カリウムが含まれているか。

(2)　60℃ の飽和溶液 100 g を 40℃ まで冷却すると，何 g の結晶が析出するか。
　20℃ における $CuSO_4$ の溶解度は 20，式量は $CuSO_4 = 160$，分子量は
　$H_2O = 18$ とする。

(3)　硫酸銅（Ⅱ）五水和物 $CuSO_4 \cdot 5H_2O$ 60 g を水 100 g に完全に溶かした。
　この水溶液全体を 20℃ まで冷却すると，析出した $CuSO_4 \cdot 5H_2O$ は何 g か。

38 [物質の溶解性]　次の(1)～(4)にあてはまる物質を下の(ア)～(ク)からすべて選べ。

(1)　水にもヘキサンにもよく溶ける。

(2)　水にもヘキサンにも溶けにくい。

(3)　水によく溶け，ヘキサンには溶けにくい。

(4)　水には溶けにくいが，ヘキサンにはよく溶ける。

(ア)　エタノール　　(イ)　ベンゼン　　(ウ)　塩化カルシウム

(エ)　ミョウバン　　(オ)　炭酸カルシウム　　(カ)　酢酸

(キ)　水酸化アルミニウム　　(ク)　四塩化炭素

39 [気体の溶解度]　0℃，1.0×10^5 Pa（標準状態）のもとで，水 1 L に溶ける酸
check!　素の体積は 44.8 mL である。

(1)　0℃，3.0×10^5 Pa の酸素が水 1 L と接しているとき，水に溶解した酸素
　は何 g か。

(2)　(1)のとき水 1 L に溶解する酸素の体積は，そのときの温度，圧力では何
　mL か。

40 [溶液の濃度]　塩化ナトリウムの溶解度は，30℃ において 36 であり，この
check!　飽和水溶液の密度は 1.2 g/cm³ である。この飽和水溶液の(1)質量パーセント
濃度，(2)モル濃度，(3)質量モル濃度をそれぞれ有効数字 2 桁で答えよ。

41 [希薄溶液の性質]　次の記述のうち，正しいものには○，誤っているものに
は×を記せ。

(1)　溶媒に不揮発性の溶質を溶解させると，純溶媒に比べて溶液は蒸発しに
　くい。

(2)　海水の沸点は 100℃ より低い。

(3)　水 1 kg に 0.1 mol のグルコースを溶解した溶液と，水 500 g に 0.05 mol
　の塩化ナトリウムを溶解した溶液の凝固点降下度は等しい。

(4)　希薄溶液の浸透圧はモル濃度にのみ比例する。

---

37 ◀例 15
無水物の水溶液と水和物の水溶液
析出した水和物には溶媒の水も含まれる。

38 ◀例 16
物質の溶解性
水酸化アルミニウムは弱塩基である。

39 ◀例 17
気体の溶解度
ヘンリーの法則はまず気体の物質量，質量から考える。

40 ◀例 14，18
溶液の濃度
質量＝密度×体積

41 ◀例 19
希薄溶液の性質
(3)電解質と非電解質に注意する。

1 章　物質の状態と平衡

42 [コロイド]　コロイドに関する次の(1)〜(3)の記述と関係性の深い語句を(ア)〜(カ)から選べ。

(1)　水との親和力が大きく，水和しやすいコロイド。

(2)　限外顕微鏡により観察することができる，コロイド粒子の不規則な運動。

(3)　疎水コロイドに少量の電解質を加えるとコロイド粒子が沈殿する現象。

(ア)　透析　　(イ)　疎水コロイド　　(ウ)　ブラウン運動

(エ)　凝析　　(オ)　チンダル現象　　(カ)　会合コロイド

42 ◀例20
コロイド
(2)溶媒粒子の熱運動でコロイド粒子に衝突するために起こる。

練習問題

43 [濃度の換算]　質量パーセント濃度 10％，密度 d〔g/cm³〕の溶液がある。溶質のモル質量が M〔g/mol〕であるとき，この溶液のモル濃度は何 mol/L か。モル濃度を求める式を答えよ。

43
溶液1Lの質量〔g〕
= 1000〔cm³〕
　　× d〔g/cm³〕

44 [固体の溶解度]　右図は物質 A と物質 B の溶解度曲線を表している。A を 120 g と B を 60 g 含む混合物を温度 T_H の水 100 g に加えて十分にかき混ぜ，温度 T_H に保ったままでろ過した。ろ液を温度 T_L まで冷却したとき，A と B はそれぞれ何 g 析出するか。ただし，A と B は互いの溶解度に影響せず，いずれも水和水をもたない。

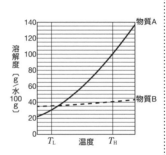

44 A と B の混合物であるが，互いに溶解度に影響を与えないので別々に考える。

45 [気体の溶解度]　水素は 25℃，1.0×10^5 Pa で，水 1 L に 19.7 mL 溶ける。次の問いに答えよ。

(1)　温度を変えず，圧力を 3 倍にすると，その条件下で水 1 L に何 mL の水素が溶けるか。

(2)　(1)で溶解した水素は標準状態に換算すると，何 mL か。

(3)　(1)で溶解した水素は何 g か。有効数字 2 桁で求めよ。

45 (3)その条件下ではなく，標準状態に換算している。

46 [気体の溶解度]　メタンは 0℃，1.0×10^5 Pa で，水 1 L に 56 mL 溶ける。次の問いに答えよ。

(1)　0℃，2.0×10^5 Pa で，水 3.0 L に溶解するメタンは何 g か。

(2)　0℃，5.0×10^5 Pa で水 1.0 L に溶解するメタンの体積は，その条件下で何 mL か。

(3)　(2)の体積を標準状態に換算すると，何 mL になるか。

(4)　メタンとアルゴンが 3：1 の体積比で混合された気体を 1 L の水に接触させて，0℃，2.0×10^5 Pa に保ったとき，メタンは何 g 溶けるか。

46 混合気体である場合，その気体の分圧で考える。

47 [気体の溶解度]　27℃ で，1.0×10^5 Pa の酸素は，水 100 mL に 4.0 mg 溶ける。27℃，4.0×10^5 Pa で 1.0 L の水に空気が接しているとき，溶解している酸素を気体として取り出すと，その体積は 27℃，1.0×10^5 Pa で何 mL か。ただし，空気は窒素と酸素の体積比が 4：1 の混合気体とし，窒素の溶解は酸素の溶解に影響しないものとする。また，気体定数 $R = 8.3 \times 10^3$ Pa・L/(mol・K) とする。

47 溶解した酸素を取り出して，体積を求めている。

48 [沸点上昇・凝固点降下]　次の(ア)～(ウ)の水溶液について，次の問いに答えよ。ただし，電解質は溶液中ですべて電離しているものとし，水のモル沸点上昇は 0.52 K·kg/mol，モル凝固点降下は 1.86 K·kg/mol とする。

(ア)　水 500 g に塩化ナトリウム(式量 58.5)を 3.0 g 溶解させた水溶液

(イ)　水 500 g に尿素(分子量 60)を 4.5 g 溶解させた水溶液

(ウ)　水 500 g にグルコース(分子量 180)を 4.5 g 溶解させた水溶液

(1)　(イ)の水溶液の沸点は何℃か。また，(ウ)の水溶液の凝固点は何℃か。

(2)　(ア)～(ウ)を沸点が高い順に並べよ。

(3)　(ア)～(ウ)を凝固点が高い順に並べよ。

48 溶質が電解質であるか非電解質であるかを見極める。

49 [凝固点降下と分子量]　水 100 g にグルコース(分子量 180) 3.60 g を溶かした水溶液の凝固点は水の凝固点に比べて 0.372 K 低かった。

(1)　水のモル凝固点降下を求めよ。ただし，単位も記すこと。

(2)　ある非電解質 1.0 g を 100 g の水に溶かした水溶液の凝固点は，水の凝固点に比べて 0.310 K 低かった。この非電解質の分子量を求めよ。

49 溶質の質量がわかっていれば，沸点上昇度や凝固点降下度から分子量を測定できる。

50 [沸点上昇・凝固点降下]　次の文中の(ア)～(ウ)に適当な数字をそれぞれ有効数字2桁で入れよ。

　　少量の不揮発性の物質を溶媒に溶かすと，溶かす前と比べて沸点や凝固点が変化する。大気圧条件下で，ある不揮発性の物質 45 mg を 5.0 g の水に溶かしたところ，この水溶液の沸点は水に比べて 0.026℃ 高くなった。このことから，水に加えた不揮発性の物質の物質量は(ア)mol，分子量は(イ)と求められる。この水溶液の凝固点は(ウ)℃である。ただし，水のモル沸点上昇を 0.52 K·kg/mol，モル凝固点降下を 1.9 K·kg/mol とする。また，ここで用いた不揮発性の物質は水中で電離しないものとする。

50
物質量〔mol〕
$= \dfrac{\text{質量〔g〕}}{\text{モル質量〔g/mol〕}}$

51 [凝固点降下]　次の実験操作①～④を水温 20℃ で行った。なお，水のモル凝固点降下を $K_f = 1.85$ K·kg/mol とする。

①　塩化ナトリウム 58.5 g を純水に溶解し，さらに純水を加えて 1000 mL とした。

②　操作①で調製した水溶液の質量を測定したところ 1040 g であった。

③　操作①で使用した純水の質量を求め，この9倍量の純水を加えた。

④　操作③で調製した水溶液の凝固点は，-0.370℃ であった。

(1)　操作①で調製した水溶液の質量パーセント濃度を有効数字3桁で求めよ。

(2)　操作①で調製した水溶液の質量モル濃度を有効数字3桁で求めよ。

(3)　操作③で調製した水溶液の塩化ナトリウムの電離度を有効数字2桁で求めよ。

51
電離度 $a = \dfrac{\text{電離した電解質の物質量}}{\text{溶解した電解質の物質量}}$

52 [浸透圧] 溶液のある成分だけを透過する膜を半透膜という。半透膜で水溶液と純水を仕切ると，（　ア　）が半透膜を通過して（　イ　）の方へ移動する。この現象を（　ウ　）という。（　ア　）が（　ウ　）してくる圧力は（　エ　）や（　オ　）に比例する。

(1) 文中の(ア)〜(オ)に適当な語句を入れよ。

(2) グルコース(分子量 180)18.0 g を溶解させた水溶液 1.0 L の，27℃における浸透圧を求めよ。ただし，気体定数 $R=8.3\times10^3\,\mathrm{Pa\cdot L/(mol\cdot K)}$ とする。

52
浸透圧
$\Pi V = nRT$

53 [浸透圧と分子量] 平均分子量 $\overline{M}$ の高分子化合物 1.0 g を溶解した水溶液 1.0 L の浸透圧を 27℃ で測定したところ，$2.2\times10^2\,\mathrm{Pa}$ であった。この高分子化合物の平均分子量 $\overline{M}$ を有効数字 2 桁で求めよ。ただし，気体定数 $R=8.3\times10^3\,\mathrm{Pa\cdot L/(mol\cdot K)}$ とする。

53
モル濃度
$\dfrac{n}{V} = \dfrac{\frac{w}{M}}{V}$

54 [コロイド] 次のコロイド粒子あるいはその溶液に関する記述のうち，正しいものをすべて選べ。

(1) コロイド粒子はろ紙も半透膜も通過できる。

(2) コロイド粒子は溶液中で不均一に凝集しているため，光を散乱させるチンダル現象が起こる。

(3) コロイド粒子の多くは電荷を帯びており，電解質を加えると凝析が起こる。

(4) コロイド粒子の直径は可視光の波長よりも大きく，通常の光学顕微鏡で観察できる。

(5) コロイド粒子が周囲の溶媒分子とぶつかる結果，不規則に動くブラウン運動が観察できる。

54 コロイド粒子の大きさは分子やイオンより大きく，沈殿粒子よりは小さい。

55 [コロイド] コロイドに関する文章を読んで，以下の各問いに答えよ。

スクロース(ショ糖)や酢酸，塩化ナトリウムなどは水によく溶ける。これは，溶質の分子やイオンが溶媒の水分子と結びつき安定するためである。これ①らは，分子量の小さな分子やイオンが溶媒中に溶け込んだ溶液で，真の溶液とよばれることもある。これに対し，溶質が沈殿粒子よりは小さく，分子やイオンよりは大きな粒子が液体中に分散した溶液もあり，これをコロイド溶液という。コロイド溶液内のコロイド粒子は水との親和性によって，（　ア　）と（　イ　）に分類される。（　ア　）は水との親和性が小さいので，少量の電解質を加えるとコロイド粒子が沈殿する。②

例えば，沸騰させた水に塩化鉄(Ⅲ)水溶液を滴下すると，溶液の色が③（　ウ　）色から（　エ　）色へ変化し，コロイド溶液が生成する。この水溶液は，セロハン膜を用いて精製することができる。ここで精製されたコロイド④溶液に光を当てると，光の進路が光って見える。この現象を（　オ　）という。また，このコロイド溶液を限外顕微鏡で観察すると，（　カ　）が観察される。さらに，このコロイド溶液に直流電圧をかけると，コロイド粒子は（　キ　）⑤極に移動した。

一方で，タンパク質水溶液は（　イ　）なので，多量の電解質を加えるとコロイド粒子が沈殿する。⑥

55 親水コロイドは水との親和性が大きく，コロイド粒子の周囲を多数の水分子がゆるやかに結合している。

また，コロイドはその流動性によって分類することができる。液体のコロイド溶液を（　ク　），（　ク　）がゼリー状になったものを（　ケ　）といい，（　ケ　）を乾燥したものを（　コ　）という。

(1) 文中の(ア)～(コ)に適当な語句を入れよ。

(2) 下線部①の現象を何というか。

(3) 下線部②の現象を何というか。

(4) 下線部②について，(イ)によって下線部②の現象を防ぐことができる。この(イ)は特に何とよばれるか。

(5) 下線部②について，正に帯電したコロイド粒子をより効果的に沈殿させるために加える電解質は，次の(A)～(C)のうちどれが最も適切か。

    (A)　0.1 mol/L NaCl　　(B)　0.1 mol/L Na$_3$PO$_4$　　(C)　0.1 mol/L Al$_2$(SO$_4$)$_3$

(6) 下線部③で生成したのは何のコロイド溶液か。

(7) 下線部④の操作を何というか。

(8) 下線部⑤において，(カ)の現象が観察される原因を説明せよ。

(9) 下線部⑥において，(イ)は少量の電解質を加えるだけでは沈殿しない。その理由を50字以内で説明せよ。

56 [冷却曲線]　次の文章を読んで，以下の問いに答えよ。

物質や水溶液を冷却していくときの，温度と時間の関係を表したグラフを冷却曲線という。右のグラフ①は純水，グラフ②はある水溶液の冷却曲線を表している。この水溶液は水100 gに1.0 gの非電解質を溶解してできた水溶液である。ただし，水のモル凝固点降下を1.85 K·kg/molとする。

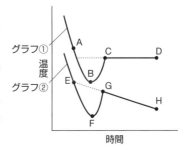

(1) Bにおける水の状態は何とよばれるか。

(2) 凝固点降下度 Δt を求める式をA～D，E～Hを用いて表せ。

(3) この水溶液の凝固点降下度は0.154 Kであった。水溶液に溶解している非電解質の分子量を整数で答えよ。

(4) CD間では冷却しているにも関わらず温度が一定である。その理由を説明せよ。

(5) GH間ではしだいに温度が下がる。その理由を説明せよ。

(6) 溶液の凝固点を求める際，モル濃度〔mol/L〕ではなく，質量モル濃度〔mol/kg〕を用いる理由を説明せよ。

57 [希薄溶液の性質と人間生活]　次の(1)～(4)と最も関連が深いものを，下の(ア)～(エ)からそれぞれ選べ。

生活

(1) 河口付近で三角州が形成される。

(2) 野菜に塩水をまぶしておくと，水がしみ出す。

(3) 道路に凍結防止剤として塩化カルシウムをまくと，氷ができにくい。

(4) 海水でぬれたタオルは，水でぬれたタオルよりも乾きにくい。

(ア)　凝析　　(イ)　浸透圧　　(ウ)　凝固点降下　　(エ)　蒸気圧降下

56 溶液の冷却曲線の特徴は，純水とは異なり，温度がゆるやかに下がっていく。これは，溶液の凝固は，溶媒だけが先に凝固するためである。

57 河川の河口付近は海につながるため，海水が一部混ざる。

1 化学反応とエネルギー

● **確認事項** ▶以下の空欄に適当な語句または式を入れよ。

● 反応熱とエンタルピー

①( )	状態変化や化学変化によって出入りする熱量。物質 1 mol あたりで表す。
②( )	一定圧力における物質のもつエネルギーを表す量。その変化量は ΔH で表される。発熱反応では物質が熱量を失うため，その分 H が減少する（$-\Delta H$）。一方，吸熱反応では物質が熱量を吸収するため，その分 H が増加する（$+\Delta H$）。

化学反応式のつくり方	水素 H_2 の燃焼エンタルピー
Step1）左辺に反応物，右辺に生成物を書き，両辺を⟶で結ぶ。	$H_2 + O_2 \longrightarrow H_2O$
Step2）反応エンタルピーの種類により，$\boxed{1\,\text{mol}}$ となる物質が決まる。この物質の係数を 1 とする。その結果，ほかの物質の係数が分数になることがある。	$\boxed{H_2} + \dfrac{1}{2}O_2 \longrightarrow H_2O$ 水素の燃焼エンタルピーなので，H_2 の係数が 1 となる。その結果，O_2 の係数は $\dfrac{1}{2}$ となる。
Step3）原則として，（固），（液），（気）など物質の状態を書く。同素体がある場合は，その種類を書く。	$H_2(気) + \dfrac{1}{2}O_2(気) \longrightarrow H_2O(液)$
Step4）発熱反応では−，吸熱反応では＋でエンタルピー変化 ΔH を付記する。	$H_2(気) + \dfrac{1}{2}O_2(気) \longrightarrow H_2O(液)$ $\Delta H = -286\ \text{kJ}$

● 反応エンタルピーの種類

反応エンタルピー	内容	例
③( )	$\boxed{1\,\text{mol}}$ の物質が完全燃焼するときに発生する反応熱。	$\boxed{CH_4(気)} + 2O_2(気) \rightarrow CO_2(気) + 2H_2O(液)\ \Delta H = -891\ \text{kJ}$ $\boxed{C(黒鉛)} + O_2(気) \rightarrow CO_2(気)\ \Delta H = -394\ \text{kJ}$
④( )	$\boxed{1\,\text{mol}}$ の物質がその成分元素の単体から生成するときに放出または吸収する反応熱。	$C(黒鉛) + 2H_2(気) \rightarrow \boxed{CH_4(気)}\ \Delta H = -75\ \text{kJ}$ $\dfrac{1}{2}N_2(気) + \dfrac{1}{2}O_2(気) \rightarrow \boxed{NO(気)}\ \Delta H = +90\ \text{kJ}$
⑤( )	酸と塩基の水溶液の中和により，水 $\boxed{1\,\text{mol}}$ を生じるときに発生する反応熱。	$HClaq + NaOHaq \rightarrow NaClaq + \boxed{H_2O(液)}\ \Delta H = -56.5\ \text{kJ}$
⑥( )	$\boxed{1\,\text{mol}}$ の物質が多量の水に溶解するときに放出または吸収する反応熱。	$\boxed{H_2SO_4(液)} \xrightarrow{H_2O} H_2SO_4aq\ \ \Delta H = -95\ \text{kJ}$ $\boxed{NH_4NO_3(固)} \xrightarrow{H_2O} NH_4NO_3aq\ \Delta H = +26\ \text{kJ}$

● 状態変化

⑦( )	$\boxed{1\,\text{mol}}$ の物質が融解するときに吸収する熱。	$H_2O(固) \longrightarrow H_2O(液)$ $\Delta H = +6.0\ \text{kJ}$
⑧( )	$\boxed{1\,\text{mol}}$ の物質が蒸発するときに吸収する熱。	$H_2O(液) \longrightarrow H_2O(気)$ $\Delta H = +44\ \text{kJ}$
⑨( )	$\boxed{1\,\text{mol}}$ の物質が昇華するときに吸収する熱。	$H_2O(固) \longrightarrow H_2O(気)$ $\Delta H = +50\ \text{kJ}$

● 熱量と比熱

| 熱量 Q | $Q = ^{⑩}($ $)$ | Q：熱量〔J〕，m：質量〔g〕，c：比熱〔J/(g·K)〕，
t：温度変化〔K〕 |

※比熱は物質 1 g の温度を 1 K 上げるのに必要な熱量〔J〕。1 K と 1 ℃ の間隔は同じであるため，比熱の単位は〔J/(g·℃)〕を用いることもできる。

● ヘスの法則

| ${}^{⑪}($　$)$
の法則 | 物質の変化にともなって出入りする熱量は，変化前後の物質の状態によって決まり，反応の経路には無関係である。 |
| 利用 | （　⑪　）の法則を用いることで，未知の反応エンタルピーが求められる。
例 一酸化炭素 CO の生成エンタルピー
黒鉛 C の燃焼エンタルピー　$C(黒鉛)+O_2(気) \rightarrow CO_2(気)$ $\Delta H = -394$ kJ…①
一酸化炭素 CO の燃焼エンタルピー $CO(気)+\frac{1}{2}O_2(気) \rightarrow CO_2(気)$ $\Delta H = -283$ kJ…②

①－②より
$C(黒鉛)+O_2(気) \rightarrow CO_2(気)$　$\Delta H = -394$ kJ
$-CO(気)+\frac{1}{2}O_2(気) \rightarrow CO_2(気)$　$\Delta H = -283$ kJ
———————————————————————
$C(黒鉛)+\frac{1}{2}O_2(気) \rightarrow CO(気)$
$\Delta H = -394 - (-283) = -111$ kJ 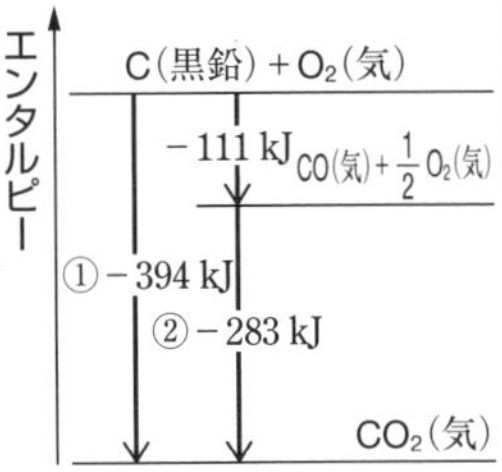 |

● 生成エンタルピーと反応エンタルピー

| 関係 | 反応エンタルピー＝（生成物の生成エンタルピーの総和）
　　　　　　　　　　　－（反応物の生成エンタルピーの総和）
生成エンタルピーの値から，未知の反応エンタルピーが求められる。 |
| 利用 | 例 エタノールの燃焼エンタルピー ΔH〔kJ/mol〕
エタノールの燃焼の化学反応式
$C_2H_6O(液)+3O_2(気)$
$\longrightarrow 2CO_2(気)+3H_2O(液)$
表の生成エンタルピーの値より
ΔH＝（生成物の生成エンタルピーの総和）
　　　－（反応物の生成エンタルピーの総和）
　＝（CO_2(気)の生成エンタルピー×2
　　＋H_2O(液)の生成エンタルピー×3）
　　－（C_2H_6O(液)の生成エンタルピー）
　＝$-394 \times 2 - 286 \times 3 - (-277)$
　＝-1369 kJ 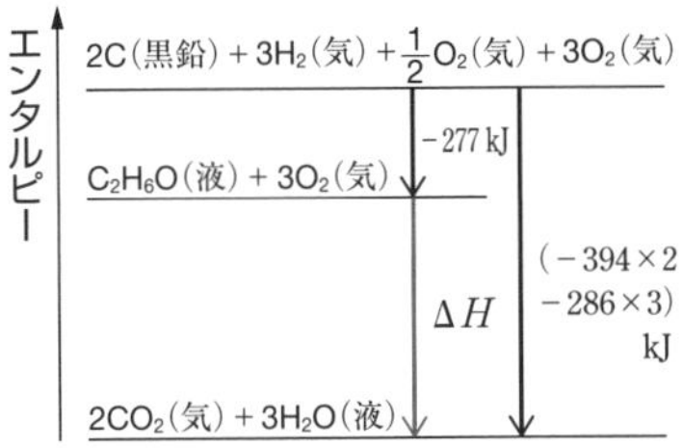 |

物質	生成エンタルピー
C_2H_6O(液)	-277 kJ/mol
CO_2(気)	-394 kJ/mol
H_2O(液)	-286 kJ/mol

※単体 O_2 の生成エンタルピーは，生成エンタルピーの定義より 0 kJ/mol となるので，計算から除く。

● 結合エネルギーと反応エンタルピー

| ${}^{⑫}($　$)$ | 気体状態で，分子内の共有結合を切断して原子にするために必要なエネルギー。結合 1 mol あたりのエネルギー〔kJ/mol〕で表される。
例 水素の結合エネルギー　$H_2(気) \longrightarrow 2H(気)$　$\Delta H = +436$ kJ |
| 関係 | 反応エンタルピー＝（反応物の結合エネルギーの総和）
　　　　　　　　　　－（生成物の結合エネルギーの総和）
結合エネルギーの値から，未知の反応エンタルピーが求められる。 |

解答
⑩ mct

⑪ヘス

⑫結合エネルギー

2章
物質の変化と平衡

（右図：エンタルピー図）
C(黒鉛) + O_2(気)
-111 kJ CO(気)$+\frac{1}{2}O_2$(気)
① -394 kJ
② -283 kJ
CO_2(気)

（右図：エンタルピー図）
$2C(黒鉛)+3H_2(気)+\frac{1}{2}O_2(気)+3O_2(気)$
-277 kJ
$C_2H_6O(液)+3O_2(気)$
$(-394\times2$
$-286\times3)$
kJ
ΔH
$2CO_2(気)+3H_2O(液)$

利用	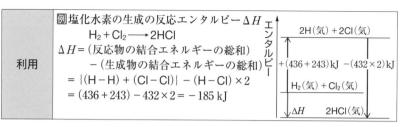

例 塩化水素の生成の反応エンタルピーΔH

$H_2 + Cl_2 \longrightarrow 2HCl$

ΔH＝（反応物の結合エネルギーの総和）
　　－（生成物の結合エネルギーの総和）

　　＝｛(H－H) ＋ (Cl－Cl)｝－ (H－Cl)×2

　　＝(436＋243) － 432×2 ＝ － 185 kJ

2H（気）＋2Cl（気）

＋(436＋243)kJ　－(432×2)kJ

H_2（気）＋Cl_2（気）

ΔH　　2HCl（気）

● エンタルピー変化ΔH，エントロピー変化ΔSと反応の進む方向

	反応が自発的に進む条件
エンタルピー変化ΔH	エンタルピー変化ΔH⑬(　　　)0のとき 燃焼反応のようなΔHが0よりも小さい反応は，エンタルピーの⑭(　　　)状態からエンタルピーの⑮(　　　)状態へと変化するため，自発的に反応が進む。
エントロピー変化ΔS	エントロピー変化ΔS⑯(　　　)0のとき エントロピーとは乱雑さを表す度合いで，物質の三態におけるエントロピーSの大きさは次のとおりである。⑰(　　　)＜液体＜⑱(　　　) インクを入れると自然と拡散するように，物質や熱のやりとりがない場合，自然現象は無秩序な方向，つまりエントロピーSが増加する方向に，自発的に反応が進む。

⑬＜
⑭高い
⑮低い
⑯＞
⑰固体
⑱気体

● 自発的に進む反応

	$\Delta H < 0$（自発的変化に有利）	$\Delta H > 0$（自発的変化に不利）
$\Delta S > 0$ （自発的変化に有利）	自発的に変化⑲(　　　)。 例 $2O_3 \rightarrow 3O_2$ 　　　　$\Delta H = -286$ kJ 発熱反応かつ，粒子数(乱雑さ)増大。	ΔS，ΔHの大きさによる。 ㉑(　　　)などの条件による※）
$\Delta S < 0$ （自発的変化に不利）	ΔS，ΔHの大きさによる。 (⑳(　　　)などの条件による※）	自発的に変化㉒(　　　)。 例 $N_2 + 2O_2 \rightarrow 2NO_2$　$\Delta H = +66$ kJ 吸熱反応かつ，粒子数(乱雑さ)減少。 この場合，$2NO_2 \rightarrow N_2 + 2O_2$の方向に反応が進みやすい。

⑲する
⑳温度
㉑温度
㉒しない

※例 H_2O（固）→H_2O（液）　$\Delta H = +6.0$ kJ　吸熱反応かつ，固体から液体への状態変化であるため乱雑さは増大している。この反応は，0℃以上ではエントロピー変化ΔSの影響の方が大きくなるため融解するが，0℃以下ではエンタルピー変化ΔHの影響の方が大きくなるため凝固する。このように温度などの条件によりどちらの方向に反応が進むかが決定される。

例題 21 反応エンタルピー

example problem

次の(1)～(3)の変化を化学反応式とΔHで表せ。

(1) 水素H_2が完全燃焼し，水が生成されるときの熱量は286 kJである。

(2) メタンCH_4の生成エンタルピーは-75 kJ/molである。

(3) 硝酸カリウムを水に溶かすと，35 kJの熱が吸収される。

解答 (1) $H_2 + \dfrac{1}{2}O_2 \longrightarrow H_2O$（液）　$\Delta H = -286$ kJ

(2) C（黒鉛）＋$2H_2 \longrightarrow CH_4$　$\Delta H = -75$ kJ

(3) KNO_3（固）$\xrightarrow{H_2O} KNO_3$aq　$\Delta H = +35$ kJ

▶ ベストフィット　係数を1にする物質を見つける。

	係数を1にする物質	Step1) 反応物，生成物	Step2) 係数	Step3) 状態，同素体	Step4) 反応エンタルピー
(1)	H_2	$H_2 + O_2 \rightarrow H_2O$	$H_2 + \dfrac{1}{2}O_2 \rightarrow H_2O$	$H_2 + \dfrac{1}{2}O_2$ $\rightarrow H_2O(液)$	$H_2 + \dfrac{1}{2}O_2 \rightarrow H_2O(液)$ $\Delta H = -286\ kJ$
(2)	CH_4	$C + H_2 \rightarrow CH_4$	$C + 2H_2 \rightarrow CH_4$	$C(黒鉛) + 2H_2$ $\rightarrow CH_4$	$C(黒鉛) + 2H_2 \rightarrow CH_4$ $\Delta H = -75\ kJ$
(3)	KNO_3	KNO_3 $\xrightarrow{H_2O} KNO_3aq$		$KNO_3(固)$ $\xrightarrow{H_2O} KNO_3aq$	$KNO_3(固) \xrightarrow{H_2O} KNO_3aq$ $\Delta H = +35\ kJ$

※状態が明らかなものは，(固)，(液)，(気)を書かなくてもよい。

例題 22 燃焼エンタルピーと水の比熱 example problem

次の化学反応式について，下の問いに答えよ。

$$CH_4 + 2O_2 \longrightarrow CO_2 + 2H_2O(液) \quad \Delta H = -891\ kJ$$

(1) 標準状態で 44.8 L のメタン CH_4 を完全燃焼するとき，発生する熱量は何 kJ か。

(2) 燃焼エンタルピーによって 25℃ の水 10 kg を 100℃ にするには，メタンを何 mol 燃焼させればよいか。ただし，水の比熱を 4.2 J/(g·K) とする。

解答 (1) $1.78 \times 10^3\ kJ$　(2) 3.5 mol

▶ ベストフィット $Q = mct$ を利用して，必要な熱量を求める。

解説 ▶

(1)

CH₄ 1 mol の燃焼エンタルピー

$\boxed{CH_4} + 2O_2 \rightarrow CO_2 + 2H_2O(液) \quad \Delta H = -891\ kJ/mol$

$\dfrac{44.8}{22.4}\ mol$

$= 2.00\ mol \longrightarrow 2.00\ mol$

$891\ kJ/mol \times 2.00\ mol$

$= 1782 \fallingdotseq 1.78 \times 10^3\ kJ$

(2)

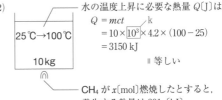

水の温度上昇に必要な熱量 Q[J]は

$Q = mct$

$= 10 \times \boxed{10^3} \times 4.2 \times (100 - 25)$

$= 3150\ kJ$

‖ 等しい

CH_4 が x[mol]燃焼したとすると，発生する熱量は $891x$[kJ]

$891x = 3150 \quad x = 3.53 \fallingdotseq 3.5\ mol$

例題 23 ヘスの法則 example problem

(1) 炭素(黒鉛)および一酸化炭素の燃焼エンタルピーは，$-394\ kJ/mol$，$-283\ kJ/mol$ である。それぞれの反応を化学反応式と ΔH で表せ。

(2) (1)の値を利用して，次の反応の反応エンタルピー ΔH の値を求めよ。

$$C(黒鉛) + CO_2 \longrightarrow 2CO$$

解答 (1) $C(黒鉛) + O_2 \longrightarrow CO_2 \quad \Delta H = -394\ kJ$　$CO + \dfrac{1}{2}O_2 \longrightarrow CO_2 \quad \Delta H = -283\ kJ$　(2) $+172\ kJ$

▶ ベストフィット 各反応を化学反応式と ΔH で表し，求める化学反応式に不要な物質を消去する。

(2) 求めたい式にないもの(O_2)が消えるように式を変形する。

次のように，①－②×2 より

$$C（黒鉛）+\cancel{O_2} \longrightarrow CO_2 \quad \Delta H=-394\,kJ \quad \cdots①$$

$$- \quad 2CO-\cancel{\frac{1}{2}O_2} \longrightarrow -2CO_2 \quad \Delta H=+283×2\,kJ \quad \cdots②×2$$

$$\overline{\quad C（黒鉛）+CO_2 \longrightarrow 2CO \quad \Delta H=+172\,kJ}❶$$

したがって，反応エンタルピーΔHは$+172\,kJ$である。

> ❶化学式が「－」にならないように移項する。
> $$C（黒鉛）-2CO \longrightarrow -CO_2$$
> $$C（黒鉛）+CO_2 \longrightarrow 2CO$$

例題 24 エネルギー図

example problem

右図は炭素 C（黒鉛）と酸素 O_2 から一酸化炭素 CO および二酸化炭素 CO_2 を生成する反応のエネルギー図である。

(1) 次の文中の(a)，(b)に適当な数字および式を入れよ。

図で上段の C（黒鉛）＋O_2（気）は，中段の CO（気）＋$\frac{1}{2}O_2$（気）よりも（ a ）kJ だけ高いエネルギー状態にあるので，

$$C（黒鉛）+O_2（気）\longrightarrow CO（気）+\frac{1}{2}O_2（気） \quad \Delta H=-(a)\,kJ$$

となる。また，この式の両辺に共通する$\frac{1}{2}O_2$（気）を消去すると（ b ）という化学反応式が得られる。

(2) 図の反応①～③の反応エンタルピーは，次の(ア)～(エ)のどれを示しているか。

(ア) CO の生成エンタルピー　(イ) CO_2 の生成エンタルピー　(ウ) CO の燃焼エンタルピー　(エ) CO_2 の燃焼エンタルピー

(3) 反応エンタルピーΔHを求めて，反応②を化学反応式で表せ。

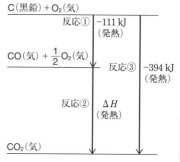

解答 (1) (a) 111　(b) $C（黒鉛）+\frac{1}{2}O_2（気）\rightarrow CO（気） \Delta H=-111\,kJ$

(2) ①　(ア)　②　(ウ)　③　(イ)

(3) $CO（気）+\frac{1}{2}O_2（気）\longrightarrow CO_2（気） \quad \Delta H=-283\,kJ$

▶ ベストフィット　図中のエネルギー差が反応エンタルピー。
エネルギーの高い方から低い方への反応は発熱反応。

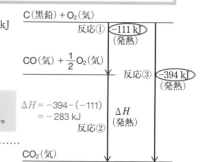

解説▶

(3) エネルギー図より　$\Delta H=-394-(-111)=-283\,kJ$

例題 25 結合エネルギー

example problem

一酸化炭素 CO の C と O の間の結合エネルギーは，単結合の値とは異なる。その値を次の化学反応式と右の表を用いて求めよ。

$$CO（気）+2H_2（気）\longrightarrow CH_3OH（気） \quad \Delta H=-93\,kJ$$

単結合の種類	H–H	C–H	C–O	O–H
結合エネルギー〔kJ/mol〕	432	411	378	435

解答 $1089\,kJ/mol$

▶ ベストフィット　結合エネルギーは，気体分子の共有結合を切るのに要するエネルギーである。

CO の結合エネルギーを x [kJ/mol] とする。

反応エンタルピー = (反応物の結合エネルギーの総和) − (生成物の結合エネルギーの総和)

$$-93 = \underbrace{(x}_{\text{C}\equiv\text{O}}+\underbrace{432\times2)}_{\text{H−H}} - (\underbrace{411\times3}_{\text{C−H}}+\underbrace{378}_{\text{C−O}}+\underbrace{435}_{\text{O−H}})$$

$$x = 1089 \text{ kJ/mol}$$

別解 結合エネルギーを扱うときは，原子に分解した状態を経て
変化が進むと仮定したエネルギー図を利用するとよい。

$$\text{CO(気)} + 2\text{H}_2\text{(気)} \longrightarrow \text{CH}_3\text{OH(気)} \quad \Delta H = -93 \text{ kJ}$$

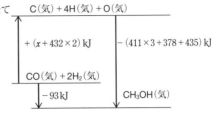

$$\begin{array}{ll}
\text{C}\!\!\not\equiv\!\!\text{O} & \text{H}\!\!\not-\!\!\text{H} \quad 411\text{ kJ} \; \text{H} \; 411\text{ kJ} \\
x\text{ [kJ]} & 432\text{ kJ} \quad \text{H}\!-\!\text{C}\!\!\not-\!\!\text{O}\!-\!\text{H} \\
& \text{H}\!\!\not-\!\!\text{H} \\
& 432\text{ kJ} \quad 411\text{ kJ} \; \text{H} \quad 378\text{ kJ} \quad 435\text{ kJ}
\end{array}$$

■ ·· 🧑‍🏫 **類題** ··

58 [反応エンタルピー] 次の(1)〜(4)の変化を化学反応式と ΔH で表せ。

(1) エタン C_2H_6 の生成エンタルピーは -84 kJ/mol である。

(2) エタン C_2H_6 の燃焼エンタルピーは -1562 kJ/mol である。

(3) 氷の融解エンタルピーは $+6.0$ kJ/mol である。

(4) 塩酸と水酸化ナトリウム水溶液の中和エンタルピーは -56.5 kJ/mol である。

58 ◀例 21
どの物質を 1 mol
にするか考える。

59 [プロパンの燃焼] 次の化学反応式について，下の問いに答えよ。

$$C_3H_8\text{(気)} + 5O_2\text{(気)} \longrightarrow 3CO_2\text{(気)} + 4H_2O\text{(液)} \quad \Delta H = -2220 \text{ kJ}$$

📖check!

(1) プロパン 0.50 mol が燃焼したとき，生じる熱量は何 kJ か。

(2) 発熱量が 111 kJ のとき，生じた二酸化炭素は標準状態で何 L か。

(3) 発熱量が 370 kJ のとき，生じた水の質量は何 g か。

(4) (1)において発生した熱量は，水 100 kg の水温を何℃ 上昇させることが
できるか。ただし，水の比熱は 4.2 J/(g·K) とする。

59 ◀例 22
熱量
$Q = mct$

60 [ヘスの法則] エタノールの製法の1つとして，ブドウ糖(グルコース)を原
料とするアルコール発酵があり，その化学反応式は次のように表される。

$$C_6H_{12}O_6\text{(固)} \longrightarrow 2C_2H_5OH\text{(液)} + 2CO_2\text{(気)}$$

この反応の反応エンタルピー ΔH を，次の化学反応式①〜③を用いて求めよ。

$$C\text{(黒鉛)} + O_2\text{(気)} \longrightarrow CO_2\text{(気)} \quad \Delta H = -394 \text{ kJ} \quad \cdots①$$

$$2C\text{(黒鉛)} + 3H_2\text{(気)} + \frac{1}{2}O_2\text{(気)} \longrightarrow C_2H_5OH\text{(液)} \quad \Delta H = -277 \text{ kJ} \cdots②$$

$$6C\text{(黒鉛)} + 6H_2\text{(気)} + 3O_2\text{(気)} \longrightarrow C_6H_{12}O_6\text{(固)} \quad \Delta H = -1273 \text{ kJ} \cdots③$$

60 ◀例 23, 24
どの物質を残すか
を考えて①〜③の
式をまとめる。

61 [結合エネルギー] アンモニアの生成エンタルピーは -46 kJ/mol である。
水素の H−H 結合，窒素の N≡N 結合の結合エネルギーを，それぞれ 432 kJ/
mol, 958 kJ/mol とすると，アンモニアの N−H 結合の結合エネルギーはい
くらになるか。

61 ◀例 25
反応物，生成物の
結合エネルギーか
ら求める。

62 [反応エンタルピー]　次の(1)～(6)の変化を化学反応式と ΔH で表せ。

62 反応エンタルピーを 1 mol あたりの値で表す。

(1)　二酸化炭素 CO_2 の生成エンタルピーは -394 kJ/mol で発熱反応である。

(2)　水素 H_2 0.10 mol が完全燃焼するとき 28.6 kJ の熱が発生する。

(3)　エタン C_2H_6 120 g を燃焼させると，6240 kJ の熱が発生する。

(4)　1.0 mol/L 塩酸 500 mL と 0.20 mol/L 水酸化ナトリウム水溶液 1.0 L を混合すると，11.2 kJ の熱が発生する。

(5)　水酸化ナトリウム 4.0 g を多量の水に溶かすと，4.4 kJ の熱が発生する。

(6)　水の昇華エンタルピーは，$+50$ kJ/mol である。

63 [混合気体の燃焼]　エタン C_2H_6 とプロパン C_3H_8 の混合気体 1.00 mol を完全燃焼させたところ，4.00 mol の酸素が反応し，1780 kJ の発熱があった。

63 エタンを x〔mol〕，プロパンを y〔mol〕とする。

(1)　エタンとプロパンの燃焼における反応を，化学反応式でそれぞれ表せ。

(2)　エタンとプロパンの物質量の比を，簡単な整数比で答えよ。

(3)　プロパンの燃焼エンタルピーを -2220 kJ/mol としたとき，エタンの燃焼エンタルピーを求めよ。

64 [ヘスの法則]　次の①～③の化学反応式は，それぞれ固体の水酸化ナトリウムの溶解，固体の水酸化ナトリウムと塩酸の中和反応，水酸化ナトリウム水溶液と塩酸の中和反応を示している。

64 外挿により温度上昇を求める。

$NaOH(固) + aq \longrightarrow NaOHaq$
　　　　　　ΔH_1〔kJ〕…①

$NaOH(固) + aq + HClaq \longrightarrow NaClaq + H_2O(液)$　　ΔH_2〔kJ〕…②

$NaOHaq + HClaq \longrightarrow NaClaq + H_2O(液)$　　　　ΔH_3〔kJ〕…③

反応エンタルピー ΔH_1〔kJ/mol〕，ΔH_2〔kJ/mol〕，ΔH_3〔kJ/mol〕を求めるために，次の実験 1 と 2 を行った。

実験 1：質量 30 g の断熱容器に蒸留水 100 mL を入れた。この中に水酸化ナトリウムの固体 2.0 g を投入して，ガラス棒でよくかき混ぜてすみやかに溶かした。水酸化ナトリウムを入れたときから 30 秒ごとに 5 分間液温を測り，上の図を得た。容器の外に熱が逃げなかった場合の温度上昇を求めることで，正確な溶解エンタルピーが得られる。なお，発生した熱は水溶液と断熱容器の温度上昇に使われたものとする。

(1)　容器の外に熱が逃げなかった場合の温度上昇はいくらか。

(2)　(1)の温度上昇が 5.0℃ であるとき，得られた水溶液の密度を 1.0 g/cm³，比熱を 4.2 J/(g·K) とし，断熱容器の比熱を 0.84 J/(g·K) とすると，水酸化ナトリウム 2.0 g あたりの発熱量はいくらか。ただし，得られた水溶液の体積を 100 mL とする。

(3)　ΔH_1 の値はいくらか。

実験2：次に，同じ断熱容器に1.0 mol/Lの塩酸50 mLを入れて，これに1.0 mol/Lの水酸化ナトリウム水溶液50 mLを加えた。このときの温度上昇は6.4℃であった。なお，発生した熱は水溶液と断熱容器の温度上昇に使われたものとする。

(4) 得られた水溶液の密度や比熱および断熱容器の比熱は実験1と同じだとすると，ΔH_3の値はいくらか。ただし，得られた水溶液の体積を100 mLとする。

(5) ΔH_1，ΔH_2，ΔH_3にはどのような関係が成立するか。

65 反応物，生成物の結合エネルギーから求める。

65 [結合エネルギー] エチレン1 molと水素1 molが反応して，エタンが生成する反応の化学反応式は次のように表される。C−Cの結合エネルギーを求めよ。ただし，C−Hの結合エネルギーは413 kJ/mol，H−Hの結合エネルギーは432 kJ/mol，C＝Cの結合エネルギーは636 kJ/molとする。

$$H_2C=CH_2 \ + \ H-H \ \longrightarrow \ H_3C-CH_3 \qquad \Delta H = -136\ kJ$$

66 共有結合1本あたり2個の価電子を必要とする。

66 [結合エネルギー] 炭素の同素体であるフラーレンC_{60}およびC_{70}を燃焼させたときの化学反応式は，次のようになる。

$$C_{60}(固)+60O_2(気) \longrightarrow 60CO_2(気) \qquad \Delta H = -26110\ kJ$$
$$C_{70}(固)+70O_2(気) \longrightarrow 70CO_2(気) \qquad \Delta H = -30180\ kJ$$

黒鉛の燃焼エンタルピーを-394 kJ/mol，ダイヤモンドの燃焼エンタルピーを-396 kJ/molとする。

(1) C_{60}，C_{70}，ダイヤモンドの生成エンタルピーはそれぞれいくらか。

(2) 黒鉛はそれぞれの炭素原子が3個の共有結合をもつ。黒鉛中の炭素原子1 molあたりの共有結合の数は何 molか。

(3) ダイヤモンドはそれぞれの炭素原子が4個の共有結合をもつ。ダイヤモンド中の炭素原子1 molあたりの共有結合の数は何 molか。

(4) 黒鉛の昇華エンタルピーを$+718$ kJ/molとすると，ダイヤモンドの昇華エンタルピーはいくらか。ただし，炭素の単体においては，昇華エンタルピーとは炭素原子1 molあたりのすべての共有結合を切断するために必要なエネルギーである。

(5) 炭素原子間の共有結合1 molを切断するために必要なエネルギーはいくらか。黒鉛とダイヤモンドについてそれぞれ求めよ。

67 ΔH と ΔS の正負の関係を考える。

67 [自発的に進む反応] 次の(1)〜(4)の反応について，最も適切な説明を(ア)〜(ウ)より選び，記号で答えよ。

(1) $H_2O(気) \longrightarrow H_2O(液)$　　$\Delta H = -44$ kJ

(2) $2CH_3OH(固)+3O_2(気) \longrightarrow 2CO_2(気)+4H_2O(気)$　　$\Delta H = -1278$ kJ

(3) $CaCO_3(固) \longrightarrow CaO(固)+CO_2(気)$　　$\Delta H = +178$ kJ

(4) $N_2(気)+2H_2(気) \longrightarrow N_2H_4(気)$　　$\Delta H = +50$ kJ

(ア) 右向きに自発的に進む　　(イ) 条件により自発的に進む可能性がある

(ウ) 右向きには自発的に進まない

2章　物質の変化と平衡

▶1 電池と電気分解

■化学基礎の復習■ 以下の空欄に適当な語句または数字を入れよ。

■ 酸化・還元と酸化数

	酸化反応	還元反応
電子の授受	電子を失う変化。 $\underline{Cu} \rightarrow Cu^{2+} + 2e^-$ (0)　　(+2)	電子を受け取る変化。 $\underline{Cl_2} + 2e^- \rightarrow 2Cl^-$ (0)　　　　(−1)
酸化数の変化	酸化数が①(　　　)する変化。 Cu の酸化数は 2②(　　　)。 →電子を③(　　)個失った。	酸化数が④(　　　)する変化。 Cl の酸化数は 1⑤(　　　)。 →電子を⑥(　　)個受け取った。

■ 金属の性質

金属原子	価電子の数が⑦(　　　)く，価電子を⑧(　　　)て⑨(　　　) イオンになりやすい。また，⑩(　　　)剤となるものが多い。金属 が(⑨)イオンになりやすい傾向を金属の⑪(　　　　) という。

■ 金属のイオン化列

	イオン化列と金属の反応性の関係			
覚え方	リカちゃんカナちゃんまああてにすんなひどすぎる借金			
イオン化列	⑫(　　)　　←　　イオン化傾向　　→　　⑬(　　　) Li　K　Ca　Na　Mg　Al　Zn　Fe　Ni　Sn　Pb　(H₂)　Cu　Hg　Ag　Pt　Au			

		空気	常温で直ちに酸化	※1	加熱により酸化	※2	酸化されない

反応の表（続き）：

反応	空気	常温で直ちに酸化	※1	加熱により酸化	※2	酸化されない
	水 ※3	常温で反応	高温で反応	高温の水蒸気と反応	反応しない		
	酸	塩酸や希硫酸と反応して水素を発生して溶ける※4			硝酸，熱濃硫酸と反応して溶ける※5	王水に溶ける※6	

イオン化傾向の⑭(　　　)い金属→酸化されやすい金属⑮(　　　)力が強い。

※1 Mg は加熱すると燃える。

※2 Cu は乾燥空気では酸化されにくいが，強熱したり湿気があったりすると酸化される。

※3 反応したときには⑯(　　　)を発生して溶ける。

※4 Pb は H₂ よりイオン化傾向が大きいが，塩酸や希硫酸とは難溶性の塩をつくるため溶けにくい。

※5 発生する気体は(⑯)ではなく，酸化剤となる⑰(　　　)に応じた気体。

※6 濃硝酸と濃塩酸を 1:3 で混合した溶液。

解答
- ①増加
- ②増加
- ③2
- ④減少
- ⑤減少
- ⑥1
- ⑦少な
- ⑧失っ
- ⑨陽
- ⑩還元
- ⑪イオン化傾向
- ⑫大
- ⑬小
- ⑭大き
- ⑮還元
- ⑯水素
- ⑰酸

● 電池

解答
①起電力
②大きい

電池	酸化還元反応により発生する化学エネルギーを電気エネルギーに変換する装置。両極間の電位差(電圧)を①(　　　)という。(　①　)は両極の金属のイオン化傾向の差が②(　　)ほど大きくなる。	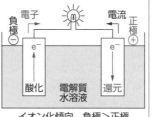 イオン化傾向　負極>正極

③酸化
④還元
⑤放出する
⑥受け取る
⑦導線
⑧大きい

2章
物質の変化と平衡

電池名	負極(ー)	正極(＋)
電池 [起電力]	③(　　　)反応が起きる。	④(　　　)反応が起きる。
	電子を⑤(　　　　　)。	電子を⑥(　　　　　)。
	電極から⑦(　　　)に電子が出る。	(　⑦　)から電極に電子が入る。
	イオン化傾向の⑧(　　　)金属が負極になる。	

ダニエル電池 [1.1V] (一次電池)	(−) (2) e⁻ → (+) Zn 素焼き板 Cu ←SO₄²⁻ →Zn²⁺ (1)　(3) Cu²⁺ ZnSO₄aq CuSO₄aq (−)Zn ∣ ZnSO₄aq ∣ CuSO₄aq ∣ Cu(+) 電池式	(1)　イオン化傾向 Zn>Cu より，Zn が Zn²⁺ になる。 (2)　電子が亜鉛板から銅板に移動する。 (3)　Cu²⁺ が電子を受け取り Cu になる。 (1)負極　$Zn \rightarrow Zn^{2+} + 2e^-$ (3)正極　$Cu^{2+} + 2e^- \rightarrow Cu$ 全体　$Zn + Cu^{2+} \rightarrow Zn^{2+} + Cu$

※¹ aq(アクア)は多量の水を表す。
※² 充電できる電池を二次電池(蓄電池)，充電できない電池を一次電池という。

⑨2
⑩H₂
⑪Zn
⑫H⁺
⑬H₂
⑭PbSO₄
⑮PbSO₄
⑯Pb
⑰PbO₂
⑱2H₂SO₄
⑲2PbSO₄
⑳2
㉑4
㉒H₂
㉓O₂
㉔2

電池名	負極(ー)	正極(＋)
ボルタ電池 [1.1V] (一次電池)	$Zn \rightarrow Zn^{2+} + ⑨(\quad)e^-$	$2H^+ + 2e^- \rightarrow ⑩(\quad)$
	⑪(　　)が酸化され，⑫(　　)が還元される。	
	$Zn + 2H^+ \rightarrow Zn^{2+} + ⑬(\quad)$	
鉛蓄電池 [2.0V] (二次電池)	$Pb + SO_4^{2-} \rightarrow ⑭(\quad) + 2e^-$	$PbO_2 + SO_4^{2-} + 4H^+ + 2e^- \rightarrow ⑮(\quad) + 2H_2O$
	⑯(　　)が酸化され，⑰(　　)が還元される。	
	$Pb + PbO_2 + ⑱(\quad) \rightarrow ⑲(\quad) + 2H_2O$	
燃料電池 (リン酸形) [1.2V]	$H_2 \rightarrow 2H^+ + ⑳(\quad)e^-$	$O_2 + 4H^+ + ㉑(\quad)e^- \rightarrow 2H_2O$
	㉒(　　)が酸化され，㉓(　　)が還元される。	
	㉔(　　)$H_2 + O_2 \rightarrow 2H_2O$(水素の燃焼と同じ反応)	

● 電気分解

電気分解	電気エネルギーを使って電解槽中の物質や電極自身に㉕(　　　　　　)反応を起こさせ，電極に目的の物質を分ける方法。	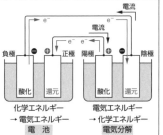
陰極(－)	電源の負極から電子を㉖(　　　　)る㉗(　　　　)反応が起きる。	
陽極(＋)	電源の正極に電子を㉘(　　　　)る㉙(　　　　)反応が起きる。	

電極が Pt, Au, C の場合

陰極(－)	(1) Zn よりもイオン化傾向の小さい金属イオンが存在する場合，金属イオンが反応する。 例 $Cu^{2+} + 2e^- \longrightarrow Cu$ (2) Al よりもイオン化傾向の大きい金属イオンが存在する場合，水素イオンまたは水分子が反応する。 　電解液が酸性　　　　$2H^+ + 2e^- \longrightarrow H_2$ 　電解液が中性・塩基性　$2H_2O + 2e^- \longrightarrow H_2 + 2OH^-$
陽極(＋)	(1) F^- 以外のハロゲンが関与している場合　例 $2Cl^- \longrightarrow Cl_2 + 2e^-$ (2) ハロゲン以外が関与している場合 　電解液が酸性・中性　$2H_2O \longrightarrow O_2 + 4H^+ + 4e^-$ 　電解液が塩基性　　　$4OH^- \longrightarrow O_2 + 2H_2O + 4e^-$

電極が Ag, Cu などの場合

陰極(－)	電極自身が反応	例 硫酸銅(Ⅱ)水溶液を銅板で電気分解する。	$Cu^{2+} + 2e^- \longrightarrow Cu$
陽極(＋)			$Cu \longrightarrow Cu^{2+} + 2e^-$

● 電気分解の応用

生成物	電解液	陰極	反応式	陽極	反応式
Al	Al_2O_3 (溶融塩)	C	$Al^{3+} + ㉚(　　)e^- \rightarrow Al$	C	$O^{2-} + C \rightarrow ㉛(　　) + 2e^-$ $2O^{2-} + C \rightarrow ㉜(　　) + 4e^-$
純銅	$CuSO_4aq$	Cu	$Cu^{2+} + 2e^- \rightarrow Cu$	Cu	$Cu \rightarrow Cu^{2+} + 2e^-$
NaOH	NaClaq		$2H_2O + 2e^- \rightarrow H_2 + 2OH^-$		$2Cl^- \rightarrow Cl_2 + 2e^-$

● ファラデーの法則

mol と C(クーロン)の関係	電子 1 mol のもつ電気量 = 9.65×10^4 C ㉝(　　　　　)定数 = 9.65×10^4 C/mol	
電気量 Q(C)の求め方	$Q = ㉞(　　) \times ㉟(　　)$	電気量 Q(C)，電流 I(A)，時間 t(s)
電子 n(mol)の求め方	$n = \dfrac{Q}{㊱(　　　　)}$	移動した電子の物質量 n(mol)

例題 **26** イオン化傾向 基礎

example problem

次の(a)〜(c)の記述をもとに，金属 A 〜 D を金属のイオン化傾向の大きい順にならべよ。

(a) 各金属を希塩酸に入れると，A と C は反応して溶けたが，B と D は反応しなかった。

(b) 各金属に高温の水蒸気を吹きかけると，C のみが反応して表面が黒くなった。

(c) D のイオンを含む水溶液に B を入れたら，B の表面に D が析出した。

解答 C ＞ A ＞ B ＞ D

▶ ベストフィット イオン化傾向の大きい金属ほど酸化されて陽イオンになりやすい。

解説 ▶

(a)
希塩酸と反応 A, C

(a)
希塩酸と反応しない B, D

Li K Ca Na Mg Al Zn Fe ｜ Ni Sn Pb (H) Cu Hg Ag Pt Au

高温の水蒸気と反応 C　　　　　A　　　　　$D^+ + B → D + B^+$
(b)　　　　　　　　　　　　　　　　　B ＞ D
　　　　　　　　　　　　　　　(c)

別解 イオン化傾向

(a)　A，C ＞ B，D
(b)　C ＞ A，B，D
(c)　B ＞ D
　　　C ＞ A ＞ B ＞ D

例題 **27** ダニエル電池 基礎

example problem

右図のダニエル電池について，次の問いに答えよ。

(1) この電池の正極は，亜鉛板と銅板のどちらか。

(2) 正極と負極での反応を電子 e^- を用いたイオン反応式で示せ。

(3) 素焼き板を通って，硫酸銅(Ⅱ)水溶液から硫酸亜鉛水溶液の方に移動するイオンをイオン式で示せ。

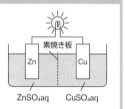

解答 (1) 銅板　(2) 正極　$Cu^{2+} + 2e^- \longrightarrow Cu$　　負極　$Zn \longrightarrow Zn^{2+} + 2e^-$　(3) $SO_4{}^{2-}$

▶ ベストフィット イオン化傾向が大きい金属が負極になる。
素焼き板は多数の細孔があり，イオンが移動できる。

解説 ▶

(1) イオン化傾向　Zn ＞ Cu
　　　　　　　　負極　　正極

(2)

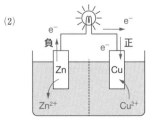

負極　$Zn \longrightarrow Zn^{2+} + 2e^-$
正極　$Cu^{2+} + 2e^- \longrightarrow Cu$

(3)

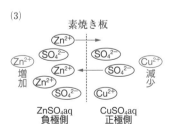

電気的な中性を保つため，
Zn^{2+} と $SO_4{}^{2-}$ が移動。

例題 28 鉛蓄電池
example problem

鉛蓄電池は, (ア)を負極, (イ)を正極とし, 電解液に(ウ)を用いた化学電池であり, 自動車の電源などに広く使われている。電流が流れる(放電する)と, 両極板とも(エ)でおおわれ, (ウ)の密度が小さくなり, 起電力は低下する。ある程度放電したのち, 鉛蓄電池の負極, 正極に, 別の直流電源の(オ)極, (カ)極をそれぞれ接続して電流を通じると, 放電とは逆の変化が起こり, 起電力が回復する。この操作を(キ)という。(キ)により, くり返し使用することができる電池を(ク)とよぶ。

(1) (ア)〜(ク)に適当な語句を入れよ。

(2) 放電にともなう負極および正極での変化をそれぞれイオン反応式で表せ。

(3) 充電すると, 電解液(ウ)の濃度はどのように変化するか。

解答 (1) (ア) 鉛　(イ) 酸化鉛(IV)　(ウ) 希硫酸　(エ) 硫酸鉛(II)　(オ) 負
(カ) 正　(キ) 充電　(ク) 二次電池(蓄電池)

(2) 負極　$Pb + SO_4^{2-} \longrightarrow PbSO_4 + 2e^-$　　正極　$PbO_2 + 4H^+ + SO_4^{2-} + 2e^- \longrightarrow PbSO_4 + 2H_2O$

(3) 大きくなる。

▶ベストフィット　負極 Pb も正極 PbO_2 も硫酸鉛(II) $PbSO_4$ になる。

解説▶ ....

(1)〜(3)

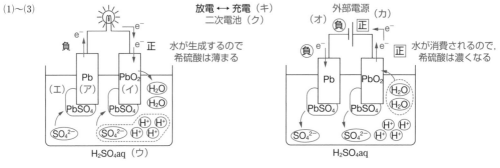

放電時の変化

負極　$\underline{Pb} \longrightarrow \underline{PbSO_4}$
　　　　0　　　　$+2$
　　　$Pb \longrightarrow PbSO_4 + 2e^-$
　　　$Pb + SO_4^{2-} \longrightarrow PbSO_4 + 2e^-$

正極　$\underline{PbO_2} \longrightarrow \underline{PbSO_4}$
　　　　$+4$　　　　$+2$
　　　$PbO_2 + 2e^- \longrightarrow PbSO_4$
　　　$PbO_2 + SO_4^{2-} + 2e^- \longrightarrow PbSO_4$
　　　$PbO_2 + 4H^+ + SO_4^{2-} + 2e^- \longrightarrow PbSO_4 + 2H_2O$

e^- を消去

イオン反応式　$Pb + PbO_2 + 4H^+ + 2SO_4^{2-} \longrightarrow 2PbSO_4 + 2H_2O$

化学反応式　$Pb + PbO_2 + 2H_2SO_4 \longrightarrow 2PbSO_4 + 2H_2O$（放電）

充電時は放電と逆の反応が起こる。

化学反応式　$2PbSO_4 + 2H_2O \longrightarrow Pb + PbO_2 + 2H_2SO_4$（充電）

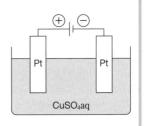

例題 **29** 電気分解

example problem

白金電極を用いて，硫酸銅(II) $CuSO_4$ 水溶液を 1.0 A の電流で 32 分 10 秒間電気分解を行った。次の問いに答えよ。ただし，Cu の原子量は 64 とする。

(1) 陽極と陰極で起こる変化を，それぞれイオン反応式で表せ。

(2) 流れた電気量は，何 mol の電子に相当するか。

(3) 陽極から発生する気体は，標準状態で何 L か。

(4) 陰極に析出する物質は何 g か。

2章
物質の変化と平衡

解答 (1) 陽極 $2H_2O \longrightarrow O_2 + 4H^+ + 4e^-$　　陰極 $Cu^{2+} + 2e^- \longrightarrow Cu$

(2) 2.0×10^{-2} mol　　(3) 0.11 L　　(4) 0.64 g

ベストフィット 電子 e^- 1 mol あたりの電気量は 9.65×10^4 C
電気量〔C〕＝電流〔A〕×時間〔s〕

解説

(1)

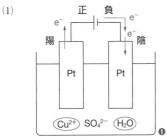

陽　H_2O が酸化されて e^- を出す。
陰　Cu^{2+} が e^- を受け取る。

(2) 32 分 10 秒 ＝ $32 \times 60 + 10 = 1930$ s
電気量＝電流×時間＝1.0 A $\times 1930$ s $= 1930$ C
　　　　　　　　　　　C/ s ❷

流れた電子の物質量　$\dfrac{1930\ C}{9.65 \times 10^4\ C/mol} = 2.0 \times 10^{-2}$ mol

(3) 陽極　$2H_2O \longrightarrow O_2 + 4H^+ + 4e^-$ ❸

$2.0 \times 10^{-2} \times \dfrac{1}{4}$ mol ← 2.0×10^{-2} mol

発生する酸素の体積　$2.0 \times 10^{-2} \times \dfrac{1}{4} \times 22.4 = 0.112 \fallingdotseq 0.11$ L

(4) 陰極　$Cu^{2+} + 2e^- \longrightarrow Cu$ ❸

2.0×10^{-2} mol → $2.0 \times 10^{-2} \times \dfrac{1}{2}$ mol

析出する銅の質量　$2.0 \times 10^{-2} \times \dfrac{1}{2} \times 64 = 0.64$ g

❶陽極…e^- が出る(酸化反応)。
電極が Pt，Au，C 以外
極板の金属がイオンになって e^- を出す。
　例：$Cu \longrightarrow Cu^{2+} + 2e^-$
電極が Pt，Au，C
①F^- 以外のハロゲン化物イオンが e^- を出す。
　例：$2Cl^- \longrightarrow Cl_2 + 2e^-$
②H_2O の H から e^- を出す。
　例：$2H_2O \longrightarrow O_2 + 4H^+ + 4e^-$
（塩基性なら
　　$4OH^- \longrightarrow 2H_2O + O_2 + 4e^-$）
陰極…e^- をもらう(還元反応)。
　　イオン化傾向の小さい陽イオンが e^- をもらう。
　　　例：$Cu^{2+} + 2e^- \longrightarrow Cu$
　　　　　$2H^+ + 2e^- \longrightarrow H_2$
　　（酸性以外なら
　　　$2H_2O + 2e^- \longrightarrow H_2 + 2OH^-$）
❷ A＝C/s
❸電子 e^- の係数が異なるが，流れる電子の物質量は同じである。

68 [金属のイオン化傾向]　次の組み合わせについて，変化が見られるものは，
基礎 そのイオン反応式を答えよ。変化が見られないものは，変化なしと答えよ。

(1)　硫酸亜鉛水溶液と銅　　　(2)　希硫酸とアルミニウム

(3)　硝酸銀水溶液と銅　　　(4)　酢酸鉛(Ⅱ)水溶液と銀

68 ◀例26
イオン化傾向より
考える。

69 [ダニエル電池]　右図は，亜鉛板を薄い硫酸亜鉛
基礎 水溶液，銅板を濃い硫酸銅(Ⅱ)水溶液に浸し，素
焼きの筒で仕切った電池である。

(1)　銅板，亜鉛板のどちらが負極か。

(2)　負極，正極での反応を電子 e⁻ を含むイオン
反応式で表せ。

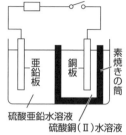

(3)　素焼きの筒を通って，硫酸銅(Ⅱ)水溶液から
硫酸亜鉛水溶液の方へ移動するイオンは何か。
イオン式で答えよ。

(4)　素焼きの筒のかわりに，ガラスの筒を用いた場合，起電力はどうなるか。

(5)　硫酸亜鉛水溶液および硫酸銅(Ⅱ)水溶液の濃度を変えてつくった電池
A〜Dのうち，最も長く電流が流れるものはどれか。記号で答えよ。

水溶液	A	B	C	D
硫酸亜鉛水溶液〔mol/L〕	1.0	1.0	2.0	4.0
硫酸銅(Ⅱ)水溶液〔mol/L〕	1.0	4.0	2.0	1.0

(6)　この電池で「銅板を浸した硫酸銅(Ⅱ)水溶液」のかわりに「銀板を浸した
硝酸銀水溶液」を用いると起電力はどうなるか。

69 ◀例27
(1)イオン化傾向の
大きい方が負極に
なる。

(3)電気的中性を保
つようにイオンが
移動する。

70 [鉛蓄電池]　鉛蓄電池を放電したところ，負極の質量が 48 g 増加した。次
↓check! の問いに答えよ。

(1)　負極での変化をイオン反応式で表せ。

(2)　負極は何 mol 変化したか。

(3)　流れた電子は何 mol か。

(4)　正極は何 g 増加あるいは減少したか。

70 ◀例28
放電では両極とも
PbSO₄ に変化す
る。

71 [電気分解]　次の水溶液を電気分解した。ただし，陽極および陰極に白金電
極を用いるものとする。下の問いに答えよ。

A1：0.1 mol/L　硫酸ナトリウム水溶液　　B1：0.1 mol/L　塩化ナトリウム水溶液

A2：0.1 mol/L　塩化銅(Ⅱ)水溶液　　　　B2：0.1 mol/L　硫酸銅(Ⅱ)水溶液

(1)　A1 の陽極側の電極で発生する気体は何か。また，同じ気体を発生する
水溶液の記号を選べ。

(2)　A1 および B1 の陰極側の電極付近では pH はどのように変化するか。

❓(3)　B2 の陰極側の電極には何が析出するか。また，白金電極のかわりに，
両極とも銅電極を用いたときの硫酸銅(Ⅱ)水溶液の濃度はどのように変わ
るか。

71 ◀例29
硫酸イオンは直接
反応に関与しな
い。

72 [燃料電池] リン酸形燃料電池の模式図を右に示す。この燃料電池では，触媒を含有する2枚の多孔質の電極に仕切られた容器に，電解液としてリン酸水溶液が入れられている。水素，酸素がそれぞれ一定の割合で供給され，それらの気体は多孔質の電極を通してリン酸水溶液と接触できるしくみになっている。2つの電極を導線でつないだ場合，水の電気分解と逆の反応が進行する。

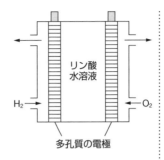

72 負極では電子を放出する。

(1) 図の燃料電池で，負極になるのは水素または酸素と接触する電極のどちら側か。また，負極で起こる化学反応を電子 e^- を用いたイオン反応式で表せ。

(2) この燃料電池の性能を測定すると，25℃で電圧 1.0 V と出力 12 W（ワット）が得られた。ここで W は電流×電圧で定義され，1 W＝1 A（アンペア）・V＝1 J（ジュール）/s（秒）である。この燃料電池を5分間使うと，何 J の電気エネルギーが得られるか。

73 [リチウムイオン電池] リチウムイオン電池は，過塩素酸リチウム $LiClO_4$ を有機溶媒に溶かした電解液，コバルト酸リチウム $LiCoO_2$ からなる

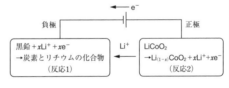

73 負極では充電後，Li^+ の分だけ質量が増える。

正極，および黒鉛からなる負極で構成されている。リチウムイオン電池を充電すると，正極から一部の Li^+ だけが電解液中に移動し，正極の組成が $Li_{(1-x)}CoO_2$ に変化する（$0 \leqq x \leqq 1$）。負極では Li^+ が黒鉛に取り込まれる。

(1) 充電前後のコバルトの酸化数の増減を答えよ。

(2) リチウムイオン電池を 1.0 mA の電流で30分充電したとき，充電後の負極の質量増加〔g〕を求めよ。

(3) 充電後，電解液中の Li^+ の物質量はどうなるか。次の(ア)〜(ウ)から選べ。

(ア) 減少する。　　(イ) 増加する。　　(ウ) 変化しない。

74 [二次電池] 次の(a)〜(e)の電池の名称を答えよ。また，二次電池であるものを選べ。

	負極	正極	電解液
(a)	Cd	NiO(OH)	KOHaq
(b)	Zn	MnO_2, C	$ZnCl_2aq$, NH_4Claq
(c)	Zn	Ag_2O	KOHaq
(d)	Zn	O_2（空気）	KOHaq
(e)	H_2（水素吸蔵合金）	NiO(OH)	KOHaq

75 **[直列電解]** 右図のように二つの
★check! 電解槽を直列につないで，5.0 A
の電流で 20 分間電気分解した。
次の問いに答えよ。

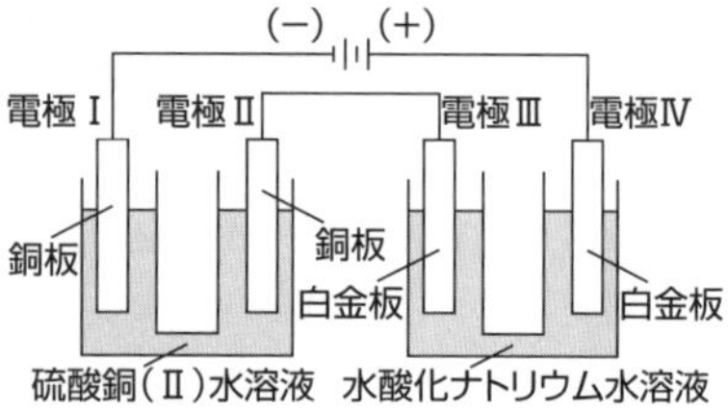

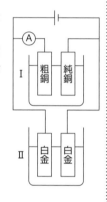

(1) 電極Ⅰ，電極Ⅱで起こる反応
をそれぞれイオン反応式で示せ。

(2) この電気分解で流れた電気量は何 C か。

(3) 電極Ⅰを電気分解したあとに取り出すと，電気分解前に比べて何 g 増
加あるいは減少したか。

(4) 電極Ⅳでは，気体が発生した。この気体を分子式で答えよ。

(5) 電極Ⅲで発生する気体は 0 ℃，1.0×10^5 Pa で何 L か。ただし，この気体
は理想気体とする。

75 直列回路で
は，各電極には同
じ電気量が流れ
る。

76 **[並列電解]** 硫酸銅(Ⅱ)水溶液に 2 枚の銅電極を浸した
★check! 電解槽Ⅰと，希硫酸に 2 枚の白金電極を浸した電解槽Ⅱ
を右図のように並列につなぎ，0.500 A で 3.86×10^3 秒間
電気分解した。このとき，電解槽Ⅰの陰極の質量が
0.127 g 増加していた。次の問いに答えよ。

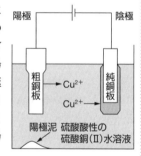

(1) 電解槽ⅠおよびⅡの陽極，陰極で起こる変化を，
e^- を用いたイオン反応式でそれぞれ表せ。

(2) 電池から流れ出た全電気量は何 C か。

(3) 電解槽ⅠおよびⅡを流れた電気量はそれぞれ何 C か。

(4) 電解槽Ⅱの両極で発生した気体は合計何 mol か。

76 並列回路で
は，電源から流れ
る電気量は，電解
槽Ⅰ，Ⅱに流れた
電気量の和と等し
い。

77 **[銅の電解精錬]** 銅の電解精錬は，右図のように
★check! 粗銅を陽極に，純粋な銅を陰極にし，硫酸酸性の
硫酸銅(Ⅱ)水溶液を電解質溶液に用いて，0.3 V
程度の電圧をかけて電気分解する。このとき，陽
極の粗銅からは，銅(Ⅱ)イオンが溶け出し，陰極
に純粋な銅が析出する。粗銅に不純物として含ま
れている金属は，銅(Ⅱ)イオンと同様にイオンと
なって溶け出すものと，金属のまま陽極の下に陽
極泥として沈殿するものがある。

77 イオン化傾向
が銅より大きいか
小さいかを考え
る。

(1) 粗銅に不純物として，鉄，ニッケル，銀，金が含まれている場合，イ
オンとして溶け出す銅以外の金属と，陽極泥として沈殿する金属を元素記号
を用いて記せ。

(2) 銅の質量 % が 92.5 % の粗銅を，2.00 A の電流をちょうど 50 分間流して
電解精錬を行ったところ，陽極の粗銅の質量が 2.00 g 減少した。イオンと
して溶け出した物質のうち，銅(Ⅱ)イオン以外のイオンの物質量を有効数
字 2 桁で答えよ。ただし，溶け出したイオンはすべて +2 価とする。

(3) イオンとして溶け出す金属と，陽極泥として沈殿する金属があるのは，
金属元素のどのような性質が違うためか記せ。

78 [水酸化ナトリウムの製造] 右図の
ように陽イオン交換膜で仕切られた
陽極側に塩化ナトリウム飽和水溶液
を，陰極側に水を入れ電気分解を行
う。陽極では気体として（　ア　）が
発生する。陰極では気体として
（　イ　）と溶液中には（　ウ　）イオ
ンが発生する。溶液中の陰極付近で
は（　ウ　）イオン濃度が高くなり，

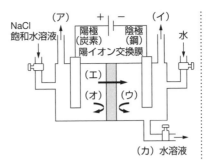

また，（　エ　）イオンは陽極から陰極へ陽イオン交換膜を透過できる。一方，
（　ウ　）イオンや（　オ　）イオンは陽イオン交換膜を透過できない。したが
って，陰極付近では（　ウ　）イオンと（　エ　）イオンの濃度が高くなり，こ
の水溶液を濃縮すると（　カ　）が得られる。

(1)　(ア)〜(カ)に適当な語句を入れよ。

(2)　陽極，陰極での変化を，e^- を用いたイオン反応式で表せ。

(3)　1.00A の電流を 1.93×10^3 秒間流して電気分解したとき，両電極で発生
する気体の体積の合計は標準状態では何 L か。有効数字 3 桁で答えよ。

(4)　得られる水酸化ナトリウム水溶液のモル濃度と pH を求めよ。各電解槽
の水溶液の体積は 2.0 L，水のイオン積は $1.0 \times 10^{-14} (mol/L)^2$ とする。

78 陽イオン交換膜は陽イオンのみ透過することができる。

79 [アルミニウムの溶融塩電解]　ナトリウム，アルミニウムなどの金属は，
（　ア　）がきわめて大きいので，その塩の水溶液を電気分解しても，陰極では
（　イ　）が発生するだけで金属の単体は析出しない。これらの金属の単体を
得るには，その無水の化合物を高温にして，融解状態で電気分解する。アル
ミニウムは，鉱石のボーキサイトから酸化アルミニウムをつくり，これを氷
晶石とともに約 1000℃ で融解し，炭素を電極として，電気分解で製造する。

(1)　(ア)，(イ)に適当な語句を入れよ。

(2)　アルミニウムの電気分解の全体の反応は次式で表される。

$$2Al_2O_3 + 3C \longrightarrow 4Al + 3CO_2$$

　(i)　両極で起こる変化を，e^- を用いたイオン反応式で表せ。

　(ii)　電気分解により 50 g のアルミニウムを得るために必要な電子は何
mol か。有効数字 2 桁で答えよ。

　(iii)　100 A の電流で，3.00 時間電気分解して得られるアルミニウムは何 g
か。有効数字 3 桁で答えよ。

79 化合物を加熱して溶融状態で電気分解することを溶融塩電解という。

80 [金属のイオン化傾向と金属の反応]　鉄板
の表面に亜鉛をめっきした金属板Aと，鉄
板の表面にスズをめっきした金属板Bがあ
る。次の問いに答えよ。

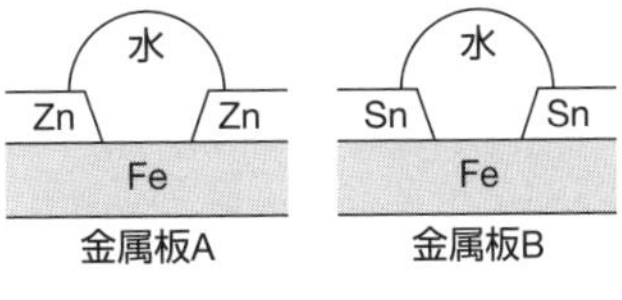

水　　　　　水
Zn　Zn　　Sn　Sn
Fe　　　　　Fe
金属板A　　金属板B

(1)　金属板AおよびBは何とよぶか。

(2)　右図は，金属板Aと金属板Bの表面に小さな傷がつき，水滴が付着した
ようすを示している。このとき，どちらの金属板の鉄が腐食されにくいか。
理由を簡潔に答えよ。

80 イオン化傾向より考える。

▶ **1** 反応の速さとしくみ

● **確認事項** ● 以下の空欄に適当な語句，数字または式を入れよ。

● 反応速度

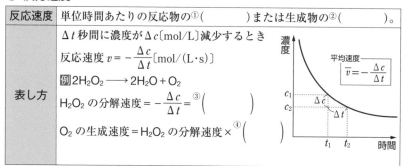

反応速度	単位時間あたりの反応物の①( )または生成物の②( )。
表し方	Δt 秒間に濃度が Δc〔mol/L〕減少するとき 反応速度 $v = -\dfrac{\Delta c}{\Delta t}$〔mol/(L·s)〕 例 $2H_2O_2 \longrightarrow 2H_2O + O_2$ H_2O_2 の分解速度 $= -\dfrac{\Delta c}{\Delta t} = $③( ) O_2 の生成速度 = H_2O_2 の分解速度 ×④( )

解答
①減少量
②増加量
③$-\dfrac{c_2 - c_1}{t_2 - t_1}$
④$\dfrac{1}{2}$

● 反応速度式

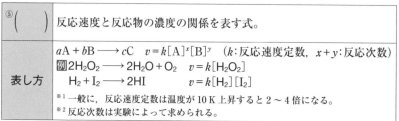

⑤( )	反応速度と反応物の濃度の関係を表す式。
表し方	$aA + bB \longrightarrow cC$　$v = k[A]^x[B]^y$　（k：反応速度定数，$x+y$：反応次数） 例 $2H_2O_2 \longrightarrow 2H_2O + O_2$　$v = k[H_2O_2]$ 　$H_2 + I_2 \longrightarrow 2HI$　　　　$v = k[H_2][I_2]$ ※1 一般に，反応速度定数は温度が 10 K 上昇すると 2〜4 倍になる。 ※2 反応次数は実験によって求められる。

⑤反応速度式

● 反応速度と活性化エネルギー

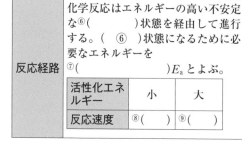
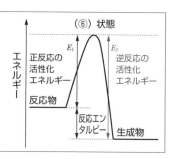

反応経路	化学反応はエネルギーの高い不安定な⑥( )状態を経由して進行する。（ ⑥ ）状態になるために必要なエネルギーを⑦( )E_a とよぶ。

活性化エネルギー	小	大
反応速度	⑧( )	⑨( )

⑥遷移
⑦活性化エネルギー
⑧大
⑨小

⑩衝突回数
⑪活性化エネルギー

● 反応速度を変える条件

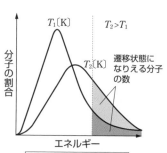

	条件	反応速度	理由
濃度	大	大	粒子の⑩( )が増加。
温度	高温	大	活性化エネルギーより大きなエネルギーをもつ粒子が増加。
触媒	触媒あり	大	もとの反応より⑪( )が小さい別経路を経由して反応が進行。

高温では遷移状態になりえる分子の数が多い。

● 触媒

⑫(　　　)	反応速度を大きくするが，反応前後で自身は変化しない物質。触媒を用いると，もとの反応より⑬(　　　　　　　　)の小さい別経路を経由して反応が進行する。⑭(　　　　　　　　)は変化しない。 例 酸化マンガン(Ⅳ) MnO_2 $2H_2O_2 \longrightarrow 2H_2O + O_2$　(触媒 MnO_2)

解答
⑫触媒
⑬活性化エネルギー
⑭反応エンタルピー

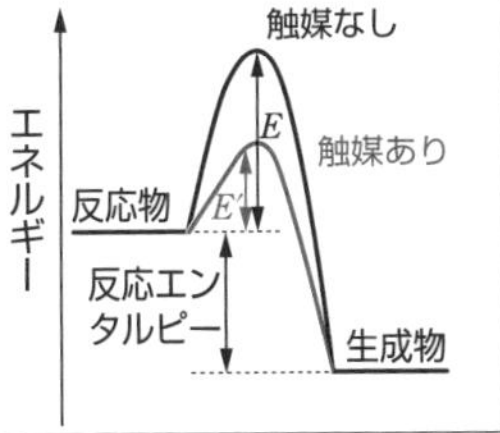

例題 30 反応速度

example problem

過酸化水素水に触媒を加えると，次式のように分解し，過酸化水素の濃度が減少する。

$2H_2O_2 \longrightarrow 2H_2O + O_2$

時間〔分〕と過酸化水素の濃度〔mol/L〕の関係は右図のグラフのようになった。反応開始後 5 分から 10 分の 5 分間(300 秒間)における過酸化水素の平均分解速度〔mol/(L·s)〕を求めよ。

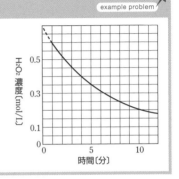

解答　5.0×10^{-4} mol/(L·s)

ベストフィット　平均の反応速度 $\overline{v} = -\dfrac{c_2 - c_1}{t_2 - t_1}$

解説

過酸化水素の濃度は 5 分で 0.35 mol/L，10 分で 0.20 mol/L である。5 分間での濃度変化は 0.15 mol/L である。平均分解速度 $\overline{v}$ は

$$\overline{v} = -\frac{c_2 - c_1}{t_2 - t_1} = -\frac{(0.20 - 0.35)\,[\text{mol/L}]}{(600 - 300)\,[\text{s}]} = 5.0 \times 10^{-4}\ \text{mol/(L·s)}$$

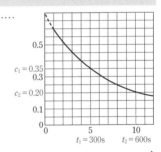

例題 31 化学反応とエネルギー変化

example problem

物質 A と物質 B が反応して物質 C と物質 D が生成する反応①と，その逆反応である反応②が，ある一定温度で同時に進行している場合を考える。

A + B ⟶ C + D　…①

C + D ⟶ A + B　…②

右図は，上の反応のエネルギー図である。

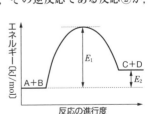

(1)　反応①の活性化エネルギーは何 kJ/mol か。

(2)　反応②の活性化エネルギーは何 kJ/mol か。

(3)　触媒を作用させることにより，反応①の活性化エネルギーが E_3〔kJ/mol〕になったとすると，反応②の活性化エネルギーは何 kJ/mol になるか。ただし，$E_1 > E_3 > E_2$ とする。

解答 (1) E_1〔kJ/mol〕　(2) (E_1-E_2)〔kJ/mol〕　(3) (E_3-E_2)〔kJ/mol〕

▶ **ベストフィット**　活性化エネルギー＝（最大のエネルギー）−（スタートのエネルギー）

解説 ▶ ‥‥‥‥‥‥‥‥‥‥‥‥‥‥‥‥‥‥‥‥‥‥‥‥‥‥‥‥‥‥‥‥‥‥‥‥

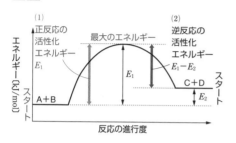
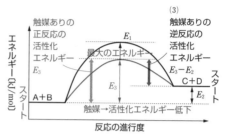

例題 **32** 反応速度式
example problem

$A+B \longrightarrow C$ で表される反応がある。A と B の濃度を変えて，それぞれ初期の反応速度を求め，表のような結果を得た。

実験	[A]〔mol/L〕	[B]〔mol/L〕	v〔mol/(L·s)〕
1	0.30	1.20	3.6×10^{-2}
2	0.30	0.60	9.0×10^{-3}
3	0.60	0.60	1.8×10^{-2}

(1) 初期の反応速度は $v = k[A]^x[B]^y$ で表される。上の表から x, y を求めよ。

(2) この反応の速度定数 k を単位とともに答えよ。

(3) $[A] = 0.80\ \text{mol/L}$，$[B] = 0.90\ \text{mol/L}$ のときの反応速度を求めよ。

解答 (1) $x=1$, $y=2$　(2) $8.3 \times 10^{-2} \text{L}^2/(\text{mol}^2 \cdot \text{s})$　(3) $5.4 \times 10^{-2} \text{mol}/(\text{L} \cdot \text{s})$

▶ **ベストフィット**　反応速度式を $v = k[A]^x[B]^y$ として，実験結果から x, y, k の値を求める。

解説 ▶ ‥‥‥‥‥‥‥‥‥‥‥‥‥‥‥‥‥‥‥‥‥‥‥‥‥‥‥‥‥‥‥‥‥‥‥‥

(1) 実験 2, 3

$$
\begin{array}{ccccc}
2\,\text{倍} & = & 2\,\text{倍} & \times & 1\,\text{倍} \\
\downarrow & & \downarrow & & \downarrow \\
v & = & k[A]^x & & [B]^y \\
\uparrow & & \uparrow & & \uparrow \\
\frac{1}{4}\,\text{倍} & = & 1\,\text{倍} & \times & \left(\frac{1}{2}\right)^2\,\text{倍}
\end{array}
$$

$\longrightarrow x=1$（一定）

$\longrightarrow y=2$（一定）

実験 1, 2

実験	[A]〔mol/L〕	[B]〔mol/L〕	v〔mol/(L·s)〕
1	0.30	1.20	3.6×10^{-2}
2	0.30	0.60	9.0×10^{-3}
3	0.60	0.60	1.8×10^{-2}

（実験1→2：×1, ×$\frac{1}{2}$, ×$\frac{1}{4}$；実験2→3：×2, ×1, ×2）

(2) (1)より，反応速度式 $v = k[A][B]^2$　　$k = \dfrac{v}{[A][B]^2}$

実験1の値を代入すると ❶

$$
k = \frac{3.6 \times 10^{-2}\ \text{mol}/(\text{L·s})}{0.30\ \text{mol/L} \times (1.20\ \text{mol/L})^2}
$$

$$
= 8.33 \times 10^{-2}\ \text{L}^2/(\text{mol}^2 \cdot \text{s}) \fallingdotseq 8.3 \times 10^{-2}\ \text{L}^2/(\text{mol}^2 \cdot \text{s})
$$

❶実験2，実験3の値を代入しても同じ結果が得られる。

(3) 反応速度式 $v = k[A][B]^2$ ((2)より，$k = 8.33 \times 10^{-2} L^2/(mol^2 \cdot s)$)

$$= 8.33 \times 10^{-2} L^2/(mol^2 \cdot s) \times 0.80\ mol/L \times (0.90\ mol/L)^2$$
$$= 5.39 \times 10^{-2}\ mol/(L \cdot s) \fallingdotseq 5.4 \times 10^{-2}\ mol/(L \cdot s)$$

■ 類題

81 [過酸化水素の分解速度]　過酸化水素は，次の反応式のように分解する。

$$2H_2O_2 \longrightarrow 2H_2O + O_2$$

0.95 mol/L の過酸化水素水 10.0 mL を，触媒として酸化マンガン(Ⅳ)を用いて 20℃ に保って分解させ，60 秒ごとに過酸化水素の濃度を測定したところ，表のような結果を得た。次の問いに答えよ。ただし，実験前後で溶液の温度変化および体積変化はないものとする。

時間〔s〕	濃度〔mol/L〕
0	0.95
60	0.75
120	0.59
180	0.47
240	0.37
300	0.29

(1) 0 〜 60 秒における平均分解速度はいくらか。
(2) 実験開始から 300 秒間に発生した酸素の物質量はいくらか。
(3) 実験開始から 300 秒までの間の過酸化水素の平均モル濃度はいくらか。

81 ◀例30
平均分解速度
$= - \dfrac{濃度変化}{時間変化}$

82 [活性化エネルギーと触媒]　少量の酸化マンガン(Ⅳ)MnO_2 に過酸化水素 H_2O_2 水溶液を加えると，次式の反応が起こる。

$$2H_2O_2 \longrightarrow 2H_2O + O_2$$

上の反応では，MnO_2 が触媒としてはたらいている。右図は，この反応について MnO_2 があるときとないときにおける反応の進行度とエネルギーの関係を表している。次の(1)〜(4)を A, B, C, D を用いて表せ。

(1) MnO_2 がないときの活性化エネルギー
(2) MnO_2 があるときの活性化エネルギー
(3) MnO_2 がないときの反応エンタルピー
(4) MnO_2 があるときの反応エンタルピー

82 ◀例31
触媒があるとき，
活性化エネルギー
が減少する。

83 [反応速度と濃度]　$A + B \longrightarrow C$ で表される反応がある。25℃ では，C の生成速度 v は，A のモル濃度 $[A]$ だけを 2 倍にすると 2 倍に，B のモル濃度 $[B]$ だけを $\dfrac{1}{2}$ 倍にすると $\dfrac{1}{8}$ 倍になった。次の問いに答えよ。

(1) v の単位を記せ。ただし，時間の単位は分〔min〕とする。
(2) 反応速度定数を k として，v と $[A]$ および $[B]$ との関係を表す反応速度式を示せ。
(3) $[A]$ と $[B]$ をいずれも 3 倍にすると，v は何倍になるか。

83 ◀例32
反応速度式
$v = k[A]^x[B]^y$

84 ［反応とエネルギー］　次の(1)〜(5)の記述のうち，誤っているものを選べ。

(1)　一般に物質はエネルギーの高い状態から低い状態に向かって変化しようとする。

(2)　反応温度を高くすると反応の速さが大きくなるおもな原因は，単位時間あたりの反応物の粒子の衝突回数が増加することである。

(3)　触媒は，反応速度を変化させるが，反応熱に影響をおよぼさない。

(4)　反応物の濃度が大きくなると，単位時間あたりの反応物の粒子の衝突回数が増加するために，反応の速さは大きくなる。

(5)　活性化エネルギーとは，反応物のエネルギーと遷移状態のエネルギーの差である。

85 ［反応速度］　次の(1)〜(5)の記述のうち，誤っているものを2つ選べ。

85 反応速度定数は温度によって変化する。

(1)　一般に，反応物が固体である場合，細かく粉砕すると反応が速く進みやすい。

(2)　一般に，光を照射しても反応の速さは変化しない。

(3)　一般に，反応物の濃度の増加にともない，反応速度定数は大きくなる。

(4)　一般に，反応の温度の上昇にともない，反応速度定数は大きくなる。

(5)　一般に，反応速度定数は触媒が存在すると変化する。

86 ［反応とエネルギー］　アンモニアについて，次の問いに答えよ。

86 発熱反応を示している図を選ぶ。

(1)　アンモニアは窒素と水素から合成される。そのときの化学反応式は①で示される。

$$N_2 + 3H_2 \longrightarrow 2NH_3 \quad \Delta H = -92.2 \text{ kJ} \quad \cdots ①$$

アンモニアの合成における反応の進行度とエネルギーの関係を示す図として適当なものを，次の(ア)〜(オ)から選べ。

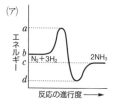 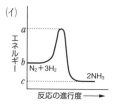 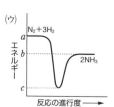

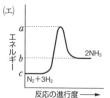 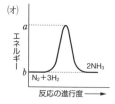

(2)　アンモニアの合成にあてはまる(1)の図において，反応の活性化エネルギーおよびアンモニア1 molの生成エンタルピーを表す式を示せ。

87 [反応速度式]　少量の酸化マンガン(IV)MnO_2 に過酸化水素 H_2O_2 水溶液を加えると，次式の反応が起こる。

$$2H_2O_2 \longrightarrow 2H_2O + O_2 \quad \cdots ①$$

　濃度が 0.95 mol/L の H_2O_2 水溶液を 10.0 cm³ 加えたところ，反応開始から 60 秒間で H_2O_2 が 2.0×10^{-3} mol 反応し，O_2 が 1.0×10^{-3} mol 発生した。

　次に，①の反応について，濃度と反応速度の関係を調べるために以下の実験を行った。少量の MnO_2 に濃度が 0.880 mol/L の H_2O_2 水溶液を 5.00 cm³ 加え，一定温度に保ちながら，反応により生成した O_2 の体積を反応開始から 30 秒ごとに記録した。下表はその結果をまとめたものである。

時間〔s〕	0	30	60	90	120
発生した O_2〔mol〕	0	1.10×10^{-3}	1.68×10^{-3}	1.95×10^{-3}	2.08×10^{-3}
反応した H_2O_2〔mol〕	0	2.20×10^{-3}	3.36×10^{-3}	3.90×10^{-3}	4.16×10^{-3}
H_2O_2 水溶液の濃度〔mol/L〕	(ア)	(イ)	0.208	0.100	0.0480
H_2O_2 水溶液の平均濃度〔mol/L〕		(ウ)	(エ)	0.154	0.0740
H_2O_2 水溶液の濃度の変化量〔mol/L〕		(オ)	(カ)	0.108	0.0520
反応速度〔mol/(L·s)〕		(キ)	(ク)	3.60×10^{-3}	1.73×10^{-3}

(1)　(ア)〜(ク)に適当な数値を入れよ。

(2)　求めた反応速度は，30 秒間の H_2O_2 水溶液の平均濃度と比例関係にあることがわかった。つまり，反応速度 $= k \times$(H_2O_2 水溶液の平均濃度)となる。ここで k は速度定数とよばれる比例定数である。反応開始から 30 秒後までにおける速度定数 k を求めよ。

(3)　この反応において酸化マンガン(IV)MnO_2 は触媒としてはたらいている。次の記述のうち，誤っているものを 2 つ選べ。

① この反応では酸化マンガン(IV)は直接，反応に関与しない。

② この反応の反応速度は酸化マンガン(IV)を加えた方が加えないときより大きい。

③ 酸化マンガン(IV)のかわりにレバーを用いても反応速度は大きくなる。

④ 酸化マンガン(IV)のかわりに塩化鉄(III)水溶液を用いることもできる。酸化マンガン(IV)は不均一触媒，塩化鉄(III)水溶液を均一触媒とよぶ。

⑤ 酸化マンガン(IV)を用いると，反応熱は小さくなる。

⑥ 酸化マンガン(IV)はどのような反応にも触媒としてはたらく。

88 [反応速度式] 化合物 A, B, C はすべて気体分子であり，次式にしたがい化合物 A から化合物 B, C が生成する。

$$mA \longrightarrow nB + C \ (m, n \text{ は係数}) \quad \cdots ①$$

式①の反応において，A の減少速度は C の生成速度の 2 倍，B の生成速度と C の生成速度は同じであった。したがって，m＝(ア)，n＝(イ)となる。このとき，A の減少速度と B の生成速度の比は(ウ)である。また，ある温度で，A の濃度を 2 倍にすると，反応速度が 4 倍となった。反応物の濃度が大きくなると分子間の(エ)が増すために反応は速くなる。一方，温度上昇にともない反応が速くなるのは，大きなエネルギーをもつ分子が増え，(オ)状態になりやすいためである。

(1) (ア)～(オ)に適当な語句および数字を入れよ。

(2) 化合物 A, B および C のモル濃度をそれぞれ[A]，[B]，[C]で表し，反応速度定数を k として，反応の速さ v を表す反応速度式を示せ。

(3) 右図の実線で示した曲線は，ある温度における式①の化合物 C の生成量の時間変化を表したものである。この実験において，次のような変更を行うと，そのグラフはどのようになるか。図中の記号で答えよ。

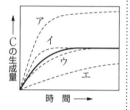

(i) 体積一定で，化合物 A の物質量を増やす。

(ii) 体積一定で，化合物 A の物質量を減らす。

(iii) 触媒を加える。

(4) ピストンのついた容器に 25℃，1.0×10^5 Pa で体積 V_A の化合物 A が入っている。この容器に，25℃ で，全圧を 1.0×10^5 Pa に保ち，不活性気体 D を加え，体積を $2V_A$ とした。このとき，反応速度は，D を加える前の何倍になるか。

(5) ピストンのついた容器に 25℃，1.0×10^5 Pa で体積 V_A の化合物 A が入っている。この容器に，化合物 A と同じ物質量の不活性気体 D を加え，ピストンを動かし 25℃ で全圧を 2.0×10^5 Pa にした。このとき，反応速度は，D を加える前の何倍になるか。

88 (4)不活性気体を入れたときの化合物の濃度を考える。

89 [半減期] 式①で示される気体（五酸化二窒素 N_2O_5）の分解反応について，下の問いに答えよ。ただし，気体はすべて理想気体とする。

$$N_2O_5（気）\longrightarrow 2NO_2（気）+\frac{1}{2}O_2（気）\quad \cdots①$$

(1) 反応容器中には，はじめ N_2O_5 の気体のみが n 〔mol〕あったが，式①の反応が進行して t 分後には N_2O_5 の濃度が 3 分の 1 に減少した。このときの反応容器中の気体は全部で何 mol か。n を用いて表せ。

(2) 式①の分解反応は一次反応であり，反応速度 v 〔mol/(L·min)〕は，式②で表せる。

$$v=k[N_2O_5]\quad \cdots②$$

ここで，k は反応速度定数〔/min〕，$[N_2O_5]$ は N_2O_5 の濃度〔mol/L〕である。この分解反応の反応開始時における温度と反応速度 v の関係を調べたところ，50℃ では $1.0×10^{-3}$ mol/(L·min)，80℃ では $3.2×10^{-2}$ mol/(L·min) であった。次の(i)〜(iii)に答えよ。

(i) 80℃ のまま分解反応が進んで $[N_2O_5]$ が反応開始時の半分になったとき，反応速度定数 k の値は反応開始時と比べてどのようになるか。次の(ア)〜(ウ)の中から選べ。

 (ア) 2 倍になる。 (イ) 半分になる。 (ウ) 変化しない。

(ii) 反応温度を 50℃ から 80℃ に上げたときに，反応速度定数 k の値は何倍になるか。

(iii) 50℃ 〜 80℃ の温度範囲において，反応速度 v を 2 倍にするには温度を何℃ 上げればよいか。ただし，この温度範囲において反応速度は一定温度上昇するごとに 2 倍になるとする。

難 (3) 下図に示すように，一次反応で分解する気体の N_2O_5 は，一定時間 T が経過するごとに濃度が半減する。下の(i)，(ii)に答えよ。

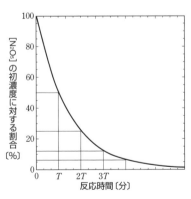

(i) T が 20 分であるとき，分解反応を開始して 80 分後には，$[N_2O_5]$ は反応開始時の濃度（初濃度）の何分の 1 になるか。

(ii) T が 20 分であるとき，$[N_2O_5]$ が初濃度の 10 分の 1 になるのに要する時間〔分〕を有効数字 2 桁で求めよ。ただし，$\log_{10}2=0.30$ とする。

89 反応速度定数は温度に依存する。

反応時間が $2T$ になったとき，濃度は初濃度の何倍になっているかを考える。

▶**1** 化学平衡

● **確認事項** 以下の空欄に適当な語句および式を入れよ。

● 化学平衡

①( )	正方向・逆方向いずれにも進む反応。 例 $H_2 + I_2 \rightleftarrows 2HI$
②( )	一方向にだけ進む反応。 例 $Zn + 2HCl \longrightarrow ZnCl_2 + H_2$
③( )	可逆反応の正反応の速度 v_1 と逆反応の速度 v_2 が等しくなり，見かけ上，反応の進行が停止している状態。 例 $H_2 + I_2 \rightleftarrows 2HI$　平衡時 $v_1 = v_2$

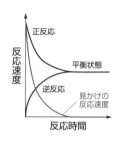

解答
①可逆反応
②不可逆反応
③化学平衡
　（平衡状態）

● 平衡時の量的関係

	反応量 x		解離度 α	
可逆反応 はじめ〔mol〕 変化量〔mol〕	$N_2O_4 \rightleftarrows$ n $-x$	$2NO_2$ $+2x$	$N_2O_4 \rightleftarrows$ n $-n\alpha$	$2NO_2$ $+2n\alpha$
平衡時〔mol〕	$n-x$	$2x$　計 $n+x$	$n(1-\alpha)$	$2n\alpha$　計 $n(1+\alpha)$
モル濃度〔mol/L〕	$\dfrac{n-x}{V}$	$\dfrac{2x}{V}$	$\dfrac{n(1-\alpha)}{V}$	$\dfrac{2n\alpha}{V}$
モル分率	$\dfrac{n-x}{n+x}$	$\dfrac{2x}{n+x}$	$\dfrac{1-\alpha}{1+\alpha}$	$\dfrac{2\alpha}{1+\alpha}$
分圧〔Pa〕	$\dfrac{n-x}{n+x}P$	$\dfrac{2x}{n+x}P$	$\dfrac{1-\alpha}{1+\alpha}P$	$\dfrac{2\alpha}{1+\alpha}P$

● 化学平衡の法則（質量作用の法則）

可逆反応	$aA + bB \rightleftarrows cC + dD$　（a, b, c, d は係数）
④( )	$K = \dfrac{[C]^c[D]^d}{[A]^a[B]^b} = $ 一定（温度一定）　[ ]：平衡時のモル濃度〔mol/L〕
⑤( )	$K_p = \dfrac{p_C{}^c \cdot p_D{}^d}{p_A{}^a \cdot p_B{}^b} = $ 一定（温度一定）　p：平衡時の分圧〔Pa〕

④平衡定数
⑤圧平衡定数

● 平衡の移動

⑥( ) 　　の原理	平衡状態で，濃度，圧力，温度などを変化させると，その影響をやわらげる方向に反応が進み，新しい平衡状態になる。	
可逆反応	例 $N_2 + 3H_2 \rightleftarrows 2NH_3$　$\Delta H = -92\,kJ$	

変化		やわらげる方向	平衡移動の方向
濃度	NH_3 を加える。	NH_3 を⑦( )させる。	左向き（←）
	NH_3 を取り除く。	NH_3 を⑧( )させる。	右向き（→）
圧力	圧力を増加させる。	気体分子数を⑨( )させる。	右向き（→）
	圧力を減少させる。	気体分子数を⑩( )させる。	左向き（←）
温度	加熱する。	温度を⑪( )させる。	左向き（←）
	冷却する。	温度を⑫( )させる。	右向き（→）

⑥ルシャトリエ
⑦減少
⑧増加
⑨減少
⑩増加
⑪低下
⑫上昇

● 電離平衡

水のイオン積 K_w	水はわずかに電離し，平衡状態になっている。 $H_2O \rightleftharpoons H^+ + OH^-$　$\dfrac{[H^+][OH^-]}{[H_2O]} = K$ $[H^+][OH^-] = K[H_2O] = K_w = 1.0 \times 10^{-14}\,(\text{mol/L})^2$　（25℃） 温度一定で，水溶液中の $[H^+]$ と $[OH^-]$ の積は一定。
pH	$[H^+] = b \times 10^{-a}\,[\text{mol/L}]$ のとき，$\text{pH} = -\log_{10}[H^+] = a - \log_{10} b$

弱酸・弱塩基の電離平衡

電離平衡	弱酸（弱塩基）は一部の分子が電離し，平衡状態となっている。このときの平衡定数を⑬(　　　　　)という。	
電離平衡 はじめ〔mol/L〕 変化量〔mol/L〕	$CH_3COOH \rightleftharpoons CH_3COO^- + H^+$ c $-c\alpha$　　　　$+c\alpha$　$+c\alpha$	$NH_3 + H_2O \rightleftharpoons NH_4^+ + OH^-$ c $-c\alpha$　　　　$+c\alpha$　$+c\alpha$
平衡時〔mol/L〕	$c(1-\alpha)$　　　　$c\alpha$　　$c\alpha$	$c(1-\alpha)$　　　　$c\alpha$　　$c\alpha$
電離定数	$K_a = ⑭(\qquad\qquad)$	$K_b = ⑮(\qquad\qquad)$
$[H^+]$, $[OH^-]$ と電離定数	$\alpha \ll 1$ より，$1-\alpha \doteqdot 1$ $K_a = \dfrac{c\alpha \times c\alpha}{c(1-\alpha)} = \dfrac{c\alpha^2}{1-\alpha} \doteqdot c\alpha^2$ $\alpha = ⑯(\qquad\qquad)$ $[H^+] = c\alpha = \sqrt{cK_a}\,[\text{mol/L}]$	$\alpha \ll 1$ より，$1-\alpha \doteqdot 1$ $K_b = \dfrac{c\alpha \times c\alpha}{c(1-\alpha)} = \dfrac{c\alpha^2}{1-\alpha} \doteqdot c\alpha^2$ $\alpha = ⑰(\qquad\qquad)$ $[OH^-] = c\alpha = \sqrt{cK_b}\,[\text{mol/L}]$

● 塩の加水分解

塩の 加水分解	弱酸（弱塩基）と強塩基（強酸）からなる塩の水溶液は，電離により生成する弱酸のイオン（弱塩基のイオン）が加水分解して，それぞれ塩基性（酸性）を示す。このときの平衡定数を加水分解定数 K_h という。

弱酸由来の塩・弱塩基由来の塩の加水分解

塩	酢酸ナトリウム CH_3COONa	塩化アンモニウム NH_4Cl
塩の加水分解 はじめ〔mol/L〕 変化量〔mol/L〕	$CH_3COO^- + H_2O \rightleftharpoons CH_3COOH + OH^-$ c $-ch$　　　　$+ch$　$+ch$	$NH_4^+ + H_2O \rightleftharpoons NH_3 + H_3O^+$ c $-ch$　　　　$+ch$　$+ch$
平衡時〔mol/L〕	$c(1-h)$　　　　ch　　ch	$c(1-h)$　　　　ch　　ch
加水分解定数	$K_h = ⑱(\qquad\qquad)$	$K_h = ⑲(\qquad\qquad)$
$[H^+]$, $[OH^-]$ と加水分解定数	$h \ll 1$ より $1-h \doteqdot 1$ $K_h = \dfrac{ch \times ch}{c(1-h)} = \dfrac{ch^2}{1-h} \doteqdot ch^2$ $K_h = \dfrac{[CH_3COOH][OH^-] \times [H^+]}{[CH_3COO^-] \times [H^+]}$ $= ⑳(\qquad\qquad)$ $[OH^-] = \sqrt{cK_h} = \sqrt{\dfrac{cK_w}{K_a}}\,[\text{mol/L}]$	$h \ll 1$ より $1-h \doteqdot 1$ $K_h = \dfrac{ch \times ch}{c(1-h)} = \dfrac{ch^2}{1-h} \doteqdot ch^2$ $K_h = \dfrac{[NH_3][H^+] \times [OH^-]}{[NH_4^+] \times [OH^-]}$ $= ㉑(\qquad\qquad)$ $[H^+] = \sqrt{cK_h} = \sqrt{\dfrac{cK_w}{K_b}}\,[\text{mol/L}]$

解答

⑬電離定数

⑭ $\dfrac{[CH_3COO^-][H^+]}{[CH_3COOH]}$

⑮ $\dfrac{[NH_4^+][OH^-]}{[NH_3]}$

⑯ $\sqrt{\dfrac{K_a}{c}}$

⑰ $\sqrt{\dfrac{K_b}{c}}$

⑱ $\dfrac{[CH_3COOH][OH^-]}{[CH_3COO^-]}$

⑲ $\dfrac{[NH_3][H^+]}{[NH_4^+]}$

⑳ $\dfrac{K_w}{K_a}$

㉑ $\dfrac{K_w}{K_b}$

2章 物質の変化と平衡

● 緩衝液

緩衝作用	少量の酸(H^+)や塩基(OH^-)を加えても，その影響が緩和され，pHがほぼ一定に保たれる溶液を㉒(　　　　)という。一般に，弱酸とその塩，または弱塩基とその塩の混合溶液は㉓(　　　　)がある。
	例 酢酸と酢酸ナトリウムの混合溶液 CH_3COOHとCH_3COO^-がそれぞれOH^-，H^+と反応し影響を緩和する。

酸を加える	塩基を加える
$CH_3COO^- + H^+$ 　　　$\longrightarrow CH_3COOH$ $[H^+]$が増加しない。	$CH_3COOH + OH^-$ 　　　$\longrightarrow CH_3COO^- + H_2O$ $[OH^-]$が増加しない。

緩衝液の$[H^+]$，$[OH^-]$

緩衝液	CH_3COOH と CH_3COONa	NH_3 と NH_4Cl
電離平衡 はじめ〔mol/L〕 変化量〔mol/L〕 平衡時〔mol/L〕	$CH_3COOH \rightleftarrows CH_3COO^- + H^+$ 　c　　　　　c' 　$-x$　　　　$+x$　　$+x$ 　$c-x$　　　$c'+x$　　x	$NH_3 + H_2O \rightleftarrows NH_4^+ + OH^-$ 　c　　　　　c' 　$-x$　　　　$+x$　　$+x$ 　$c-x$　　　$c'+x$　　x
平衡定数	$K_a = $ ㉔ (　　　　　)	$K_b = $ ㉕ (　　　　　)
$[H^+]$，$[OH^-]$ と平衡定数	$x \ll c$, c'より $c-x \fallingdotseq c$, $c'+x \fallingdotseq c'$ $K_a = \dfrac{(c'+x) \times [H^+]}{c-x} \fallingdotseq \dfrac{c'}{c}[H^+]$ $[H^+] = \dfrac{c}{c'}K_a$〔mol/L〕	$x \ll c$, c'より $c-x \fallingdotseq c$, $c'+x \fallingdotseq c'$ $K_b = \dfrac{(c'+x) \times [OH^-]}{c-x} \fallingdotseq \dfrac{c'}{c}[OH^-]$ $[OH^-] = \dfrac{c}{c'}K_b$〔mol/L〕

● 溶解平衡

溶解度積	固体が溶け残っている飽和溶液では，溶解する速度と析出する速度が等しく，見かけ上，溶解も析出も起こっていない。この状態を㉖(　　　　)という。このとき，一定温度では飽和溶液中のイオンのモル濃度の積は一定である。この積を㉗(　　　　)といいK_{sp}と表す。 $\dfrac{[A^+][B^-]}{[AB(固)]} = K$　　$[A^+][B^-] = K[AB(固)] = K_{sp}$	 A^+　B^-　AB $K_{sp} < [A^+][B^-]$

溶解平衡	$AgCl(固) \rightleftarrows Ag^+ + Cl^-$	$Ag_2CrO_4(固) \rightleftarrows 2Ag^+ + CrO_4^{2-}$
溶解度積	$K_{sp} = [Ag^+][Cl^-]$ $(mol/L)^2$	$K_{sp} = $ ㉘(　　　　　) $(mol/L)^3$
沈殿条件	$K_{sp} < [Ag^+][Cl^-]$	$K_{sp} < [Ag^+]^2[CrO_4^{2-}]$

※溶解度積が小さな塩は溶解度も小さい。

㉙(　　　　)	平衡状態にある電解質の水溶液に，電解質の構成イオンと同じイオンを加えると，平衡が移動する現象。 **例**塩化ナトリウムの飽和水溶液に$NaOH$を加えると，平衡が左向きに移動し，塩化ナトリウムの固体が析出する。 $NaCl(固) \rightleftarrows Na^+ + Cl^-$

例題 **33** 平衡定数　example problem

水素 5.50 mol とヨウ素 4.00 mol を 20 L の容器に入れ，ある温度で一定に保つと，次式のような反応が起こり，平衡状態に達した。このとき，ヨウ化水素が 7.00 mol 生じていた。

$$H_2 + I_2 \rightleftarrows 2HI$$

(1)　この反応の平衡定数を求めよ。

(2)　同じ容器に水素 5.0 mol とヨウ素 5.0 mol を入れ，同じ温度に保つと，水素およびヨウ化水素は何 mol 存在するか答えよ。

解答　(1) 49　(2) 水素 1.1 mol　ヨウ化水素 7.8 mol

ベストフィット　温度が一定であれば，平衡定数は一定の値をとる。

解説▶

(1)

	H_2	$+$	I_2	$\rightleftarrows$	$2HI$
はじめ〔mol〕	5.50		4.00		
変化量〔mol〕	$-3.50 \leftarrow$		$-3.50 \leftarrow$		$+7.00$
平衡時〔mol〕	2.00		0.50		7.00

容器の体積が 20 L なので，平衡定数 K は

$$K = \frac{[HI]^2}{[H_2][I_2]} = \frac{\left(\dfrac{7.00}{20}\right)^2}{\dfrac{2.00}{20} \times \dfrac{0.50}{20}} = 49$$

(2)　HI が x〔mol〕生成したとすると，H_2 および I_2 はいずれも $\left(5.0 - \dfrac{x}{2}\right)$ mol なので

	H_2	$+$	I_2	$\rightleftarrows$	$2HI$
はじめ〔mol〕	5.0		5.0		
変化量〔mol〕	$-\dfrac{x}{2} \leftarrow$		$-\dfrac{x}{2} \leftarrow$		$+x$
平衡時〔mol〕	$5.0 - \dfrac{x}{2}$		$5.0 - \dfrac{x}{2}$		x

温度が一定であれば，平衡定数は一定の値をとる。

$$K = \frac{(x/20)^2}{\dfrac{5.0 - x/2}{20} \times \dfrac{5.0 - x/2}{20}} = 49$$

$$\left(\frac{x}{5.0 - x/2}\right)^2 = 7^2 \qquad x = 7.77 \fallingdotseq 7.8 \text{ mol}$$

水素は $5.0 - \dfrac{7.8}{2} = 1.1$ mol，ヨウ化水素は 7.8 mol

例題 **34** 平衡の移動　example problem

$aA + bB \rightleftarrows cC$ の反応において，いろいろな温度・圧力で平衡に達したときの C の濃度を右図に示す。ただし，物質 A，B，C は気体である。

(1)　C の生成反応は発熱反応か吸熱反応か。

(2)　a，b，c の間には，次のいずれの関係があるか。

(ア)　$a + b > c$　　(イ)　$a + b < c$　　(ウ)　$a + b = c$

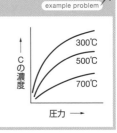

解答　(1) 発熱反応　(2) (ア)

ベストフィット　温度・圧力を変えると，その変化をやわらげる方向に平衡は移動する。

解説▶

(1)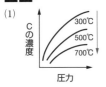

温度を上げると
C の濃度が下がる。
↓
平衡は左へ。
↓
発熱反応

(2)

$aA + bB \rightleftarrows cC$

$a + b > c$ のとき，平衡は右へ。
$a + b < c$ のとき，平衡は左へ。
$a + b = c$ のとき，平衡は移動しない。

圧力を上げると C の濃度が上がる。→ $a + b > c$

酢酸水溶液中では，次式のような電離平衡が成立している。$CH_3COOH \rightleftarrows CH_3COO^- + H^+$
酢酸の電離度は1よりも非常に小さいものとして，次の問いに答えよ。

(1) 電離定数 K_a を表す式を，各成分のモル濃度を用いて記せ。

(2) 電離定数 K_a を 2.8×10^{-5} mol/L として，7.0×10^{-2} mol/L の酢酸水溶液中の酢酸の電離度 α を求めよ。

(3) 7.0×10^{-2} mol/L の酢酸水溶液中の水素イオン濃度 $[H^+]$ を求めよ。

解答 (1) $K_a = \dfrac{[CH_3COO^-][H^+]}{[CH_3COOH]}$ (2) 2.0×10^{-2} (3) 1.4×10^{-3} mol/L

● ベストフィット

弱酸水溶液は，電離度 $\alpha = \sqrt{\dfrac{K_a}{c}}$，水素イオン濃度 $[H^+] = c\alpha$

解説▶··

(1) 酢酸のような弱酸は，水溶液中でわずかに電離して，次のような電離平衡の状態になっている。

$$CH_3COOH \rightleftarrows CH_3COO^- + H^+$$

この電離平衡において，次の関係が成り立つ。

$$K_a = \frac{[CH_3COO^-][H^+]}{[CH_3COOH]} \quad \cdots ①$$

(2) 酢酸水溶液の濃度を c〔mol/L〕，電離度を α とすると，電離平衡に達したときの水溶液中の各成分の濃度は，次のようになる。

	CH_3COOH	$\rightleftarrows$	CH_3COO^-	+	H^+
はじめ〔mol/L〕	c				
変化量〔mol/L〕	$-c\alpha$		$+c\alpha$		$+c\alpha$
平衡時〔mol/L〕	$c(1-\alpha)$		$c\alpha$		$c\alpha$

●各成分の割合

CH₃COO⁻, H⁺
CH₃COOH
$1-\alpha$　α
∥
1

①式に各成分のモル濃度を代入すると

$$K_a = \frac{[CH_3COO^-][H^+]}{[CH_3COOH]} = \frac{c\alpha \times c\alpha}{c(1-\alpha)} = \frac{c\alpha^2}{1-\alpha}$$

ここで，電離度 α は1に比べて非常に小さいので，$1-\alpha \fallingdotseq 1$ とみなすと

$K_a \fallingdotseq c\alpha^2$ となり　$\alpha = \sqrt{\dfrac{K_a}{c}}$ と表される。　$\alpha = \sqrt{\dfrac{K_a}{c}} = \sqrt{\dfrac{2.8 \times 10^{-5}}{7.0 \times 10^{-2}}} = \sqrt{4.0 \times 10^{-4}} = 2.0 \times 10^{-2}$

(3) (2)から，$\alpha = 2.0 \times 10^{-2}$ なので，水素イオン濃度は次のようになる。

$$[H^+] = c\alpha = 7.0 \times 10^{-2} \times 2.0 \times 10^{-2} = 1.4 \times 10^{-3} \text{ mol/L}$$

例題 **36** 溶解平衡と溶解度積 example problem

次の文中の（　）に適当な語句または数字，〔　〕に適当な式を入れよ。

塩化銀 AgCl は水に溶けにくい塩（沈殿を生じやすい）であるが，ごくわずかに水に溶けて飽和水溶液になり，溶解平衡 $AgCl(固) \rightleftarrows Ag^+ + Cl^-$ が成立する。

この飽和水溶液に塩化水素を通じると，（　ア　）の増加を緩和する方向へ平衡が移動し，沈殿の量は（　イ　）する。このような現象を（　ウ　）効果という。塩化銀の溶解度積は $K_{sp} = 〔$　エ　$〕$ と表され，その値は 25℃ では 1.8×10^{-10} (mol/L)² である。したがって，$[Ag^+]$ が 2.0×10^{-5} mol/L の塩化銀の飽和水溶液では，$[Cl^-]$ は（　オ　）mol/L となる。

解答 (ア) 塩化物イオン　(イ) 増加　(ウ) 共通イオン　〔エ〕 $[Ag^+][Cl^-]$　(オ) $9.0×10^{-6}$

▶ **ベストフィット**　溶解度積は，温度が一定であれば常に一定である。

解説 ▶ ....

AgCl 飽和水溶液

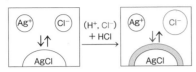

AgCl $\rightleftarrows$ Ag$^+$ + Cl$^-$ において
Cl$^-$ が増えると平衡は左へ移動。
(ア)
→AgClが増える。→共通イオン効果
(イ)　　　　(ウ)

飽和水溶液では，　$K_{sp} = [Ag^+][Cl^-]$は一定である。

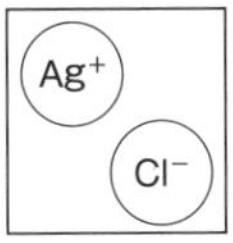

$K_{sp} = [Ag^+][Cl^-]$
(エ)

$$[Cl^-] = \frac{K_{sp}}{[Ag^+]}$$
$$= \frac{1.8 × 10^{-10} (mol/L)^2}{2.0 × 10^{-5} mol/L}$$
$$= 9.0×10^{-6} mol/L$$
(オ)

類題

90 [正反応・逆反応]　水素とヨウ素の混合物を密閉容器に入れ 450℃ で反応させると，ヨウ化水素が生成し，やがて平衡に達する。

$$H_2 + I_2 \underset{逆反応}{\overset{正反応}{\rightleftarrows}} 2HI$$

反応開始後の正反応の速さと逆反応の速さを表す図として最も適当なものを，(1)〜(5)のうちから 1 つ選べ。

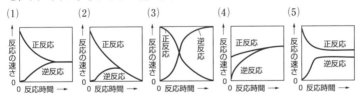

(1)　(2)　(3)　(4)　(5)

91 [平衡定数]　水素 5.0 mol とヨウ素 5.0 mol を容器に入れ，ある温度で一定に保つと，次式のように反応が起こり，平衡状態に達した。このとき，ヨウ化水素が 8.0 mol 生じていた。

$$H_2 + I_2 \rightleftarrows 2HI$$

(1)　この反応の平衡定数を求めよ。

(2)　(1)の平衡混合物にさらに水素 2.0 mol，ヨウ素 2.0 mol を加え同じ温度に保ったところ，平衡が移動して，新たな平衡状態となった。このとき，平衡はどちらに移動したか。また，容器内にヨウ化水素は何 mol あるか。

(3)　(2)の平衡混合物にさらにヨウ化水素 5.0 mol を加え同じ温度に保ったところ，再び平衡が移動して，新たな平衡状態となった。このとき，平衡は(2)の平衡状態からどちらに移動したか。また，容器内にヨウ化水素は何mol あるか。

90 ◀例33
平衡状態では正反応と逆反応の速さが等しくなる。

91 ◀例33, 34
変化をやわらげる方向に平衡は移動する。

92 [弱塩基の電離定数] アンモニアは水溶液中で次のように電離している。

$$NH_3 + H_2O \rightleftharpoons NH_4^+ + OH^-$$

この平衡について，次式が成り立つ。

$$K = \frac{[NH_4^+][OH^-]}{[NH_3][H_2O]} \quad \cdots ①$$

この K を電離平衡の平衡定数という。

ここで，薄い水溶液では水の濃度$[H_2O]$は一定と考えてよいので，①式は次のように表される。$K[H_2O] = \dfrac{[NH_4^+][OH^-]}{[NH_3]} = K_b \quad \cdots ②$

この K_b を塩基の電離定数という。

(1) 濃度 c〔mol/L〕のアンモニア水において，アンモニアの電離度をαとするとき，αを c と K_b で表せ。ただし，αは 1 に比べて非常に小さいので，$1-\alpha \fallingdotseq 1$ とみなせる。

(2) 0.10 mol/L のアンモニア水(25℃)の水酸化物イオン濃度$[OH^-]$はいくらか。有効数字 2 桁で答えよ。ただし，25℃におけるアンモニアの電離定数 K_b は 1.7×10^{-5} mol/L であり，$\sqrt{1.7} = 1.3$ とする。

92 ◀例35

NH_4^+, OH^-

NH_3

$1-\alpha$　　α

---

93 [溶解度積] 難溶性の塩である硫化銅(Ⅱ)CuS と硫化亜鉛 ZnS の溶解度積は，それぞれ 6.3×10^{-30} (mol/L)^2 および 2.1×10^{-18} (mol/L)^2 である。Cu^{2+} および Zn^{2+} の濃度がいずれも 0.10 mol/L である混合水溶液について，次の問いに答えよ。

93 ◀例36
Zn^{2+} は中・塩基性でのみ，S^{2-} と沈殿を形成する。

(1) 硫化水素を通じて，S^{2-} の濃度を 1.0×10^{-19} mol/L に保つ場合，水溶液中に存在する Cu^{2+} および Zn^{2+} のモル濃度は，それぞれ何 mol/L か。次の(ア)～(エ)から選べ。

　(ア) 6.3×10^{-49} 　(イ) 6.3×10^{-11} 　(ウ) 2.1×10^{-2} 　(エ) 0.10

(2) 硫化水素を通じて CuS だけを沈殿させるための S^{2-} のモル濃度の範囲は，次式のように与えられる。式中の①と②に入る数字を，有効数字 2 桁で示せ。（ ① ）mol/L $<[S^{2-}]<$（ ② ）mol/L

◆•◆•◆•◆•◆•◆•◆•◆ **練習問題** ◆•◆•◆•◆•◆•◆•◆•◆

---

94 [平衡移動] 次の(1)～(7)の反応が平衡状態になっているとき，それぞれの反応について[　]で示した操作を行った。このとき平衡はどちらに移動するか。移動しない場合は，なしと書け。ただし，$Q>0$ とする。

94 酢酸ナトリウムは完全に電離する。

(1) $N_2(気) + 3H_2(気) \rightleftharpoons 2NH_3(気)$ $\Delta H = -92$ kJ　[アンモニアを一部取り除く]

(2) $2NO(気) \rightleftharpoons N_2(気) + O_2(気)$ 　$\Delta H = -Q$ 　[圧力一定で，加熱する]

(3) $C_2H_4(気) + H_2(気) \rightleftharpoons C_2H_6(気)$ $\Delta H = -Q$ 　[温度一定で，加圧する]

(4) $2HI(気) \rightleftharpoons H_2(気) + I_2(気)$ 　$\Delta H = +Q$ 　[温度一定で，減圧する]

(5) $2NO_2(気) \rightleftharpoons N_2O_4(気)$ 　$\Delta H = -Q$ 　　　[温度一定で，容器の体積を大きくする]

(6) $2SO_2(気) + O_2(気) \rightleftharpoons 2SO_3(気)$ $\Delta H = -Q$ 　[触媒を加える]

(7) $CH_3COOH + H_2O \rightleftharpoons H_3O^+ + CH_3COO^-$ 　[酢酸ナトリウムを加える]

95 [平衡定数] 酢酸 CH_3COOH とエタノール C_2H_5OH の混合物に少量の濃硫酸を加えると，以下のような反応が進行し，酢酸エチル $CH_3COOC_2H_5$ が得られる。

↓check!

$$CH_3COOH + C_2H_5OH \rightleftharpoons CH_3COOC_2H_5 + H_2O$$

いま，$60\,g$ の酢酸を，密度 $0.80\,g/mL$ のエタノール $57.5\,mL$ に加え少量の濃硫酸を加えたのち，一定温度 T で反応させた。その後，反応は平衡状態に達し，このとき酢酸が $0.25\,mol$ に減少していた。

(1) この温度 T における平衡定数はいくらか。

(2) この反応において，目的となる物質である酢酸エチルを効率よく得るためには，実験器具は水でぬれていない方がよい。この理由を簡単に述べよ。

(3) 酢酸とエタノールをどちらも $1.6\,mol$ ずつ混合し少量の濃硫酸を加え，温度 T に保って反応させたところ，しばらくして平衡状態に達した。生成した酢酸エチルは何 mol か。

(4) 酢酸 $1.0\,mol$，エタノール $1.0\,mol$，水 $4.0\,mol$ および少量の濃硫酸を加え，温度 T に保って反応させたところ，平衡はどちらに移動するか。また，このとき生じる酢酸エチルは何 mol か。

95 温度一定のとき，平衡定数は同じである。

96 [圧平衡定数] 四酸化二窒素は二酸化窒素との間に次のような平衡が成り立つ。

難

$$N_2O_4\,(気) \rightleftharpoons 2NO_2\,(気)$$

ある温度で容積 $V\,[L]$ の容器に $x\,[mol]$ の四酸化二窒素を入れて平衡状態にした。このときの容器内の圧力を $P\,[Pa]$，四酸化二窒素の解離度を α とし，次の問いに答えよ。

(1) 平衡状態における四酸化二窒素 N_2O_4，および二酸化窒素 NO_2 の物質量を x と α を用いて表せ。

(2) この温度における濃度平衡定数 K_c はいくらか。x, α, V を用いて表せ。

(3) 平衡状態における四酸化二窒素の分圧 $p_{N_2O_4}$，二酸化窒素の分圧 p_{NO_2} はいくらか。P, α を用いて表せ。

(4) この温度における圧平衡定数 K_p はいくらか。P, α を用いて表せ。

(5) 気体定数を R，絶対温度を T として，圧平衡定数 K_p を，K_c, R, T を用いて表せ。

(6) $345\,K$ における濃度平衡定数 K_c は $7.0 \times 10^{-2}\,mol/L$ である。この温度における圧平衡定数 K_p を求めよ。ただし，気体定数 $R = 8.3 \times 10^3\,Pa\cdot L/(mol\cdot K)$ とする。

(7) $345\,K$ において，平衡状態における圧力が $1.5 \times 10^5\,Pa$ を示すとき，四酸化二窒素の解離度 α を求めよ。

96 分圧はモル分率を使って求める。

97 [酸の電離平衡・塩の加水分解] 次の文章を読み，下の問いに答えよ。ただし，数値は小数第2位まで求めよ。また，酢酸の電離定数 $K_a = 2.0 \times 10^{-5}\,\text{mol/L}$，水のイオン積 $K_w = 1.0 \times 10^{-14}(\text{mol/L})^2$，$\log_{10}2 = 0.30$，$\log_{10}3 = 0.48$ とする。

97 [H⁺]や[OH⁻]が変化しないとき，緩衝作用を示す。

酢酸の水溶液中では，①式のような電離平衡が成立している。

$$CH_3COOH \rightleftarrows CH_3COO^- + H^+ \quad \cdots ①$$

一方，酢酸ナトリウムは水溶液中で②式のように完全に電離し，さらに，酢酸イオンの一部は，③式のように加水分解し，塩基性を示す。

$$CH_3COONa \longrightarrow CH_3COO^- + Na^+ \quad \cdots ②$$
$$CH_3COO^- + H_2O \rightleftarrows CH_3COOH + OH^- \quad \cdots ③$$

(1) 酢酸水溶液の濃度を $c\,[\text{mol/L}]$，電離度を α とすると，K_a は c と α を用いてどのように表されるか。ただし，α は1に比べて十分に小さいので，$1-\alpha \fallingdotseq 1$ とせよ。

(2) $c = 0.018\,\text{mol/L}$ の酢酸水溶液の pH を求めよ。

(3) ③式の平衡定数を加水分解定数 K_h とすると，K_h は K_a と K_w を用いてどのように表されるか。ただし，K_h は④式のように表される。

$$K_h = \frac{[CH_3COOH][OH^-]}{[CH_3COO^-]} \quad \cdots ④$$

(4) $0.018\,\text{mol/L}$ の酢酸ナトリウム水溶液の pH を求めよ。ただし，酢酸イオンの加水分解はごくわずかであるため，[CH₃COO⁻]は酢酸ナトリウム水溶液の濃度に等しいとせよ。

(5) 酢酸と酢酸ナトリウムの混合水溶液は緩衝液となる。混合水溶液に塩酸および水酸化ナトリウム水溶液を加えたときの化学反応式をそれぞれ示し，緩衝液となる理由を簡潔に説明せよ。

(6) 緩衝作用が一番大きいのは，[CH₃COOH]＝[CH₃COO⁻]のときである。このときの pH を求めよ。

98 [緩衝液] 水に強酸や強塩基をわずかに加えても，水の pH は大きく変化する。しかし，強酸や強塩基を加えてもわずかしか pH が変化しない溶液がある。このように，酸や塩基が混入しても溶液の pH をほぼ一定に保つ作用のことを（ ア ）作用とよび，（ ア ）作用がある溶液のことを（ ア ）液という。（ ア ）液は一般に，（ イ ）または（ ウ ）とそれぞれの（ エ ）とからなる混合溶液である。人間の血液の pH は7.4であり，この pH がわずか0.2変化するだけで死に至ることがある。そのため，血液は（ ア ）作用をもつ溶液でなければならない。(a)この場合の（ ア ）作用をもつ物質は血液中に溶けた二酸化炭素によるといわれている。すなわち，水に溶けた二酸化炭素と，二酸化炭素が水と反応して生成する（ オ ）イオンからなる混合溶液と考えることができる。

98 平衡状態にあるイオン反応式を考える。

(1) 文中の(ア)〜(オ)に適当な語句を入れよ。

(2) 下線部(a)に関して，血液中に酸が入ってきた場合，どのように(ア)作用がはたらくか，イオン反応式を用いて説明せよ。

(3) 二酸化炭素と(オ)イオンの同じモル濃度からなる混合溶液の pH は，計算によると6.3である。pH＝7.4の血液中では，二酸化炭素と(オ)イオンの割合はどちらが多いか説明せよ。

99 [中和滴定曲線] 8.00×10^{-1} mol/L
難 の酢酸水溶液 20.0 mL をコニカルビ
ーカーにとり，この水溶液に $8.00 \times$
10^{-1} mol/L の水酸化ナトリウム水溶
液を滴下したところ，右図のような
滴定曲線が得られた。酢酸の電離定
数 K_a を 2.0×10^{-5} mol/L，$\log_{10} 2 =$
0.30 として，次の問いに答えよ。

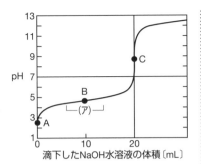
滴下したNaOH水溶液の体積〔mL〕

(1) 滴定前の点 A での酢酸水溶液の
pH を求めよ。

(2) 滴定曲線の中で，区間(ア)の pH の変化が小さい理由を説明せよ。

(3) 点 B は酢酸のちょうど半分が中和され，酢酸と酢酸ナトリウムの緩衝
溶液となっている。点 B の pH を求めよ。

(4) 点 C はこの実験における中和点で，酢酸ナトリウムのみの水溶液とな
っている。点 C の pH を求めよ。

100 [モール法] 次の文章を読んで，下の問いに答えよ。ただし，[X]は物質 X
難 のモル濃度を表す。

塩化ナトリウム NaCl 1.0×10^{-1} mol とクロム酸カリウム K_2CrO_4 $1.0 \times$
10^{-2} mol をともに含む水溶液 1.0 L に，硝酸銀 $AgNO_3$ 水溶液を少しずつ加
えていく。ある量の $AgNO_3$ 水溶液を加えると塩化銀 AgCl が沈殿しはじめ，
さらに $AgNO_3$ 水溶液を加えつづけるとクロム酸銀 Ag_2CrO_4 が沈殿しはじ
めた。ただし，$AgNO_3$ 水溶液を加えても水溶液全体の体積および温度に変
化はないものとする。

(1) AgCl および Ag_2CrO_4 について，それぞれの溶解平衡における反応式を
書け。ただし，固体の場合は次の(例)にならい表記すること。
(例)$NaCl(固) \rightleftharpoons Na^+ + Cl^-$

(2) 次の①，②に答えよ。
① 一般式 A_mB_n で表される難溶性塩が，次のような溶解平衡にあるとき，
$$A_mB_n(固) \rightleftharpoons mA^{n+} + nB^{m-}$$
その溶解度積 K_{sp} は，次のように定義される。
$$K_{sp} = [A^{n+}]^m [B^{m-}]^n$$
AgCl および Ag_2CrO_4 の K_{sp} を $[Ag^+]$，$[Cl^-]$ および $[CrO_4^{2-}]$ を用いて
書け。
② AgCl および Ag_2CrO_4 の K_{sp} を有効数字 2 桁で求めよ。単位も示せ。
ただし，水に対する AgCl および Ag_2CrO_4 の飽和溶液のモル濃度をそ
れぞれ 1.3×10^{-5} mol/L および 6.0×10^{-5} mol/L とする。

(3) AgCl および Ag_2CrO_4 の沈殿がはじまる Ag^+ のモル濃度をそれぞれ有
効数字 2 桁で答えよ。ただし，$\sqrt{0.86} = 0.93$ とする。

(4) Ag_2CrO_4 の沈殿がはじまったとき，溶液中に残っている Cl^- のモル濃度
を有効数字 2 桁で答えよ。

99 それぞれの
点でどのような平
衡状態になってい
るか考える。

100 沈殿がはじ
まるときは，イオ
ン濃度の積が溶解
度積と同じであ
る。

▶**1** 無機で役立つ理論の知識

パターン **1** 酸化還元反応

1 酸化剤＋還元剤

［半反応式の書き方］

$\boxed{\text{酸化剤}}$ ──→自身は還元される──→電子 e^- は左辺

Step 1) 電子 e^- を加える。

$\boxed{Cr_2O_7{}^{2-}} + 6e^- \longrightarrow \boxed{2Cr^{3+}}$ ※1 （酸化数 Cr：+6 ──→ +3）※2

Step 2) 両辺の電荷のバランスを H^+ でそろえる。

$Cr_2O_7{}^{2-} + 14H^+ + 6e^- \longrightarrow 2Cr^{3+}$ （電荷 $-2+14-6=+3\times2$）

Step 3) 両辺の H, O の数を H_2O でそろえる。

$Cr_2O_7{}^{2-} + 14H^+ + 6e^- \longrightarrow 2Cr^{3+} + 7H_2O$

$\boxed{\text{還元剤}}$ ──→自身は酸化される──→電子 e^- は右辺

Step 1) 電子 e^- を加える。

$\boxed{H_2O_2} \longrightarrow \boxed{O_2} + 2e^-$ （酸化数 O：$-1 \longrightarrow 0$）※2

Step 2) 両辺の電荷のバランスを H^+ でそろえる。

$H_2O_2 \longrightarrow O_2 + 2H^+ + 2e^-$ （電荷 $0 = +2 - 2$）

※1 $\boxed{}$ の部分は覚える。

※2 Cr, O ともに2個あるので，加える電子 e^- は酸化数の変化の2倍である。

①次の物質の半反応式を書け。

$\boxed{\text{酸化剤}}$
(1) 塩素
(2) 希硝酸
(3) 過マンガン酸カリウム（硫酸酸性）

$\boxed{\text{還元剤}}$
(4) ナトリウム
(5) 硫化水素
(6) ヨウ化カリウム

②次の反応を化学反応式で表せ。
(1) 硫酸酸性の過酸化水素水に過マンガン酸カリウム水溶液を加える。
(2) 硫化水素水に二酸化硫黄を吹き込む。
(3) 硫酸酸性の二クロム酸カリウム水溶液に硫酸鉄(Ⅱ)水溶液を加える。

	物質名	半反応式
酸化剤	水素イオン	$\boxed{2H^+} + 2e^- \longrightarrow \boxed{H_2}$
	過酸化水素	$\boxed{H_2O_2} + 2H^+ + 2e^- \longrightarrow \boxed{2H_2O}$
	二酸化硫黄	$\boxed{SO_2} + 4H^+ + 4e^- \longrightarrow \boxed{S} + 2H_2O$
	オゾン	$\boxed{O_3} + 2H^+ + 2e^- \longrightarrow \boxed{O_2 + H_2O}$
	酸素	$\boxed{O_2} + 4H^+ + 4e^- \longrightarrow \boxed{2H_2O}$
	ハロゲン	$\boxed{Cl_2} + 2e^- \longrightarrow \boxed{2Cl^-}$
	希硝酸	$\boxed{HNO_3} + 3H^+ + 3e^- \longrightarrow \boxed{NO} + 2H_2O$
	濃硝酸	$\boxed{HNO_3} + H^+ + e^- \longrightarrow \boxed{NO_2} + H_2O$
	熱濃硫酸	$\boxed{H_2SO_4} + 2H^+ + 2e^- \longrightarrow \boxed{SO_2} + 2H_2O$
	過マンガン酸カリウム（硫酸酸性）	$\boxed{MnO_4{}^-} + 8H^+ + 5e^- \longrightarrow \boxed{Mn^{2+}} + 4H_2O$
還元剤	過酸化水素	$\boxed{H_2O_2} \longrightarrow \boxed{O_2} + 2H^+ + 2e^-$
	二酸化硫黄	$\boxed{SO_2} + 2H_2O \longrightarrow \boxed{SO_4{}^{2-}} + 4H^+ + 2e^-$
	Na, Mg など	$\boxed{Na} \longrightarrow \boxed{Na^+} + e^-$
	硫化水素	$\boxed{H_2S} \longrightarrow \boxed{S} + 2H^+ + 2e^-$
	ヨウ化カリウム	$\boxed{2I^-} \longrightarrow \boxed{I_2} + 2e^-$
	鉄(Ⅱ)イオン	$\boxed{Fe^{2+}} \longrightarrow \boxed{Fe^{3+}} + e^-$

例 $K_2Cr_2O_7 + 3H_2O_2 + 4H_2SO_4 \longrightarrow Cr_2(SO_4)_3 + 7H_2O + 3O_2 + K_2SO_4$

［書き方］

Step 1）酸化剤・還元剤の半反応式を書く。

酸化剤 $\quad Cr_2O_7^{2-} + 14H^+ + 6e^- \longrightarrow 2Cr^{3+} + 7H_2O$

還元剤 $\quad\quad\quad\quad\quad H_2O_2 \longrightarrow O_2 + 2H^+ + 2e^-$

Step 2）電子 e^- の数が等しくなるように何倍かしてまとめる。

Step 3）不足しているイオンを補う。

酸化剤 $\quad Cr_2O_7^{2-} + 14H^+ + 6e^- \longrightarrow 2Cr^{3+} + 7H_2O$

還元剤 ③倍 $\quad\quad\quad 3H_2O_2 \longrightarrow 3O_2 + 6H^+ + 6e^-$

$\quad\quad\quad Cr_2O_7^{2-} + 3H_2O_2 + 8H^+ \longrightarrow 2Cr^{3+} + 7H_2O + 3O_2$

両辺に $2K^+$, $4SO_4^{2-}$ を補う ↓

$K_2Cr_2O_7 + 3H_2O_2 + 4H_2SO_4 \longrightarrow K_2SO_4 + Cr_2(SO_4)_3 + 7H_2O + 3O_2$

❷ 金属単体と水の反応

イオン化列	Li	K	Ca	Na	Mg	Al	Zn	Fe	Ni	Sn	Pb	(H₂)	Cu	Hg	Ag	Pt	Au
水との反応	常温の水と反応				沸騰水と反応	高温の水蒸気と反応		反応しない									
酸との反応	希酸と反応して H_2 を発生												酸化力のある酸に溶ける			王水に溶ける	

①常温の水・熱水 + 金属 $\longrightarrow$ 水酸化物 + 水素

例 $2Na + 2H_2O \longrightarrow 2NaOH + H_2$

②高温の水蒸気 + 金属 $\longrightarrow$ 酸化物※ + 水素

例 $2Al + 3H_2O \longrightarrow Al_2O_3 + 3H_2$

※水酸化物が熱分解して酸化物になる。

❸ 金属単体と酸の反応

［書き方］ ❶ と同じ。

①イオン化傾向が H_2 より大きい金属 $\longrightarrow$ 水素が発生。

例 $Zn + H_2SO_4 \longrightarrow ZnSO_4 + H_2$

②イオン化傾向が H_2 より小さい金属

希硝酸 $\longrightarrow$ NO が発生。

濃硝酸 $\longrightarrow$ NO_2 が発生。

熱濃硫酸 $\longrightarrow$ SO_2 が発生。

例 $Cu + 2H_2SO_4 \longrightarrow CuSO_4 + 2H_2O + SO_2$

❹ 自己酸化還元反応

1つの物質が酸化剤と還元剤の両方の性質をもつ。

例 $2KClO_3 \longrightarrow 2KCl + 3O_2$
$\quad\quad\scriptstyle +5\ -2 \quad\quad\quad -1 \quad\quad 0$

③次の反応を化学反応式で表せ。

(1) カルシウムに水を加える。

(2) 熱水にマグネシウムを加える。

(3) 鉄に高温の水蒸気を吹きかける。

④次の反応を化学反応式で表せ。

(1) アルミニウムに塩酸を加える。

(2) 銀に濃硝酸を加える。

⑤次の反応を化学反応式で表せ。

(1) 酸化マンガン（Ⅳ）に過酸化水素水を加える。

(2) 水に塩素を吹き込む。

5 非金属・金属＋酸素

①非金属＋酸素——酸性酸化物

例 $C + O_2 \longrightarrow CO_2$

②金属＋酸素——塩基性酸化物

例 $4Na + O_2 \longrightarrow 2Na_2O$

パターン 2 酸化物＋水

①酸性酸化物＋水——オキソ酸

例 $CO_2 + H_2O \longrightarrow H_2CO_3$

②塩基性酸化物＋水——水酸化物

例 $Na_2O + H_2O \longrightarrow 2NaOH$

パターン 3 中和反応

1 酸＋塩基——塩＋水

例 $2HCl + Ca(OH)_2 \longrightarrow CaCl_2 + 2H_2O$

[書き方]

Step 1) 酸と塩基の電離式を書く。

Step 2) H^+ と OH^- の数が等しくなるように何倍かする。

Step 3) 左辺と右辺をおろす。右辺は水と対応する塩を書く。

酸　　②倍　　$2HCl \longrightarrow 2H^+ + 2Cl^-$

塩基　　　　$Ca(OH)_2 \longrightarrow Ca^{2+} + 2OH^-$

$2HCl + Ca(OH)_2 \longrightarrow CaCl_2 + 2H_2O$

2 酸化物＋酸・塩基，酸性酸化物＋塩基性酸化物

[書き方]

Step 1) 酸化物に H_2O を加え，オキソ酸・水酸化物にする。

Step 2) 1と同様に中和反応の化学反応式にする。

Step 3) 両辺から，H_2O を除いて酸化物に戻す。

①酸性酸化物＋塩基

例 $2NaOH + CO_2 \longrightarrow Na_2CO_3 + H_2O$

$\qquad\qquad\qquad CO_2$

Step 1) $\qquad\qquad\quad \downarrow +H_2O$

Step 2) $2NaOH + H_2CO_3 \longrightarrow Na_2CO_3 + 2H_2O$

Step 3) $\qquad\quad \downarrow -H_2O \qquad\qquad\qquad \downarrow -H_2O$

$\qquad 2NaOH + CO_2 \quad \longrightarrow Na_2CO_3 + H_2O$

②塩基性酸化物＋酸

例 $CaO + 2HCl \longrightarrow CaCl_2 + H_2O$

$\qquad\qquad CaO$

Step 1) $\quad \downarrow +H_2O$

Step 2) $Ca(OH)_2 + 2HCl \longrightarrow CaCl_2 + 2H_2O$

Step 3) $\downarrow -H_2O \qquad\qquad\qquad \downarrow -H_2O$

$\qquad CaO + 2HCl \quad \longrightarrow CaCl_2 + H_2O$

⑥酸性酸化物，塩基性酸化物に H_2O を加えて，それぞれオキソ酸，水酸化物にせよ。

酸性酸化物	オキソ酸
SO_2	
SO_3	
SiO_2	
P_4O_{10}	

塩基性酸化物	水酸化物
K_2O	
MgO	
CaO	
CuO	

⑦次の中和反応を化学反応式で表せ。

(1) 塩酸と水酸化ナトリウム

(2) シュウ酸と水酸化カリウム

(3) 硝酸と水酸化バリウム

(4) 塩酸とアンモニア

(5) 硫酸とアンモニア

⑧次の反応を化学反応式で表せ。

(1) 酸化銅(Ⅱ)に希硫酸を加える。

(2) 酸化マグネシウムに塩酸を加える。

(3) 酸化ナトリウムに二酸化炭素を吹き込む。

③酸性酸化物＋塩基性酸化物

例 $CO_2 + CaO \longrightarrow CaCO_3$

$$CO_2CaO$$

Step 1) $\downarrow +H_2O\downarrow +H_2O$

Step 2) $H_2CO_3 + Ca(OH)_2 \longrightarrow CaCO_3 + 2H_2O$

Step 3) $\downarrow -H_2O\downarrow -H_2O\downarrow -2H_2O$

$$CO_2+CaO\longrightarrow CaCO_3$$

パターン 4 弱酸・弱塩基の遊離

①弱酸の塩＋強酸 —→弱酸＋強酸の塩

例 $NaHCO_3 + HCl \longrightarrow CO_2 + H_2O + NaCl$

$$\text{弱酸 } H_2CO_3 \xrightarrow{\text{分解}} CO_2 + H_2O$$

②弱塩基の塩＋強塩基 —→弱塩基＋強塩基の塩

例 $NH_4Cl + NaOH \longrightarrow NH_3 + H_2O + NaCl$

$$\text{弱塩基 } NH_3 + H_2O$$

パターン 5 揮発性の酸の遊離

揮発性の酸の塩＋不揮発性の酸

$$\longrightarrow \text{不揮発性の酸の塩＋揮発性の酸}$$

例 $NaCl + H_2SO_4 \longrightarrow NaHSO_4 + HCl$

$$\text{揮発性 } HCl$$

パターン 6 熱分解

①水酸化物 —→酸化物＋水

例 $Ca(OH)_2 \longrightarrow CaO + H_2O$

②炭酸塩 —→酸化物＋二酸化炭素

例 $CaCO_3 \longrightarrow CaO + CO_2$

③炭酸水素塩 —→炭酸塩＋二酸化炭素＋水

例 $2NaHCO_3 \longrightarrow Na_2CO_3 + CO_2 + H_2O$

パターン 7 錯イオン （→ p.106）

金属イオン＋配位子 —→錯イオン

例 $Cu(OH)_2 + 4NH_3 \longrightarrow [Cu(NH_3)_4]^{2+} + 2OH^-$

テトラ　アンミン　銅(Ⅱ)イオン

例 $Al(OH)_3 + OH^- \longrightarrow [Al(OH)_4]^-$

テトラ　ヒドロキシド　アルミン酸イオン

陰イオンのときは「酸」が入る。

⑨次の反応を化学反応式で表せ。

(1) 亜硫酸ナトリウムに塩酸を加える。

(2) 塩化アンモニウムに水酸化カルシウムを加えて加熱する。

⑩次の反応を化学反応式で表せ。

(1) 塩化カリウムに濃硫酸を加えて加熱する。

(2) 硝酸ナトリウムに濃硫酸を加えて加熱する。

⑪次の反応を化学反応式で表せ。

(1) 水酸化銅(Ⅱ)を加熱する。

(2) 炭酸マグネシウムを加熱する。

(3) 炭酸水素カルシウムを加熱する。

⑫次の反応をイオン反応式で表せ。

(1) 水酸化亜鉛に過剰のアンモニア水を加える。

▶**2** 周期表の元素と分類

■ 化学基礎の復習 ■ 以下の空欄に適当な語句または数字を入れよ。

■ **元素の分類**

典型元素：③(　　　　　　　　　　)族の元素。
同族元素は価電子の数が同じであるため性質が似ている。

①(　　　)

⑮(　　　)元素：単体が
金属の性質をもつ元素。
価電子の数が少なく
⑯(　　　)イオンになりや
すい。金属元素の酸化物
は⑰(　　　)性酸化物と
よばれる。

⑱(　　　)：電子を原子
核に引きつける力が小さ
く⑲(　　　)イオンになり
やすい性質。金属性とも
いう。イオン化エネル
ギーが⑳(　　　)ほど陽
性が強い。

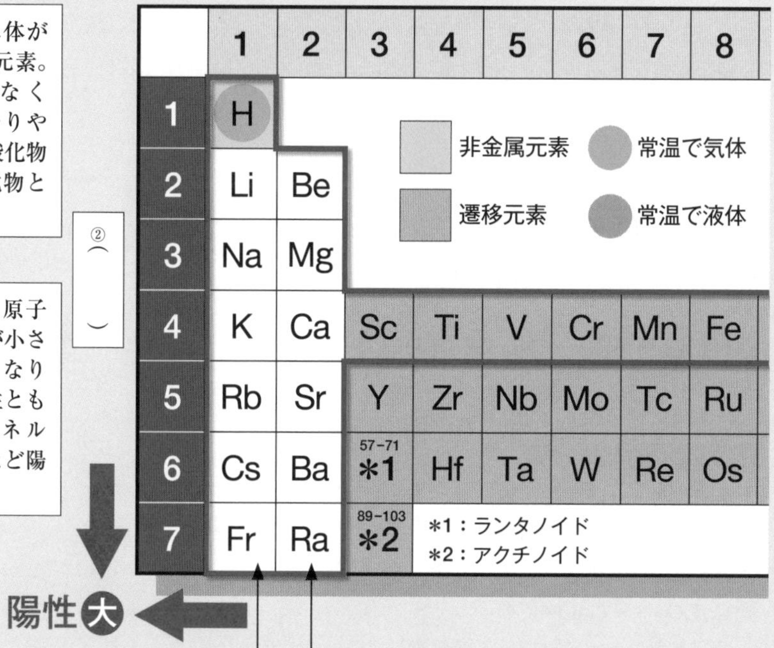

②(　　　)

	1	2	3	4	5	6	7	8
1	H							
2	Li	Be						
3	Na	Mg						
4	K	Ca	Sc	Ti	V	Cr	Mn	Fe
5	Rb	Sr	Y	Zr	Nb	Mo	Tc	Ru
6	Cs	Ba	57-71 *1	Hf	Ta	W	Re	Os
7	Fr	Ra	89-103 *2					

非金属元素　　　常温で気体
遷移元素　　　　常温で液体

*1：ランタノイド
*2：アクチノイド

陽性 **大**

⑧(　　　　　　　　　　)（→ p.99）：2族元素。
価電子を2個もち，⑨(　　　)価の陽イオンに
なりやすい。Be, Mg を除く場合がある。

⑥(　　　　　　　　　　)（→ p.98）
：H を除く⑦(　　　)族元素。
価電子を1個もち，1価の陽イオンになりやすい。

解答　①族　②周期　③1, 2, 13～18　④3～12　⑤金属　⑥アルカリ金属　⑦1　⑧アルカリ土類金属　⑨2
㉓大きい　㉔非金属　㉕陰　㉖貴ガス　㉗酸

遷移元素：④(　　　　　　)族の元素。
価電子の数が1個または2個のものが多く，横の元素で性質が
似ている。すべて⑤(　　　)元素である。

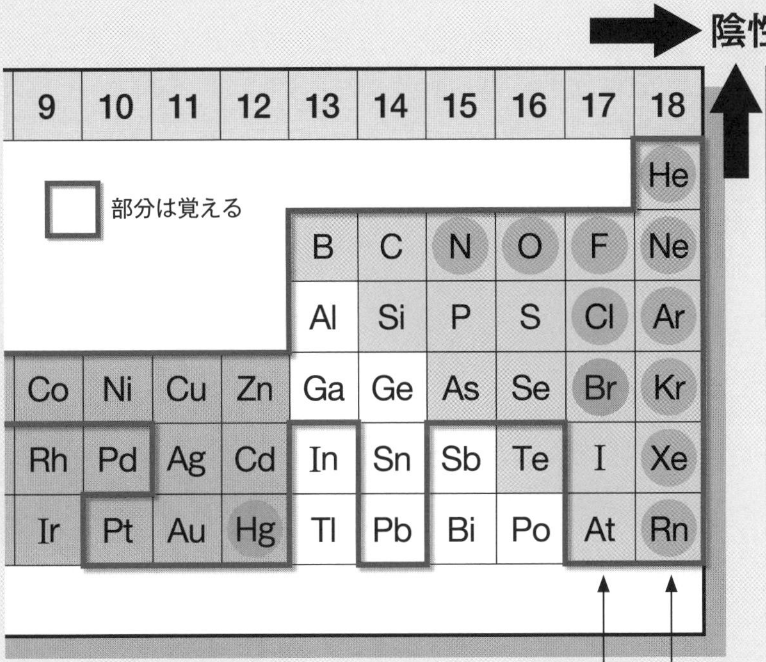

陰性大（18族除く）

9	10	11	12	13	14	15	16	17	18
									He
□ 部分は覚える				B	C	N	O	F	Ne
				Al	Si	P	S	Cl	Ar
Co	Ni	Cu	Zn	Ga	Ge	As	Se	Br	Kr
Rh	Pd	Ag	Cd	In	Sn	Sb	Te	I	Xe
Ir	Pt	Au	Hg	Tl	Pb	Bi	Po	At	Rn

㉑(　　　)：電子を
原子核に引きつける
力が大きく㉒(　　)
イオンになりやすい
性質。非金属性とも
いう。電子親和力が
㉓(　　　)ほど陰
性が強い。

㉔(　　　)元素：
単体が金属の性質を
もたない元素。価電
子の数が多く
㉕(　　)イオンにな
りやすい。ただし，
㉖(　　　)はイオ
ンになりにくい。非
金属元素の酸化物は
㉗(　　)**性酸化物**と
よばれる。

⑩(　　　　　　)(→ p.82)
：⑪(　　)族元素。
価電子を7個もち，1価の陰イオンになりやすい。

⑫(　　　　　　)(→ p.82)：⑬(　　)族元素。
価電子の数が0である。他の物質と反応しに
くく，⑭(　　　　　)分子として存在する。

⑩ハロゲン　⑪17　⑫貴ガス　⑬18　⑭単原子　⑮金属　⑯陽　⑰塩基　⑱陽性　⑲陽　⑳小さい　㉑陰性　㉒陰

▶**1** 非金属元素①

● 水素

性質	①(　　　　)作用
反応	酸素と反応。 $2H_2 + O_2 \longrightarrow 2H_2O$
製法 (実験室)	亜鉛や鉄に希硫酸を加える。 $Fe + H_2SO_4 \longrightarrow FeSO_4 + H_2$

● 貴ガス(18 族)

性質	価電子の数が②(　　　)で，③(　　　　　　　)分子として存在する。 放電管に貴ガスを封入して，放電すると特有の色を示す。
反応	安定な電子配置のため，他の物質と反応④(　　　　　　　)。

● ハロゲン(17 族)

単体	フッ素 F_2	塩素 Cl_2	臭素 Br_2	ヨウ素 I_2
色	淡黄色	⑤(　　　)色	⑥(　　　)色	⑦(　　　)色
状態	気体	⑧(　　)体	⑨(　　)体	⑩(　　)体
酸化力	⑪(　　) ⟵		⟶	⑫(　　)
反応 水	$2F_2 + 2H_2O$ $\longrightarrow 4HF + O_2$	$Cl_2 + H_2O$ $\rightleftarrows HCl + HClO$	$Br_2 + H_2O$ $\rightleftarrows HBr + HBrO$	反応しにくい。
反応 水素	$H_2 + F_2 \longrightarrow 2HF$ (冷暗所)	$H_2 + Cl_2 \rightarrow 2HCl$ (光)	$H_2 + Br_2 \rightarrow 2HBr$ (加熱)	$H_2 + I_2 \rightleftarrows 2HI$ (触媒 + 加熱)
性質		・⑬(　　　)剤 ・⑭(　　　　　) 作用		・⑮(　　　)性 ・⑯(　　　　　　) 反応を示す。

● 塩素の製法

製法 (実験室)	酸化マンガン(Ⅳ)に濃塩酸を加えて加熱。	$MnO_2 + 4HCl \longrightarrow MnCl_2 + 2H_2O + Cl_2$ 濃塩酸 酸化マンガン(Ⅳ) 水　濃硫酸　塩素 (下方置換)
	高度さらし粉※に塩酸を加える。	$Ca(ClO)_2 \cdot 2H_2O + 4HCl$ $\longrightarrow CaCl_2 + 4H_2O + 2Cl_2$

※さらし粉 $CaCl(ClO) \cdot H_2O$ を用いることもある。

解答
①還元

②0
③単原子
④しにくい

⑤黄緑
⑥赤褐
⑦黒紫
⑧気
⑨液
⑩固
⑪大
⑫小
⑬酸化
⑭漂白・殺菌
⑮昇華
⑯ヨウ素デンプン

● ハロゲンの化合物

解答
⑰弱酸
⑱強酸
⑲水素
⑳ポリエチレン
㉑感光
㉒白
㉓淡黄
㉔黄

<table>
<tr><td rowspan="6">ハロゲン化水素</td><td></td><td colspan="2">フッ化水素 HF</td><td colspan="2">塩化水素 HCl</td></tr>
<tr><td>水溶液</td><td colspan="2">フッ化水素酸</td><td colspan="2">塩酸</td></tr>
</table>

		フッ化水素 HF	塩化水素 HCl
ハロゲン化水素	水溶液	フッ化水素酸	塩酸
	液性	⑰( )性	⑱( )性
	沸点	20℃ (強い⑲( )結合)	$-85℃$
	反応	ガラスを腐食。 $SiO_2 + 6HF \longrightarrow H_2SiF_6 + 2H_2O$ →⑳( )容器に保存。 ポリエチレン製　ガラス製	アンモニアと反応。 $NH_3 + HCl \longrightarrow NH_4Cl$　白煙 NH₃をつけたガラス棒 HCl
	製法	ホタル石に濃硫酸を加えて加熱。 $CaF_2 + H_2SO_4 \rightarrow CaSO_4 + 2HF$	塩化ナトリウムに濃硫酸を加えて加熱。 $NaCl + H_2SO_4 \rightarrow NaHSO_4 + HCl$

ハロゲン化銀	光により分解(㉑( )性)。　$2AgBr \longrightarrow 2Ag + Br_2$			
	AgF	AgCl	AgBr	AgI
	水に溶ける。	㉒( )色沈殿	㉓( )色沈殿	㉔( )色沈殿

オキソ酸	過塩素酸　　塩素酸　　亜塩素酸　　次亜塩素酸 酸の強さ　$HC\underline{l}O_4 > HC\underline{l}O_3 > HC\underline{l}O_2 > HC\underline{l}O$ 　　　　　　$+7$　　　　$+5$　　　　$+3$　　　　$+1$ 　　　　大 ◀━━ 酸化数 ━━▶ 小
高度さらし粉	塩酸と反応 $Ca(ClO)_2 \cdot 2H_2O + 4HCl \longrightarrow CaCl_2 + 4H_2O + 2Cl_2$

● 酸素とその化合物

㉕淡青
㉖特異
㉗酸化
㉘両性
㉙酸性
㉚塩基性
㉛非金属
㉜金属

	同素体	酸素 O_2	オゾン O_3
単体	色	無色	㉕( )色
	臭い	無臭	㉖( )臭
	性質	空気中に 21 % 存在。	㉗( )作用
	製法(実験室)	①過酸化水素の分解 $2H_2O_2 \rightarrow 2H_2O + O_2$(触媒 MnO_2) ②塩素酸カリウムの熱分解 $2KClO_3 \rightarrow 2KCl + 3O_2$(触媒 MnO_2)	酸素中で放電。 $3O_2 \longrightarrow 2O_3$

	分類	構成	反応
酸化物	㉘( )酸化物	Al, Zn, Sn, Pb の酸化物	酸とも塩基とも反応。
	㉙( )酸化物	㉛( )元素の酸化物	塩基と反応。
	㉚( )酸化物	㉜( )元素の酸化物	酸と反応。

● 硫黄とその化合物

解答
㉝還元
㉞腐卵
㉟弱酸
㊱還元
㊲酸化
㊳刺激
㊴弱酸
㊵酸性雨
㊶不揮発
㊷酸化
㊸吸湿
㊹脱水
㊺強酸
㊻接触
㊼V_2O_5

	同素体	斜方硫黄 S_8	単斜硫黄 S_8	ゴム状硫黄 S_x
単体	色	黄色	黄色	暗褐〜黄色
	反応	酸素と反応。 $\quad$ $S + O_2 \longrightarrow SO_2$		

硫化物 H_2S	性質	㉝( )剤
	臭い	㉞( )臭
	液性	㉟( )性 $H_2S \rightleftharpoons 2H^+ + S^{2-}$
	反応	金属イオンと沈殿を生成。
	製法 (実験室)	硫化鉄(Ⅱ)に希硫酸を加える。 $FeS + H_2SO_4$ $\longrightarrow FeSO_4 + H_2S$

キップの装置

酸化物 SO_2	性質	㊱( )剤。硫化水素との反応では㊲( )剤。
	臭い	㊳( )臭
	液性	㊴( )性 $SO_2 + H_2O \rightleftharpoons H^+ + HSO_3^-$ （㊵( )の原因）
	製法 (実験室)	①銅に濃硫酸を加えて加熱。 $Cu + 2H_2SO_4 \longrightarrow CuSO_4 + 2H_2O + SO_2$ ②亜硫酸水素ナトリウムに希硫酸を加える。 $NaHSO_3 + H_2SO_4 \longrightarrow NaHSO_4 + H_2O + SO_2$

オキソ酸 H_2SO_4	濃硫酸	・㊶( )性（蒸発しにくい） ・㊷( )作用（熱濃硫酸は強い酸化剤） ・㊸( )性（乾燥剤に利用） ・㊹( )作用（分子内の H と O を H_2O として奪う） ・水への溶解熱が㊤（希釈のときは水に濃硫酸を加え，突沸を防ぐ）。 ㊶性 $\quad$ ㊷作用 $\quad$ ㊸性 $\quad$ ㊹作用 $\quad$ 希釈
	希硫酸	液性 ㊺( )性
		反応 Ca^{2+}，Ba^{2+}，Pb^{2+} と難溶性の塩を形成。
	製造 (工業的)	㊻( )法 ①約 450℃ で SO_2 を酸化（触媒 ㊼( )）。 $\quad 2SO_2 + O_2 \longrightarrow 2SO_3$ ②三酸化硫黄を濃硫酸に吸収させて発煙硫酸にする。 ③発煙硫酸を希硫酸で薄めて濃硫酸にする。 $\quad SO_3 + H_2O \longrightarrow H_2SO_4$

次の各文のそれぞれの下線部について，正しい場合は○を，誤っている場合には正しい語句を記せ。

□①水素は<u>酸化</u>作用をもつ。 ①×→還元作用

□②貴ガスは<u>二原子分子</u>として存在する。 ②×→単原子分子

□③塩素は黄緑色の<u>液体</u>である。 ③×→黄緑色の気体

□④ヨウ素は<u>赤褐色の固体</u>である。 ④×→黒紫色の固体

□⑤ハロゲンで最も酸化力が強いのは<u>フッ素</u>である。 ⑤○

□⑥<u>フッ素</u>は昇華性がある。 ⑥×→ヨウ素

□⑦塩酸はガラスを腐食するのでポリエチレン容器で保存する。 ⑦×→フッ化水素酸

□⑧ハロゲン化水素で最も沸点が高いのは，<u>臭化水素</u>である。 ⑧×→フッ化水素

□⑨<u>フッ化銀</u>は感光性を示す。 ⑨×→臭化銀(塩化銀)

□⑩フッ化銀は水に<u>溶けない</u>。 ⑩×→溶ける

□⑪ヨウ化銀は<u>白色</u>の固体である。 ⑪×→黄色

□⑫酸の強さは，<u>過塩素酸＞亜塩素酸＞次亜塩素酸＞塩酸</u>の順である。 ⑫×→過塩素酸＞塩素酸＞亜塩素酸＞次亜塩素酸

□⑬酸素は空気中に<u>78％</u>含まれる。 ⑬×→21％

□⑭オゾンは<u>淡緑色</u>の気体である。 ⑭×→淡青色

□⑮オゾンは<u>還元</u>作用をもつ。 ⑮×→酸化作用

□⑯Al，Zn，Sn，Pb の酸化物は両性酸化物である。 ⑯○

□⑰斜方硫黄，単斜硫黄，ゴム状硫黄は同素体である。 ⑰○

□⑱硫化水素の水溶液は<u>弱塩基性</u>である。 ⑱×→弱酸性

□⑲二酸化硫黄は<u>腐卵臭</u>がする。 ⑲×→刺激臭

□⑳二酸化硫黄は酸化作用をもつ。 ⑳○

□㉑濃硫酸は<u>揮発性</u>である。 ㉑×→不揮発性

□㉒濃硫酸の希釈は<u>水に濃硫酸を加える</u>。 ㉒○

□㉓希硫酸は酸化作用をもつ。 ㉓×→濃硫酸

□㉔硫酸は<u>接触法</u>により製造される。 ㉔○

化学反応式

次の反応を化学反応式で書け。

H

□①水素と酸素 バ1

□②鉄と希硫酸 バ1

ハロゲン

□③フッ素と水 バ1

□④塩素と水 バ1

□⑤臭素と水 バ1

□⑥フッ素と水素 バ1

□⑦塩素と水素 バ1

□⑧臭素と水素 バ1

□⑨ヨウ素と水素 バ1

解答

① $2H_2 + O_2 \longrightarrow 2H_2O$

② $Fe + H_2SO_4 \longrightarrow FeSO_4 + H_2$

③ $2F_2 + 2H_2O \longrightarrow 4HF + O_2$

④ $Cl_2 + H_2O \rightleftarrows HCl + HClO$

⑤ $Br_2 + H_2O \rightleftarrows HBr + HBrO$

⑥ $H_2 + F_2 \longrightarrow 2HF$

⑦ $H_2 + Cl_2 \longrightarrow 2HCl$

⑧ $H_2 + Br_2 \longrightarrow 2HBr$

⑨ $H_2 + I_2 \rightleftarrows 2HI$

□⑩酸化マンガン(Ⅳ)と濃塩酸 **バ1**	⑩ $MnO_2 + 4HCl \longrightarrow MnCl_2 + 2H_2O + Cl_2$
□⑪高度さらし粉と希塩酸 **バ1**	⑪ $Ca(ClO)_2 \cdot 2H_2O + 4HCl \longrightarrow CaCl_2 + 4H_2O + 2Cl_2$
□⑫二酸化ケイ素とフッ化水素	⑫ $SiO_2 + 6HF \longrightarrow H_2SiF_6 + 2H_2O$
□⑬ホタル石と濃硫酸 **バ5**	⑬ $CaF_2 + H_2SO_4 \longrightarrow CaSO_4 + 2HF$
□⑭アンモニアと塩化水素 **バ3**	⑭ $NH_3 + HCl \longrightarrow NH_4Cl$
□⑮塩化ナトリウムと濃硫酸 **バ5**	⑮ $NaCl + H_2SO_4 \longrightarrow NaHSO_4 + HCl$

O

□⑯過酸化水素の分解 **バ1**（触媒 MnO_2）	⑯ $2H_2O_2 \longrightarrow 2H_2O + O_2$
□⑰塩素酸カリウムの分解 **バ1**（触媒 MnO_2）	⑰ $2KClO_3 \longrightarrow 2KCl + 3O_2$
□⑱酸素の放電	⑱ $3O_2 \longrightarrow 2O_3$

S

接触法

□⑲硫黄の燃焼 **バ1**	⑲ $S + O_2 \longrightarrow SO_2$
□⑳硫化鉄(Ⅱ)と希硫酸 **バ4**	⑳ $FeS + H_2SO_4 \longrightarrow FeSO_4 + H_2S$
□㉑銅と熱濃硫酸 **バ1**	㉑ $Cu + 2H_2SO_4 \longrightarrow CuSO_4 + 2H_2O + SO_2$
□㉒亜硫酸水素ナトリウムと希硫酸 **バ4**	㉒ $NaHSO_3 + H_2SO_4 \longrightarrow NaHSO_4 + SO_2 + H_2O$
□㉓二酸化硫黄と酸素 **バ1**	㉓ $2SO_2 + O_2 \longrightarrow 2SO_3$
□㉔三酸化硫黄と水 **バ2**	㉔ $SO_3 + H_2O \longrightarrow H_2SO_4$

練習問題

101 ［貴ガス］　貴ガスについて，次の(1)～(5)の記述のうち，正しいものをすべて
選べ。

♦check!

(1) すべての貴ガスの最外殻電子の数は，その電子殻に入り得る電子の最大
の数である。

(2) すべての貴ガスは常温・常圧下で気体である。

(3) 貴ガスの中で空気中に存在する比率(体積百分率)が最も高いのはネオン
である。

(4) 貴ガスの中には放射性元素もある。

(5) ヘリウムは，すべての気体の中で常温・常圧下における気体の密度〔g/L〕
が最も小さい。

101
気体の密度〔g/L〕
$= \dfrac{\text{気体の分子量}}{22.4}$
(標準状態)

102 ［ハロゲン］　ハロゲン元素の単体のうち，最も反応性が強いのは(a)（　ア　）
で，水と激しく反応する。(b)塩素は水に溶けて，その一部が水と反応し，塩
酸と（　イ　）の2種類の酸を生じる。このとき生じた（　イ　）には，強い
（　ウ　）力があり，（　エ　）剤や殺菌剤として使われる。また，ハロゲン単
体は酸化力が強く，その強さは原子番号が小さいほど（　オ　）い。そのため
(c)臭化カリウム水溶液に塩素を反応させると，（　カ　）の単体が遊離し，水
溶液は（　キ　）色に変化する。塩化カリウムと臭素は反応しない。

(1) (ア)～(キ)に適当な語句を入れよ。

(2) 下線部(a)～(c)の反応を，化学反応式で表せ。

102
酸化力
$F_2 > Cl_2 > Br_2 > I_2$

103 [塩素の製法] 塩素は，工業的には（ ア ）水溶液を電気分解してつくられるが，実験室では，（ イ ）に塩酸を加えるか，右図のような実験装置を用い，次のような方法でつくられる。(a)に酸化マンガン(Ⅳ)を入れ，(b)から濃塩酸を加えて加熱すると，反応が起こる。発生した気体は（ ウ ）を含むので，これを除くために水の入った(c)を通過させる。次に，（ エ ）の入った(d)を通過させる。最後に，（ オ ）置換で塩素を集める。

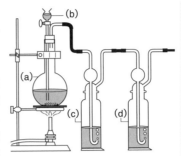

103洗気びんの水も蒸発している。

(1) (ア)〜(オ)に適当な語句を入れよ。

(2) 下線部について，加熱する理由を述べよ。

(3) (c)→(d)の順に洗気びんを通過させる理由を述べよ。

(4) 塩素の検出法として適当なものを，次の①〜④から1つ選べ。
   ① 石灰水に通す。
   ② 湿った酢酸鉛(Ⅱ)紙を近づける。
   ③ アンモニア水を近づける。
   ④ 湿ったヨウ化カリウムデンプン紙を近づける。

104 [ハロゲン化水素] フッ化水素 HF は，他のハロゲン化水素(HCl，HBr，HI)と比べて異なる性質を示すことが多い。ハロゲン化水素の分子量と沸点を次の表に示す。一般に構造の似た物質の間では，分子量が大きいほど分子間の（ ア ）が強いため，HF 以外のハロゲン化水素の沸点は HCl ＜ HBr ＜ HI の順に高くなる。一方，HF は他のハロゲン化水素より分子量が小さいが，その沸点は著しく高い。これは，HF の極性が他のハロゲン化水素のそれと比べて大きく，分子間の（ イ ）が強いためである。

104
沸点
①水素結合
②極性
③分子量
を考える。

ハロゲン化水素の分子量と沸点

ハロゲン化水素	HF	HCl	HBr	HI
分子量	20.0	36.5	80.9	127.9
沸点〔℃〕	20	− 85	− 67	− 35

(a)HF は，天然に存在するホタル石(主成分フッ化カルシウム)に濃硫酸を加えて熱することにより得られる。HF の水溶液である(b)フッ化水素酸は，ガラス(主成分二酸化ケイ素)と反応し，ガラスを溶かすため，ガラス加工などに利用されている。

(1) (ア)，(イ)に適当な語句を入れよ。

(2) 下線部(a)，(b)の反応を，化学反応式で表せ。

105 [オゾン] (a)オゾンはO_2中で放電を行うか，O_2に（　ア　）を当てると生じる。(b)オゾンは水で湿らせたヨウ化カリウムデンプン紙で検出できる。大気圏にはオゾン層があり，太陽光に含まれる（　ア　）を吸収する役割がある。冷媒，洗浄等に使用されてきたフロンが，このオゾン層を破壊し，地上に届く（　ア　）が増加して生じる健康への影響が懸念されている。南半球上空ではオゾンホールとよばれているオゾン層の薄い部分が発見され問題となったが，近年，オゾンホールは縮小傾向にある。

(1) （ア）に適当な語句を入れよ。

(2) 下線部(a)について，標準状態において，1.0 L の酸素O_2中でオゾンを生成させたところ，体積が8.0 % 減少した。生成したオゾンの体積は標準状態で何 L か。

(3) 下線部(b)について，オゾンによりヨウ化カリウムデンプン紙は何色になるか。また，その際に起こっている反応を化学反応式で表せ。

105
オゾンの半反応式
$O_3 + 2H^+ + 2e^-$
$\longrightarrow O_2 + H_2O$

106 [オキソ酸]　一般に，オキソ酸は分子の中心となる原子 X に何個かの酸素原子が結合し，さらにその酸素原子のいくつかに水素原子が結合した構造をしている。オキソ酸は，一般に，$XO_a(OH)_b$ と書き表すことができる。例えば，代表的なオキソ酸である硫酸は $SO_2(OH)_2$ と書き表すことができる。オキソ酸分子中の O－H 結合の H が水素イオンとして離れやすいため，オキソ酸は水溶液中で酸性を示す。

　オキソ酸の酸性は，中心の原子 X の陰性が大きいほど強くなり，また中心原子が同じならば，原子 X に結合する酸素原子の数が多くなるほど強くなる。

(1) 次の①～⑤のうち，オキソ酸でないものを選べ。

　① 塩酸　　② 亜硫酸　　③ 硝酸　　④ 炭酸　　⑤ ケイ酸

(2) オキソ酸に関する次の①～⑤の記述のうち，誤りを含むものを1つ選べ。

　① 酸化数 +1 の塩素原子を含むオキソ酸は，強い酸化作用を示す。

　② 酸化数 +4 の炭素原子を含むオキソ酸は，弱酸である。

　③ 酸化数 +5 の窒素原子を含むオキソ酸は，強い酸化作用を示す。

　④ 酸化数 +5 のリン原子を含むオキソ酸は，2価の酸である。

　⑤ 酸化数 +6 の硫黄原子を含むオキソ酸は，強酸である。

(3) 下線部について，①，②の物質を酸性の強い順にそれぞれ並べよ。

　① $HClO$, $HClO_3$, $HClO_4$　　② HIO_3, $HBrO_3$, $HClO_3$

106
「亜」硫酸
→硫酸より「O が
1つ」少ない。

ケイ酸
→ H_2SiO_3
$(SiO_2 + H_2O)$

107 [硫黄]　斜方硫黄，単斜硫黄，ゴム状硫黄について，次の(1)～(5)の記述のうち，誤っているものを1つ選べ。

(1) 斜方硫黄，単斜硫黄は分子式 S_8 で表すことができる。

(2) 室温で最も安定なのは斜方硫黄である。

(3) 斜方硫黄は針状であり，単斜硫黄は塊状である。

(4) 斜方硫黄も単斜硫黄も二酸化炭素に溶ける。

(5) 250℃ 以上に単斜硫黄を加熱して，水中に注ぐとゴム状硫黄ができる。

107 硫黄の同素体
の性質を覚える。

108 [硫化水素と二酸化硫黄]　硫化水素と二酸化硫黄について，次の(1)～(5)の記述のうち，誤っているものを2つ選べ。

(1)　二酸化硫黄は，硫黄を空気中で燃焼させることにより得られる。

(2)　二酸化硫黄と硫化水素の反応では，二酸化硫黄が還元剤としてはたらく。

(3)　硫化水素の水溶液は，弱酸性を示す。

(4)　二酸化硫黄の水溶液は，弱酸性を示す。

(5)　鉛(Ⅱ)イオンを含む水溶液に二酸化硫黄を通じると，黒色の沈殿が生じる。

108
酸化数のはしご

$\overset{-2}{H_2S}\quad \overset{0}{S}\quad \overset{+4}{SO_2}\quad \overset{+6}{H_2SO_4}$

109 [硫酸]　次の(1)～(6)の記述のうち，硫酸の性質として誤っているものを2つ選べ。

(1)　スクロース(ショ糖)に濃硫酸を加えると炭化する。

(2)　濃硫酸に銅を加えて加熱すると硫化水素が発生する。

(3)　塩化ナトリウムと濃硫酸の混合物を加熱すると塩化水素が発生する。

(4)　水と濃硫酸を混合すると吸熱する。

(5)　希硫酸は強い酸性を示す。

(6)　希硫酸に亜鉛を加えると水素が発生する。

109
濃硫酸
①酸化作用
②不揮発性
③吸水性
④脱水作用

110 [キップの装置]　キップの装置を用いて気体を発生させるには，まずBに固体試薬を入れ，コックを閉じた状態でAに液体試薬を入れる。するとAから入れた液体試薬の一部は，Aの下の口を通りCに入る。図に示した位置まで液体試薬が入ったところで，Aへ液体試薬を入れるのを止める。ここでコックを開くと，Cにある液体試薬がBに達し，気体が発生する。再び<u>コックを閉じると，しばらくして固体試薬と液体試薬が接触できなくなり，気体の発生が止まる。</u>

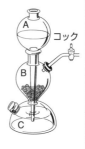
コック

(1)　次の(ア)～(エ)の試薬の組み合わせで気体を発生させるときに，キップの装置を使用できるものを1つ選べ。また，その理由を述べよ。

(ア)　銅と濃硫酸　　　(イ)　亜鉛と希硫酸　　　(ウ)　酸化マンガン(Ⅳ)と濃塩酸

(エ)　塩化アンモニウムと水酸化カルシウム

(2)　下線部について，固体試薬と液体試薬が接触できなくなる理由を述べよ。

110
液面の移動
コックを開ける。
A→C→B
コックを閉じる。
B→C→A

111 [接触法]　硫酸 H_2SO_4 は，工業的には硫黄 S や黄鉄鉱 FeS_2 などの硫化物を燃焼させて発生する二酸化硫黄 SO_2 を原料として，酸化バナジウム(Ⅴ) V_2O_5 などの触媒を用いる接触法により生産される。FeS_2 を空気中の酸素 O_2 と反応させると次式のように SO_2 が発生する。

$$4FeS_2 + 11O_2 \longrightarrow 2Fe_2O_3 + 8SO_2$$

質量パーセントで75%の FeS_2 を含有する鉱石(ただし，不純物中にSを含む物質は存在しない)16 kgを完全に燃焼した。このとき発生した SO_2 を接触法によりすべて H_2SO_4 に変換したとするときの，質量パーセント濃度が98%の硫酸の生産量[kg]を求めよ。

111
接触法
$S + O_2 \rightarrow SO_2$
$2SO_2 + O_2 \rightarrow 2SO_3$
$SO_3 + H_2O \rightarrow H_2SO_4$

▶**2** 非金属元素②

● **確認事項** ● 以下の空欄に適当な語句および化学式を入れよ。

● **窒素とその化合物**

単体 N_2	性質	安定。空気中に 78 % 存在。	
	製法（工業的）	液体①（　　　）の分留。	
水素化物 NH_3	液性	②（　　　）性	
	臭い	刺激臭	
	反応	塩化水素と反応。$NH_3 + HCl \longrightarrow NH_4Cl$　白煙	
	製法（実験室）	塩化アンモニウムに水酸化カルシウムを加えて加熱。$2NH_4Cl + Ca(OH)_2 \rightarrow CaCl_2 + 2H_2O + 2NH_3$	
	製法（工業的）	③（　　　　　　）法　高温・高圧下で窒素と水素を直接反応。$N_2 + 3H_2 \rightleftarrows 2NH_3$（触媒 ④（　　　））	

酸化物		NO	NO_2
	色	⑤（　　　）色	⑥（　　　）色
	臭い	無臭	刺激臭
	反応	酸素と反応。　$2NO + O_2 \longrightarrow 2NO_2$	
	製法（実験室）	銅に⑦（　　　）硝酸を加える。$3Cu + 8HNO_3 \rightarrow 3Cu(NO_3)_2 + 4H_2O + 2NO$	銅に⑧（　　　）硝酸を加える。$Cu + 4HNO_3 \rightarrow Cu(NO_3)_2 + 2H_2O + 2NO_2$

オキソ酸 HNO_3	液性	⑨（　　　）性
	性質	・⑩（　　　　　　）に保存（光により分解）。 ・⑪（　　　）力が強い（Cu, Ag とも反応）。 ・⑫（　　　　）（Fe, Ni, Al と反応しない） （⑩　）　（⑪　）力　（⑫　）
	製法（工業的）	⑬（　　　　　　）法 (1) $4NH_3 + 5O_2 \longrightarrow 4NO + 6H_2O$（触媒 ⑭（　　　）） (2) $2NO + O_2 \longrightarrow 2NO_2$（空気酸化） (3) $3NO_2 + H_2O \longrightarrow 2HNO_3 + NO$ ［全体］$NH_3 + 2O_2 \longrightarrow HNO_3 + H_2O$

● リンとその化合物

<table>
<tr><td rowspan="4">単体</td><td>同素体</td><td colspan="2">黄リン P₄</td><td>赤リン P</td></tr>
</table>

	同素体	黄リン P_4		赤リン P
単体	色	⑮( )色		⑯( )色
	毒性	⑰( )毒		毒性が⑱( )い
	保存	自然発火するため⑲( )に保存。		
酸化物 P_4O_{10}	性質	⑳( )性		
	製法（実験室）	リンを燃焼。 $4P + 5O_2 \longrightarrow P_4O_{10}$		
	利用	例 乾燥剤		
オキソ酸 H_3PO_4	液性	㉑( )の酸性。		
	製法（実験室）	十酸化四リンに温水を加える。 $P_4O_{10} + 6H_2O \longrightarrow 4H_3PO_4$		

● 炭素とその化合物

単体 C	同素体	㉒( )	㉓( )	㉔( )	カーボンナノチューブ
	反応	完全燃焼 $C + O_2 \rightarrow CO_2$ 不完全燃焼 $2C + O_2 \rightarrow 2CO$			

		CO	CO₂

酸化物		CO	CO_2
	毒性	㉕( )毒	㉖( )毒
	水溶性	水に溶け㉗( )。	水に溶け㉘( )。
	液性		㉙( )性 $CO_2 + H_2O \rightleftharpoons H^+ + HCO_3^-$
	性質	㉚( )剤	
	反応	空気中で燃焼。 $2CO + O_2 \longrightarrow 2CO_2$	石灰水を白濁。 $Ca(OH)_2 + CO_2 \rightarrow CaCO_3 + H_2O$
	製法（実験室）	ギ酸に濃硫酸を加えて加熱。 $HCOOH \longrightarrow CO + H_2O$	炭酸カルシウムに塩酸を加える。 $CaCO_3 + 2HCl \longrightarrow CaCl_2 + H_2O + CO_2$

● ケイ素とその化合物

単体 Si	性質	硬度・融点が高い。半導体。
	構造	ダイヤモンド型
酸化物 SiO_2	反応	フッ化水素酸と反応。 $SiO_2 + 6HF \longrightarrow H_2SiF_6 + 2H_2O$
	存在	例 石英，水晶，ケイ砂

解答
⑮淡黄
⑯赤褐
⑰有
⑱低
⑲水中
⑳吸湿
㉑中程度

㉒黒鉛
㉓ダイヤモンド
㉔フラーレン
㉕有
㉖無
㉗にくい
㉘る
㉙弱酸
㉚還元

3章
無機物質

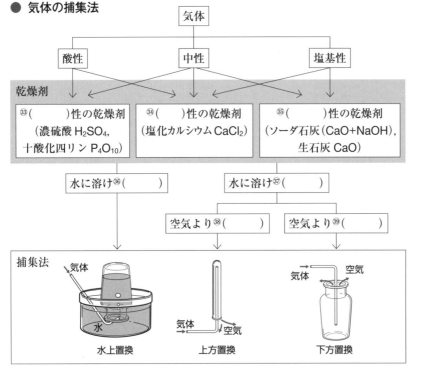

次の各文のそれぞれの下線部について，正しい場合は○を，誤っている場合には正しい語句を記せ。

□①窒素は空気中に <u>21 %</u> 含まれる。　　　　　　　　　　①×→ 78 %

□②窒素は工業的には <u>液体空気の分留</u> で製造される。　　②○

□③アンモニアは <u>オストワルト法</u> で製造される。　　　　③×→ハーバー・ボッシュ法

□④一酸化窒素は <u>赤褐色</u> の気体である。　　　　　　　　④×→無色

□⑤硝酸は光により分解するので，<u>褐色びん</u> で保存する。　⑤○

□⑥硝酸は <u>金と反応する。</u>　　　　　　　　　　　　　　⑥×→反応しない

□⑦<u>濃硝酸</u> 中で鉄は不動態になる。　　　　　　　　　　　⑦○

□⑧硝酸は <u>接触法</u> で製造される。　　　　　　　　　　　⑧×→オストワルト法

□⑨<u>赤リン</u> は自然発火するので，水中に保存する。　　　　⑨×→黄リン

□⑩リン酸は <u>中程度の酸</u> である。　　　　　　　　　　　⑩○

□⑪ダイヤモンドとフラーレンは <u>同素体</u> である。　　　　⑪○

□⑫一酸化炭素は水に <u>溶ける。</u>　　　　　　　　　　　　⑫×→溶けにくい

□⑬二酸化炭素は水に溶け，<u>弱酸性</u> を示す。　　　　　　　⑬○

□⑭ケイ素はダイヤモンドと同じ，<u>正四面体構造</u> をとる。　⑭○

□⑮<u>ケイ酸</u> を乾燥させるとシリカゲルになる。　　　　　　⑮○

□⑯ソーダ石灰，生石灰は <u>酸性</u> の乾燥剤である。　　　　⑯×→塩基性

□⑰塩化カルシウムは <u>中性</u> の乾燥剤である。　　　　　　⑰○

□⑱水に溶け，空気より重い気体は <u>下方置換</u> で捕集する。　⑱○

化学反応式

N

□①アンモニアと塩化水素 例3

□②塩化アンモニウムと水酸化カルシウム 例4

□③窒素と水素(触媒 Fe_3O_4) 例1

□④銅と希硝酸 例1

□⑤銅と濃硝酸 例1

□⑥アンモニアと酸素(触媒 Pt) 例1

□⑦一酸化窒素と酸素 例1

□⑧二酸化窒素と水 例1

(左側縦書き: オストワルト法)

P

□⑨リンと酸素 例1

□⑩十酸化四リンと水 例2

C

□⑪炭素と酸素(完全燃焼) 例1

□⑫一酸化炭素と酸素 例1

□⑬ギ酸と濃硫酸

□⑭水酸化カルシウムと二酸化炭素 例3

□⑮炭酸カルシウムと塩酸 例4

Si

□⑯二酸化ケイ素と水酸化ナトリウム 例3

解答

① $NH_3 + HCl \longrightarrow NH_4Cl$

② $2NH_4Cl + Ca(OH)_2 \longrightarrow CaCl_2 + 2NH_3 + 2H_2O$

③ $N_2 + 3H_2 \rightleftharpoons 2NH_3$

④ $3Cu + 8HNO_3 \longrightarrow 3Cu(NO_3)_2 + 4H_2O + 2NO$

⑤ $Cu + 4HNO_3 \longrightarrow Cu(NO_3)_2 + 2H_2O + 2NO_2$

⑥ $4NH_3 + 5O_2 \longrightarrow 4NO + 6H_2O$

⑦ $2NO + O_2 \longrightarrow 2NO_2$

⑧ $3NO_2 + H_2O \longrightarrow 2HNO_3 + NO$

⑨ $4P + 5O_2 \longrightarrow P_4O_{10}$

⑩ $P_4O_{10} + 6H_2O \longrightarrow 4H_3PO_4$

⑪ $C + O_2 \longrightarrow CO_2$

⑫ $2CO + O_2 \longrightarrow 2CO_2$

⑬ $HCOOH \longrightarrow CO + H_2O$

⑭ $Ca(OH)_2 + CO_2 \longrightarrow CaCO_3 + H_2O$

⑮ $CaCO_3 + 2HCl \longrightarrow CaCl_2 + CO_2 + H_2O$

⑯ $SiO_2 + 2NaOH \longrightarrow Na_2SiO_3 + H_2O$

112 ［アンモニア］ アンモニアは実験室では，塩化アンモニウムと水酸化カルシウムの混合物を加熱することで得られる。右図はその装置図である。次の問いに答えよ。

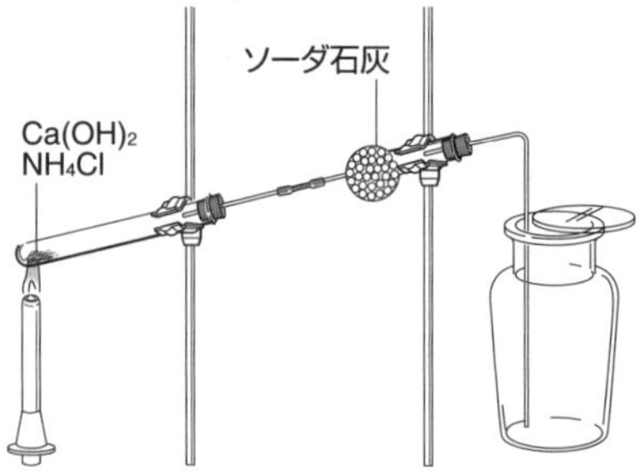

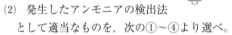
ソーダ石灰
Ca(OH)₂
NH₄Cl

(1) この装置図には誤りが2か所ある。どのように修正すればよいか，それぞれ述べよ。

(2) 発生したアンモニアの検出法として適当なものを，次の①〜④より選べ。
　① 塩化コバルト紙を近づける。　② 青色リトマス紙を近づける。
　③ ガラス棒につけた塩酸を近づける。　④ 色を確認する。

112 生成物であるアンモニアと水に着目する。

113 ［一酸化窒素と二酸化窒素］ 一酸化窒素と二酸化窒素について，次の(1)〜(6)の記述のうち，誤っているものを1つ選べ。

(1) 一酸化窒素は，銅に濃硝酸を反応させて得られる。

(2) 一酸化窒素は，水上置換で捕集することができる。

(3) 一酸化窒素は，酸素と反応して二酸化窒素を生じる。

(4) 二酸化窒素は，赤褐色の気体である。

(5) 二酸化窒素は，水と反応して硝酸を生じる。

(6) 二酸化窒素は，常温で一部が四酸化二窒素となる。

114 ［オストワルト法］ アンモニアは工業的には，（　ア　）を触媒に用いたハーバー・ボッシュ法で製造される。この反応は次の化学反応式で表すことができる。

$$N_2 + (\ A\ )H_2 \rightleftharpoons (\ B\ )NH_3 \quad \cdots ①$$

さらに，生成したアンモニアを原料にオストワルト法を用いることで硝酸を製造することができる。オストワルト法は，アンモニアを空気と混合し，（　イ　）を触媒として約800℃で反応させて（　ウ　）をつくり，さらにこれを（　エ　）としたのち，水と反応させて硝酸をつくる方法である。これらの反応は次の化学反応式で表すことができる。さらに式④で生じた（　ウ　）は再び式③で消費される。

$$4NH_3 + 5O_2 \longrightarrow 4(\ ウ\ ) + 6H_2O \quad \cdots ②$$
$$2(\ ウ\ ) + O_2 \longrightarrow 2(\ エ\ ) \quad \cdots ③$$
$$3(\ エ\ ) + H_2O \longrightarrow 2HNO_3 + (\ ウ\ ) \quad \cdots ④$$

(1) (A)，(B)に適当な数字を入れよ。

(2) (ア)〜(エ)に適当な化学式を入れよ。

(3) 式②〜④を1つの化学反応式にまとめよ。

(4) 濃硝酸10 Lを製造するために必要なアンモニアの質量〔kg〕を求めよ。ただし，製造する濃硝酸の質量パーセント濃度を63％，密度を1.4 g/cm³とする。

114
②＋③×3＋④×2
――――――――
4
で1つの式にまとめる。

115 [リンとその化合物]　リンは自然界では単体としては存在しないが，リン酸カルシウム等の形で産出される。リン酸カルシウムは水に溶けにくく，これを適量の硫酸で処理すると水に溶けやすい（　ア　）と硫酸カルシウムが生成する。この生成した混合物は（　イ　）とよばれ，リン酸肥料として用いられる。

115 リンの同素体の保存方法のちがいに着目する。

一方，(a)リン酸カルシウムを電気炉中でコークス(C)とケイ砂(SiO₂)を混合して，強熱するとリンは蒸気となって発生する。この蒸気を(b)水中に導くと（　ウ　）が得られる。この（　ウ　）は（　エ　）と（　オ　）の関係にある。リンを過剰の酸素中で燃焼させると（　カ　）が得られる。この（　カ　）を水と十分に反応させると，リン酸が得られる。

(1)　(ア)～(カ)に適当な語句を入れよ。

(2)　下線部(a)の反応式を下に示す。　A　，　B　に化学式を入れよ。
　　2　A　+6SiO₂+10C ⟶ 6　B　+10CO+P₄

(3)　下線部(b)のような操作を行う理由を述べよ。

116 [炭素]　二次元結晶となる炭素の同素体としてはグラフェンがある。グラフェンは正六角形の格子が原子1個分の厚さで平面状に繋がった二次元結晶であり，炭素分子が蜂の巣状に並んでいる。グラフェンが層状に重なったものが（　ア　）である。層間は弱い（　イ　）力で結合している。そのため，黒鉛は層状にはがれやすいという性質をもつ。

116 グラフェン

その他の同素体として，グラフェンが筒状になったような構造をもつ（　ウ　）や，炭素原子60個からなるサッカーボール状の構造をもつ（　エ　）などがある。

炭素の同素体にはさらに，三次元結晶となるダイヤモンドがある。ダイヤモンドは，各炭素原子が（　オ　）個の価電子により隣接する炭素原子とそれぞれ共有結合をつくって，（　カ　）形をとり，これがくり返された立体構造をもつ。

(1)　(ア)～(カ)に適当な語句や数字を入れよ。

(2)　下線部について，グラフェンは電気伝導性をもつ。その理由を述べよ。

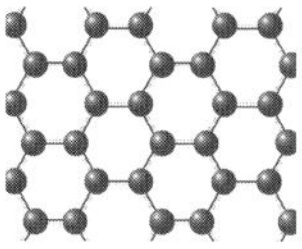

117 [一酸化炭素と二酸化炭素]　一酸化炭素と二酸化炭素について，次の(1)～(5)の記述のうち，誤っているものを1つ選べ。

(1)　どちらも無色・無臭である。

(2)　どちらも還元作用がある。

(3)　一酸化炭素の毒性は強いが，二酸化炭素は無毒である。

(4)　水への溶解度は，二酸化炭素の方が一酸化炭素よりも大きい。

(5)　一酸化炭素は燃焼するが二酸化炭素は燃焼しない。

117 酸化数のはしご
0　　+2　　+4
C　　CO　　CO₂

118 [シリカゲル] ケイ素の単体は，共有結合の結晶で，金属に似た光沢がある。高純度のケイ素は，わずかに電気伝導性があり，（ ア ）としての性質を示し，コンピュータや太陽電池などの材料に用いられる。（ ア ）には，高純度のケイ素にヒ素 As を少量加え，電子を1個余らせることにより伝導性を大きくした（ イ ）型（ ア ）や，高純度のケイ素にホウ素 B を少量加え，電子を1個不足させることにより伝導性を大きくした（ ウ ）型（ ア ）がある。

　ケイ素は，天然には酸化物の形で存在する。二酸化ケイ素は，自然界では，火成岩に含まれる鉱物である（ エ ）として多く存在し，(a)薬品にも侵されにくい性質をもっている。

　(b)二酸化ケイ素に，水酸化ナトリウムを加えて加熱するとケイ酸塩を生成する。得られたケイ酸塩に水を加えて煮沸すると，無色透明で粘性の大きな液体で塩基性の（ オ ）となる。この液体に塩酸を加えると白色ゲル状のケイ酸を生じる。ゲル状のケイ酸塩を熱して脱水すると，(c)多孔質の構造をもち，乾燥剤としても使われている（ カ ）となる。

(1) (ア)～(カ)に適する語句を答えよ。

(2) 下線部(a)について，二酸化ケイ素を溶かすことのできる水溶液を次の①～④から1つ選び，番号を答えよ。

　① 塩酸　　② 硝酸　　③ 硫酸　　④ フッ化水素酸

(3) 下線部(b)について，次のケイ酸塩を生じる反応について，空欄に適する化学式（係数も含む）を答えよ。

　$SiO_2 +$ ┃ A ┃ $\longrightarrow$ ┃ B ┃ $+ H_2O$

(4) 下線部(c)について，(カ)が乾燥剤として用いられる理由を述べよ。

119 [セラミックス] セラミックスについて，次の(1)～(5)の記述のうち，誤っているものを選べ。

生活

(1) 二酸化ケイ素 SiO_2 は，石英，ケイ砂，水晶の主成分である。高純度の SiO_2 は光ファイバーとして使用されている。

(2) 高純度の二酸化ケイ素を高温で融解後，冷やしてつくられる石英ガラスは，プリズム，耐熱性ガラスに使われている。

(3) ポルトランドセメントは，石灰石（主成分 $CaCO_3$）と粘土（主成分 SiO_2 と Al_2O_3）などの原料を熱してつくられている。

(4) ホウケイ酸ガラスは，ホウ素酸化物を含有し，ソーダ石灰ガラスと比べて熱膨張率が大きいために，電子レンジ中で熱しても割れにくい。

(5) 陶器は，粘土，石英と長石などの天然原料を混合して，高温で焼き固めたものをいう。

120 [気体の発生] 次の①～⑤の気体を発生させる実験を行った。次の問いに答えよ。

　① 塩素　　② 塩化水素　　③ 二酸化炭素　　④ 硫化水素

　⑤ アンモニア

118
・n 型＝negative
電子 e⁻ が余る（負電荷の移動）。
・p 型＝positive
電子 e⁻ が不足。
→正孔（電子がたりない穴）の＋の電荷が動くように見える。
(4)多孔質である
＝表面積が大きい
水と(カ)の表面の構造に注目する。

119 ガラス，セメント，陶磁器などはセラミックスに分類される。

(1) ①～⑤の気体を発生させるのに必要な試薬を(ア)～(コ)よりそれぞれ選べ。

   (ア) 硫化鉄(Ⅱ)　　(イ) 酸化マンガン(Ⅳ)　　(ウ) 炭酸カルシウム

   (エ) 水酸化カルシウム　　(オ) 塩化アンモニウム　　(カ) 塩化ナトリウム

   (キ) 希塩酸　　(ク) 希硫酸　　(ケ) 濃硫酸　　(コ) 濃塩酸

(2) ①～⑤の気体を発生させるのに必要な装置を(ア)～(ウ)よりそれぞれ選べ。

120
加熱が必要な場合
(ア)濃塩酸，濃硫酸
を用いる。
(イ)固体試薬＋固体
試薬

(3) 塩素，二酸化炭素，アンモニアの捕集法は，水上置換・上方置換・下方置換のいずれがよいか。それぞれ選べ。

(4) 塩素，二酸化炭素，アンモニアの乾燥剤についての記述として，最も適当なものを(ア)～(エ)よりそれぞれ1つずつ選べ。

   (ア) 濃硫酸，ソーダ石灰のいずれも用いることができる。

   (イ) 濃硫酸を用いることができるが，ソーダ石灰は適さない。

   (ウ) ソーダ石灰を用いることができるが，濃硫酸は適さない。

   (エ) 濃硫酸，ソーダ石灰のいずれも適さない。

121 ［気体の推定］ 次の①～⑩は6種類の気体A，B，C，D，E，Fの性質と気体発生の反応について述べたものである。下の問いに答えよ。

121 ⑤，⑦～⑩より発生する気体をまず考える。

  ① A，C，D，E，Fは無色であるが，Bは黄緑色である。

  ② A，B，D，Eは刺激臭，Cは腐卵臭の気体である。

  ③ Aは，水で湿らせた赤色リトマス紙を青色に変色させる。Dは，水で湿らせた青色リトマス紙を赤色に変色させる。

  ④ B，Eは，赤いバラの花を脱色させる。

  ⑤ Aは，塩化アンモニウムと水酸化カルシウムの混合物を加熱すると発生する。Dと直ちに反応して白煙を生じる。

  ⑥ Bは，酸化マンガン(Ⅳ)にDの水溶液を加えて加熱すると発生する。

  ⑦ Cは，硫化鉄(Ⅱ)に希塩酸を加えると発生する。

  ⑧ Dは，塩化ナトリウムに濃硫酸を加えて加熱すると発生する。

  ⑨ Eは，銅に濃硫酸を加えて加熱すると発生する。気体Cの水溶液に通じると，白濁する。

  ⑩ Fは，銀に希硝酸を加えると発生する。空気中で酸素と容易に反応し，有色の気体になる。

(1) A～Fにあてはまる気体の化学式をそれぞれ答えよ。

(2) 上方置換でしか捕集できない気体はどれか。記号で答えよ。

(3) 硫酸酸性の過マンガン酸カリウム水溶液に通じると赤紫色を無色に変色させる気体で，濃硫酸では乾燥できない気体はどれか。記号で答えよ。

3章
無機物質

▶1 典型元素とその化合物

● 確認事項 ●	以下の空欄に適当な語句，数字または化学式を入れよ。

解答

● アルカリ金属　H を除く 1 族元素

①石油
②1
③赤
④黄
⑤溶融塩電解

性質	密度	小さい。
	保存	空気中の酸素と反応するため，①(　　　　　)中で保存。
	特徴	②(　　)価の陽イオンになりやすい。
反応	酸素	$4Na + O_2 \longrightarrow 2Na_2O$
	水	$2Na + 2H_2O \longrightarrow 2NaOH + H_2$　（反応性 Li < Na < K）
	炎色反応	Li③(　　　)，Na④(　　　)，K(赤紫)
製法（工業的）		塩化ナトリウムの⑤(　　　　　　　　)。 $2NaCl \longrightarrow 2Na + Cl_2$

● Na の化合物

⑥塩基
⑦強塩基
⑧潮解
⑨塩化ナトリウム
⑩塩基
⑪風解
⑫アンモニアソーダ
⑬弱塩基

酸化物 Na_2O	⑥(　　)性酸化物	水	$Na_2O + H_2O \longrightarrow 2NaOH$
		酸	$Na_2O + 2HCl \longrightarrow 2NaCl + H_2O$
水酸化物 $NaOH$	性質	液性	⑦(　　　　)性
		特徴	空気中の水(⑧(　　　)性)や二酸化炭素と反応。 $2NaOH + CO_2 \longrightarrow Na_2CO_3 + H_2O$
	製法（工業的）		⑨(　　　　　　　　)水溶液を電気分解（イオン交換膜法）。 (→ p.57)
	利用		例 セッケン，パルプ，繊維
炭酸塩 Na_2CO_3	性質	液性	⑩(　　　)性
		特徴	$Na_2CO_3 \cdot 10H_2O$ は⑪(　　　)性
	反応	水	$Na_2CO_3 + H_2O \longrightarrow NaHCO_3 + NaOH$
		酸	$Na_2CO_3 + 2HCl \longrightarrow 2NaCl + H_2O + CO_2$
	製法（工業的）		⑫(　　　　　　　　　)法 ① $NaCl + NH_3 + CO_2 + H_2O \longrightarrow NaHCO_3 \downarrow + NH_4Cl$ ② $2NaHCO_3 \longrightarrow Na_2CO_3 + H_2O + CO_2$（熱分解） [全体]$2NaCl + CaCO_3 \longrightarrow Na_2CO_3 + CaCl_2$
	利用		例 ガラス
炭酸水素塩 $NaHCO_3$ （重曹）	性質	液性	⑬(　　　)性
	反応	熱分解	$2NaHCO_3 \longrightarrow Na_2CO_3 + H_2O + CO_2$
		酸	$NaHCO_3 + HCl \longrightarrow NaCl + H_2O + CO_2$
	利用		例 胃薬，ベーキングパウダー，入浴剤

製法（工業的）の図：

原料 $\fbox{NaCl 飽和水溶液}$　①　$\fbox{NH_4Cl}$　循環　$\fbox{NH_3}$／$\fbox{CaCl_2}$ 生成物

$\fbox{NH_3}$

$\fbox{NaHCO_3}$　② 熱分解　$\fbox{Na_2CO_3}$ 生成物

熱分解　$\fbox{CO_2}$　循環　$\fbox{CO_2}$

原料 $\fbox{CaCO_3}$　$\fbox{CaO}$　$\fbox{Ca(OH)_2}$

$\fbox{H_2O}$

● アルカリ土類金属　2族元素

<table>
<tr><td rowspan="2">性質</td><td>密度</td><td colspan="2">アルカリ金属より大きい。</td></tr>
<tr><td>特徴</td><td colspan="2">⑭(　　)価の陽イオンになりやすい。</td></tr>
<tr><td rowspan="5">反応</td><td rowspan="2">Mg</td><td>酸素</td><td>強熱すると激しく燃焼。　$2Mg + O_2 \longrightarrow 2MgO$</td></tr>
<tr><td>水</td><td>⑮(　　)と反応。$Mg + 2H_2O \longrightarrow Mg(OH)_2 + H_2$</td></tr>
<tr><td rowspan="3">Ca
Sr
Ba</td><td>酸素</td><td>$2Ca + O_2 \longrightarrow 2CaO$</td></tr>
<tr><td>水</td><td>$Ca + 2H_2O \longrightarrow Ca(OH)_2 + H_2$</td></tr>
<tr><td>炎色反応</td><td>Ca⑯(　　)，Sr(深赤)，Ba⑰(　　)</td></tr>
</table>

● アルカリ土類金属とその化合物

<table>
<tr><td rowspan="4">酸化物
CaO</td><td colspan="2">別称</td><td>⑱(　　)</td></tr>
<tr><td rowspan="2">塩基性
酸化物</td><td>水</td><td>$CaO + H_2O \longrightarrow Ca(OH)_2$</td></tr>
<tr><td>酸</td><td>$CaO + 2HCl \longrightarrow CaCl_2 + H_2O$</td></tr>
<tr><td colspan="2">製法
（工業的）</td><td>炭酸カルシウムの熱分解。
$CaCO_3 \longrightarrow CaO + CO_2$</td></tr>
<tr><td rowspan="1">　</td><td colspan="2">利用</td><td>例乾燥剤，発熱剤</td></tr>
<tr><td rowspan="2">水酸化物
Mg(OH)₂</td><td rowspan="2">性質</td><td>液性</td><td>⑲(　　)性</td></tr>
<tr><td>水溶性</td><td>水に溶け⑳(　　)。</td></tr>
<tr><td rowspan="3">水酸化物
Ca(OH)₂</td><td colspan="2">別称</td><td>㉑(　　)。飽和水溶液は㉒(　　)。</td></tr>
<tr><td rowspan="2">性質</td><td>液性</td><td>㉓(　　)性</td></tr>
<tr><td>水溶性</td><td>水に溶け㉔(　　)。</td></tr>
<tr><td>　</td><td>反応</td><td>CO_2</td><td>$Ca(OH)_2 + CO_2 \longrightarrow CaCO_3 \downarrow + H_2O$</td></tr>
<tr><td rowspan="5">炭酸塩
CaCO₃</td><td colspan="2">別称</td><td>㉕(　　)</td></tr>
<tr><td>性質</td><td>水溶性</td><td>水に溶け㉖(　　)。</td></tr>
<tr><td rowspan="2">反応</td><td>酸</td><td>$CaCO_3 + 2HCl \longrightarrow CaCl_2 + H_2O + CO_2$</td></tr>
<tr><td>水＋
CO_2</td><td>$CaCO_3 + CO_2 + H_2O \rightleftharpoons Ca(HCO_3)_2$
　　　　　　水に溶け㉗(　　)。</td></tr>
<tr><td>存在</td><td>例鍾乳洞</td></tr>
<tr><td rowspan="3">硫酸塩
CaSO₄</td><td rowspan="2">性質</td><td>水溶性</td><td>水に溶け㉘(　　)。</td></tr>
<tr><td>特徴</td><td>$CaSO_4 \cdot 2H_2O \rightleftharpoons CaSO_4 \cdot \dfrac{1}{2} H_2O$
㉙(　　)　　　　㉚(　　)</td></tr>
<tr><td colspan="2">利用</td><td>例ギプス</td></tr>
<tr><td rowspan="2">硫酸塩
BaSO₄</td><td rowspan="2">性質</td><td>水溶性</td><td>水に溶け㉛(　　)。</td></tr>
<tr><td>特徴</td><td>X線を遮る。</td></tr>
<tr><td>　</td><td colspan="2">利用</td><td>例X線の造影剤</td></tr>
<tr><td rowspan="2">塩化物
CaCl₂</td><td>性質</td><td>特徴</td><td>㉜(　　)性</td></tr>
<tr><td>利用</td><td colspan="2">例乾燥剤</td></tr>
</table>

解答
⑭ 2
⑮ 熱水
⑯ 橙赤
⑰ 黄緑
⑱ 生石灰
⑲ 弱塩基
⑳ にくい
㉑ 消石灰
㉒ 石灰水
㉓ 強塩基
㉔ やすい
㉕ 石灰石
㉖ にくい
㉗ る
㉘ にくい
㉙ セッコウ
㉚ 焼きセッコウ
㉛ にくい
㉜ 潮解

3章　無機物質

● Al とその化合物（両性金属，Zn との比較）

	Al		Zn（→ p.109）	
単体	・㉝（　）価の陽イオンになりやすい。 ・濃硝酸中で㉞（　　　　）を形成。 ・アルマイト（酸化被膜 /Al） ・ミョウバン AlK(SO₄)₂·12H₂O 合金 ㉟（　　　　） （Al＋Cu＋Mg など） 製法（工業的）アルミナの 　　　㊱（　　　　　）		・2価の陽イオンになりやすい。 合金 黄銅（Cu＋Zn） めっき トタン（Zn/Fe）	
	酸	強塩基	酸	強塩基
	$2Al + 6HCl$ $\longrightarrow 2AlCl_3 +$ $3H_2$	$2Al + 2NaOH$ $+ 6H_2O$ $\longrightarrow 2Na[Al(OH)_4]$ $+ 3H_2$	$Zn + 2HCl$ $\longrightarrow ZnCl_2 + H_2$	$Zn + 2NaOH$ $+ 2H_2O$ $\longrightarrow Na_2[Zn(OH)_4]$ $+ H_2$
酸化物	Al_2O_3（アルミナ）　白色固体		ZnO　白色固体	
	㊲（　　）酸化物で酸とも強塩基とも反応			
	存在 ルビー，サファイア		利用 白色顔料	
水酸化物	$Al(OH)_3$　白色沈殿		$Zn(OH)_2$　白色沈殿	
	酸	強塩基	酸	強塩基
	$Al(OH)_3 + 3HCl$ $\longrightarrow AlCl_3 + 3H_2O$	$Al(OH)_3 + NaOH$ $\longrightarrow Na[Al(OH)_4]$	$Zn(OH)_2 + 2HCl$ $\longrightarrow ZnCl_2 + 2H_2O$	$Zn(OH)_2$ $+ 2NaOH \longrightarrow$ $Na_2[Zn(OH)_4]$
		過剰のアンモニア水では 溶㊳（　　　　）。		過剰のアンモニア水では 溶ける。
硫化物			中・塩基性で硫化水素と反応。 $Zn^{2+} + S^{2-} \longrightarrow ZnS$（白色） （中・塩基性を Zn, Fe, Ni する）	

解答
㉝ 3
㉞ 不動態
㉟ ジュラルミン
㊱ 溶融塩電解
㊲ 両性
㊳ けない

● Ca の反応系統図

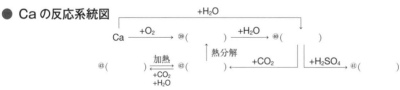

㊴ CaO
㊵ Ca(OH)₂
㊶ CaSO₄
㊷ CaCO₃
㊸ Ca(HCO₃)₂

● Al の反応系統図

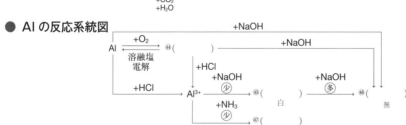

㊹ Al₂O₃
㊺ Al(OH)₃
㊻ [Al(OH)₄]⁻
㊼ Al(OH)₃

● Sn，Pb とその化合物（両性金属）

		Sn	Pb
単体	合金 ⑱（　　　　）(Cu＋Sn) めっき ⑲（　　　　）(Sn/Fe)		・塩酸や硫酸には溶けにくい。 利用 ハンダ(Pb＋Sn)，X 線の遮蔽材
	両性元素で酸とも強塩基とも反応		
化合物	$SnCl_2$ ⑳（　　　）作用 $SnCl_2 + 2Cl^- \longrightarrow SnCl_4 + 2e^-$		$PbCl_2$(白色沈殿)　㉑（　　　）に溶ける。 $PbSO_4$(白色沈殿) PbS(黒色沈殿)

● Pb の反応系統図

$$Pb^{2+}$$

+HCl ㉒（　　　　）　白 +熱水 → 溶解

+H₂S ㉓（　　　　）　黒

+K₂CrO₄ ㉔（　　　　）　黄

+H₂SO₄ ㉕（　　　　）　白

㉒ $PbCl_2$
㉓ PbS
㉔ $PbCrO_4$
㉕ $PbSO_4$

☑ 正誤チェック

次の各文のそれぞれの下線部について，正しい場合は○を，誤っている場合には正しい語句を記せ。

□① ナトリウムは空気中の酸素と反応するため，水中で保存する。 ①×→石油中

□② アルカリ金属と水との反応は，K ＜ Na ＜ Li の順に激しくなる。 ②×→ Li ＜ Na ＜ K

□③ ナトリウムは塩化ナトリウムの溶融塩電解で製造される。 ③○

□④ 酸化ナトリウムは酸性酸化物である。 ④×→塩基性酸化物

□⑤ 水酸化ナトリウムは空気中の水や二酸化炭素と反応する。 ⑤○

□⑥ 水酸化ナトリウムは塩化ナトリウム水溶液を電気分解することにより
製造される。 ⑥○

□⑦ 炭酸ナトリウム十水和物は潮解性をもつ。 ⑦×→風解性

□⑧ 炭酸ナトリウムは，ハーバー・ボッシュ法により製造される。 ⑧×→アンモニアソーダ法

□⑨ 炭酸水素ナトリウムは弱酸性である。 ⑨×→弱塩基性

□⑩ マグネシウムは冷水と反応する。 ⑩×→熱水

□⑪ マグネシウムは炎色反応を示す。 ⑪×→示さない

□⑫ 酸化カルシウムの別称は消石灰である。 ⑫×→生石灰

□⑬ 水酸化マグネシウムは水に溶けやすい。 ⑬×→溶けにくい

□⑭ 石灰水に二酸化炭素を吹き込むと白濁する。 ⑭○

□⑮ ⑭の水溶液に二酸化炭素をさらに吹き込んでも，変化が見られない。 ⑮×→濁りが消失する

□⑯ 塩化カルシウムは風解性があるため，乾燥剤に用いられる。 ⑯×→潮解性

□⑰ 濃硝酸中でアルミニウムは不動態になる。 ⑰○

□⑱ 酸化アルミニウムは塩基性酸化物である。 ⑱×→両性酸化物

□⑲ 鉛（Ⅱ）イオンは塩化物イオン，硫酸イオンのいずれとも沈殿を形成する。 ⑲○

□⑳ 硫化鉛は白色の沈殿である。 ⑳×→黒色

化学反応式

Na

□①ナトリウムと水 パ**1**
□②酸化ナトリウムと水 パ**2**
□③酸化ナトリウムと塩酸 パ**3**
□④炭酸ナトリウムと水
□⑤炭酸ナトリウムと塩酸 パ**4**
□⑥塩化ナトリウム，アンモニア，二酸化炭素と水
□⑦炭酸水素ナトリウムの熱分解 パ**6**
□⑧炭酸水素ナトリウムと塩酸 パ**4**

（アンモニアソーダ法）

Ca

□⑨カルシウムと水 パ**1**
□⑩酸化カルシウムと水 パ**2**
□⑪酸化カルシウムと塩酸 パ**3**
□⑫水酸化カルシウムと二酸化炭素 パ**3**
□⑬水酸化カルシウムと塩化アンモニウム パ**4**
□⑭炭酸カルシウムと塩酸 パ**4**
□⑮炭酸カルシウム，二酸化炭素と水
□⑯炭酸カルシウムの熱分解 パ**6**

Al

□⑰アルミニウムと塩酸 パ**1**
□⑱アルミニウムと水酸化ナトリウム水溶液 パ**7**
□⑲水酸化アルミニウムと塩酸 パ**3**
□⑳水酸化アルミニウムと水酸化ナトリウム水溶液 パ**7**

解答

① $2Na + 2H_2O \longrightarrow 2NaOH + H_2$
② $Na_2O + H_2O \longrightarrow 2NaOH$
③ $Na_2O + 2HCl \longrightarrow 2NaCl + H_2O$
④ $Na_2CO_3 + H_2O \longrightarrow NaHCO_3 + NaOH$
⑤ $Na_2CO_3 + 2HCl \longrightarrow 2NaCl + CO_2 + H_2O$
⑥ $NaCl + NH_3 + CO_2 + H_2O \longrightarrow NaHCO_3 + NH_4Cl$
⑦ $2NaHCO_3 \longrightarrow Na_2CO_3 + CO_2 + H_2O$
⑧ $NaHCO_3 + HCl \longrightarrow NaCl + CO_2 + H_2O$

⑨ $Ca + 2H_2O \longrightarrow Ca(OH)_2 + H_2$
⑩ $CaO + H_2O \longrightarrow Ca(OH)_2$
⑪ $CaO + 2HCl \longrightarrow CaCl_2 + H_2O$
⑫ $Ca(OH)_2 + CO_2 \longrightarrow CaCO_3 + H_2O$
⑬ $Ca(OH)_2 + 2NH_4Cl \longrightarrow CaCl_2 + 2NH_3 + 2H_2O$
⑭ $CaCO_3 + 2HCl \longrightarrow CaCl_2 + CO_2 + H_2O$
⑮ $CaCO_3 + CO_2 + H_2O \rightleftharpoons Ca(HCO_3)_2$
⑯ $CaCO_3 \longrightarrow CaO + CO_2$

⑰ $2Al + 6HCl \longrightarrow 2AlCl_3 + 3H_2$
⑱ $2Al + 2NaOH + 6H_2O \longrightarrow 2Na[Al(OH)_4] + 3H_2$
⑲ $Al(OH)_3 + 3HCl \longrightarrow AlCl_3 + 3H_2O$
⑳ $Al(OH)_3 + NaOH \longrightarrow Na[Al(OH)_4]$

練習問題

122 ［アルカリ金属］　アルカリ金属の単体は，その(a)化合物を加熱して液体状態にしたものを電気分解(溶融塩電解)することで得られる。また，(b)原子番号が大きくなるとともに水や酸素などとの反応性は（　ア　），融点は（　イ　），密度は（　ウ　）なる傾向がある。

（1）　(ア)〜(ウ)に適当な語句を入れよ。

❓(2)　下線部(a)について，アルカリ金属の単体はその化合物の水溶液から得ることができない。［　　］内の単語を用いて，その理由を述べよ。
　　　［イオン化傾向］

❓(3)　下線部(b)について，［　　］内の単語を用いて，その理由を述べよ。
　　　［イオン化エネルギー］

122 水溶液の水も電気分解される。

123 [水酸化ナトリウム] 水酸化ナトリウムの水溶液は強い塩基性を示す。この性質が原因となっているものを，次のうちからすべて選べ。
(1) 水酸化ナトリウムは，塩化ナトリウム水溶液の電気分解により製造する。
(2) 水酸化ナトリウムの水溶液は，二酸化炭素を吸収して炭酸塩を生じる。
(3) 水酸化ナトリウムの水溶液は，皮膚や粘膜をおかす。
(4) 水酸化ナトリウムを空気中に放置すると潮解する。
(5) 水酸化ナトリウムを水に溶解すると発熱する。

123 タンパク質は塩基に弱い。

124 [炭酸ナトリウムと炭酸水素ナトリウム] 炭酸ナトリウムと炭酸水素ナトリウムについて，次の(1)～(5)の記述のうち，正しいものを1つ選べ。
(1) 炭酸水素ナトリウムを300℃で加熱すると，Na_2CO_3，H_2O と CO_2 が生成する。
(2) 炭酸ナトリウムの結晶を空気中に放置すると水分を吸収して，その水に溶けるようになる。
(3) 炭酸水素ナトリウムに塩酸を加えると，H_2 が発生する。
(4) 炭酸水素ナトリウムの水溶液は，弱酸性である。
(5) 炭酸ナトリウムを300℃で加熱すると，Na_2O と CO_2 が生成する。

125 [マグネシウムとカルシウム] 次の(1)～(5)の記述のうち，マグネシウムとカルシウムの両方にあてはまるものを2つ選べ。
(1) 単体は金属である。
(2) 単体の密度は，同一周期のアルカリ金属の単体の密度より大きい。
(3) 単体は，常温で水と反応して水素を発生する。
(4) 硫酸塩は，水に溶けやすい。
(5) 炎色反応を示す。

125 マグネシウムとカルシウムは2族元素であるが，性質が大きく異なる。

126 [カルシウムとその化合物] 次のA～Eは一連の化学変化を示す。①～③はいずれもカルシウムの化合物である。
A （ ① ）に水を加えると，発熱して（ ② ）となる。
B （ ② ）の飽和水溶液に二酸化炭素を通じると，（ ③ ）が沈殿する。
C Bの反応後，さらに二酸化炭素を通じ続けると，（ ③ ）の沈殿は炭酸水素カルシウムとなって溶解する。
D 炭酸水素カルシウムの水溶液を加熱すると，再び（ ③ ）が沈殿する。
E （ ③ ）の固体を強熱すると，（ ① ）が得られる。
(1) ①～③にあてはまる物質の名称と化学式を書け。
(2) 鍾乳洞ができる化学変化にあてはまる反応をA～Eのうちから1つ選べ。また，その反応を化学反応式で表せ。
(3) 二酸化炭素を発生させるとき，石灰石に希塩酸を反応させる。このとき希塩酸の代わりに希硫酸を用いると気体の発生が途中で停止する。その理由を述べよ。

127 [カルシウムの化合物] 次の(1)～(5)の記述にあてはまるカルシウムの化合物を，それぞれ化学式で答えよ。
(1) 鍾乳石や貝殻の主成分で，強熱すると二酸化炭素を発生する。
(2) 生石灰ともよばれ，乾燥剤として用いる。
(3) 消石灰ともよばれ，水に少し溶け，その水溶液は強塩基性を示す。
(4) $\frac{1}{2}$ 水和物は焼きセッコウとよばれ，水と混合して練ると二水和物になって固まるため，医療用ギプスなどに用いられる。
(5) 無水物は溶解度が大きく，空気中で潮解する。

128 [アンモニアソーダ法] 下図は炭酸ナトリウムの工業的製造法であるアンモニアソーダ法(ソルベー法)の概要を示している。実線は製造工程，点線は回収工程を表す。下の問いに答えよ。

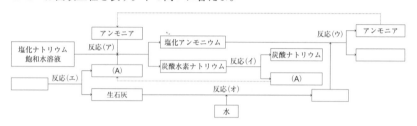

(1) 反応(ア)において，アンモニアと(A)のどちらを先に反応させるか。
(2) 反応(ア)において，生成物である塩化アンモニウムと炭酸水素ナトリウムを分離するのにどのような性質のちがいを利用しているか。
(3) 反応(ア)～反応(オ)をそれぞれ化学反応式で表せ。
(4) 反応(ア)～反応(オ)を1つの化学反応式にまとめよ。
(5) 反応(ア)で使用する(A)のうち，反応(エ)で発生する(A)は何％を占めるか。ただし，反応(イ)で発生する(A)は100％回収し利用できるものとする。
(6) 炭酸ナトリウムの無水物を10.6 kg製造するためには，原料となる塩化ナトリウム飽和水溶液が少なくとも何L必要か。有効数字2桁で答えよ。ただし，塩化ナトリウム飽和水溶液の質量パーセント濃度を26.5％，密度を1.2 g/cm³とし，各反応は完全に進行するものとする。

129 [アルミニウム] アルミニウムの単体は，銀白色の軟らかい金属で，箔にするなど（　ア　）に富み，電気伝導度や熱伝導度が（　イ　）い。また，表面を酸化させて不動態にした（　ウ　）は腐食されにくい。少量の銅，マグネシウムなどの合金である（　エ　）は，軽量で強度が大きい。
　アルミニウムは還元性が大きく，高温では酸素と結びつきやすいので，アルミニウムよりもイオン化傾向の（　オ　）い金属の酸化物とアルミニウムの粉末を混ぜて点火すると，多量の熱を発生しながら激しく反応し，金属の単体が遊離する。<u>この例として，鉄道のレール溶接には，アルミニウム粉末と酸化鉄 Fe_2O_3 の混合物であるテルミットが用いられている。</u>
(1) 文章中の(ア)～(オ)に当てはまる語句を答えよ。
(2) 文章中の下線部について，テルミット反応の化学反応式を示せ。

128 (1)水への溶けやすさを考える。

129
(ア)，(イ)の性質の利用例
(ア) アルミ箔
(イ) 電気配線，調理器具
(ウ)の利用例
サッシ(窓枠の建材)
(エ)の利用例
航空機の機体，電車の車体

130 [アルミニウムの溶融塩電解] アルミニウムはイオン化傾向が比較的大きな金属であり，単体として産出することはないため，工業的には，（　　　）から得られる両性酸化物であるアルミナ Al_2O_3 を溶融塩電解して製造される。（　　　）には，不純物として少量の Fe_2O_3 などが含まれ

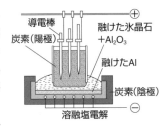

導電棒
炭素（陽極）
融けた氷晶石 $+Al_2O_3$
融けたAl
炭素（陰極）
溶融塩電解

ているため，(a)濃水酸化ナトリウム水溶液に溶かして，不溶性の Fe_2O_3 を除く。(b)この溶液を水で希釈すると，白色ゼリー状の沈殿物を生じ，これを加熱脱水してアルミナを得る。(c)アルミナを氷晶石の溶融塩に溶かし，これを炭素電極で電気分解することによって陰極にアルミニウムを析出させる。

(1) 文章中の空欄に当てはまる語句を答えよ。

(2) 文章中の下線部(a)について，アルミナを濃水酸化ナトリウム水溶液に溶かしたときに起こる反応の化学反応式を記せ。

(3) 文章中の下線部(b)について，この沈殿物の化学式を記せ。

(4) 文章中の下線部(c)について，次の問いに答えよ。

（ⅰ） 融解した氷晶石にアルミナを溶かす理由として最も適当なものを次の①～④の中から選べ。

① 氷晶石には，電気分解後に生じる Al の表面にできる酸化皮膜の形成を抑制する働きがあるから。

② 氷晶石には Al が含まれており，アルミナ単独の融解塩を電気分解するよりも，高純度の Al が得られるから。

③ アルミナを直接融解させるよりも，アルミナより融点の高い氷晶石の融解液を用いる方が融解しやすいから。

④ アルミナを直接融解させるよりも，融解した氷晶石に溶解させる方が低温で電気分解できるから。

（ⅱ） 電気炉中の陽極と陰極で起こっている反応を電子 e^- を含むイオン反応式で表せ。ただし，各電極上で 2 種類以上の反応が同時に起こっている可能性がある場合は，いずれか 1 つを選んで書け。

131 [スズと鉛] スズおよび鉛について，次の(1)～(6)の記述のうち，誤っているものを 1 つ選べ。

(1) スズも鉛も両性元素である。

(2) スズも鉛も酸化数が +2 と +4 の化合物が存在する。

(3) スズは青銅やはんだなど合金の原料に用いられる。

(4) 鉛は蓄電池の電極や X 線遮蔽材などに用いられる。

(5) 塩化スズ(Ⅱ)二水和物には酸化作用がある。

(6) 鉛(Ⅱ)イオンはいろいろな陰イオンと反応して，特有の色をもつ沈殿を生じる。

130
(4) Al_2O_3 の融点は 2054 ℃ である。氷晶石や炭素電極を用いることで，アルミニウムの製造に必要なエネルギーの消費を抑えることができる。

131
スズは 2 価と 4 価の陽イオンを生じるが，4 価の陽イオンの方が安定である。

▶2 遷移元素とその化合物

● 確認事項　以下の空欄に適当な語句，数字または化学式を入れよ。

● 遷移元素

位置	周期表の①(　　　)族～②(　　　)族の元素。
電子配置	最外殻の電子が③(　　　)個または④(　　　)個。
特徴	・すべて⑤(　　　)元素。 ・周期表の⑥(　　　)に並んだ元素の性質が似ている。 ・有色のものが多い。 ・複数の酸化数をとるものが多い。 ・触媒として利用されるものが多い。

解答
① 3
② 12
③ 1
④ 2
⑤ 金属
⑥ 横

● 錯イオン

基本用語	説明
⑦(　　　)	金属イオンに，非共有電子対をもつ分子または陰イオンがいくつか配位結合してできたイオン。
⑧(　　　)	金属イオンに配位結合している分子または陰イオン。 Cl^-：⑨(　　　)　H_2O：⑩(　　　)　NH_3：⑪(　　　) CN^-：⑫(　　　)　OH^-：⑬(　　　)　$S_2O_3^{2-}$：⑭(　　　)
⑮(　　　)	(⑧)の数。 Ag^+：2(ジ)　Zn^{2+}：4(テトラ)　Cu^{2+}：4(テトラ) Fe^{2+}：6(ヘキサ)　Fe^{3+}：6(ヘキサ)
例	名称「配位数」→「配位子名」→「中心金属の名称と価数」＋(酸)イオン $[Cu(NH_3)_4]^{2+}$　テトラ アンミン 銅(Ⅱ) イオン $[Fe(CN)_6]^{4-}$　ヘキサ シアニド 鉄(Ⅱ) 酸イオン
立体構造	$[Ag(NH_3)_2]^+$　$[Zn(NH_3)_4]^{2+}$　$[Cu(NH_3)_4]^{2+}$　$[Fe(CN)_6]^{3-}$ ⑯(　　　)形　⑰(　　　)形　⑱(　　　)形　⑲(　　　)形

配位子	錯イオン	名称
OH^-	$[Zn(OH)_4]^{2-}$	⑳(　　　)
	$[Al(OH)_4]^-$	㉑(　　　)
	$[Pb(OH)_4]^{2-}$	㉒(　　　)
NH_3	$[Ag(NH_3)_2]^+$	㉓(　　　)
	$[Cu(NH_3)_4]^{2+}$	㉔(　　　)
	$[Zn(NH_3)_4]^{2+}$	㉕(　　　)
CN^-	$[Fe(CN)_6]^{4-}$	㉖(　　　)
	$[Fe(CN)_6]^{3-}$	㉗(　　　)
$S_2O_3^{2-}$	$[Ag(S_2O_3)_2]^{3-}$	ビス(チオスルファト)銀(Ⅰ)酸イオン

⑦錯イオン
⑧配位子
⑨クロリド
⑩アクア
⑪アンミン
⑫シアニド
⑬ヒドロキシド
⑭チオスルファト
⑮配位数
⑯直線
⑰正四面体
⑱正方
⑲正八面体
⑳テトラヒドロキシド亜鉛(Ⅱ)酸イオン
㉑テトラヒドロキシドアルミン酸イオン
㉒テトラヒドロキシド鉛(Ⅱ)酸イオン
㉓ジアンミン銀(Ⅰ)イオン
㉔テトラアンミン銅(Ⅱ)イオン
㉕テトラアンミン亜鉛(Ⅱ)イオン
㉖ヘキサシアニド鉄(Ⅱ)酸イオン
㉗ヘキサシアニド鉄(Ⅲ)酸イオン

● Fe とその化合物

性質	特徴	・磁性をもつ。 ・濃硝酸中で㉘( )を形成する。 合金 ㉙( )(Fe, Cr, Ni)	
反応	酸	$Fe + H_2SO_4 \longrightarrow FeSO_4 + H_2$	

単体 / 製法（工業的）

コークス 鉄鉱石 石灰石 → ガス

200℃ 800℃ 1000℃
熱風 熱風 1600℃
鉄以外の残物（スラグ） 溶鉱炉 鉄

コークス（COのもと）
+CO +CO +CO

鉄鉱石（原料）→ Fe_2O_3 → Fe_3O_4 → FeO → Fe（銑鉄）$\xrightarrow[+O_2]{転炉}$ Fe（鋼）

酸化数減少（徐々に還元）

石灰石（不純物除去）→ スラグ

酸化物

FeO	黒色	酸化数㉜( )	
Fe_2O_3	㉚( )色	赤鉄鉱，赤さび。酸化数㉝( )	
Fe_3O_4	㉛( )色	磁鉄鉱，黒さび。FeO と Fe_2O_3 が混合。	

水酸化物

$Fe(OH)_2$	㉞( )色沈殿
水酸化鉄(Ⅲ)	㉟( )色沈殿

● Fe^{2+} と Fe^{3+} の反応

	NaOH	$K_4[Fe(CN)_6]$	$K_3[Fe(CN)_6]$	KSCN	H_2S ㊶( )性
Fe^{2+} ㊱( )色	$Fe(OH)_2$ (㉞)色 沈殿	—	㊴( )色 沈殿	—	FeS 黒色 沈殿
Fe^{3+} ㊲( )色	水酸化鉄(Ⅲ) (㉟)色 沈殿	㊳( )色 沈殿	—	㊵( )色 溶液	FeS ※ 黒色 沈殿

※ Fe^{3+} が H_2S により Fe^{2+} に還元されている。

● Cu とその化合物

性質	特徴	・㊷( )色の光沢をもつ。 ・展性・延性，電気・熱をよく導く。 ・湿った空気中で㊸( )を生じる。 合金 ㊹( )(Cu + Zn) ㊺( )(Cu + Sn)	
反応（酸化力）	㊻( )硝酸	$3Cu + 8HNO_3 \longrightarrow 3Cu(NO_3)_2 + 4H_2O + 2NO$	
	㊼( )硝酸	$Cu + 4HNO_3 \longrightarrow Cu(NO_3)_2 + 2H_2O + 2NO_2$	
	熱濃硫酸	$Cu + 2H_2SO_4 \longrightarrow CuSO_4 + 2H_2O + SO_2$	

㉘不動態
㉙ステンレス鋼
㉚赤褐
㉛黒
㉜ +2
㉝ +3
㉞緑白
㉟赤褐

㊱淡緑
㊲黄褐
㊳濃青
㊴濃青
㊵血赤
㊶中・塩基

㊷赤
㊸緑青
㊹黄銅
㊺青銅
㊻希
㊼濃

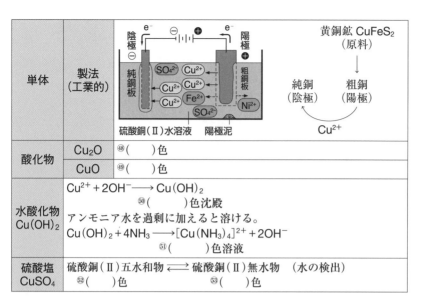

単体	製法 （工業的）	黄銅鉱 $CuFeS_2$（原料）→ 純銅（陰極）・粗銅（陽極）← Cu^{2+}
酸化物	Cu_2O	⁴⁸（　）色
	CuO	⁴⁹（　）色
水酸化物 $Cu(OH)_2$	$Cu^{2+}+2OH^- \longrightarrow Cu(OH)_2$ ⁵⁰（　）色沈殿 アンモニア水を過剰に加えると溶ける。 $Cu(OH)_2+4NH_3 \longrightarrow [Cu(NH_3)_4]^{2+}+2OH^-$ ⁵¹（　）色溶液	
硫酸塩 $CuSO_4$	硫酸銅（Ⅱ）五水和物 ⇄ 硫酸銅（Ⅱ）無水物　（水の検出） ⁵²（　）色　　　　　　　　⁵³（　）色	

⁴⁸赤
⁴⁹黒
⁵⁰青白
⁵¹深青
⁵²青
⁵³白

● Ag とその化合物

単体	性質	特徴	・展性・延性，電気・熱をよく導く。 （電気伝導性 Ag > Cu > Au > Al） ・空気中で酸化されない。
	反応 （酸化力）	希硝酸	$3Ag+4HNO_3 \longrightarrow 3AgNO_3+2H_2O+NO$
		濃硝酸	$Ag+2HNO_3 \longrightarrow AgNO_3+H_2O+NO_2$
		熱濃硫酸	$2Ag+2H_2SO_4 \longrightarrow Ag_2SO_4+2H_2O+SO_2$
酸化物 Ag_2O	$2Ag^++2OH^- \rightarrow 2AgOH \rightarrow Ag_2O+H_2O$ ⁵⁴（　）色沈殿 アンモニア水を過剰に加えると溶ける。 $Ag_2O+4NH_3+H_2O \rightarrow 2[Ag(NH_3)_2]^++2OH^-$ ⁵⁵（　）色溶液 $[Ag(NH_3)_2]^+$ ジアンミン　銀（Ⅰ）イオン			
ハロゲン 化銀	光により分解（⁵⁶（　）性）。　$2AgBr \longrightarrow 2Ag+Br_2$			
	AgF	AgCl	AgBr	AgI
	水に溶ける。	⁵⁷（　）色沈殿	⁵⁸（　）色沈殿	⁵⁹（　）色沈殿

⁵⁴褐
⁵⁵無
⁵⁶感光
⁵⁷白
⁵⁸淡黄
⁵⁹黄

● Cr，Mn とその化合物

	Cr	Mn
陰イオン	$2CrO_4^{2-} \rightleftharpoons Cr_2O_7^{2-}$ ⁶⁰（　）色　⁶¹（　）色 ⁶²（　）剤 $Cr_2O_7^{2-}+14H^++6e^- \rightarrow 2Cr^{3+}+7H_2O$ （⁶¹　）色　　⁶³（　）色	⁶⁴（　）剤 $MnO_4^-+8H^++5e^- \rightarrow Mn^{2+}+4H_2O$ ⁶⁵（　）色　　ほぼ⁶⁶（　）色
化合物	難溶性	難溶性
	$BaCrO_4$（⁶⁷（　）色） $PbCrO_4$（⁶⁸（　）色） Ag_2CrO_4（⁶⁹（　）色）	MnO_2　触媒 MnS

⁶⁰黄
⁶¹橙赤
⁶²酸化
⁶³暗緑
⁶⁴酸化
⁶⁵赤紫
⁶⁶無
⁶⁷黄
⁶⁸黄
⁶⁹赤褐

● Zn とその化合物(→ p.100)

単体	・⑦0( )価の陽イオンになりやすい。 合金 ⑦1( )(Cu＋Zn) めっき ⑦2( )(Zn/Fe)		水酸化物	Zn(OH)₂　白色沈殿	
	酸	強塩基		酸	強塩基
	Zn＋2HCl ⟶ ZnCl₂＋H₂	Zn＋2NaOH ＋2H₂O ⟶Na₂[Zn(OH)₄] ＋H₂		$Zn(OH)_2 + 2HCl$ $\longrightarrow ZnCl_2 + 2H_2O$	$Zn(OH)_2$ $+2NaOH \longrightarrow$ $Na_2[Zn(OH)_4]$
					過剰のアンモニア水では溶⑦4( )。
酸化物	ZnO　白色固体 利用 白色顔料 ⑦3( )酸化物で酸とも強塩基とも反応。		硫化物	⑦5( )性で硫化水素と反応。 $Zn^{2+} + S^{2-} \longrightarrow ZnS$ ⑦6( )色 ((⑦5)性を Zn, Fe, Ni する)	

● Fe の反応系統図

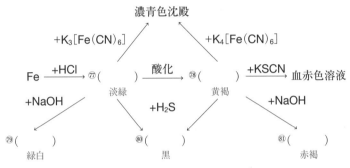

濃青色沈殿

$+K_3[Fe(CN)_6]$　　　$+K_4[Fe(CN)_6]$

Fe $\xrightarrow{+HCl}$ ⑦7( ) $\xrightarrow{酸化}$ ⑦8( ) $\xrightarrow{+KSCN}$ 血赤色溶液
　　　　　　淡緑　　　　　　黄褐

$+NaOH$　　　$+H_2S$　　　$+NaOH$

⑦9( ) 緑白　　　⑧0( ) 黒　　　⑧1( ) 赤褐

● Cu の反応系統図

Cu $\xrightarrow{+O_2}$ ⑧2( ) 黒 $\xrightarrow{加熱}$ ⑧3( ) 赤

$+H_2SO_4$ → Cu²⁺ 青 $\xrightarrow[少]{+NaOH}$ ⑧5( ) 青白

⑧4( ) 黒 $\xleftarrow{+H_2S}$ Cu²⁺ $\xrightarrow[少]{+NH_3}$ ⑧6( ) 青白 $\xrightarrow[多]{+NH_3}$ ⑧7( ) 深青

● Ag の反応系統図

Ag⁺ $\xrightarrow{+HCl}$ ⑧8( ) 白 $\xrightarrow{+光}$ Ag

$+K_2CrO_4$ → ⑧9( ) 赤褐

$\xrightarrow[少]{+NaOH}$ ⑨1( ) 褐

⑨0( ) 黒 $\xleftarrow{+H_2S}$ $\xrightarrow[少]{+NH_3}$ ⑨2( ) 褐 $\xrightarrow[多]{+NH_3}$ ⑨3( ) 無

● Cr の反応系統図

⑨4( ) 橙赤

$+H^+ \updownarrow +OH^-$

⑨5( ) 黄 $\xrightarrow{Ba^{2+}}$ ⑨6( ) 黄

$\xrightarrow{Pb^{2+}}$ ⑨7( ) 黄

$\xrightarrow{Ag^+}$ ⑨8( ) 赤褐

● Zn の反応系統図

$$Zn \xrightarrow{+O_2} ⑨(\quad)$$

（系統図）

+NaOH
+NaOH
+HCl
+NaOH（少）
+NaOH（多）
+HCl
Zn^{2+}
中・塩基性 +H_2S
+NH_3（少）
⑩⑪( ) 白
+NH_3（多）
⑩②( ) 無
⑩③( ) 白 +H_2S
⑩⑩( ) 白
+NH_3（少）
⑩⑪( ) 白
+NH_3（多）
⑩⑩( ) 無

解答
⑨ ZnO
⑩⓪ ZnS
⑩① $Zn(OH)_2$
⑩② $[Zn(OH)_4]^{2-}$
⑩③ $Zn(OH)_2$
⑩④ $[Zn(NH_3)_4]^{2+}$

☑ 正誤チェック

次の各文のそれぞれの下線部について，正しい場合は○を，誤っている場合には正しい語句を記せ。

□① 遷移元素は周期表の <u>3 ～ 13 族</u>に属する。

□② 濃硝酸中で鉄は不動態になる。

□③ 四酸化三鉄 Fe_3O_4 を主成分とする鉱石を<u>赤鉄鉱</u>という。

□④ 水酸化鉄(Ⅲ)に水酸化ナトリウム水溶液を過剰に加えると，沈殿が<u>溶ける</u>。

□⑤ Fe^{2+} に <u>$K_4[Fe(CN)_6]$</u> 水溶液を加えると，濃青色沈殿を生成する。

□⑥ Fe^{3+} に KSCN 水溶液を加えると，血赤色溶液になる。

□⑦ 城などの青緑色の屋根は<u>緑青</u>によるものである。

□⑧ 青銅は銅と<u>亜鉛</u>の合金である。

□⑨ 酸化銅(Ⅱ)は<u>赤色</u>である。

□⑩ 水酸化銅(Ⅱ)にアンモニア水を過剰に加えると，<u>深青色溶液</u>になる。

□⑪ 硫酸銅(Ⅱ)五水和物は<u>白色</u>である。

□⑫ $[Cu(NH_3)_4]^{2+}$ は<u>テトラアンミン銅(Ⅱ)酸イオン</u>とよむ。

□⑬ 金属の中で最も電気伝導性が高いのは<u>金</u>である。

□⑭ Ag^+ を含む水溶液に水酸化ナトリウム水溶液を加えると，<u>水酸化銀</u>の沈殿が生成する。

□⑮ 臭化銀は<u>褐色</u>の固体である。

□⑯ CrO_4^{2-} を含む水溶液は<u>橙赤色</u>である。

□⑰ CrO_4^{2-} は Ba^{2+}，Pb^{2+}，Ag^+ のいずれとも沈殿を形成する。

□⑱ 過マンガン酸カリウムは<u>還元作用</u>をもつ。

□⑲ 黄銅は銅と<u>スズ</u>の合金である。

□⑳ <u>酸性</u>条件下で Zn^{2+} を含む水溶液に硫化水素を通じると，沈殿が生成する。

□㉑ ブリキは鉄の表面を<u>亜鉛</u>でめっきしたものである。

解答
① ×→ 3 ～ 12 族
② ○
③ ×→磁鉄鉱
④ ×→溶けない
⑤ ×→ $K_3[Fe(CN)_6]$
⑥ ○
⑦ ○
⑧ ×→スズ
⑨ ×→黒色
⑩ ○
⑪ ×→青色
⑫ ×→テトラアンミン銅(Ⅱ)イオン
⑬ ×→銀
⑭ ×→酸化銀
⑮ ×→淡黄色
⑯ ×→黄色
⑰ ○
⑱ ×→酸化作用
⑲ ×→亜鉛
⑳ ×→中・塩基性
㉑ ×→スズ

化学反応式

Fe

□① 鉄と希硫酸 囚1

Cu

□② 銅と希硝酸 囚1

□③ 銅と濃硝酸 囚1

□④ 銅と熱濃硫酸 囚1

□⑤ 水酸化銅(Ⅱ)とアンモニア水（イオン反応式）囚7

解答

① $Fe + H_2SO_4 \longrightarrow FeSO_4 + H_2$

② $3Cu + 8HNO_3 \longrightarrow 3Cu(NO_3)_2 + 4H_2O + 2NO$

③ $Cu + 4HNO_3 \longrightarrow Cu(NO_3)_2 + 2H_2O + 2NO_2$

④ $Cu + 2H_2SO_4 \longrightarrow CuSO_4 + 2H_2O + SO_2$

⑤ $Cu(OH)_2 + 4NH_3 \longrightarrow [Cu(NH_3)_4]^{2+} + 2OH^-$

Ag

□⑥銀と希硝酸 バ1　⑥ $3Ag + 4HNO_3 \longrightarrow 3AgNO_3 + 2H_2O + NO$

□⑦銀と濃硝酸 バ1　⑦ $Ag + 2HNO_3 \longrightarrow AgNO_3 + H_2O + NO_2$

□⑧銀と熱濃硫酸 バ1　⑧ $2Ag + 2H_2SO_4 \longrightarrow Ag_2SO_4 + 2H_2O + SO_2$

□⑨硝酸銀と水酸化ナトリウム水溶液　⑨ $2AgNO_3 + 2NaOH \longrightarrow Ag_2O + H_2O + 2NaNO_3$

□⑩酸化銀とアンモニア水（イオン反応式）バ7　⑩ $Ag_2O + 4NH_3 + H_2O \longrightarrow 2[Ag(NH_3)_2]^+ + 2OH^-$

Cr

□⑪二クロム酸カリウムと過酸化水素水（硫酸酸性）バ1

⑪ $K_2Cr_2O_7 + 4H_2SO_4 + 3H_2O_2 \longrightarrow K_2SO_4 + Cr_2(SO_4)_3 + 7H_2O + 3O_2$

Mn

□⑫過マンガン酸カリウムと過酸化水素水（硫酸酸性）バ1

⑫ $2KMnO_4 + 3H_2SO_4 + 5H_2O_2 \longrightarrow K_2SO_4 + 2MnSO_4 + 8H_2O + 5O_2$

Zn

□⑬亜鉛と塩酸 バ1　⑬ $Zn + 2HCl \longrightarrow ZnCl_2 + H_2$

□⑭亜鉛と水酸化ナトリウム水溶液 バ7　⑭ $Zn + 2NaOH + 2H_2O \longrightarrow Na_2[Zn(OH)_4] + H_2$

□⑮水酸化亜鉛と塩酸 バ3　⑮ $Zn(OH)_2 + 2HCl \longrightarrow ZnCl_2 + 2H_2O$

□⑯水酸化亜鉛と水酸化ナトリウム水溶液 バ7　⑯ $Zn(OH)_2 + 2NaOH \longrightarrow Na_2[Zn(OH)_4]$

□⑰水酸化亜鉛とアンモニア水（イオン反応式）バ7　⑰ $Zn(OH)_2 + 4NH_3 \longrightarrow [Zn(NH_3)_4]^{2+} + 2OH^-$

◆◆◆◆◆◆◆◆◆◆ 練習問題 ◆◆◆◆◆◆◆◆◆◆

132 ［遷移元素］ 次の(1)〜(5)の記述は第4周期の遷移元素について説明したものである。それぞれにあてはまる元素を元素記号で書け。

(1) 最外殻電子が1個で，その単体は古くから人類が利用してきた赤色光沢をもつ金属である。

(2) 3価の単原子陽イオンは暗緑色を示す。また，酸化数が+6の化合物は毒性が高く，それによる汚染が環境問題となっている。

(3) 酸化数が+7の多原子イオンは硫酸酸性下で強い酸化力を示すため，その反応が酸化還元滴定に利用されている。

(4) 酸化数+5の酸化物が工業的に硫酸を製造する過程の触媒に用いられている。

(5) ニッケルとの合金が形状記憶合金として用いられている。

132 遷移元素は複数の酸化数をとるものが多い。

133 ［錯イオン］ 遷移元素のイオンは，通常，他の分子やイオンと結合して（　ア　）を形成する。(a)遷移元素のイオンに結合する分子やイオンを（　イ　）といい，(b)その数は元素の種類によって一定の値に限定されている。（　イ　）は，遷移元素のイオンに電子対を与え結合を形成する。この結合を（　ウ　）という。（　ア　）の例として，Fe^{2+} の水溶液に KCN 水溶液を十分量加えた溶液中で形成される（　A　）などがあげられる。

(1) (ア)〜(ウ)に適当な語句を入れよ。

❓(2) 下線部(a)について，これらの分子やイオンに共通する特徴を述べよ。

(3) 下線部(b)について，亜鉛のときの値を答えよ。

(4) (A)にあてはまる化学式を書け。また，名称および構造の形を答えよ。

133 錯イオンは中心の金属イオンに注目する。

134 [エバンスの実験] さびが生じるときの化学反応を観察する
実験を行った。適量の塩化ナトリウム水溶液とフェノールフ
タレイン溶液とヘキサシアニド鉄(Ⅲ)酸カリウム水溶液を加
えて作成した寒天の上に, さびのないきれいな鉄くぎを置い
た。しばらくすると右図に示すように, くぎの周りに青色の
部分(A)と薄い赤色の部分(B)が現れた。

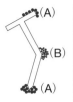

134 イオン化傾向
が大きい金属が
e^-を出す。

　(A)の部分では, ア(イオン反応式) で表される反応が起こり, 鉄が溶け
て イ(語句) となり, これが, ヘキサシアニド鉄(Ⅲ)酸イオンと反応し, 青
色を呈したと考えられる。さらに, この反応で生成した電子がくぎの中を移
動し, (B)の部分で, ウ(イオン反応式) で表される反応により エ(語句) が生
成し, フェノールフタレインが赤くなったと考えられる。

　また亜鉛メッキされた鉄くぎをサンドペーパーでこすって実験に用いたと
ころ, メッキが充分にはがれていなかったために, 一つの色の発色しか観察
されなかった。

(1) ア～エ に( )内の指示にしたがい, 適当な語句またはイオン反応式
　を入れよ。

(2) 下線部について, もう一方の色が観察できなかった理由を述べよ。

135 [鉄の製錬] 地殻中の金属元素の質量濃度を比較すると, 鉄は, (ア)の
次に多く存在する元素であり, 地球上の岩石中に酸化物や硫化物として多量
に含まれている。鉄の製錬は, 耐火れんが製の溶鉱炉の中で行われる。上部
から鉄鉱石(赤鉄鉱 Fe_2O_3 など)を, コークス(C), 石灰石($CaCO_3$)ととも
に入れ, 下方から 1250℃ の熱風を吹き込むと, 炉内でコークスが燃焼し
2000℃ 近くの高温となり, 発生した一酸化炭素により Fe_2O_3 が段階的に
(イ)される。

135
鉄の製錬
Fe_2O_3
↓
Fe_3O_4
↓
FeO
↓
Fe

徐々に還元

　石灰石を入れる理由は, 鉄鉱石に含まれる不純物のケイ砂を, $CaCO_3$ の
熱分解で生じた(ウ)と反応させ, ケイ酸カルシウム(スラグという)とし
て除去するためである。スラグは融解した鉄の上に浮かび, 鉄の酸化も防止
する。

　こうして溶鉱炉から得られた鉄は(エ)とよばれる。質量比で約4%の
炭素や, 微量の硫黄やリンなどの不純物も含み, 硬いがもろく, 展性・延性
に乏しい。比較的融解しやすいので, 鋳物に用いられる。溶けた(エ)を
溶鉱炉から転炉に移し, 高温で酸素を吹き込むと, 炭素などの不純物は燃焼
して除かれる。これによって, 炭素の含有量が 1.7% 以下の強靭で弾性のあ
る鋼が得られる。

(1) (ア)～(エ)に適当な語句を入れよ。

(2) 溶鉱炉の中で, 二酸化炭素がコークスと接触して一酸化炭素が発生する
　反応を化学反応式で表せ。

(3) 下線部について, 実際の反応は多段階で進むが, これを1つの化学反応
　式で表せ。

(4) 質量比で 4.0% の不純物を含む(エ) 2.0 t を製造するためには, Fe_2O_3 の含
　有量 80% の赤鉄鉱が何 t 必要か。ただし, 赤鉄鉱には Fe_2O_3 以外の鉄化
　合物は含まれないものとする。

136 [銅とその化合物]　次の文章を読み，(ア)〜(エ)に適当な語句，(A)〜(D)に化学式を入れよ。

　銅は身近な金属の一つで，赤みを帯びた独特の色をしている。黄銅鉱を還元して得られる粗銅から，電気分解によって純粋な銅を得る。この方法を電解精錬という。陽極の粗銅板では，銅および銅よりイオン化傾向が（　ア　）金属がイオンとなり溶けるが，銅よりイオン化傾向が（　イ　）不純物は溶けずに陽極の下に沈殿するよう，低電圧で行う。陰極では，このとき溶けている金属イオンの中で最もイオン化傾向が（　ウ　）銅(Ⅱ)イオンが，電子を受け取って純銅が析出する。

　銅はイオン化傾向が水素より小さいので，希塩酸や希硫酸等の酸には溶けないが，熱濃硫酸や硝酸といった酸化力のある酸には溶ける。熱濃硫酸との反応では，$CuSO_4$ と SO_2 を生じる。硝酸との反応では，$Cu(NO_3)_2$ を生じるが，発生する気体は希硝酸と濃硝酸の場合で異なり，希硝酸では（　A　），濃硝酸では（　B　）である。硫酸銅(Ⅱ)の水溶液に少量のアンモニア水を加えると，（　C　）の青白色沈殿が生じる。さらにアンモニア水を加えると，沈殿が溶けて深青色溶液となる。これは，アンモニア分子が銅に配位して（　エ　）形の錯イオン（　D　）となるためである。

137 [硫酸銅(Ⅱ)]　次の文章を読み，(ア)，(イ)，(エ)に適当な化学式，(ウ)に色を入れよ。ただし，$Cu = 64$ とする。

　硫酸銅(Ⅱ)の水溶液から再結晶させた $CuSO_4 \cdot 5H_2O$ を取り出し，空気中で加熱すると，水和水を段階的に放出したあと，酸化物に分解される。$CuSO_4 \cdot 5H_2O$ 100 mg を 800 ℃まで徐々に加熱したところ，右図のような質量減少が見られた。この図によれば，150℃まで加熱したときに生成している化合物は（　ア　）であり，800℃まで加熱したときに生成している化合物は（　イ　）である。

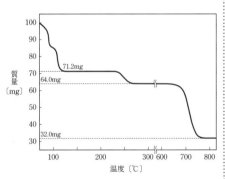

　さらに，右図には示されていないが，1100℃まで加熱したところ，質量が 28.8 mg まで減少した。生成物が（　ウ　）色であったことと合わせて考えると，ここで生成している化合物は（　エ　）である。

136
銅の電解精錬
陽極　　陰極
粗銅　純銅
Cu^{2+}
陽極泥

137 硫酸銅(Ⅱ)の熱分解

$CuSO_4$
↓
CuO
↓
Cu_2O

3章

無機物質

138 [亜鉛] 亜鉛は，周期表12族に属し，価電子を（ ア ）個もち，（ イ ）価の陽イオンになりやすい。(a)塩酸にも水酸化ナトリウム水溶液とも反応し，気体を発生して溶ける。亜鉛を空気中で加熱すると，燃焼して酸化亜鉛が生じる。酸化亜鉛は，（ ウ ）色の粉末で，顔料や外用薬などにも用いられる。また，水には溶けないが，酸・強塩基のいずれにも溶ける。(b)酸化亜鉛に塩酸を加えて完全に溶解させた溶液に，(c)少量のアンモニア水などの塩基を加えるとゲル状沈殿が生じる。(d)この沈殿物を含む溶液にさらにアンモニア水を加えると沈殿が溶解して無色の水溶液となる。

138(c)〜(d)
Zn^{2+} を含む水溶液
↓塩基(少量)
水酸化物の沈殿
↓塩基
錯イオンとなって溶解

(1) (ア)〜(ウ)に適する数字または語句を答えよ。
(2) 下線部(a)について，①亜鉛の単体と塩酸および②亜鉛の単体と水酸化ナトリウム水溶液の反応について，それぞれ化学反応式で示せ。
(3) 下線部(b)の反応について，化学反応式を示せ。
(4) 下線部(c)の反応で生じる沈殿物の化学式を示せ。
(5) 下線部(d)の反応について，イオン反応式を示せ。

139 [銀とその化合物] 銀は塩酸や希硫酸には溶けないが，酸化力の強い硝酸や熱濃硫酸には溶ける。その溶液に硫化水素を通じると，黒色の（ ア ）の沈殿が生じる。銀イオンを含む水溶液に水酸化ナトリウム水溶液あるいはアンモニア水を少量加えると褐色の（ イ ）が沈殿する。(a)この沈殿に過剰のアンモニア水を加えると，沈殿が溶けて無色透明の水溶液になる。また，銀イオンを含む水溶液にハロゲン化物イオンを加えると，ハロゲン化銀を生成する。このうち，（ ウ ）は水に対する溶解度が大きく沈殿が生じないが，（ エ ），（ オ ），（ カ ）はそれぞれ白色，淡黄色，黄色の沈殿が生じる。(b)（ オ ）は光によって分解して銀を析出する性質を利用して，写真フィルムに用いられている。

(1) (ア)〜(カ)に適当な化学式を入れよ。
(2) 下線部(a)はイオン反応式，(b)は化学反応式で表せ。

140 [クロムとその化合物] 単体のクロムは，銀白色の光沢をもつ金属で，空気中で酸化物のち密な膜をつくり，（ ア ）をつくりやすい。化合物では，酸化数（ A ）の（ イ ）色の $CrO_4{}^{2-}$ と，酸化数（ B ）の（ ウ ）色の $Cr_2O_7{}^{2-}$ が存在し，(a)水溶液中で平衡状態となっている。また，酸性水溶液中では $Cr_2O_7{}^{2-}$ は(b)強い酸化作用をもつ。（ エ ）は，鉛(Ⅱ)イオン，銀イオン，バリウムイオンと反応してクロム酸塩の沈殿をつくる。

140(4)酸化数の違いを考える。

(1) (ア)〜(ウ)に適当な語句，(エ)に適当なイオン式を入れよ。
(2) (A)，(B)に適当な酸化数を入れよ。
(3) 下線部(a)について，酸性および塩基性溶液で多く存在するイオンを答えよ。
(4) 下線部(b)の理由を述べよ。

141 [合金] 合金について，次の(1)～(6)の記述のうち，誤っているものを 2 つ選べ。

生活

(1) 黄銅は銅に亜鉛を含む合金で，加工性がよく，機械的強度が大きい。機械部品，家庭用具，楽器などに用いられている。

(2) 白銅は銅にニッケルを含む合金で，展性・延性，耐食性に富む。硬貨や湯沸器の熱交換パイプなどに用いられている。

(3) ニクロムはニッケルとクロムを主成分とする合金で，電気抵抗が大きく，酸化されにくい。電熱線などに用いられている。

(4) はんだは鉄を主成分とする合金で，融点が低い。金属の接合などに用いられている。

(5) ステンレス鋼は通常，鉄とクロム，または鉄，クロムとニッケルを主成分とする合金で，さびにくい。家庭用品などに用いられている。

(6) 青銅は銅にニッケルを含む合金で，かたく，耐食性にすぐれる。鋳像，水道器具などに用いられている。

142 [ウェルナーの配位説]　6 配位の錯イオンの構造はウェルナーの研究によって解明された。ウェルナーは $CoCl_3$ と NH_3 から次に示す一連の組成式と色をもつ錯塩が生成することを見いだした。

難

　　$CoCl_3 \cdot 6NH_3$（黄色），$CoCl_3 \cdot 5NH_3$（赤紫色），$CoCl_3 \cdot 4NH_3$（緑色），
　　$CoCl_3 \cdot 4NH_3$（青紫色）

これらの錯塩においては，NH_3 と Cl^- のいずれも Co^{3+} の配位子となる。ウェルナーは，これらの錯塩の水溶液に $AgNO_3$ を加えたときに生成する $AgCl$ の沈殿量を調べ，これらの錯塩に含まれる錯イオンの組成を明らかにした。また，これらの錯イオンが正八面体形（6 配位）の構造をもつことや，緑色と青紫色の $CoCl_3 \cdot 4NH_3$ 錯塩中の錯イオンは同じ組成をもつが，互いに異なる幾何構造であることなどを見いだした。

$CoCl_3 \cdot 6NH_3$，$CoCl_3 \cdot 5NH_3$，$CoCl_3 \cdot 4NH_3$ の組成式で示される錯塩の水溶液に，十分な量の $AgNO_3$ 水溶液を加えると，各錯塩 1 mol あたりそれぞれ 3 mol，2 mol，1 mol の $AgCl$ の沈殿が生成した。Co^{3+} に配位結合している Cl^- は Ag^+ とは反応しないとして，次の問いに答えよ。

(1) $CoCl_3 \cdot 6NH_3$ を水に溶解させると，どのようなイオンに電離すると考えられるか。イオン反応式で表せ。

(2) $CoCl_3 \cdot 5NH_3$ の錯塩に含まれる錯イオンを化学式で答えよ。

(3) $CoCl_3 \cdot 4NH_3$ の錯塩に含まれる錯イオンを化学式で答えよ。

(4) $CoCl_3 \cdot 4NH_3$ には 2 種類の色の錯塩が存在することから，同じ組成の錯イオンであっても，異なる幾何構造を有していると考えられる。右図の正八面体錯イオンには Cl^- が取り得る位置の一つをあらかじめ黒丸で示してある。残りの Cl^- が取り得る位置を黒く塗りつぶし，2 つの異なる幾何構造の違いを示せ。

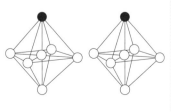

142
中心はコバルト（Ⅲ）イオンである。

▶**3 金属イオンの分離と確認**

● **確認事項** ● 以下の空欄に適当な語句または化学式を入れよ。

解答
①熱水

● **塩化物イオン Cl^- との反応**

イオン	生成物(色)	特徴
Ag^+	AgCl(白)	AgCl は光に当たると，黒くなる。多量のアンモニア水に溶ける。
Pb^{2+}	$PbCl_2$(白)	$PbCl_2$ は①(　　　)に溶ける。

● **硫化物イオン S^{2-} との反応**

②中・塩基
③酸
④白

イオン	イオン化傾向	②(　　　　　)性 生成物(色)	③(　　　　)性(液性によらない) 生成物(色)
Zn^{2+}	大	ZnS④(　　)	×
Fe^{2+}	↕	FeS(黒)	×
Pb^{2+}		PbS(黒)	PbS(黒)
Cu^{2+}		CuS(黒)	CuS(黒)
Ag^+	小	Ag_2S(黒)	Ag_2S(黒)

● **水酸化物イオン OH^- との反応**

⑤緑白
⑥赤褐
⑦青白
⑧褐
⑨深青

イオン	少量の OH^- 生成物(色)	過剰のアンモニア水 生成物(色)	過剰の NaOH 水溶液 生成物(色)
Al^{3+}	$Al(OH)_3$(白)	変化なし	$[Al(OH)_4]^-$(無)
Zn^{2+}	$Zn(OH)_2$(白)	$[Zn(NH_3)_4]^{2+}$(無)	$[Zn(OH)_4]^{2-}$(無)
Fe^{2+}	$Fe(OH)_2$⑤(　　)	変化なし	変化なし
Fe^{3+}	水酸化鉄(Ⅲ)⑥(　　)	変化なし	変化なし
Pb^{2+}	$Pb(OH)_2$(白)	変化なし	$[Pb(OH)_4]^{2-}$(無)
Cu^{2+}	$Cu(OH)_2$⑦(　　)	$[Cu(NH_3)_4]^{2+}$ ⑨(　　　)	変化なし
Ag^+	Ag_2O⑧(　　)※1	$[Ag(NH_3)_2]^+$(無)	変化なし

※1 AgOH はすぐに分解し，Ag_2O になる。
※2 過剰の NaOH 水溶液と錯イオンを形成するのは両性元素である。

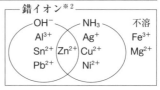

● **その他のイオンとの反応**

⑩赤褐
⑪黄
⑫黄

①陰イオン

陰イオン	生成物(色)
CO_3^{2-}	$BaCO_3$(白)，$CaCO_3$(白)
SO_4^{2-}	$BaSO_4$(白)，$CaSO_4$(白)，$PbSO_4$(白)
CrO_4^{2-}	Ag_2CrO_4⑩(　　)，$BaCrO_4$⑪(　　)，$PbCrO_4$⑫(　　)

② 鉄イオンの検出

検出試薬	Fe^{2+}（淡緑）	Fe^{3+}（黄褐）
⑬（　　　　　　　　　）	濃青色沈殿	—
⑭（　　　　　　　　　）	—	濃青色沈殿
チオシアン酸カリウム	—	血赤色溶液

● 沈殿を生じない金属イオン

沈殿を生じない 金属イオン	イオン化傾向が大きい Li^+, K^+, Na^+ は沈殿が生じにくいため， ⑮（　　　　）反応により検出を行う。Li^+（赤），K^+（赤紫），Na^+（黄）

● 金属イオンの系統分析

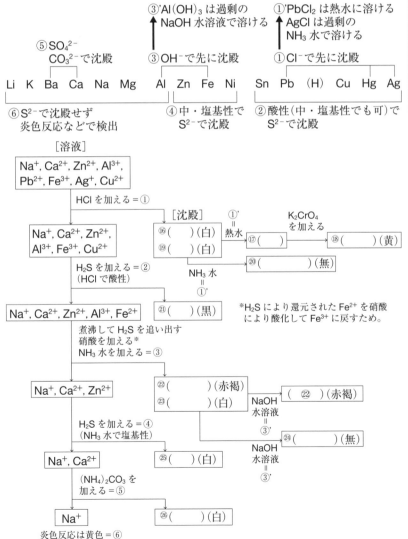

解答
⑬ヘキサシアニド
鉄（Ⅲ）酸カリウム
⑭ヘキサシアニド
鉄（Ⅱ）酸カリウム

⑮炎色

⑯$PbCl_2$
⑰Pb^{2+}
⑱$PbCrO_4$
⑲$AgCl$
⑳$[Ag(NH_3)_2]^+$
㉑CuS
㉒水酸化鉄（Ⅲ）
㉓$Al(OH)_3$
㉔$[Al(OH)_4]^-$
㉕ZnS
㉖$CaCO_3$

3章
無機物質

次の各文のそれぞれの下線部について，正しい場合は○を，誤っている場合には正しい語句を記せ。

□① 塩化銀 AgCl は白色固体であるが，光が当たると<u>黒変</u>する。

□② Ag^+ を含む水溶液に水酸化ナトリウム水溶液を加えると，<u>AgOH</u> の沈殿が生成する。

□③ Ag^+ を含む水溶液に<u>水酸化ナトリウム水溶液</u>を過剰に加えると溶ける。

□④ Cu^{2+} を含む水溶液は<u>青色</u>である。

□⑤ Cu^{2+} を含む水溶液にアンモニア水を加えると，<u>$Cu(OH)_2$ の沈殿が生成する</u>。

□⑥ Cu^{2+} を含む水溶液にアンモニア水を過剰に加えると，<u>深青色溶液</u>になる。

□⑦ 塩化鉛(Ⅱ)$PbCl_2$ は<u>冷水</u>に溶ける。

□⑧ Pb^{2+} を含む水溶液に水酸化ナトリウム水溶液を加えると，<u>$Pb(OH)_2$ の沈殿が生成する</u>。

□⑨ Pb^{2+} を含む水溶液に水酸化ナトリウム水溶液を過剰に加えると，<u>無色溶液</u>になる。

□⑩ Fe^{2+} を含む水溶液は<u>黄褐色</u>である。

□⑪ <u>酸性条件下で</u> Fe^{2+} を含む水溶液に硫化水素を通じると，FeS の沈殿が生成する。

□⑫ Fe^{2+} を含む水溶液に $K_3[Fe(CN)_6]$ 水溶液を加えると，<u>濃青色沈殿</u>が生成する。

□⑬ Fe^{3+} を含む水溶液は<u>青色</u>である。

□⑭ Fe^{3+} を含む水溶液にアンモニア水を加えると，<u>水酸化鉄(Ⅲ)の沈殿が生成する</u>。

□⑮ Fe^{3+} を含む水溶液にアンモニア水を過剰に加えると，<u>無色溶液</u>になる。

□⑯ Fe^{3+} を含む水溶液に KSCN 水溶液を加えると，<u>血赤色溶液</u>になる。

□⑰ Zn^{2+} を含む水溶液にアンモニア水あるいは水酸化ナトリウム水溶液を過剰に加えると，どちらも<u>無色溶液になる</u>。

□⑱ 中・塩基性条件下で Zn^{2+} を含む水溶液に硫化水素を通じると，ZnS の<u>黒色沈殿</u>が生成する。

□⑲ Al^{3+} を含む水溶液に水酸化ナトリウム水溶液を加えると，<u>$Al(OH)_3$ が沈殿する</u>。

□⑳ Al^{3+} を含む水溶液に水酸化ナトリウム水溶液を過剰に加えると，<u>無色溶液になる</u>。

□㉑ Na^+ を含む水溶液に水酸化ナトリウム水溶液を加えると，<u>NaOH が沈殿する</u>。

□㉒ Cd^{2+} を含む水溶液に硫化水素を通じると，CdS の<u>黒色沈殿</u>が生成する。

□㉓ Mg^{2+}，Ba^{2+}，Ca^{2+} はいずれも炭酸アンモニウム水溶液と反応して，<u>沈殿が生成する</u>。

□㉔ Pb^{2+}，Ba^{2+}，Ag^+ はいずれもクロム酸カリウム水溶液と反応して，<u>沈殿が生成する</u>。

□㉕ Ca^{2+} を含む水溶液の炎色反応の色は<u>赤紫色</u>である。

①○
②×→Ag_2O
③×→アンモニア水
④○
⑤○
⑥○
⑦×→熱水
⑧○
⑨○
⑩×→淡緑色
⑪×→中・塩基性
⑫○
⑬×→黄褐色
⑭○
⑮×→変化しない
⑯○
⑰○
⑱×→白色
⑲○
⑳○
㉑×→変化しない
㉒×→黄色
㉓○
㉔○
㉕×→橙赤色

金属イオン Al^{3+}，Fe^{3+}，Cu^{2+}，Zn^{2+}，Ag^+を含む水溶液がある。それぞれの金属イオンを分離するために以下の実験を行った。

操作 1 金属イオンを含む水溶液に希塩酸を加えると，徐々に白色の沈殿物 A が生じた。次にろ過により，沈殿物 A とろ液 B に分離した。

操作 2 ろ液 B に硫化水素を通じると，黒色の沈殿物 C が生じた。次にろ過により，ろ液 D を得た。

操作 3 (a)ろ液 D を煮沸したあと，(b)これに硝酸を加え，加熱した。さらに過剰量のアンモニア水を加えると沈殿物 E が生じた。次にろ過により，沈殿物 E とろ液 F に分離した。

操作 4 沈殿物 E に水酸化ナトリウム水溶液を加えて，よくかき混ぜた。次にろ過により，褐色の不溶物 G とろ液 H に分離した。

操作 5 ろ液 H に希塩酸を徐々に加えると白色の沈殿物 I が生じた。

(1) 沈殿物 A，沈殿物 C，沈殿物 I の化学式を書け。

(2) ろ液 F に含まれる錯イオンの化学式を書け。

(3) 下線部(a)の操作の目的を述べよ。

(4) 下線部(b)の操作で，金属イオンについてどのような化学変化が起こるか述べよ。

(5) ろ液 H に含まれる錯イオンの化学式を書け。

解答 (1) 沈殿物 A $AgCl$　　沈殿物 C CuS　　沈殿物 I $Al(OH)_3$

(2) $[Zn(NH_3)_4]^{2+}$　(3) 未反応の硫化水素を除くため。

(4) 硫化水素により還元された Fe^{2+} を硝酸が酸化して Fe^{3+} に戻る。　　(5) $[Al(OH)_4]^-$

解説▶

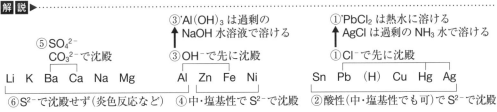

③'$Al(OH)_3$ は過剰の NaOH 水溶液で溶ける
③OH^-で先に沈殿

①'$PbCl_2$ は熱水に溶ける
AgCl は過剰の NH_3 水で溶ける
①Cl^-で先に沈殿

⑤SO_4^{2-}
CO_3^{2-}で沈殿

Li K Ba Ca Na Mg　　Al Zn Fe Ni　　Sn Pb (H) Cu Hg Ag

⑥S^{2-}で沈殿せず（炎色反応など）　④中・塩基性でS^{2-}で沈殿　②酸性（中・塩基性でも可）でS^{2-}で沈殿

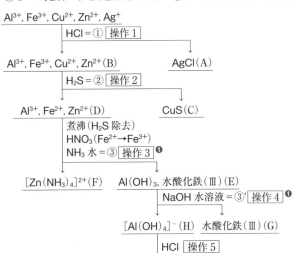

Al^{3+}, Fe^{3+}, Cu^{2+}, Zn^{2+}, Ag^+
　HCl＝①　操作 1
Al^{3+}, Fe^{3+}, Cu^{2+}, Zn^{2+}(B)　　　AgCl(A)
　H_2S＝②　操作 2
Al^{3+}, Fe^{2+}, Zn^{2+}(D)　　　CuS(C)
　煮沸(H_2S 除去)
　HNO_3($Fe^{2+}→Fe^{3+}$)
　NH_3 水＝③　操作 3 ❶
$[Zn(NH_3)_4]^{2+}$(F)　　$Al(OH)_3$,水酸化鉄(Ⅲ)(E)
　　　　　NaOH 水溶液＝③'　操作 4 ❶
$[Al(OH)_4]^-$(H)　水酸化鉄(Ⅲ)(G)
　HCl　操作 5
$Al(OH)_3$(I)

ベストフィット ①から⑥の順番に分離できるまで操作を続ける。①と③はさらに分離できる。

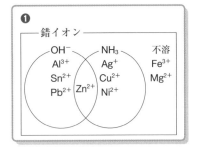

❶
　錯イオン
　OH^-　　NH_3　　不溶
　Al^{3+}　　Ag^+　　Fe^{3+}
　Sn^{2+}　　Cu^{2+}　　Mg^{2+}
　Pb^{2+}　Zn^{2+}　Ni^{2+}

143 ［金属イオンの分離］ 3種類のイオンを含む水溶液(1)〜(5)について，下線
で示したイオンだけを沈殿として分離したい。適当な操作を(ア)〜(オ)のうち
から1つずつ選べ。

［水溶液］
(1) Ag⁺, Cu²⁺, Fe³⁺　(2) Cu²⁺, Fe³⁺, Zn²⁺　(3) Ba²⁺, Na⁺, Mg²⁺
(4) Al³⁺, Fe³⁺, Zn²⁺　(5) Ag⁺, Zn²⁺, Al³⁺

下線: (1) Ag⁺ (2) Cu²⁺ (3) Ba²⁺ (4) Fe³⁺ (5) Al³⁺

［操作］
(ア) 水酸化ナトリウム水溶液を過剰に加える。
(イ) アンモニア水を過剰に加える。
(ウ) 希塩酸を加える。
(エ) 希硫酸を加える。
(オ) 塩酸を加えて酸性にしたあと，硫化水素を通じる。

143 錯イオンになると溶解する。

144 ［錯イオンの形成］ 次の操作により一度生じた沈殿が，さらにその操作を
続けると溶けるものを1つ選べ。
(1) 塩化バリウム水溶液にミョウバン水溶液を加える。
(2) 塩化マグネシウム水溶液に水酸化ナトリウム水溶液を加える。
(3) 硝酸銀水溶液に硫化水素ガスを通じる。
(4) 塩化アルミニウム水溶液に水酸化ナトリウム水溶液を加える。
(5) 塩化鉄(Ⅲ)水溶液にヘキサシアニド鉄(Ⅱ)酸カリウム水溶液を加え
る。

144 化合物に含まれる金属イオンを考える。

145 ［金属イオンの分離］ Ag⁺, Zn²⁺, Fe³⁺を含む水溶液があり，次のよう
な手順で実験1〜3を行い，各金属イオンを分離し，確認のために，下線部(a), (b),
(c)の操作を行った。

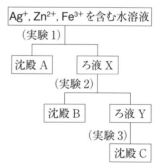

実験1　水溶液に希塩酸を加えると沈殿
Aが生成し，ろ過をして沈殿Aとろ液
Xを得た。沈殿Aを蒸留水で洗浄した
あと，(a)沈殿Aの一部を試験管にとっ
て十分な量のアンモニア水を加える
と，沈殿は溶けて（　ア　）色の溶液に
なった。
実験2　ろ液Xに十分な量のアンモニア水を加えると，（　イ　）色の沈殿
Bが生成し，ろ過をして沈殿Bとろ液Yを得た。(b)沈殿Bの一部を試験
管にとって希硝酸を加えて溶かし，ある物質の水溶液を2, 3滴加えると，
血赤色の溶液となった。
実験3　ろ液Yを希塩酸で中和したあと，(c)硫化水素を通じると，（　ウ　）
色の沈殿Cが生成した。

145 金属イオンと硫化水素の反応は液性に注意する。

(1) 沈殿A，沈殿Cの化学式と沈殿Bの名称を書け。

(2) (ア)〜(ウ)に適当な語句を入れよ。

(3) 下線部(a)について，沈殿Aが溶解するときの変化を化学反応式で表せ。

(4) 下線部(b)について，加えた物質の化学式と名称を答えよ。

(5) 下線部(c)について，反応をイオン反応式で表せ。

146 [金属イオンの分離]　4種類の金属イオンが溶解している水溶液Aに対して，操作1〜操作4を順に行った。水溶液Aに含まれていない金属イオンを下の①〜⑤から選べ。

操作1　水溶液Aに希塩酸を加えると白色沈殿を生じたので，ろ過してろ液Bと沈殿物に分離した。この沈殿物に熱水を加えると，溶解して無色の水溶液になった。

操作2　ろ液Bにアンモニア水を過剰に加えると白色沈殿を生じたので，ろ過してろ液Cと沈殿物に分離した。この沈殿物に水酸化ナトリウム水溶液を過剰に加えると無色の水溶液となった。

操作3　ろ液Cに硫化水素を通じると白色沈殿を生じたので，ろ過してろ液Dと沈殿物に分離した。

操作4　ろ液Dに炭酸アンモニウム水溶液を加えると白色沈殿を生じた。

①　Al^{3+}　　②　Fe^{3+}　　③　Ba^{2+}　　④　Pb^{2+}　　⑤　Zn^{2+}

147 系統分析の順番に並べかえる。

147 [金属イオンの分離]　Ba^{2+}，Fe^{3+}，Li^+，Pb^{2+}，Zn^{2+} の5種類のイオンを含む水溶液がある。水溶液およびろ液に対して操作A〜Eのいずれかの操作を行うことで，金属イオンを1つずつ分離した。下の問いに答えよ。

操作A：炎色反応を調べた。

操作B：硫酸を加えたところ，白色の沈殿が生じた。

操作C：（　ア（気体）　）を吹き込んだところ，白色の沈殿が生じた。

操作D：アンモニア水を加えて塩基性にしたところ，赤褐色の沈殿が生じた。

操作E：（　イ（水溶液）　）を加えたところ，白色の沈殿が生じた。

(1) (ア)，(イ)に適当な語句を入れよ。

(2) 操作A〜Eを行った順番に並べよ。

(3) 操作B，C，Eで生じた沈殿の化学式を書け。

(4) 操作Aの炎色反応の色は何色か。

148 化合物に含まれる金属イオンを考える。

148 [炎色反応]　炎色反応を示さない物質を1つ選べ。

(1)　硫酸カリウム　　(2)　塩化マグネシウム　　(3)　硝酸銅(Ⅱ)

(4)　ふくらし粉(ベーキングパウダー)　　(5)　石灰水　　(6)　食塩水

149 ［金属の推定］　銀，銅，鉄，亜鉛，アルミニウム，マグネシウムのいずれ
かである3種類の金属片 A, B, C は，以下の①〜⑤に記述した性質を示す。

① 希塩酸を加えると，A と B はともに(a)ある気体を発生して溶解するが，
　Cは溶解しない。

② (b)Cは，希硝酸を加えると気体を発生して溶解する。

③ A を希塩酸で溶解した溶液 D は無色であるが，B を希塩酸で溶解し
　た溶液 E と C を希硝酸で溶解した溶液 F は色がついている。

④ D, E, F に，それぞれ少しずつアンモニア水を加えていくと，いず
　れも沈殿が生じるが，さらにアンモニア水を加えると，D と(c)F では沈
　殿が溶解するのに対し，E では生じた沈殿は溶解しない。

⑤ D, E, F に，それぞれ少しずつ水酸化ナトリウム水溶液を加えてい
　くと，いずれも沈殿が生じるが，さらに水酸化ナトリウム水溶液を加え
　ると，(d)D では沈殿が溶解するのに対し，E と F では生じた沈殿は溶解
　しない。

(1) 金属片 A, B, C はそれぞれどの金属か。

(2) 下線部(a)のある気体とは何か。化学式を書け。

(3) 下線部(b)の反応を化学反応式で表せ。

(4) 下線部(c)について，この溶液中で生成する錯イオンのイオン式を書け。

(5) 下線部(d)について，沈殿が溶解する反応をイオン反応式で表せ。

149 鉄，銅のイオンは有色である。

150 ［陰イオンの分離］　塩化ナトリウム，ヨウ化ナトリウム，炭酸ナトリウム
難　およびクロム酸ナトリウムを含む混合水溶液について，下図にしたがって
操作1〜操作7を行った。ただし，すべての分離操作は完全に行われた
ものとする。

操作1　混合水
　溶液に硝酸バ
　リウム水溶液
　を加えると，
　黄色の沈殿 A
　と白色の沈殿
　B との混合物
　を生じた。完
　全に沈殿を生
　成させたあ
　と，ろ過して
　沈殿とろ液に
　分離した。

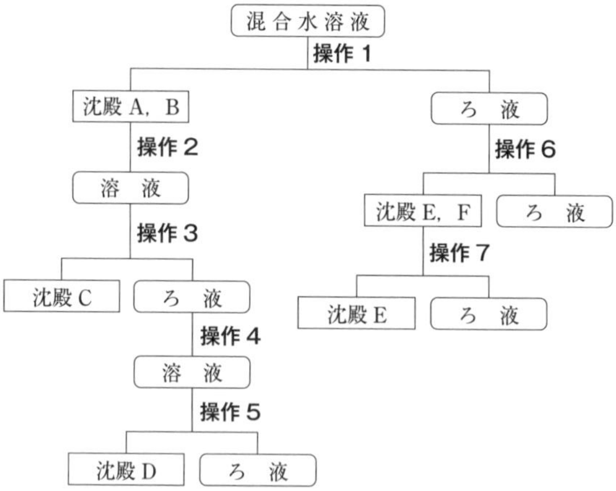

```
              ┌─ 混 合 水 溶 液 ─┐
                    操作1
        ┌─────────────┴─────────────┐
    ┌ 沈殿 A, B ┐              ┌ ろ 液 ┐
        操作2                       操作6
    ┌ 溶 液 ┐              ┌──────┴──────┐
      操作3              ┌ 沈殿 E, F ┐  ┌ ろ 液 ┐
  ┌────┴────┐              操作7
┌ 沈殿 C ┐┌ ろ 液 ┐    ┌──────┴──────┐
    操作4          ┌ 沈殿 E ┐  ┌ ろ 液 ┐
  ┌ 溶 液 ┐
    操作5
┌──────┴──────┐
┌ 沈殿 D ┐┌ ろ 液 ┐
```

操作2　**操作1**で得られた沈殿物（沈殿 A と沈殿 B の混合物）に希塩酸を
　加えて酸性にすると，（　ア　）色の気体を発生しながらすべてが溶解し，
　（　イ　）色の溶液となった。

150 Cl^-, I^-, $CO_3{}^{2-}$, $CrO_4{}^{2-}$ に注目して系統分析する。

炭酸塩の沈殿は塩酸と反応して溶ける。

操作3 操作2で得られた溶液に十分量の硫酸ナトリウム水溶液を加えると，白色の沈殿Cを生じた。ろ過して沈殿とろ液に分離した。

操作4 操作3で得られた(a)ろ液に水酸化ナトリウム水溶液を加えて塩基性にすると，溶液は（　イ　）色から（　ウ　）色に変化した。

操作5 操作4で得られた溶液に硝酸鉛(II)水溶液を加えると，沈殿Dと塩化鉛(II)の沈殿との混合物を生じた。ろ過したあと，得られた沈殿物をお湯で十分に洗浄すると，塩化鉛(II)の沈殿は溶解し，（　エ　）色の沈殿Dのみが得られた。

操作6 操作1で得られたろ液に硝酸銀水溶液を少しずつ加えていくと，最初に（　オ　）色の沈殿Eを生じ，次に（　カ　）色の沈殿Fを生じた。ろ過して，沈殿とろ液に分離した。

操作7 操作6で得られた(b)沈殿物(沈殿Eと沈殿Fの混合物)にアンモニア水を加えると，沈殿Fのみ溶解した。

(1) 沈殿A〜沈殿Fの化学式を書け。

(2) (ア)〜(カ)に適当な色を入れよ。

(3) 下線部(a)，(b)の反応をそれぞれイオン反応式で表せ。

❓151 [金属塩の推定] A〜Fの試料びんには次のいずれかの塩が入っている。下の実験をもとに，A〜Fの塩の化学式を答えよ。

　　　硫酸アンモニウム，炭酸ナトリウム，硝酸アルミニウム，
　　　臭化カリウム，硝酸亜鉛，塩化バリウム

実験1 それぞれの水溶液を調製し，酸性，中性，塩基性のいずれであるかをpH試験紙により調べた。

実験2 Aの試料水溶液を数mLずつ5本の試験管(a〜e)に取り分け，aには硝酸銀水溶液を，bには塩化バリウム水溶液を，cには硫酸を，それぞれ数滴ずつ加えた。一方，dとeには，それぞれ濃アンモニア水と水酸化ナトリウム水溶液を加え，もし変化があれば，さらにそれぞれの試薬を過剰に加えた。B〜Fの試料水溶液についても同様に，5種類の試薬に対する反応性を調べた。結果を下表にまとめた。

実験／試料	pH試験紙	硝酸銀水溶液	塩化バリウム水溶液	硫酸	濃アンモニア水	水酸化ナトリウム水溶液
A	中性	白色沈殿		白色沈殿		
B	酸性				白色沈殿	白色沈殿→溶解※
C	中性	淡黄色沈殿				
D	塩基性	褐色沈殿	白色沈殿	気体発生		
E	酸性				白色沈殿→溶解※	白色沈殿→溶解※
F	酸性		白色沈殿			気体発生

※ 試薬を過剰に加えると，生成した沈殿は溶解した。

151 塩に含まれる陽イオンと陰イオンを考える。

▶**1** 有機化合物の特徴と構造

■ 化学基礎の復習 ■ 以下の空欄に適当な語句を入れよ。

■ 各原子が結合できる数（価標の数）

元素	C	H	O	N	S	Cl
価電子	4個	1個	6個	5個	6個	7個
電子式	·C·	·H	·O·	·N:	·S·	·Cl:
結合の数 （価標）	$-\overset{\mid}{\underset{\mid}{C}}-$	$-H$	$-O-$	$-\overset{\mid}{N}-$	$-S-$	$-Cl$
	（4本）	（1本）	（2本）	（3本）	（2本）	（1本）

※1 各原子の結合の数は，電子式で表したときの不対電子の数に等しい。
※2 構造式を考える場合には，各原子の結合の数に過不足がないようにする。

■ 分子の立体構造

解答
①正四面体形
②三角錐形
③折れ線形

	メタン CH_4	アンモニア NH_3	水 H_2O	二酸化炭素 CO_2
構造	①（　　　　）	②（　　　　）	③（　　　　）	直線形
図				

※有機化合物は炭素原子中心なので，メタンの立体構造が基本となる。

● 確認事項 ● 以下の空欄に適当な語句，数字または化学式を入れよ。

● 有機化合物の特徴

解答
①共有結合
②水
③有機溶媒（油）
④分解
⑤可燃
⑥不燃
⑦少ない
⑧多い

	有機化合物	無機化合物
結合	①（　　　　　　）が主。	イオン結合が主。
溶解性	一般に②（　　　　）に溶けにくく， ③（　　　　　　）に溶けやすい。	一般に（　②　）に溶けやすく， （　③　）に溶けにくい。
融点	一般に低い（300℃以下）。 高温では④（　　　　）しやすい。	一般に高い（300℃以上）。
燃焼	⑤（　　　　）性	⑥（　　　　）性
構成元素	C, H, O が主で，元素の種類は ⑦（　　　　　　）。微量元素として N, S, ハロゲンなどを含む。化合物の 種類は非常に⑧（　　　　）。	非常に元素の種類が多い。
例	メタン CH_4，エタン C_2H_6 メタノール CH_3OH エタノール C_2H_5OH	NaCl，$Mg(OH)_2$，$CuSO_4$，ZnS ※CO_2，H_2O は無機化合物に分類

● 成分元素の検出

検出元素	実験操作	変化
炭素 C	燃焼させて発生した気体(CO_2)を，⑨( )に通じる。	(⑨)が⑩( )する。$CaCO_3$ が生成。
水素 H	燃焼させて発生した液体(H_2O)を，⑪( )につける。	⑫( )色に変化する。$CuSO_4 \cdot 5H_2O$ が生成。
窒素 N	塩基とともに加熱し，発生した気体を赤色リトマス紙に触れさせる。	⑬( )色に変化する。NH_3 が生成。
硫黄 S	塩基とともに加熱し，⑭( )水溶液を加える。	⑮( )色沈殿が生じる。PbS が生成。
塩素 Cl	銅線につけて加熱し，⑯( )反応を見る。	⑰( )色の炎になる。$CuCl_2$ の生成。

● 炭素骨格による分類

	飽和（炭素間がすべて⑱( )結合）		不飽和（炭素間に⑲( )結合を含む）	
鎖式	**アルカン** メタン エタン		**アルケン** エチレン	**アルキン** H−C≡C−H アセチレン
環式	**シクロアルカン** シクロヘキサン		**シクロアルケン** シクロヘキセン	⑳( ) ベンゼン

※ベンゼンのような構造をもつものを特別に芳香族に分類する。

● 官能基による分類

官能基名	㉑( )基	㉒( )基	㉓( )基	㉔( )基	㉕( )結合	㉖( )結合
構造	−OH	−C−H ‖ O	−C− ‖ O	−C−OH ‖ O	−O−	−C−O− ‖ O
一般式	R−OH	R−CHO	R^1−CO−R^2	R−COOH	R^1−O−R^2	R^1−COO−R^2
一般名	㉗( ) (→p.144)	㉘( ) (→p.146)	㉙( ) (→p.147)	㉚( ) (→p.158)	㉛( ) (→p.145)	㉜( ) (→p.159)

※1 R−OH に関して R がベンゼン環の場合，㉝( )に分類される(→ p.171)。
※2 R−CHO，R^1−CO−R^2 に共通する >C=O 基を総称して㉞( )基とよぶ。
※3 上記以外にも㉟( )基($-NO_2$)，㊱( )基($-NH_2$)，㊲( )基($-SO_3H$)などがある。

解答

⑨石灰水
⑩白濁
⑪硫酸銅(Ⅱ)無水物
⑫青
⑬青
⑭酢酸鉛(Ⅱ)
⑮黒
⑯炎色
⑰青緑

⑱単
⑲二重・三重
⑳芳香族

㉑ヒドロキシ
㉒ホルミル
㉓ケトン
㉔カルボキシ
㉕エーテル
㉖エステル
㉗アルコール
㉘アルデヒド
㉙ケトン
㉚カルボン酸
㉛エーテル
㉜エステル
㉝フェノール
㉞カルボニル
㉟ニトロ
㊱アミノ
㊲スルホ

4章
有機化合物

● 異性体

解答
㊳構造
㊴立体
㊵/㊶
シス-トランス/
幾何
（順不同）
㊷回転
㊸/㊹
鏡像/光学
（順不同）
㊺不斉炭素原子

㊳（　　　）異性体	炭素骨格	例 C_4H_{10} $CH_3-CH_2-CH_2-CH_3$　　　$CH_3-\underset{\underset{CH_3}{\mid}}{CH}-CH_3$
	不飽和結合の位置	例 C_4H_8 $CH_2=CH-CH_2-CH_3$　　$CH_3-CH=CH-CH_3$
	不飽和結合と環状	例 C_3H_6 $CH_2=CH-CH_3$　　$H_2C-\!\!\!\underset{}{\overset{\overset{H_2}{C}}{}}\!\!\!-CH_2$
	置換基の位置	例 C_3H_7OH $CH_3-CH_2-CH_2-OH$　　$CH_3-\underset{\underset{OH}{\mid}}{CH}-CH_3$
	官能基	例 C_2H_6O CH_3-CH_2-OH　　　CH_3-O-CH_3
㊴（　　　）異性体	㊵（　　　） 異性体 （㊶（　　　） 異性体）	$C=C$ が㊷（　　　）できないために生じる。同一の置換基が同じ側についたものをシス（*cis*）形，反対側についたものをトランス（*trans*）形とよぶ。 例 2-ブテン シス-2-ブテン　　トランス-2-ブテン　　*cis*で覚える
	㊸（　　　） 異性体 （㊹（　　　） 異性体）	㊺（　　　　　　）（4つの異なる原子や原子団が結合している炭素）をもつため立体構造が異なる。 例 乳酸 不斉炭素原子には「*」をつける。　L-乳酸　鏡　D-乳酸

● 有機化合物の表し方

例 エタノール

㊻（　　　）	㊼（　　　）	㊽（　　　）	㊾（　　　）
C_2H_6O	$\boxed{C_2H_5}-\boxed{OH}$ 炭化水素基　官能基	$H-\!\!\underset{\underset{H}{\mid}}{\overset{\overset{H}{\mid}}{C}}\!\!-\!\!\underset{\underset{H}{\mid}}{\overset{\overset{H}{\mid}}{C}}\!\!-OH$	$C-C-OH$
分子中の原子の種類と数を表す。	分子式から官能基を抜き出して表す。	原子の結合を価標を用いて表す。	炭化水素基のHを省略する。

炭化水素基 -R	メチル基 $-CH_3$	エチル基 $-C_2H_5\left(-\underset{\underset{H}{\mid}}{\overset{\overset{H}{\mid}}{C}}-\underset{\underset{H}{\mid}}{\overset{\overset{H}{\mid}}{C}}-H\right)$	プロピル基 $-C_3H_7\left(-\underset{\underset{H}{\mid}}{\overset{\overset{H}{\mid}}{C}}-\underset{\underset{H}{\mid}}{\overset{\overset{H}{\mid}}{C}}-\underset{\underset{H}{\mid}}{\overset{\overset{H}{\mid}}{C}}-H\right)$

● 有機化合物の構造決定

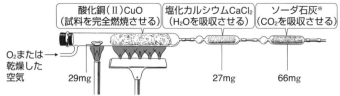

酸化銅（Ⅱ）CuO
（試料を完全燃焼させる）

塩化カルシウムCaCl₂
（H₂Oを吸収させる）

ソーダ石灰※
（CO₂を吸収させる）

※ソーダ石灰は水も吸着して
しまうため，必ず塩化カル
シウムを先に接続する。

O₂または→
乾燥した
空気

29mg

27mg

66mg

📖 check! **例** ある有機化合物は炭素，水素，酸素のみからなり，分子量は116である。この化合物
29 mg を完全燃焼したところ，CO_2 が 66 mg，H_2O が 27 mg 生じた。

Ⅰ 各元素の質量の決定（理論）

①　C の質量 ＝ $\dfrac{CO_2 の質量}{\text{⑤⓪(　　)g/mol}} × \text{⑤①(　　)g/mol}$

（上：CO_2 の mol ＝ C の mol）
（下：C の mol × C の g/mol ＝ C の g）

②　H の質量 ＝ $\dfrac{H_2O の質量}{\text{⑤②(　)g/mol}} × \text{⑤③(　)} × \text{⑤④(　)g/mol}$

（上：H₂O の mol，H の mol）
（下：H の mol × H の g/mol ＝ H の g）

この化合物は C，H，O のみからなるため

③　O の質量 ＝ ⑤⑤(　　　　)の質量 －（①＋②）

Ⅱ 組成式の決定

組成式とは，成分元素の比を最も簡単に表し
たもの。例えば，分子式 $C_6H_{12}O_6$ の場合，組
成式は CH_2O（6：12：6＝1：2：1）となる。

組成式を $C_xH_yO_z$ とすると

$x : y : z = \dfrac{①}{12 \text{ g/mol}} : \dfrac{②}{1.0 \text{ g/mol}} : \dfrac{③}{16 \text{ g/mol}}$

（C の mol）（H の mol）（O の mol）

Ⅲ 分子式の決定

分子式 ＝（組成式）ₙ

分子量 ＝ 組成式の式量 × n より，分子式を決
定する。

Ⅳ 構造の決定

化学的・物理的性質より決定する。

（→ p.134 以降で学習）

Ⅰ 各元素の質量の決定（実験値）

①　C の質量 ＝ $\dfrac{\text{⑤⑥(　　　)}}{44} × 12 = \text{⑤⑦(　　)mg}$

②　H の質量 ＝ $\dfrac{\text{⑤⑧(　　　)}}{18} × 2 × 1.0 = \text{⑤⑨(　　)mg}$

この化合物は C，H，O のみからなるため

③　O の質量 ＝ ⑥⓪(　　　)mg － ｛(⑤⑦)＋(⑤⑨)｝mg

　　　　　　　＝ 8.0 mg

Ⅱ 組成式の決定

組成式を $C_xH_yO_z$ とすると

$x : y : z = \dfrac{\text{⑥①(　　)}}{12} : \dfrac{\text{⑥②(　　)}}{1.0} : \dfrac{8.0}{16}$

　　　　　＝ 1.5：3.0：0.5

　　　　　＝ 3：6：1

よって，組成式は ⑥③(　　　　)

Ⅲ 分子式の決定

116 ＝ $(C_3H_6O)_n$ なので，C_3H_6O ＝ 58 g/mol

より 58 × n ＝ 116　　n ＝ 2

よって，分子式は ⑥④(　　　　)

Ⅳ 構造の決定

化学的・物理的性質より決定する。

（→ p.134 以降で学習）

4章

有機化合物

解答　⑤⓪44　⑤①12　⑤②18　⑤③2　⑤④1.0　⑤⑤試料　⑤⑥66　⑤⑦18　⑤⑧27　⑤⑨3.0　⑥⓪29　⑥①18　⑥②3.0　⑥③C_3H_6O
⑥④$C_6H_{12}O_2$

次の分子を電子式と構造式で表せ。

(1) CH_4　　(2) H_2O　　(3) NH_3　　(4) CO_2　　(5) HCN

解答

	(1)	(2)	(3)	(4)	(5)
電子式	H H:C:H H	H:O:H	H H:N:H	:O::C::O:	H:C⋮N:
構造式	H H−C−H H	H−O−H	H H−N−H	O=C=O	H−C≡N

▶ **ベストフィット**　原子の電子式を書き，不対電子をペアにする。

解説 ▶ ………………………………………………………………………………

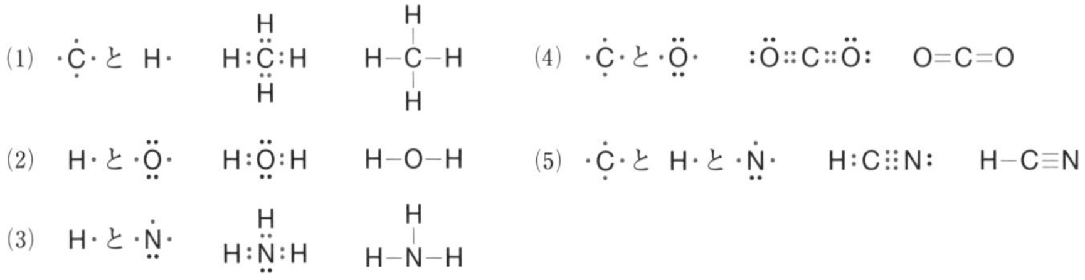

(1) ·C· と H·　　H:C:H　H−C−H（H上下）　　(4) ·C· と ·O:　　:O::C::O:　O=C=O

(2) H· と ·O:　　H:O:H　H−O−H　　(5) ·C· と H· と ·N:　　H:C⋮N:　H−C≡N

(3) H· と ·N:　　H:N:H　H−N−H

次の有機化合物中に含まれる官能基の名称，およびその官能基を有する物質の一般名を答えよ。

(1) C_2H_5OH　　(2) CH_3COOH　　(3) CH_3OCH_3 ❶　　(4) $CH_3COOC_2H_5$　　(5) $CH_3COC_2H_5$ ❷

解答　(1) ヒドロキシ基，アルコール　　(2) カルボキシ基，カルボン酸　　(3) エーテル結合，エーテル

(4) エステル結合，エステル　　(5) ケトン基(カルボニル基)，ケトン

▶ **ベストフィット**　炭化水素基はCとHからなる。官能基はその他の元素 O, N, S を含む。

解説 ▶ ………………………………………………………………………………

構造式で表し，炭化水素基以外に着目する。

❶官能基そのものの名称。
❷その官能基を含む物質の名称。

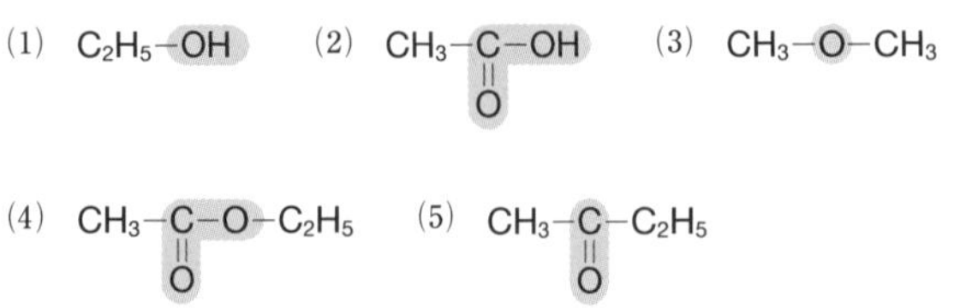

(1) C_2H_5−OH　　(2) CH_3−C−OH（下にO、二重結合）　　(3) CH_3−O−CH_3

(4) CH_3−C−O−C_2H_5（下にO、二重結合）　　(5) CH_3−C−C_2H_5（下にO、二重結合）

例題 40 異性体

example problem

次の構造式で表される有機化合物を同じ化合物どうしにまとめよ。

(1)

① H-C-C-C-C-C-H （ペンタン）
② H-C-C-C-C-H （2-メチルブタン）
③ H-C-C-C-C-H
④ H-C-C-C-H
⑤ H-C-C-C-H
⑥ H-C-C-C-H
⑦ H-C-C-C-H
⑧ H-C-C-C-H

(2)

① CH₃–C=C–CH₃ / H, H
② CH₃–C=C–H / H, CH₃
③ CH₃–C=C–H / CH₃, H
④ CH₃–C=C–H / CH₃, H
⑤ CH₃–CH₂–C=C–H / H
⑥ H–C=C–CH₃ / H

解答 (1) ①②⑥, ③④⑤⑧ (2) ①③, ④⑥

▶ ベストフィット Hを省略して構造式を書き，Cがひとつなが りになっているところ(主鎖)に着目すると異性体を区別できる (ⅲは①・ⅱと異なりCが４つひとつながりにならない)。

$$\underset{(i)}{C-C-C-C} = \underset{(ii)}{\begin{matrix}C-C-C\\|\\C\end{matrix}} \neq \underset{(iii)}{\begin{matrix}C-C-C\\|\\C\end{matrix}}$$

解説 ▶ ··········

Hを省略してCのみ(簡易式)で表記する。複雑な構造も容易に区別することができる。

(1) ① C-C-C-C-C
② C-C-C-C = C-C-C-C-C （Cの枝付き）
③ C-C-C / C-C （●）
④ C-C-C = C-C-C-C （●）
⑤ C-C-C = C-C-C-C （●）
⑥ C-C-C = C-C-C-C-C
⑦ C-C-C / C-C
⑧ C-C-C = C-C-C-C

●
$$^1C-^2C-^3C-^4C \quad (C上)$$
$$= 180°回転$$
$$^4C-^3C-^2C-^1C \quad (C下)$$

二重結合□をはさんだ置換基 ○の位置を確認する。①③は同 じ側のシス，②は反対側のトラ ンス，④⑥は□をはさんでい ない，⑤は置換基が異なる。

(2) ① C/C=C/C ② C=C ③ C//C ④ C=C/C ⑤ C-C/C=C ⑥ C=C/C

例題 41 異性体

example problem

次の分子式で表される有機化合物の構造式をすべて示せ。

(1) C_4H_{10} (2) C_3H_8O (3) C_3H_6

解答 解説を参照。

▶ ベストフィット Step1) 主鎖を決める。 Step2) 置換基を配置する。

解説 ▶ ....

(1) Step 1) 主鎖　C×4　　Step 1) 主鎖　C×3

❶分子式の水素の数と一致するか確認する。

$$C–C–C–C \rightarrow H–\overset{\displaystyle H}{\underset{\displaystyle H}{C}}–\overset{\displaystyle H}{\underset{\displaystyle H}{C}}–\overset{\displaystyle H}{\underset{\displaystyle H}{C}}–\overset{\displaystyle H}{\underset{\displaystyle H}{C}}–H$$

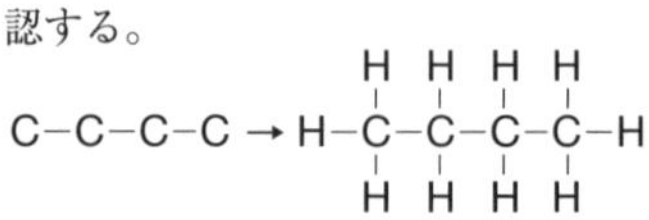

❷対称面に着目すると重複が防げる。

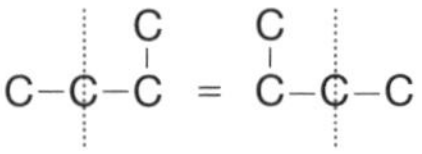

$$C–\overset{\displaystyle C}{C}–C = C–\overset{\displaystyle C}{C}–C$$

(2) Step 1) 主鎖　C×3　　① C–C–C–OH　　Ⅰ C–C–O–C

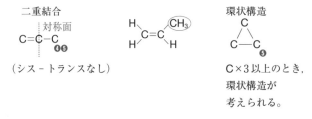

② C–C–C
　　 |
　　OH

❸枝分かれは末端に生じない。

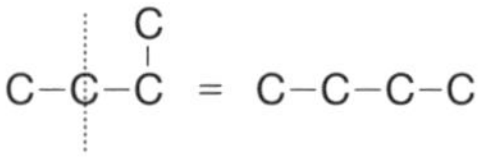

$$C–\overset{\displaystyle C}{C}–C = C–C–C–C$$

主鎖 C×2 は考えない。

(3) 飽和炭化水素の分子式 C_nH_{2n+2} から水素原子が2個減ると不飽和結合あるいは環が1個増える。C_3H_6 は C_3H_8（C_nH_{2n+2}, $n=3$）より H が2個少ない。

二重結合

$$C=\overset{\vdots}{C}–C$$
対称面❹❺

（シス-トランスなし）

環状構造

$$\overset{\displaystyle C}{C–C}$$
❺

C×3以上のとき，環状構造が考えられる。

❹二重結合では常にシス-トランス異性体を考える。

❺分子式の水素の数と一致するか確認する。

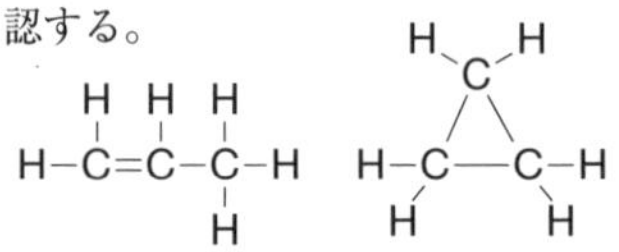

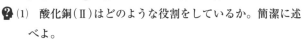

　図のような装置を用いて，炭素と水素からなる有機化合物 10.5 mg を完全燃焼させたところ，二酸化炭素 30.8 mg と，水 18.9 mg が得られた。次の問いに答えよ。

(1) 酸化銅(Ⅱ)はどのような役割をしているか。簡潔に述べよ。

(2) 塩化カルシウム，ソーダ石灰の吸収する物質をそれぞれ化学式で示せ。

(3) 得られた二酸化炭素の中に含まれる炭素原子の質量〔mg〕を求めよ。

(4) 得られた水の中に含まれる水素原子の質量〔mg〕を求めよ。

(5) この有機化合物の組成式を求めよ。

(6) この有機化合物の分子量が30であるとき，分子式を求めよ。

解答　(1) 有機化合物を完全燃焼させる。　　(2) 塩化カルシウム　H_2O　　ソーダ石灰　CO_2
　　　(3) 8.4 mg　　(4) 2.1 mg　　(5) CH_3　　(6) C_2H_6

▶ ベストフィット　実験結果より，まず各元素の質量を求める。

(1) 酸化銅(Ⅱ)は酸化剤としてはたらき，試料を完全燃焼させるために用いられる。

❶炭素と水素からなるので酸素を含まない。

(3) Ⅰ炭素原子(C)の質量＝$\underbrace{\dfrac{\overbrace{30.8\ \text{mg}}^{CO_2\ \text{の mol}＝C\ \text{の mol}}}{44\ \text{g/mol}} \times 12\ \text{g/mol}}_{C\ \text{の g}}$ ❶ ＝8.4 mg

(4) Ⅰ水素原子(H)の質量＝$\underbrace{\dfrac{\overbrace{18.9\ \text{mg}}^{\overbrace{H_2O\ \text{の mol}}}}{18\ \text{g/mol}} \times 2 \times 1.0\ \text{g/mol}}_{H\ \text{の g}}$ ❶ ＝2.1 mg

(5) Ⅱ組成式を C_xH_y とすると

$$x : y = \dfrac{8.4}{12} : \dfrac{2.1}{1.0} = 0.7 : 2.1 = 1 : 3$$

よって，組成式は CH_3 である。

(6) Ⅲ分子式を $(CH_3)_n$ とすると，分子量の関係より

$$30 = (12 + 3.0) \times n$$
$$n = 2$$

よって，分子式は $(CH_3)_2 = C_2H_6$ である。

 類題

152 ［構造式］　次の分子の構造式を示せ。

基礎 (1) N_2　(2) F_2　(3) HCl　(4) C_2H_6　(5) C_2H_4

152◀例38

153 ［官能基の名称・一般名］　次の有機化合物に含まれる官能基の名称，およびその官能基をもつ物質の一般名を答えよ。

(1) HCHO　　　(2) $C_2H_5COOCH_3$　　(3) $CH_3CH(OH)CH_3$

(4) C_2H_5COOH　(5) CH_3COCH_3

153◀例39

154 ［異性体の判別］　次の2つの構造式が同一の物質の場合はA，異なる物質の場合はBを書け。

154◀例40
Hを省略して書いてみる。

(1)
```
    Cl          Cl
    |           |
Cl-C-H     H-C-H
    |           |
    H           Cl
```

(2)
```
  Cl Cl        Cl H
  |  |         |  |
H-C--C-H   H-C--C-H
  |  |         |  |
  H  H         Cl H
```

(3)
```
  H    H        H  H
  |    |        |  |
H-C-O-C-H   H-C--C-O-H
  |    |        |  |
  H    H        H  H
```

(4)
```
H      CH₃      H       Br
 \    /          \     /
  C=C             C=C
 /    \          /     \
H      Br       H       CH₃
```

(5) $CH_3-\underset{\underset{CH_3}{\overset{|}{CH_2}}}{\overset{|}{CH}}-CH_3$ 　 $CH_3-\underset{\overset{|}{CH_3}}{\overset{|}{CH}}-CH_2-CH_3$

155 ［異性体］　次の分子式で表される有機化合物の構造異性体を，すべて構造式で示せ。ただし，(3)については環状物質のみ答えよ。また，鏡像異性体についてはその数に含めない。

(1) C_5H_{12}(3種類)　　(2) C_6H_{14}(5種類)　　(3) C_5H_{10}(5種類)

155◀例41
(1)(2)C_nH_{2n+2}
飽和炭化水素
(3)C_nH_{2n}
不飽和結合あるいは環が1個

4章
有機化合物

156 [元素分析]　炭素，水素，酸素からなる有機化合物 A の構造を確認するために元素分析を行った。16.5 mg の A を完全に燃焼させて，生じた物質を塩化カルシウムの入った U 字管とソーダ石灰の入った U 字管へ順に通したところ，塩化カルシウムの質量は 13.5 mg 増加し，ソーダ石灰の質量は 33.0 mg 増加した。また，A の分子量は 88 であった。A の組成式と分子式を記せ。

156 各元素の質量を求めてから，分子式を決定する。

157 [元素分析(質量%)]　ある有機化合物を元素分析したところ，その質量組成は，炭素 37.5 %，水素 12.5 %，酸素 50.0 % であった。
(1)　この有機化合物の組成式を求めよ。
(2)　この有機化合物の分子量が 32 であるとき，分子式を求めよ。

157 各元素の質量組成がわかっている。
→ Ⅰ(→ p.127) までが終了している。

158 [元素分析]　右図の装置を用いて，炭素，水素，酸素からなる有機化合物 A 1.32 g を元素分析したところ，(ⅱ)管の質量が 1.08 g，(ⅲ)管の質量が 2.64 g 増加した。次の問いに答えよ。

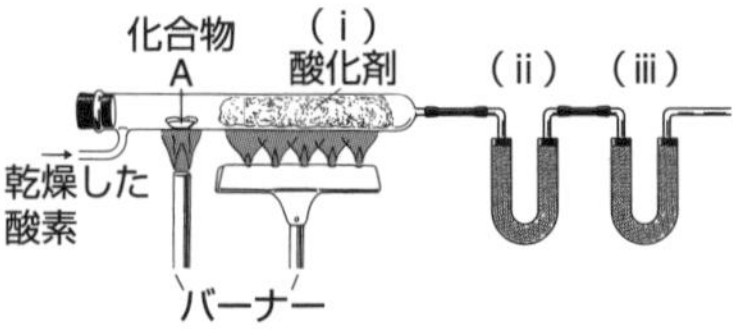

化合物　　（ⅰ）
Ａ　　酸化剤　　（ⅱ）（ⅲ）
乾燥した
酸素
バーナー

(1)　(ⅰ)，(ⅱ)，(ⅲ)に入れる物質を，それぞれ化学式で答えよ。
(2)　(ⅱ)，(ⅲ)で吸収される物質を，それぞれ化学式で答えよ。
(3)　(ⅱ)管と(ⅲ)管は逆につないではならない。その理由を述べよ。
(4)　この有機化合物 A の組成式を求めよ。
(5)　実験より，有機化合物 A の分子量が 88 であることがわかった。分子式を求めよ。

158 ◀例 42
Ⅰ 各元素の質量の決定
Ⅱ 組成式の決定（各元素の物質量〔mol〕比を求める）
Ⅲ 分子式の決定

練習問題

159 [有機化合物の特徴]　有機化合物に関する次の記述(1)〜(5)のうち，正しいものをすべて選べ。
(1)　構成元素の数は少ないが，化合物の種類は多い。
(2)　燃焼によって生じた液体を，硫酸銅(Ⅱ)無水物につけると，白色になる。
(3)　有機溶媒には溶けにくいが，水には溶けやすいものが多い。
(4)　塩基で分解し発生した気体を赤色リトマス紙につけ，青色に変色した場合は，窒素原子の存在が確認できる。
(5)　分子からなる物質が多く，融点や沸点は比較的高い。

159
(2)液体→ H_2O
(4)気体→ NH_3
(5)具体的な物質を考える。例 メタン

160 [構造式]　次の分子式で表される有機化合物を構造式で示せ。ただし，〔　〕で一般名を示されているものは，その一般名にあてはまる構造式を答えよ。また，2 種類以上の構造式が書ける場合は，そのうち 1 つを示すこと。
(1)　CH_4　　(2)　C_2H_6O〔アルコール〕　　(3)　C_2H_4　　(4)　C_3H_6O〔ケトン〕
(5)　C_3H_6O〔アルデヒド〕　　(6)　$C_3H_6O_2$〔カルボン酸〕
(7)　$C_3H_6O_2$〔エステル〕

160 分子式 C_2H_6O
CH_3CH_2OH
→アルコール
CH_3OCH_3
→エーテル

161 [異性体] 次の問いに答えよ。

(1) 分子式 C_5H_{12}，C_6H_{14}，C_7H_{16} で表される有機化合物について，考えられるすべての構造を構造式で示せ。ただし，鏡像異性体がある場合は不斉炭素原子に＊をつけよ。

(2) 分子式 C_4H_8 で表される有機化合物には，異性体が6種類ある。考えられるすべての構造を構造式で示せ。

(3) 分子式 $C_4H_{10}O$ で表される有機化合物について，考えられるすべての構造を構造式で示せ。また，構造的な特徴から2つに分類し，それぞれの一般名を答えよ。ただし，鏡像異性体がある場合は不斉炭素原子に＊をつけよ。

161 異性体を正確に書く（→ p.126）。

162 [元素分析（質量％）] カルボキシ基をもつある有機化合物を元素分析した結果，C：26.1 %，H：4.3 %，O：69.6 %（質量％）であった。また，この有機化合物の蒸気の密度は，標準状態で 2.05 g/L であった。この有機化合物を構造式で示せ。

check!

162 密度より分子量を求める。

163 [元素分析] 右図のような装置を用いて，炭素，水素，酸素からなる有機化合物 3.70 mg を完全燃焼したところ，二酸化炭素が 8.80 mg，水が 4.50 mg 得られた。

check!

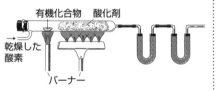

有機化合物　酸化剤　乾燥した酸素　バーナー

また，この有機化合物 0.37 g を 100 g のベンゼン（凝固点 5.50 ℃）に溶解させ，凝固点を測定したところ，5.245 ℃ であった。次の問いに答えよ。ただし，ベンゼンのモル凝固点降下の値は 5.10 K・kg/mol とする。

(1) ソーダ石灰は CO_2，H_2O の両方を吸収してしまうため，塩化カルシウムのあとにつながなければならない。ソーダ石灰が CO_2，H_2O の両方を吸収する理由を答えよ。

(2) この有機化合物の組成式と分子式を求めよ。

(3) この有機化合物がアルコール（R−OH）である場合，考えられる構造式をすべて示せ。ただし，鏡像異性体は考えなくてよい。

163 凝固点降下度（→ p.28）より，この物質の分子量を求める。

4章
有機化合物

164 [有機化合物の燃焼] 分子式 $C_8H_nO_2$ で表される有機化合物がある。この化合物 34 mg を完全燃焼させたところ，18 mg の水が生じた。この有機化合物の水素原子の数 n として正しいものを選べ。

check!

(1) 6　(2) 8　(3) 10　(4) 12　(5) 14　(6) 16

164 反応式は
$C_8H_nO_2 + O_2$
$\longrightarrow CO_2 + H_2O$
より係数を決定する。

165 [有機化合物の燃焼] 有機化合物 $(C_xH_y)_n$ の燃焼について，次の問いに答えよ。ただし，式中の数値は分数の形で表せ。

難
check!

(1) この有機化合物が完全燃焼するときの化学反応式を n, x, y を用いて表せ。

(2) この有機化合物を完全燃焼させたところ，a〔g〕の水と b〔g〕の二酸化炭素が生じた。a を x, y, b を用いた式で表せ。

(3) この有機化合物を燃焼させたところ，酸素の供給量が十分ではなく不完全燃焼が起きたために，a〔g〕の水と b〔g〕の二酸化炭素，そして c〔g〕の一酸化炭素が生じた。a を x, y, b, c を用いた式で表せ。

165
(3)
$(C_xH_y)_n + n\left(\dfrac{x}{2}+\dfrac{y}{4}\right)O_2$
$\to nxCO + \dfrac{ny}{2}H_2O$

▶1 脂肪族炭化水素

● **確認事項** ● 以下の空欄に適当な語句および化学式を入れよ。──────

● 飽和炭化水素

解答

①( )(alkane：alk ＝ 炭化水素 ＋ ane ＝ 単結合)　一般式　②( ) すべて単結合の鎖式炭化水素		
名称	語尾がすべてアンになる。 CH_4：メタン　C_2H_6：エタン　C_3H_8：プロパン　(→ p.254「命名法」)	
反応	常温で安定だが，③( )によって④( )反応をする。 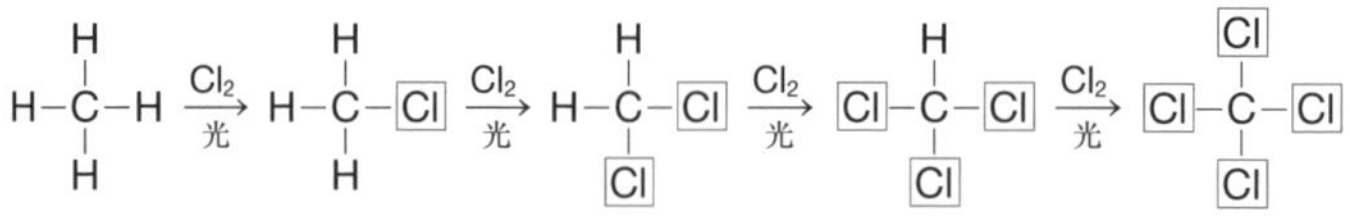 メタン　　⑤( )　　ジクロロメタン　　トリクロロメタン　　⑥( )	
物性	直鎖状アルカンは n＝1〜4 では⑦( )，5〜17 では⑧( )， 18 以上では⑨( )である($25\,℃$，$1.0 × 10^5\,Pa$)。	
異性体	炭素数 4 以上で構造異性体が存在する(直鎖あるいは枝分かれ)。 例 C_5H_{12} [直鎖] $CH_3-CH_2-CH_2-CH_2-CH_3$ [枝分かれ] 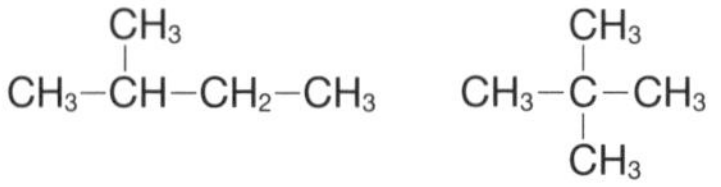 $CH_3-CH-CH_2-CH_3$ / CH_3 CH_3-C-CH_3 / CH_3 \ CH_3	
製法	例 メタン　$CH_3COONa + NaOH \longrightarrow CH_4 + Na_2CO_3$	

メタン・エタン・プロパンの立体図

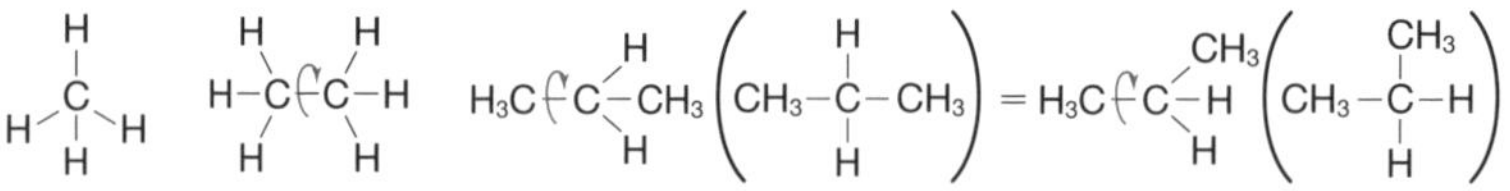

C–C は回転できるため
同じ構造を表す

メタン　　エタン　　プロパン

⑩( )(cycloalkane：cyclo ＝ 環式)　　一般式　⑪( ) すべて単結合の環式炭化水素	
名称	炭素数が同じアルカンの名称の前にシクロをつける。
性質	⑫( )に類似。
異性体	⑬( )と異性体の関係にある。

シクロヘキサンの構造式・簡易式・立体図

構造式　　　　　簡易式　　　　　　　立体図

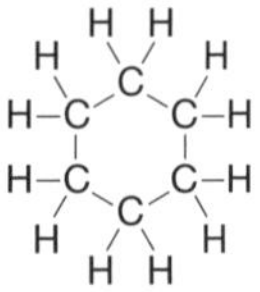

　　　　　　　　H を省略　C も省略

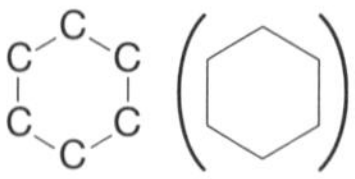

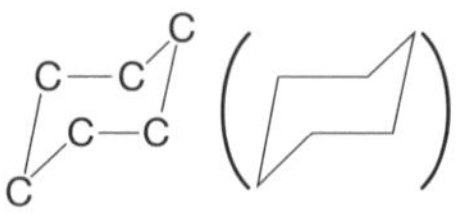

解答

①アルカン
②C_nH_{2n+2}
③光
④置換
⑤クロロメタン
⑥テトラクロロメタン
⑦気体
⑧液体
⑨固体

⑩シクロアルカン
⑪$C_nH_{2n}(n \geqq 3)$
⑫アルカン
⑬アルケン

● 不飽和炭化水素

解答
⑭アルケン
⑮ C_nH_{2n} $(n \geq 2)$
⑯エチレン
⑰プロピレン
⑱付加
⑲赤褐
⑳不飽和結合
㉑シス－トランス
（幾何）
㉒脱水

	⑭( )(alkene：ene＝二重結合)　　一般式 ⑮( ) 二重結合を 1 つもつ鎖式炭化水素
名称	語尾がすべてエンになる。【 】内は慣用名 C₂H₄　CH₂＝CH₂：エテン【⑯( )】 C₃H₆　CH₃－CH＝CH₂：プロペン【⑰( )】 C₄H₈　CH₃－CH₂－CH＝CH₂：1-ブテン 　　　CH₃－CH＝CH－CH₃：2-ブテン（シスあるいはトランス） ※二重結合の位置が複数考えられる場合は，名称の前に数字をつけて位置を示す。
反応	アルケンは⑱( )反応を起こしやすい。 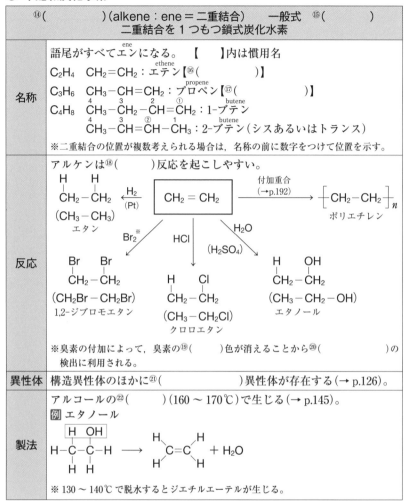 ※臭素の付加によって，臭素の⑲( )色が消えることから⑳( )の 検出に利用される。
異性体	構造異性体のほかに㉑( )異性体が存在する(→ p.126)。
製法	アルコールの㉒( )(160〜170℃)で生じる(→ p.145)。 例 エタノール 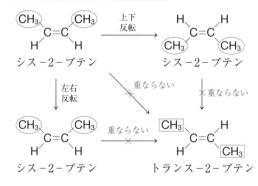 ※ 130〜140℃で脱水するとジエチルエーテルが生じる。

アルケンの立体図

エチレン

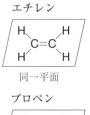

同一平面

プロペン

立体構造

シス-トランス異性体の関係

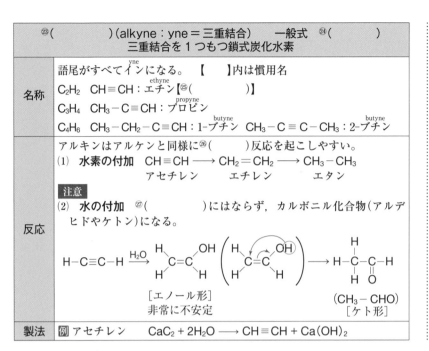

	㉓(　　　　　　　　　)（alkyne：yne＝三重結合）　　一般式　㉔(　　　　　　)
	三重結合を１つもつ鎖式炭化水素

名称	語尾がすべてインになる。　【　】内は慣用名 C₂H₂　CH≡CH：エチン【㉕(　　　　　　　)】（ethyne） C₃H₄　CH₃−C≡CH：プロピン（propyne） C₄H₆　CH₃−CH₂−C≡CH：1-ブチン（butyne）　CH₃−C≡C−CH₃：2-ブチン（butyne）
反応	アルキンはアルケンと同様に㉖(　　　　　)反応を起こしやすい。 (1)　**水素の付加**　CH≡CH ⟶ CH₂＝CH₂ ⟶ CH₃−CH₃ 　　　　　　　　　アセチレン　　　　エチレン　　　　エタン **注意** (2)　**水の付加**　㉗(　　　　　)にはならず，カルボニル化合物（アルデヒドやケトン）になる。 H−C≡C−H $\xrightarrow{H_2O}$ エノール形 ⟶ ケト形（CH₃−CHO） [エノール形]　非常に不安定　　　　　　　　（CH₃−CHO）[ケト形]
製法	例 アセチレン　　CaC₂ + 2H₂O ⟶ CH≡CH + Ca(OH)₂

解答
㉓アルキン
㉔C_nH_{2n-2}($n \geq 2$)
㉕アセチレン
㉖付加
㉗アルコール

● 脂肪族炭化水素の反応系統図

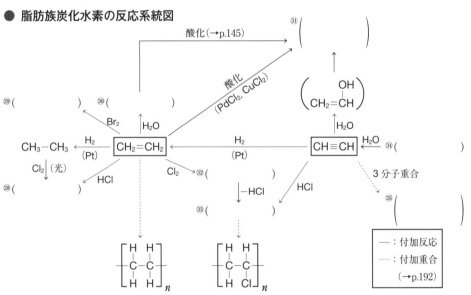

・・・

解答　㉘ CH₃−CH₂Cl　㉙ CH₂Br−CH₂Br　㉚ CH₃−CH₂−OH　㉛ CH₃−C−H(CH₃−CHO)　‖O
㉜ CH₂Cl−CH₂Cl　㉝ CH₂＝CHCl　㉞ CaC₂

書き取りドリル　名称と構造式を書いてみよう

炭素数		1	2	3	4
アルカン	名称				
	構造式	H H–C–H H	H H H–C–C–H H H	H H H H–C–C–C–H H H H	H H H H H–C–C–C–C–H H H H H
アルケン	名称				
	構造式				H H H H–C=C–C–C–H H H
	名称				
	構造式		H H H–C=C–H	H H H H–C=C–C–H H	CH₃ CH₃ C=C H H
	名称				
	構造式				CH₃ H C=C H CH₃
アルキン	名称				
	構造式				H H H–C≡C–C–C–H H H
	名称				
	構造式		H–C≡C–H	H H–C≡C–C–H H	H H H–C–C≡C–C–H H H

炭素数		1	2	3	4
アルカン	名称	メタン	エタン	プロパン	ブタン
	構造式				
アルケン	名称		エテン（エチレン）	プロペン（プロピレン）	1-ブテン
	構造式				
	名称				シス-2-ブテン
	構造式				
	名称				トランス-2-ブテン
	構造式				
アルキン	名称		エチン（アセチレン）	プロピン	1-ブチン
	構造式				
	名称				2-ブチン
	構造式				

例題 **43** 炭化水素の命名 example problem

次の物質の名称を答えよ。

(1) CH_4　　(2) $CH_2=CH_2$　　(3) $CH\equiv CH$　　(4) $CH_2=CH-CH_2-CH_2-CH_3$

(5)
$$\begin{array}{c} CH_3 \quad\quad CH_2-CH_3 \\ \diagdown\!\!\diagup C=C \diagdown \\ H \quad\quad\quad\quad H \end{array}$$

(6)
$$\begin{array}{c} CH_3 \\ | \\ CH_3-CH-CH_2-CH_3 \end{array}$$

(7)
$$\begin{array}{c} CH_3 \\ | \\ CH_3-C-CH_3 \\ | \\ CH_3 \end{array}$$

(8)
$$\begin{array}{c} CH_3 \\ | \\ CH_3-CH_2-CH-CH_2-CH-CH_3 \\ | \\ CH_3 \end{array}$$

(9)
$$\begin{array}{c} Cl \quad Cl \\ | \quad\ | \\ CH_2-CH_2 \end{array}$$

(10)
$$\begin{array}{c} CH_2 \\ H_2C \quad\quad CH_2 \\ | \quad\quad\quad | \\ H_2C-CH_2 \end{array}$$

解答 (1) メタン　　(2) エテン【エチレン】　　(3) エチン【アセチレン】　　(4) 1-ペンテン

(5) シス-2-ペンテン　　(6) 2-メチルブタン　　(7) 2,2-ジメチルプロパン

(8) 2,4-ジメチルヘキサン　　(9) 1,2-ジクロロエタン　　(10) シクロペンタン

※【　　】内は慣用名

ベストフィット 命名法(→ p.254)を参考にする。

解説▶

(1) meth ane
　　C×1 単結合

(2) eth ene
　　C×2 二重結合

(3) eth yne
　　C×2 三重結合

(4) 1- pent ene
　二重結合 C×5 二重
　の位置
$\overset{1}{C}=\overset{2}{C}-\overset{3}{C}-\overset{4}{C}-\overset{5}{C}$

(5) cis 2- pent ene
シス-トランス 二重結合 C×5 二重
異性体 の位置
$\overset{1}{C}-\overset{2}{C}=\overset{3}{C}-\overset{4}{C}-\overset{5}{C}$

(6) 2- meth yl but ane
　メチル基 のついた C×4 単結合
　の位置
$\begin{array}{c} \quad\quad C \\ \quad\quad | \\ \overset{1}{C}-\overset{②}{C}-\overset{3}{C}-\overset{4}{C} \end{array}$

(7) 2,2- di meth yl prop ane
2つの 2つの C×1 のついた C×3 単結合
メチル基
の位置
$\begin{array}{c} \quad C \\ \quad | \\ \overset{1}{C}-\overset{②}{C}-\overset{3}{C} \\ \quad | \\ \quad C \end{array}$

(8) 2,4- di meth yl hex ane
2つの 2つの C×1 のついた C×6 単結合
メチル基
の位置
$\begin{array}{c} \quad\quad C \quad\quad\quad\quad C \\ \quad\quad | \quad\quad\quad\quad | \\ \overset{1}{\underset{6}{C}}-\overset{2}{\underset{5}{C}}-\overset{3}{\underset{④}{C}}-\overset{4}{\underset{3}{C}}-\overset{5}{\underset{②}{C}}-\overset{6}{\underset{1}{C}} \end{array}$

(9) 1,2- di chloro eth ane
2つの 2つの クロロ=Cl C×2 単結合
Clの
位置
$\begin{array}{c} Cl \quad Cl \\ | \quad\ | \\ \overset{①}{C}-\overset{②}{C} \end{array}$

(10) cyclo pent ane
環状 C×5 単結合
$\begin{array}{c} C \\ C \quad C \\ C-C \end{array}$

❶「3,5-di 〜」とはならない。数字がなるべく小さくなるよう赤の数字を使う。

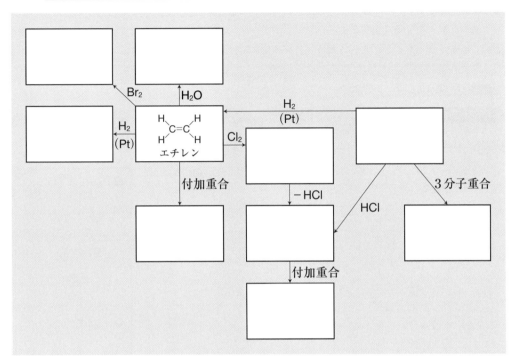

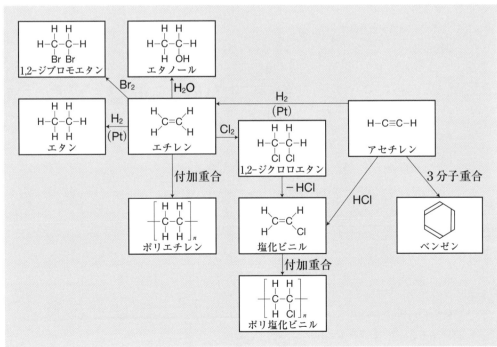

↓check!

例題 44 アルケンの量的関係

example problem

アルケン A に臭素を反応させたところ，生成物の分子量は A の約 3.3 倍になった。また，A に水素を反応させるとアルカン B が得られた。次の問いに答えよ。

(1) アルケン A の分子式を答えよ。

(2) アルカン B として考えられる構造式は何種類あるか。

解答 (1) C_5H_{10}　(2) 2種類

▶ベストフィット アルケン A 1 分子に対して Br_2 は 1 分子付加する。$A + Br_2 \longrightarrow ABr_2$

解説 ▶

(1) A に Br_2 が付加している。A の分子量を X〔g/mol〕とすると，ABr_2 の分子量は $X+160$ となる。

$$A + Br_2 \longrightarrow ABr_2$$
$$分子量 \quad X + 160 = X+160$$

ABr_2 の分子量が A の 3.3 倍なので

$$\frac{X+160}{X} = 3.3 \quad X ≒ 70$$

また，A はアルケンなので，分子式を C_nH_{2n} とすると，分子量は

$$12 \times n + 1.0 \times 2n = 14n$$

したがって，$14n = 70$

$$n = 5$$

よって，分子式は C_5H_{10} である。

❶アルケンに臭素
→二重結合に臭素が付加

❷付加反応が起こっているので，環状の構造は除かれる。
また，
C-C-C
では二重結合を形成できない。

(2) C_5H_{10} の異性体は以下の 6 種類 である。

主鎖 C×5

主鎖 C×4　側鎖 C×1

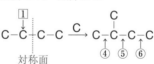

アルケン A

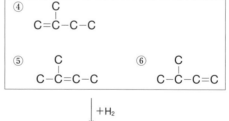

アルカン B

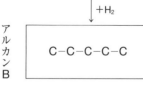

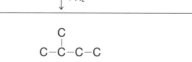

よって，得られるアルカンは 2 種類である。

例題 45　炭化水素の構造決定

example problem

　化合物 A，B はともに分子式 C_4H_8 で表される化合物である。A と B に臭素を加えると，A は臭素を脱色し，化合物 C を生成した。A は枝分かれ構造がなく，シス−トランス異性体も存在しなかった。❶　また，化合物 C には不斉炭素原子が存在した。一方，B は臭素と反応しなかった。❶

(1)　化合物 A の構造式を示せ。

(2)　化合物 C の構造式を示し，不斉炭素原子に＊をつけよ。

(3)　化合物 B として考えられる構造式を 2 つ示せ。

解答　(1) 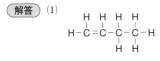　(2) 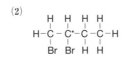　(3)

ベストフィット

Step 1) 反応図を書く。　　**Step 2)** 異性体を書く。　　**Step 3)** Step 1，Step 2 より構造を決定する。

解説 ▶

Step 1) 反応図を書く。

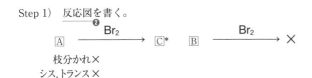

> ❶脱色する→不飽和結合をもつ
> 　脱色しない→不飽和結合をもたない
> ❷反応図を書くことで，問題文を何度も読み返さずにすむ。

Step 2) 異性体を書く。

$C_4H_8 = C_nH_{2n}$ ⟶　二重結合×1 あるいは環状×1

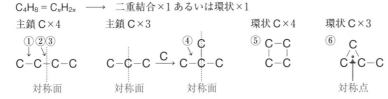

Step 3) Step 1，Step 2 より構造を決定する。(i)〜(v)で考える。

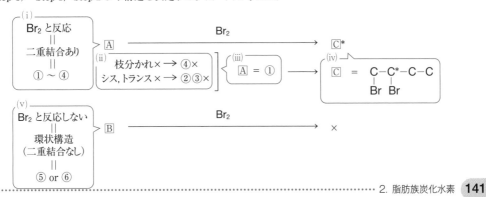

4章

有機化合物

166 [炭化水素の構造] 次の物質の構造式を示せ。

(1) メタン　　(2) エタン　　(3) プロパン　　(4) ヘキサン

(5) エチレン　　(6) アセチレン　　(7) シクロペンタン

(8) トリクロロメタン　　(9) 1-ブテン　　(10) トランス-2-ブテン

(11) 1,2-ジブロモプロパン　　(12) 2,4-ジメチルヘプタン

(13) 3-エチル-2-メチルヘキサン　　(14) 1,1,2,2-テトラクロロエタン

166 ◀例43
英語になおすと構
造が推定できる。
例 メタン
→ methane
(5)(6)は慣用名
(11)ブロモ→ Br

167 [直鎖炭化水素の反応経路] 次の文を読み，下の問いに答えよ。

エチレンは，エタノールと（　ア　）を混合し，約（　イ　）℃に加熱することによって得られる。エチレンは分子内に（　ウ　）結合を有するため，（　エ　）反応を起こしやすく，(a)臭素水と反応し【　オ　】を生成する。この反応においては溶液の（　カ　）色を脱色するため不飽和結合の検出に用いられる。また，同様に(b)水を反応させると【　キ　】が生成し，(c)水素との混合物を熱した Ni，Pt（粉末状）に通すと，【　ク　】が生成する。

また，エチレンの（　ウ　）結合は非常に反応性が（　ケ　）いため，酸化されやすく，代表的な酸化剤である硫酸酸性の過マンガン酸カリウム水溶液に通じると容易に酸化され溶液の（　コ　）色が脱色される。

さらに，触媒を用いることによって連続して（　エ　）反応させると，【　サ　】とよばれる高分子化合物を生じる。このような反応を重合とよび，（　エ　）反応による重合を特に（　シ　）という。

エチレンの（　ウ　）結合は自由に回転できない。このため，(d)1,2-ジクロロエチレンには（　ス　）異性体とよばれる2つの異性体が生じる。

(1) 文中の(ア)〜(ス)に適当な語句を入れよ。ただし，【　】に関しては化合物の名称を答えよ。

(2) 下線部(a)〜(c)の反応を化学反応式で表せ。

(3) 下線部(d)について，2つの異性体を構造式で示せ。また，名称も答えよ。

167 ◀マップトレーニング
置換→置き換える
付加→付け加える

168 [炭化水素の量的関係] あるアルキンに Br_2 1分子を付加したところ，もとの分子量の3.9倍になった。

(1) このアルキンの分子式を答えよ。

(2) このアルキンとして考えられる構造を2つ構造式で示せ。

168 ◀例44
アルキンの分子量
を x とする。

169 [炭化水素の構造決定] 分子式 C_4H_8 で表される鎖式炭化水素 A，B，C，D がある。次の文を読み，下の問いに答えよ。

A，B，D は化合物に含まれるすべての炭素原子が同一平面上にあるが，①C は常にそうなるとは限らない。水素を付加させると A，B，C から同一物質である化合物 E が得られ，②D からは化合物 F が得られた。

(1) 下線部①，②より C，D の構造式を示せ。

(2) 化合物 A と B の関係にある異性体を特に何というか。

(3) 化合物 A 〜 D に臭素を作用させたとき，不斉炭素原子をもつ化合物の構造式を示せ。また，不斉炭素原子には＊をつけよ。

169 ◀例45
鎖式
→プロペン・ブテン（→ p.135）

①②→1つの物質に注目しているものから，構造を決定していく。

170 [脂肪族炭化水素の特徴] 脂肪族炭化水素に関する次の記述(1)～(5)にあてはまる化合物を下の(a)～(e)よりすべて選び，記号で答えよ。ただし，あてはまるものがない場合は×を書け。

(1) すべての原子が同一直線上にないが，同一平面上にはある。

(2) 炭素原子がすべて同一平面上にある。

(3) 置換反応より付加反応が起こりやすい。

(4) 異性体が存在する。 (5) 一般式は C_nH_{2n} で表される。

(a) エタン (b) エチレン (c) アセチレン (d) プロペン (e) シクロヘキサン

171 [異性体] 次の分子式で表される有機化合物の異性体の数を答えよ。また，鏡像異性体についてはその数に含めない。

(1) $C_2H_2Cl_2$ (2) C_3H_5Cl (3) $C_3H_6Cl_2$

172 [量的関係と構造決定] 2.8 g のアルケン X に臭素 Br_2 を付加させて完全に不飽和結合をなくした。このとき，生成物の質量は 9.2 g であった。このアルケンは枝分かれ構造があり，分子内の炭素原子はすべて同一平面上にある。

(1) この実験で観察される色の変化を答えよ。

(2) アルケン X の分子式と構造式を答えよ。

173 [元素分析] ある炭化水素 X は炭素，水素のみからなる。これを完全燃焼したところ，二酸化炭素が 39.6 mg，水が 16.2 mg 発生した。X の密度は標準状態で 3.13 g/L で，臭素水に通したところ臭素水を脱色した。また，枝分かれ構造はなく，シス－トランス異性体が存在し，シス形の構造であった。構造のちがいがわかるように，この物質の構造式を示せ。

174 [炭化水素の量的関係] あるアルキンは炭素と水素からなる。この気体 1.0 L を完全燃焼させるのに，同温・同圧で 4.0 L の酸素を必要とした。

(1) アルキンの炭素数を n とするとき，この反応の化学反応式を表せ。

(2) このアルキンの構造式を示せ。

175 [アルケンの構造決定] **難** 分子式 C_5H_{10} で表される有機化合物 A，B，C，D がある。それぞれを硫酸酸性の過マンガン酸カリウムで酸化したところ，A からはカルボン酸とケトンが，B，D からは CO_2 とカルボン酸が，C からは CO_2 とケトンが生成した。また，それぞれに水素を付加したところ A，B，C からは同一の物質 E が，D からは F が生成した。A ～ D の構造式を示せ。

$$\underset{H}{\overset{R^1}{}}C=C\underset{R^3}{\overset{R^2}{}} \xrightarrow{\text{KMnO}_4} \underset{HO}{\overset{R^1}{}}C=O \ + \ O=C\underset{R^3}{\overset{R^2}{}}$$

※二重結合を含む炭化水素を硫酸酸性の過マンガン酸カリウムで酸化すると，上の反応式のようにカルボン酸もしくはケトンが生成する。R^1 = H のときには，さらに酸化されて CO_2 になる。(R^1 ～ R^3 は炭化水素基もしくは水素)

---

170 名称から構造式や示性式を書き，性質を判断する。
例 エチレン
→ $CH_2=CH_2$
→二重結合の性質
・付加反応
・臭素の脱色
・シス－トランス異性体
など

171 Cl を H に置き換えて考えると，飽和か不飽和かを判断できる。

172 (2)枝分かれ構造がある異性体は 3 つ考えられる。その中から炭素原子が同一平面上にあるものを選ぶ。

173 分子式を決定する(→p.133 **162**)。構造式を書き，その中から条件に合う構造を決定する。

174 アルキンの一般式が C_nH_{2n-2} で表されることから，酸素の係数を決定する。

175 見慣れない問題でも，与えられた情報から 1 つずつ構造を決定する。

▶1 アルコール・エーテル・カルボニル化合物

● **確認事項** ● 以下の空欄に適当な語句，数字，記号または化学式を入れよ。

● アルコール(R−OH)

名称 炭化水素の名称の語尾 -e を -ol に変える。−OH 基が複数ある場合は
ジオール，トリオールのように数詞をつける。
_{di-ol} _{tri-ol} _{オール}

①(　　　　　　　　)methanol	C₃H₇OH　propanol※1	
メタノール	②(　　　　　　　　)	③(　　　　　　　　)
H ｜ H−C−OH ｜ H (CH₃−OH)	H　H　H ｜　｜　｜ H−C−C−C−OH ｜　｜　｜ H　H　H (CH₃−CH₂−CH₂−OH)	H　H　H ｜　｜　｜ H−C−C−C−H ｜　｜　｜ H　OH H (CH₃−CH(OH)−CH₃)
−OH × 2(diol)	−OH × 3(triol)	
1,2-エタンジオール 【④(　　　　　　)】※2	1,2,3-プロパントリオール 【⑤(　　　　　)】	
CH₂−CH₂ ｜　　｜ OH　OH	CH₂−CH−CH₂ ｜　　｜　　｜ OH　OH　OH	

※1 官能基の位置が複数考え
　られる場合は，数字で位
　置を示す。
※2 【　】内は慣用名。

分類 構造決定のとき，非常に重要となる。

−OH 基の数による分類 ⑥(　　　)		−OH 基が結合した炭素原子がもつ R の数による分類　⑦(　　　)	
1 価 アルコール (−OH × 1)	CH₃−OH CH₃−CH₂−OH	第一級 アルコール R−CH₂−OH	[CH₃]−C−OH (H上,H下)　(CH₃−CH₂−OH) エタノール
2 価 アルコール (−OH × 2)	CH₂−OH ｜ CH₂−OH	第二級 アルコール R¹ 　CH−OH R²	[CH₃]−C−OH (H上,CH₃下)　(CH₃−CH(OH)−CH₃) 2-プロパノール
3 価 アルコール (−OH × 3)	CH₂−OH ｜ CH−OH ｜ CH₂−OH	第三級 アルコール R² ｜ R¹−C−OH ｜ R³	[CH₃]−C−OH ([CH₃]上,[CH₃]下)　2-メチル -2-プロパノール

物性

溶解性	C₁₋₃ は水に⑧(　　　)，C₄ 以上は⑨(　　　)。水とアルコール(−OH 基) の間の⑩(　　　)結合により，⑪(　　　)性を示すが，炭化水素基の炭 素数が増えるほど⑫(　　　)性が増す。

解答
① CH₃OH
② 1-プロパノール
③ 2-プロパノール
④エチレングリコール
⑤グリセリン

⑥価数
⑦級数

⑧可溶
⑨難溶
⑩水素
⑪親水
⑫疎水

融点	分子間に（　⑩　）結合を形成するため，同程度の分子量をもつ炭化水素や異性体のエーテルに比べて融点が⑬（　　）。

アルコールの水素結合（→ p.3）

(1)アルコールどうし

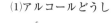

(2)アルコールと水

(3)エーテルどうし

R^1-O-R^2
R^1-O-R^2
R^1-O-R^2

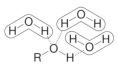

……：水素結合　　　　　水素結合できない

⑭水
⑮水素
⑯アルデヒド
⑰カルボン酸
⑱ケトン
⑲ 130 ～ 140
⑳ 160 ～ 170

反応

製法		アルケンに⑭（　　　）を付加（→ p.135）する。
Naとの反応		金属 Na と反応し，気体の⑮（　　　）を発生する。（エーテルは反応しない） $2R-OH + 2Na \longrightarrow 2R-ONa^※ + H_2$ （※ナトリウムアルコキシドはアルコールと Na が反応して生じた物質）
酸化	第一級	⑯（　　　）を経て，⑰（　　　）になる。 （第一級酸化図：アルデヒド，カルボン酸）
	第二級	⑱（　　　）になる。 （第二級酸化図：ケトン）　⟶ 酸化されない
	第三級	酸化されない。
脱水	分子間 ⑲（　　）℃	$R^1-\boxed{OH}$ $\boxed{HO}-R^2 \longrightarrow R^1-O-R^2 + H_2O$　エーテルの製法 ［エーテル］　　（→ p.145）
	分子内 ⑳（　　）℃	分子内脱水図 ⟶ C=C + H_2O　アルケンの製法 ［アルケン］　　（→ p.135）

第一級の反応式:
$$R-\underset{OH}{\overset{H}{C}}-H \xrightarrow[\text{酸化}]{-2H} R-\overset{O}{C}-H \xrightarrow[\text{酸化}]{+O} R-\overset{O}{C}-OH$$
［アルデヒド］　　［カルボン酸］

第二級の反応式:
$$R^1-\underset{OH}{\overset{H}{C}}-R^2 \xrightarrow[\text{酸化}]{-2H} R^1-\overset{O}{C}-R^2 \longrightarrow 酸化されない$$
［ケトン］

● エーテル（R^1-O-R^2）

名称	2個の炭化水素基の名称の後ろにエーテル(ether)をつける。

$C_2H_5OCH_3$　ethyl methyl ether	CH_3OCH_3　di methyl ether
エチルメチルエーテル	ジメチルエーテル
$CH_3-CH_2-O-CH_3$	CH_3-O-CH_3

※エチルメチルエーテルのように，炭化水素基が2種類ある場合は，アルファベット順に並べる（ethyl methyl ether）。

アルコールとの比較	炭素数が同じアルコールと構造異性体の関係にある。

	アルコール　R−OH	エーテル　R¹−O−R²
例	CH_3-CH_2-OH	CH_3-O-CH_3
溶解性	低級は水に溶け㉑(　　　)い。	水に溶け㉒(　　　)い。
融点	比較的㉓(　　　)い。 (水素結合)	アルコールに比べて 著しく㉔(　　　)い。
Naとの反応	○(水素を発生)	㉕(　　　)
酸化反応	○(第三級以外)	㉖(　　　)
脱水反応	○(温度によって反応が異なる。)	㉗(　　　)

● アルデヒド($R-CHO$)

名称	アルデヒドを酸化して得られるカルボン酸から命名。

(すべて慣用名→命名法を使用できない)

炭素数	C_1	C_2	C_3
アルデヒド	HCHO H−C−H ‖ O form aldehyde ㉘(　　　　)	CH_3CHO CH_3−C−H ‖ O acet aldehyde ㉙(　　　　)	CH_3CH_2CHO CH_3-CH_2-C−H ‖ O propion aldehyde プロピオン アルデヒド
カルボン酸	HCOOH formic acid ギ酸	CH_3COOH acetic acid 酢酸	CH_3CH_2COOH propionic acid プロピオン酸

※ aldehyde(al= アルコール, de= 除いた, hyd = 水素)とは, アルコールから水素を除いた (酸化された)という意味である。

反応	容易にカルボン酸に酸化される→還元性をもつ

製法	㉚(　　　　　　　　　)の酸化(→ p.145)
検出 反応	㉛(　　　　)反応(還元性) [$Ag(NH_3)_2$]$^+$(㉜(　　　　　　　) 水溶液)中の Ag^+ が還元され, $\underline{Ag}$ が 　　　　　+1　　　　　　　　0 析出。

アセトアルデヒド
(㉜)水溶液
湯
Ag

	㉝(　　　　　　　)液の還元(還元性) (㉝)液中の $\underline{Cu^{2+}}$ が還元され, 　　　　　　　+2 $\underline{Cu_2O}$ の㉞(　　　)色沈殿が生じる。 +1

アセトアルデヒド
Cu_2O
(㉝)液

● ケトン(R^1-CO-R^2)

| 名称 | エーテルと同様，2個の炭化水素基の名称の後ろにケトン(ketone)をつける。 |

$C_2H_5COCH_3$　ethyl methyl ketone	CH_3COCH_3　di methyl ketone
エチルメチルケトン	ジメチルケトン【㉟(　　　　　　)】
$CH_3-CH_2-\underset{O}{C}-CH_3$	$CH_3-\underset{O}{C}-CH_3$

| アルデヒドとの比較 | 炭素数が同じアルデヒドと構造異性体の関係にある。 |

	ケトン　R^1-CO-R^2	アルデヒド　$R-CHO$
例	$CH_3-CO-CH_3$	CH_3-CH_2-CHO
製法	㊱(　　　　　　　　)の酸化	㊲(　　　　　　　　)の酸化
酸化	酸化され㊳(　　　)い。	酸化されて㊴(　　　　　)になる。
還元性	㊵(　　　)	○
銀鏡反応	㊶(　　　)	㊷(　　　)

ヨードホルム反応

特徴	$\left(CH_3-\underset{O}{C}-R\ \ あるいは\ CH_3-\underset{OH}{CH}-R\right) + NaOH + I_2$　上記の反応物を温めると特異臭のあるヨードホルム(化学式㊸(　　　　))の㊹(　　　)色沈殿を生じる。**構造決定の要。** ※R＝炭化水素基あるいは水素(H)
反応式	$CH_3-\underset{O}{C}-R + 3I_2 + 4NaOH \longrightarrow NaO-\underset{O}{C}-R + CHI_3\downarrow + 3NaI + 3H_2O$

アルコール・エーテルおよびカルボニル化合物の反応系統図

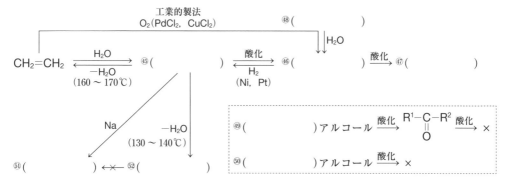

㊺ CH_3-CH_2-OH　㊻ $\underset{O}{CH_3-C-H}$ (CH_3-CHO)　㊼ $\underset{O}{CH_3-C-OH}$ (CH_3-COOH)　㊽ $CH\equiv CH$

㊾第二級　㊿第三級　(51) CH_3-CH_2-ONa　(52) $CH_3-CH_2-O-CH_2-CH_3$ ($C_2H_5-O-C_2H_5$)

炭素数	1	2	3	
1価アルコール	H H–C–OH H	H H H–C–C–OH H H	H H H H–C–C–C–OH H H H	H H H H–C–C–C–H H OHH
2価アルコール 3価アルコール		H H H–C–C–H OHOH	H H H H–C–C–C–H OHOHOH	
エーテル		H H H–C–O–C–H H H	（炭素数4） H H H H H–C–C–O–C–C–H H H H H	
アルデヒド	H–C–H O	H H–C–C–H H O	H H H–C–C–C–H H H O	
ケトン			H H H–C–C–C–H H O H	

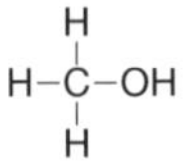

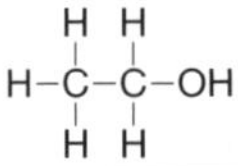

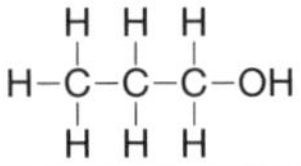

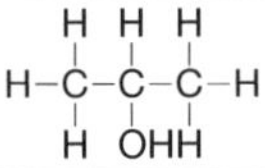

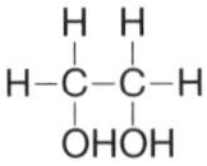

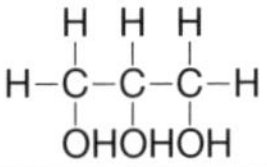

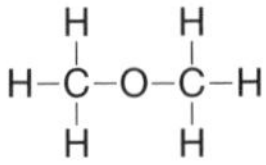

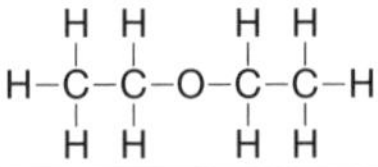

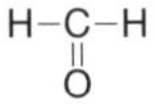

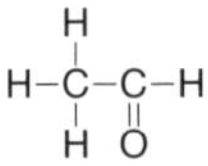

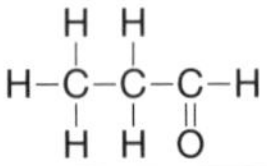

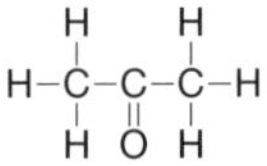

炭素数	1	2	3	
1価アルコール	メタノール	エタノール	1-プロパノール	2-プロパノール
2価アルコール 3価アルコール		エチレングリコール	グリセリン	
エーテル		ジメチルエーテル	（炭素数4）ジエチルエーテル	
アルデヒド	ホルムアルデヒド	アセトアルデヒド	プロピオンアルデヒド	
ケトン			アセトン	

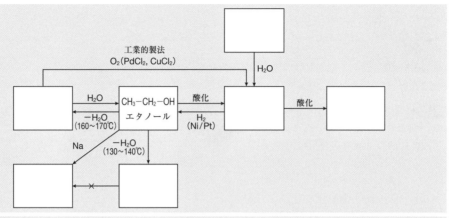

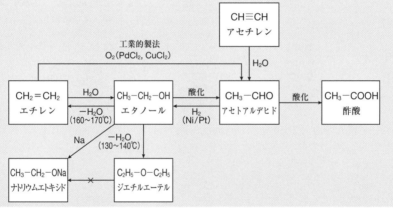

例題 46 エタノールの反応

example problem

次の文中の(ア)〜(ク)に適当な語句を入れよ。

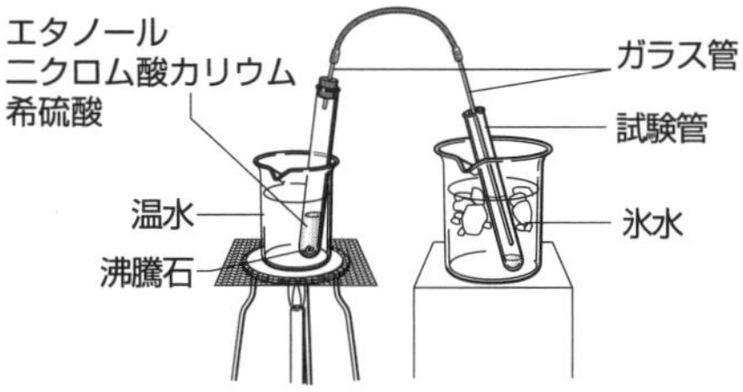

エタノールに金属ナトリウムを加えると,（　ア　）を発生してナトリウムエトキシドを生じる。一方,構造異性体の関係にある(　イ　)は金属ナトリウムとは反応しない。

エタノールを二クロム酸カリウムの硫酸酸性溶液によって穏やかに反応させると(　ウ　)を生じ,さらに酸化することで(　エ　)を得る。(　ウ　)は工業的には(　オ　)を $PdCl_2$, $CuCl_2$ を触媒として酸化して製造される。

また,エタノールに濃硫酸を加えて約140℃に加熱すると(　カ　)を生じるが,約160℃に加熱すると(　キ　)脱水を起こして(　ク　)を生じる。

エタノール
二クロム酸カリウム
希硫酸

ガラス管

試験管

温水

氷水

沸騰石

解答　(ア)　水素　　　(イ)　ジメチルエーテル　　(ウ)　アセトアルデヒド　　(エ)　酢酸
　　　(オ)　エチレン　(カ)　ジエチルエーテル　　(キ)　分子内　　　　　　　(ク)　エチレン

	アルコール R−OH	エーテル R^1−O−R^2
例	CH$_3$−CH$_2$−OH	CH$_3$ − O−CH$_3$
Na との反応	○(水素を発生)	×
酸化反応	○(第三級以外)	×
脱水反応	○(温度によって反応が異なる)	×

解説▶

(ア) アルコール＋Na ⟶ ナトリウムアルコキシド＋水素

$$2C_2H_5OH + 2Na \longrightarrow 2C_2H_5ONa + H_2 \text{(ア)}$$

(イ) エーテル＋Na ⟶ ×

$$CH_3-O-CH_3 \text{(イ)} + Na \longrightarrow \times$$

この反応は代表的な−OH基の検出に使われる。

(ウ)(エ) エタノール(第一級アルコール❹)の酸化

$$CH_3-CH_2-OH \xrightarrow{K_2Cr_2O_7} CH_3-\overset{O}{\overset{\|}{C}}-H \xrightarrow{K_2Cr_2O_7} CH_3-\overset{O}{\overset{\|}{C}}-OH$$

(C$_2$H$_5$OH)	(CH$_3$CHO)	(CH$_3$COOH)
エタノール	アセトアルデヒド(ウ)	酢酸(エ)
［第一級アルコール］	［アルデヒド］	［カルボン酸］

❶ アルコキシド alkoxide = (alk-oxide) 炭化水素 酸化物 R−O$^-$

｛ メトキシド methoxide CH$_3$−O$^-$
エトキシド ethoxide C$_2$H$_5$−O$^-$

❷ 二クロム酸カリウム → 酸化剤
❸ 濃硫酸 → 脱水性
❹ C$_2$H$_5$OH → 第一級アルコール

CH$_3$－$\overset{R}{\underset{H}{C}}$－OH

(カ)〜(ク) アルコールの脱水反応は温度によって異なるため注意。

分子間脱水

$$C_2H_5OH \xrightarrow[H_2SO_4]{130\sim140℃} (C_2H_5-\boxed{OH + HO}-C_2H_5) \xrightarrow{-H_2O} C_2H_5-O-C_2H_5$$

ジエチル エーテル(カ)

$$C_2H_5OH \xrightarrow[H_2SO_4]{160\sim170℃} H-\overset{\boxed{H\ OH}}{\underset{H\ \ H}{C-C}}-H \xrightarrow{-H_2O} \overset{H}{\underset{H}{C}}=\overset{H}{\underset{H}{C}}$$

エチレン(ク)

分子内脱水 (キ)

例題 **47** アルコールの量的関係 example problem

(1) エタノールに金属ナトリウムを加えたところ，水素が標準状態で 67.2 mL 発生した。反応したエタノールは何 g か。

(2) エタノール 3.68 g を 140℃ で脱水反応させた。生成物は何 g 生じるか。

解答 (1) 0.276 g (2) 2.96 g

ベストフィット 化学反応式を書き，量的関係より求める。

(1)　　　$2C_2H_5OH$ 　$+$ 　$2Na$ 　$\longrightarrow$ 　$2C_2H_5ONa$ 　$+$ 　H_2

$3.00 \times 10^{-3}\,\text{mol} \times 2$　$\longleftarrow$　$\dfrac{67.2 \times 10^{-3}\text{L}}{22.4\,\text{L/mol}}$

$= 6.00 \times 10^{-3}\,\text{mol}$　　　　$= 3.00 \times 10^{-3}\,\text{mol}$

$\downarrow$ 分子量 46

$6.00 \times 10^{-3}\,\text{mol} \times 46\,\text{g/mol}$

$= 0.276\,\text{g}$

(2)　　　$2C_2H_5OH$ 　$\longrightarrow$ 　$C_2H_5\text{–}O\text{–}C_2H_5$ 　$+$ 　H_2O

$\dfrac{3.68\,\text{g}}{46\,\text{g/mol}}$

$= 0.0800\,\text{mol}$　$\longrightarrow$　$0.0800\,\text{mol} \times \dfrac{1}{2}$

$= 0.0400\,\text{mol} \xrightarrow{\text{分子量 74}} 0.0400\,\text{mol} \times 74\,\text{g/mol}$

$= 2.96\,\text{g}$

例題 48　C_3H_8O の異性体

example problem

次の文を読み，有機化合物 A ～ F の示性式を答えよ。また，下の問いに答えよ。

分子式 C_3H_8O で表される化合物 A，B，C がある。A，B は金属ナトリウムを加えたところ，水素を発生して溶けた。一方，C は反応しなかった。また，硫酸酸性の二クロム酸カリウム水溶液とともに加熱したところ，A，B からそれぞれ，D と E が得られた。D は銀鏡反応を示したが，E は反応を示さなかった。さらに酸化したところ，D は F に変化し，E は酸化されなかった。

(1)　ヨードホルム反応を示す化合物を A ～ F から選び，記号で答えよ。また，ヨードホルムの化学式を書け。

(2)　C は 2 種類のアルコールを脱水しても得ることができる。そのアルコールの名称を答えよ。

解答　A　$CH_3CH_2CH_2OH$ 　　B　$CH_3CH(OH)CH_3$ 　　C　$CH_3CH_2OCH_3$ 　　D　CH_3CH_2CHO
　　　　E　CH_3COCH_3 　　　　F　CH_3CH_2COOH
　　　(1)　B，E　　化学式　CHI_3 　　(2)　メタノール，エタノール

▶ ベストフィット　　検出｜銀鏡反応 → アルデヒド

解説 ▶ ···

Step 1)　反応図を書く。　　$\boxed{-\!\!\!\longrightarrow}$：酸化

❶分子式 C_3H_8O（一般式 $C_nH_{2n+2}O$）
→アルコールあるいはエーテル
（一般式 $C_nH_{2n}O$ →アルデヒドあるいはケトン。二重結合をもつため H が 2 個減る。）

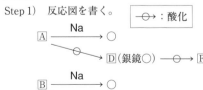

$\boxed{A} \xrightarrow{\text{Na}} \bigcirc$
　　　$\searrow \boxed{D}$（銀鏡○）$\longrightarrow \boxed{F}$

$\boxed{B} \xrightarrow{\text{Na}} \bigcirc$
　　　$\searrow \boxed{E}$（銀鏡×）$\longrightarrow \times$

$\boxed{C} \xrightarrow{\text{Na}} \times$

Step 2)　異性体を書く。

①　C–C–C–OH　　②　C–C–C　　③　C–C–O–C
　　　　　　　　　　　　　　|
　　　　　　　　　　　　　OH

Step 3)　構造決定

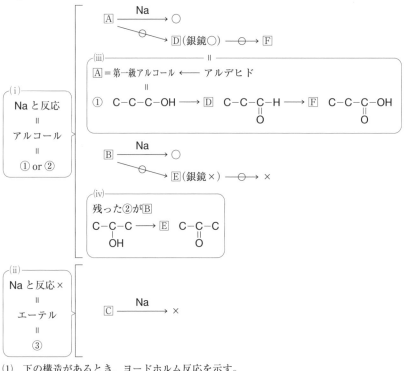

(i)
Na と反応
＝
アルコール
＝
① or ②

```
A ──Na──→ ○
  ╲
   ╲──→ D（銀鏡○）──→ F

(iii) ══════════════ ＝ ═══════════════
A ＝ 第一級アルコール ←── アルデヒド
      ＝
① C−C−C−OH ──→ D C−C−C−H ──→ F C−C−C−OH
                           ‖                    ‖
                           O                    O

B ──Na──→ ○
  ╲
   ╲──→ E（銀鏡×）──→ ×

(iv)
残った②がB
C−C−C ──→ E C−C−C
    ‖           ‖
    OH          O
```

(ii)
Na と反応×
＝
エーテル
＝
③

```
C ──Na──→ ×
```

(1)　下の構造があるとき，ヨードホルム反応を示す。

　　　CH₃−CH−　　または　　CH₃−C−
　　　　　｜　　　　　　　　　　‖
　　　　　OH　　　　　　　　　　O

B
```
CH₃−CH−CH₃
    ｜
    OH
```

E
```
CH₃−C−CH₃
    ‖
    O
```

(2)　CH₃−CH₂−OH ＋ HO−CH₃ ──→ CH₃−CH₂−O−CH₃ ＋ H₂O
　　　エタノール　　　メタノール　　　　　　　　　　C

例題 49　C₄H₈O の異性体

　　分子式 C₄H₈O で表される<u>カルボニル化合物 A，B，C がある</u>**❶**。ヨードホルム反応を試したところ，C のみが<u>(ア)黄色の沈殿</u>を生じた**❷**。また，フェーリング液の還元反応を試したところ，A，B からは<u>(イ)赤色の沈殿</u>が生じたが，C からは沈殿が生じなかった。一方，A と B の沸点を比べると A の方が高かった。

(1)　A ～ C を，それぞれ示性式で示せ。
(2)　沈殿(ア)，(イ)について，それぞれの化学式を答えよ。

解答　(1)　A　CH₃CH₂CH₂CHO　B　CH₃CH(CH₃)CHO　C　CH₃CH₂COCH₃　　(2)　(ア) CHI₃　(イ) Cu₂O

▶ ベストフィット　|検出|　フェーリング液の還元 → アルデヒド

Step 1) 反応図を書く。

Step 2) 異性体を書く（カルボニル化合物 ＝ $-\overset{\underset{\|}{O}}{C}-$ を含む）。

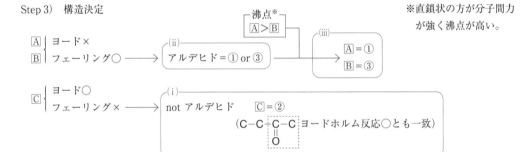

Step 3) 構造決定

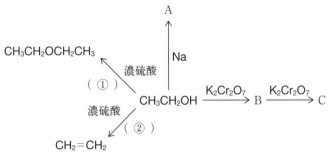

※直鎖状の方が分子間力が強く沸点が高い。

■ ┈┈┈┈┈┈┈┈┈┈ **類題** ┈┈┈┈┈┈┈┈┈┈

176 ［エタノールの反応系統図］ エタノールを中心とする反応系統図を示した。これについて，下の問いに答えよ。

A

CH₃CH₂OCH₂CH₃

Na

濃硫酸
（ ① ）

CH₃CH₂OH $\xrightarrow{\text{K}_2\text{Cr}_2\text{O}_7}$ B $\xrightarrow{\text{K}_2\text{Cr}_2\text{O}_7}$ C

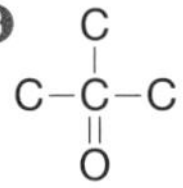

濃硫酸
（ ② ）

CH₂＝CH₂

(1) ①，②に当てはまる温度を答えよ。
(2) A～Cに当てはまる有機化合物の構造式と名称を答えよ。

176 ◀マップトレーニング
反応の流れを理解する。

4 章
有機化合物

177 [アルコールの量的関係]　次の文中の(ア)～(ク)に適当な物質名・数値を入れよ。

check!

(1) メタノール 9.6 mg に金属ナトリウムを加えたところ，(ア)を発生し，(イ)が(ウ)mg 生じた。発生した(ア)は標準状態で(エ)mL である。

(2) エタノール 3.68 mg を 170℃ で脱水反応させたところ，(オ)が生じ，副生成物として(カ)を生じた。このとき，(オ)は(キ)mg，標準状態で(ク)mL 生じる。

177 ◀例 47
化学反応式を書き，量的関係より計算する。

178 [C$_4$H$_{10}$O の異性体]　分子式 C$_4$H$_{10}$O で表される化合物 A～G がある。A～D は金属ナトリウムと反応したが，E～G は反応しなかった。A，B，C を酸化するとそれぞれ H，I，J を生じたが，D は酸化されなかった。H～J に銀鏡反応を試みたところ，I のみが陰性であった。また，A の沸点は C よりも高かった。E，F，G に関しては，F のみが枝分かれ構造をもち，G は同一のアルコールを脱水することで得られる。

(1) 化合物 A～G の構造式をそれぞれ示せ。ただし，不斉炭素原子には＊をつけよ。

(2) 化合物 A～J のうち，ヨードホルム反応を示すものを選び，記号で答えよ。

(3) 下線部について，そのアルコールの示性式を答えよ。

178 ◀例 48
C$_4$H$_{10}$O
アルコールは 4 種類，エーテルは 3 種類の異性体が考えられる。
(→ p.133 **161**)

179 [C$_5$H$_{10}$O の異性体]　分子式 C$_5$H$_{10}$O で表されるカルボニル化合物 A，B，C がある。A～C はすべて炭素鎖に枝分かれ構造がない。また，A，B，C はそれぞれに対応するアルコール D，E，F を酸化して得られ，B はさらに酸化されて G を生じる。A～F にヨードホルム反応を試みたところ，A および D が①沈殿を生じた。A～C にフェーリング液を加えて加熱したところ，B のみが②沈殿を生じた。

(1) A～G の構造式を示せ。ただし，不斉炭素原子には＊をつけよ。

(2) 下線部①，②について，それぞれの沈殿の色および化学式を答えよ。

179 ◀例 49
枝分かれ構造がないため，異性体の数は限られる。

練習問題

180 [物質の名称]　次の化合物について，示性式で表されているものは物質名を，物質名で表されているものは構造式を示せ。また，下の問いに答えよ。

① CH$_3$ONa　② CH$_3$C(OH)(CH$_3$)$_2$　③ C$_2$H$_5$OC$_2$H$_5$　④ CH$_3$CHO

⑤ 2-プロパノール　⑥ 2-ブタノール　⑦ グリセリン

⑧ ナトリウムエトキシド　⑨ アセトアルデヒド

⑩ ホルムアルデヒド　⑪ ジメチルケトン　⑫ ヨードホルム

(1) ①～⑥のうち，第二級アルコールに分類される物質を選び，記号で答えよ。

(2) 3 価アルコールに分類される物質を選び，記号で答えよ。

(3) 銀鏡反応を示す物質を選び，記号で答えよ。

(4) ヨードホルム反応を示す物質を選び，記号で答えよ。

180 ②構造式になおしてから考える。

181 [エタノールの反応系統図] 次の図は，エタノールに関連する反応の系統図である。これについて，下の問いに答えよ。

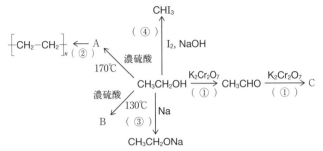

(1) ①～④に当てはまる反応名を次の(a)～(f)から選べ。
   (a) ヨードホルム反応   (b) エステル化   (c) 酸化
   (d) 置換反応   (e) 還元   (f) 付加重合

(2) A～Cに当てはまる有機化合物の構造式と名称を答えよ。

182 [アルコールの量的関係] 1価の飽和アルコールA 3.0 gをナトリウムと完全に反応させると，標準状態で 0.56 Lの水素が発生した。また，Aを酸化するとヨードホルム反応を示す物質が生じ，それ以上酸化されなかった。

 ✦check!

(1) アルコールAの一般式を例にならって答えよ。例 アルカン C_nH_{2n+2}
(2) アルコールAの分子量を求めよ。
(3) アルコールAの構造式を示せ。

183 [アルデヒドの生成] らせん状に巻いた銅線をガスバーナーで赤熱したところ，①銅線は変色した。

　再び加熱し，熱いうちにメタノールを入れた試験管に入れたところ，②銅線はもとの色に戻り，刺激臭のある気体Aが生成した。Aの水溶液にフェーリング液を加えて，③加熱すると有色の沈殿が生じた。また，④アンモニア性硝酸銀水溶液にAを加えて温めると銀が析出した。この反応では銀のほかに化合物Aが酸化された化合物Bが生成するが，⑤Bは一般のカルボン酸と異なる構造を有するため還元性を示す。

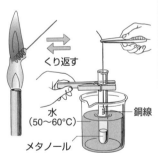

くり返す

水
(50～60℃)

メタノール

銅線

(1) 化合物A，Bの名称を答えよ。
(2) 下線部①で，銅は何色に変化したか。また，このとき銅の表面に生成した物質の化学式を答えよ。
(3) 下線部②で，銅線の色が戻ったのはなぜか。
(4) 下線部③で，沈殿物の色と化学式を答えよ。
(5) 下線部④の反応で，アンモニア性硝酸銀水溶液から銀が析出する反応をイオン反応式で示せ。
(6) 下線部⑤で，還元性を示す理由を述べよ。

181
エタノールの脱水反応は温度により反応経路が異なる。

182
分子量をMとして計算する。求めた分子量と条件より分子式，構造式を決定する。

183
アルデヒド
還元性をもつ。
→自身は酸化され，相手を還元する。

4章
有機化合物

184 [構造の推定] 次の問いに答えよ。

(1) アルコール X はヨードホルム反応を示し，酸化すると銀鏡反応を示す物質が得られた。この X を濃硫酸とともに 140℃ で加熱することによって生成する物質の示性式と名称を示せ。

(2) カルボニル化合物 X はヨードホルム反応を示し，酸化するとカルボン酸になる。X の分子中に含まれる酸素原子の数は 1 個である。この X を還元することによって得られる物質の示性式と名称を示せ。

184 異性体を書き出して考えることができない。条件より，構造を推定する。

185 [C$_5$H$_{12}$O の異性体] 分子式 C$_5$H$_{12}$O で表される化合物 A ～ H がある。以下の条件を読み，A ～ H の構造式をそれぞれ示せ。

難

(a) A ～ H はすべて金属ナトリウムと反応し，水素を生じた。

(b) A ～ H を酸化したところ，H のみが酸化されず，A ～ D は銀鏡反応で陽性を示す物質へと酸化された。

(c) E，F を水酸化ナトリウム水溶液中でヨウ素と反応させると，黄色沈殿を生じた。

(d) A ～ H に濃硫酸を加え 170℃ に加熱したところ，A のみが反応しなかった。

(e) (d)において，A 以外で反応によって生じた物質に水素を付加したところ，D，F，G から同一物質 X が生じた。また，B，C，E，H から同一物質 Y が生じた。

(f) B，E，F には鏡像異性体が存在する。

185
(d)濃硫酸を加え 170℃
→アルケンが生成
(e)水素を付加した
→アルカンが生成
上記より，主鎖は変化していない。

186 [C$_4$H$_{10}$O の推定] 分子式 C$_4$H$_{10}$O の異性体の一つである A を酸化すると，B が得られた。B は銀鏡反応を示した。A に濃硫酸を加えて加熱すると，C が得られた。C に臭素を付加すると，不斉炭素原子を含まない D が得られた。C に酸触媒を用いて水を付加すると，A とは異なる E が得られた。一方，C の異性体の一つである F に臭素を付加すると，不斉炭素原子を 1 個もつ G が得られた。A，E，F の構造式を示せ。

186 異性体をすべて書き出さなくても，条件より，構造を推定できる。

187 [元素分析および構造決定] 炭素，水素，酸素からなる有機化合物 A，B はともに同じ分子式で表される化合物で，A 4.08 mg を完全燃焼させると，二酸化炭素 10.56 mg と水 5.04 mg が生じた。化合物 A，B 20 g をそれぞれすべて蒸気にしたところ，1.0×10^5 Pa，27℃ において，4.88 L の体積を示した。化合物 A に過マンガン酸カリウム水溶液を加えても，過マンガン酸カリウム水溶液の色は消えなかった。化合物 A はアルコール C を 140℃ で硫酸と反応させることによって得られ，このアルコール C はヨードホルム反応を示す物質である。

check!

一方，化合物 B は過マンガン酸カリウム水溶液を加えたところ，その色は脱色され化合物 D になった。化合物 D は中性の物質で，ヨードホルム反応を示した。また，化合物 D には鏡像異性体が存在した。

化合物 A，B，D およびアルコール C の構造式を示せ。ただし，気体定数 $R = 8.3 \times 10^3$ Pa·L/(mol·K) とする。

187
$pV=nRT$ を用いて，分子量を求める。

188 [二重結合を含む C₃H₆O の異性体]　A〜D はいずれも分子式 C_3H_6O で表される鎖状化合物である。A〜D を臭素と反応させると，A，B は臭素を脱色し，C，D は反応しなかった。A，B に水素を付加するとそれぞれ E，F が生成した。E，F の沸点を調べると E の方が著しく高かった。また，C を還元すると E になった。さらに，D はヨウ素と水酸化ナトリウム水溶液を加え温めると特異臭のする黄色結晶が析出した。A〜F の構造式を示せ。

※以下のように，二重結合と−OH 基が同じ C に結合したエノール形はただちにカルボニル化合物になるため，異性体から除く。

$$R^1-C\equiv C-R^2 \xrightarrow{H_2O付加} R^1-CH=\underset{\underset{OH}{|}}{C}-R^2 \longrightarrow R^1-CH_2-\underset{\underset{O}{\|}}{C}-R^2$$

[エノール形]

188
ケト−エノール互変異性(→ p.136)

189 [官能基が 2 つある有機化合物]　炭素，水素，酸素からなる有機化合物 A 14.2 mg を完全に燃焼させると，二酸化炭素 25.3 mg と水 10.4 mg が生成した。化合物 A の分子量は，凝固点降下の実験により 72〜76 の間であることが判明した。化合物 A はヨードホルム反応を示し，不斉炭素原子を 1 つもつ鎖状化合物である。化合物 A にアンモニア性硝酸銀水溶液を加えて 60℃ に保ったのち，硫酸を加えて酸性にすると有機化合物 B が生成した。また，化合物 A を還元すると 2 価アルコールである有機化合物 C が生じた。化合物 C を酸化するとそれぞれヒドロキシ基をもつ隣接炭素間の結合が開裂して，カルボニル基をもつ有機化合物 D とホルムアルデヒドが生成した。次の問いに答えよ。

(1)　化合物 A の分子式を答えよ。

(2)　化合物 A〜D の構造式を答えよ。ただし，不斉炭素原子には ＊ をつけよ。

189 官能基が 2 つある構造をもつ。

190 [オゾン分解]　分子式 C_8H_{16} で表され，不斉炭素原子を含むアルケン A がある。A をオゾン分解したところ，化合物 B および C が得られた。B，C ともに水酸化ナトリウム水溶液中でヨウ素と反応させると沈殿を生じた。B はフェーリング液を還元した。アルケン A の構造式を示せ。ただし，シス−トランス異性体は考えなくてよい。

$$\underset{R^2}{\overset{R^1}{}}C=C\underset{R^4}{\overset{R^3}{}} \xrightarrow{O_3} \underset{R^2}{\overset{R^1}{}}C=O+O=C\underset{R^4}{\overset{R^3}{}}$$

190 B の構造はヨードホルム反応とフェーリング液を還元することから決定できる。また，不斉炭素原子を含むことから A の構造も決定できる。

4章
有機化合物

▶**2** カルボン酸・エステルと油脂

● **確認事項** ● 以下の空欄に適当な語句，数字または化学式を入れよ。────

● **カルボン酸(R−COOH)**

名称	動植物の名前から命名された慣用名でよばれることが多い(覚える)。

HCOOH　formic acid　(formic＝蟻の)	CH₃COOH　acetic acid　(acetic＝酢の)
①(　　　　)	②(　　　　)
H−C−OH 　‖ 　O	CH₃−C−OH 　　‖ 　　O

分類

<table>
<tr><td rowspan="6">1価カルボン酸
③(　　)酸</td><td rowspan="4">飽和
カルボン酸</td><td>ギ酸
HCOOH</td><td colspan="2">脂肪酸の中で最も強い酸性を示す。カルボキシ基のほかに④(　　　　)基(還元性)をもつ。</td></tr>
<tr><td>酢酸
CH₃COOH</td><td colspan="2">純粋に近いものは17℃で凝固するため氷酢酸とよばれる。脱水すると⑤(　　　　)になる。
2CH₃COOH ⟶ (CH₃CO)₂O + H₂O

CH₃−C−OH
CH₃−C−OH　─脱水→　CH₃−C＼O + H₂O
　　　　　　　　　　　CH₃−C／
無水酢酸</td></tr>
<tr><td>⑥(　　)酸</td><td>C₁₅H₃₁COOH</td><td rowspan="4">油脂を構成する高級脂肪酸</td></tr>
<tr><td>ステアリン酸</td><td>⑦(　　　　)</td></tr>
<tr><td rowspan="2">不飽和
カルボン酸</td><td>⑧(　　)酸</td><td>C₁₇H₃₃COOH　　C＝C 結合×1</td></tr>
<tr><td>⑨(　　)酸</td><td>C₁₇H₃₁COOH　　C＝C 結合×2</td></tr>
<tr><td rowspan="6">2価カルボン酸</td><td></td><td>リノレン酸</td><td>⑩(　　　　)　　C＝C 結合×3</td></tr>
<tr><td rowspan="3">飽和
ジカルボン酸</td><td>⑪(　　)酸</td><td colspan="2">HOOC−COOH　最も簡単なジカルボン酸</td></tr>
<tr><td>コハク酸</td><td colspan="2">HOOC−(CH₂)₂−COOH</td></tr>
<tr><td>アジピン酸</td><td colspan="2">HOOC−(CH₂)₄−COOH</td></tr>
<tr><td rowspan="2">不飽和
ジカルボン酸</td><td rowspan="2">マレイン酸
フマル酸</td><td colspan="2">⑫(　　)酸(シス形)　⑬(　　)酸(トランス形)
HOOC＼　　／COOH　HOOC＼　　／H
　　　C＝C　　　　　　　　C＝C
　H／　　＼H　　　　H／　　＼COOH
(⑫)酸は−COOH 基が近くにあるため脱水しやすい。(⑬)酸では脱水は起こらない。</td></tr>
<tr><td colspan="2">H−C−COOH
　‖　　　　─脱水→　H−C−C＼O + H₂O
H−C−COOH　　　　　H−C−C／
無水マレイン酸</td></tr>
</table>

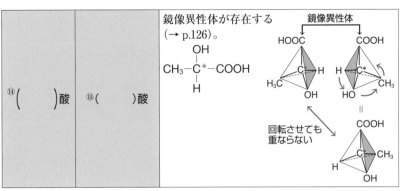

⑭( )酸	⑮( )酸	鏡像異性体が存在する（→ p.126）。

※(⑭)酸は-COOH 基と-OH 基の両方をもつカルボン酸。

物性

溶解性	⑯( )のある-COOH 基をもつため，アルコールと同様，低級脂肪酸は水に溶け⑰( )い。
液性	炭酸より⑱( )い酸性を示す（弱酸性）。 酸の強さ　HCl, H_2SO_4＞R-COOH＞H_2CO_3＞フェノール（→ p.171）
融点	同程度の分子量をもつアルコールより⑲( )い。

反応

4章

有機化合物

製法	⑳( )の酸化（→ p.147）		
中和	酸であるため，塩基と㉑( )反応を起こす。 $CH_3COOH + NaOH \longrightarrow$ ㉒( ) $+ H_2O$　（塩と水を生成）		
脱水	分子間	**アルコールとの脱水**　エステルの生成（→ p.159） $R^1-\underset{O}{C}-\boxed{OH\ HO}-R^2 \longrightarrow R^1-\boxed{\underset{O}{C}-O}-R^2 + H_2O$ 　　　　　　　　　　　　　　　　エステル結合 **カルボン酸 2 分子の脱水**　㉓( )の生成 $R^1-\underset{O}{C}-\boxed{OH\ HO}-\underset{O}{C}-R^2 \longrightarrow R^1-\underset{O}{C}-O-\underset{O}{C}-R^2 + H_2O$
	分子内	マレイン酸（→ p.158）の脱水
弱酸の遊離	弱酸の塩 + 強酸 ⟶ 強酸の塩 + 弱酸（→ p.184） $NaHCO_3 + RCOOH \longrightarrow RCOONa + H_2CO_3(H_2O + CO_2\uparrow)$		

● エステル（$R^1-COO-R^2$）

名称	カルボン酸の名称のあとに，アルコールの炭化水素基の名称をつける。

酢酸	＋	エタノール	⟶	㉔( )

$CH_3-\underset{O}{C}-\boxed{OH} + \boxed{H}O-C_2H_5 \longrightarrow CH_3-\underset{O}{C}-O-C_2H_5 + H_2O$

※酢酸エタンではなく，酢酸エチルとなる。

物性 −COOH 基および−OH 基が結合に使用されているため水素結合が形成できない。

	エステル R¹−COO−R²	カルボン酸 R−COOH
溶解性	水に㉕（　　　）。	水に㉖（　　　）。
融点	異性体であるカルボン酸より㉗（　　）い。	高い。

反応

加水分解	$R^1\!-\!\overset{O}{\underset{\|}{C}}\!-\!O\!-\!R^2 \xrightarrow[\text{希酸}]{H_2O} R^1\!-\!\overset{O}{\underset{\|}{C}}\!-\!OH + HO\!-\!R^2$
けん化	塩基によるエステルの加水分解を㉘（　　　）という。 $R^1\!-\!\overset{O}{\underset{\|}{C}}\!-\!O\!-\!R^2 + NaOH \xrightarrow{\text{けん化}} R^1\!-\!\overset{O}{\underset{\|}{C}}\!-\!ONa + HO\!-\!R^2$ ［カルボン酸の塩］

● **油脂** 高級脂肪酸とグリセリンのエステル

グリセリンと油脂を構成するおもな高級脂肪酸

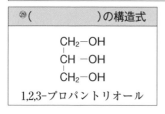

㉙（　　　）の構造式

$$
\begin{array}{l}
CH_2\!-\!OH \\
CH\ -\!OH \\
CH_2\!-\!OH
\end{array}
$$

1,2,3-プロパントリオール

＋

	R−COOH	名称※
飽和 脂肪酸	$C_{15}H_{31}COOH$	パルミチン酸
	$C_{17}H_{35}COOH$	ステアリン酸
不飽和 脂肪酸	$C_{17}H_{33}COOH$	オレイン酸
	$C_{17}H_{31}COOH$	リノール酸
	$C_{17}H_{29}COOH$	リノレン酸

㉚（　　　）の構造式

$$
\begin{array}{l}
CH_2\!-\!O\!-\!\overset{O}{\underset{\|}{C}}\!-\!R^1 \\
CH\ -\!O\!-\!\overset{O}{\underset{\|}{C}}\!-\!R^2 \\
CH_2\!-\!O\!-\!\overset{O}{\underset{\|}{C}}\!-\!R^3
\end{array}
$$

※高級脂肪酸は「バス降りれん」

分類

㉛脂肪
㉜脂肪油
㉝固体
㉞液体
㉟不乾性
㊱乾性
㊲硬化

油	㉛（　　　） ⟶ 飽和脂肪酸が多い。	常温で ㉝（　　）。		
脂	㉜（　　　） ⟶ 不飽和脂肪酸が多い。	常温で ㉞（　　）。	㉟（　　）油	不飽和度⑤
			㊱（　　）油	不飽和度⑥

※脂肪油に H_2 を付加し，不飽和結合を減らして固体にしたものを㊲（　　　）油という。

油脂のけん化　エステルのけん化と同じ反応

油脂　→　グリセリン　＋　高級脂肪酸の塩
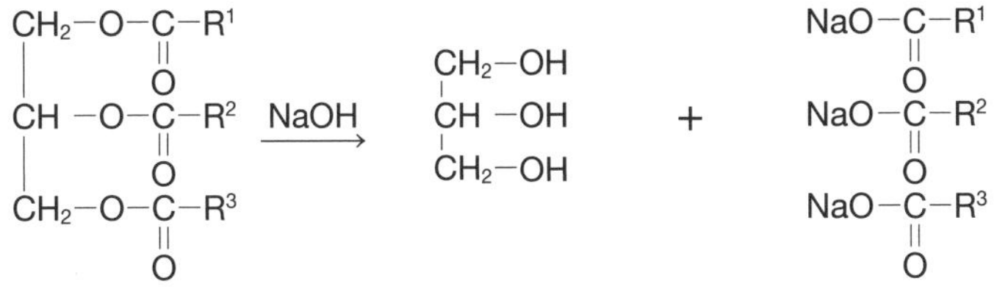

けん化価とヨウ素価

	定義	意味
けん化価	油脂 1 g をけん化するのに必要な KOH の mg 数。	大：脂肪酸の平均分子量が㊳(　　　)い。 小：脂肪酸の平均分子量が㊴(　　　)い。
	KOH も NaOH と同様に塩基⟶ エステルの㊵(　　　　) 油脂 1 mol に対して KOH は必ず㊶(　　　)mol 反応する。	
ヨウ素価	油脂 100 g に付加するヨウ素の g 数。	大：脂肪酸中の二重結合が㊷(　　　)い。 小：脂肪酸中の二重結合が㊸(　　　)い。
	I_2 は㊹(　　　)結合に付加する。 n 個の二重結合があれば油脂 1 mol に対して㊺(　　　)mol の I_2 が付加する。	

● セッケン　高級脂肪酸のナトリウム塩やカリウム塩

製法	$C_3H_5(OCOR)_3 + 3NaOH \longrightarrow 3RCOONa + C_3H_5(OH)_3$ 油脂　　セッケン　グリセリン		
構造	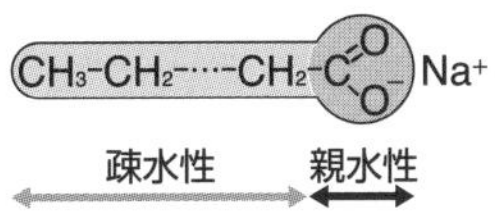	作用	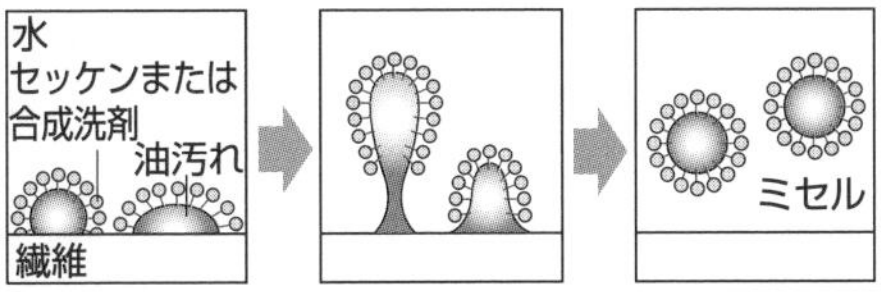
㊻(　　　　)をつくり，油滴を微粒子化して水中に分散させる。この現象を㊼(　　　)といい，生じた溶液を㊽(　　　　)とよぶ。			

● 合成洗剤

	化学式	液性	硬水中※	強酸中
セッケン	$R-COO^-Na^+$	㊾(　　　)性	(51)(　　　)を生じ，洗浄力低下	R−COOH が遊離 ⟶ 洗浄力低下
合成洗剤	$R-O-SO_3^-Na^+$ など	㊿(　　　)性	(　(51)　)を生じず，洗浄力変化なし	変化なし

※硬水は Ca^{2+}，Mg^{2+} といった金属イオンの含有量が多い水のことである。硬水中でセッケンを使用すると，次式のように水に不溶な塩が生成し洗浄力を失う。

$$2R-COO^- + Ca^{2+} \longrightarrow (R-COO)_2Ca\downarrow$$

解答

㊳小さ
㊴大き
㊵けん化
㊶3
㊷多
㊸少な
㊹二重
㊺ n

㊻ミセル
㊼乳化
㊽乳濁液

㊾弱塩基
㊿中
(51)沈殿

		名称	示性式・構造式
1価カルボン酸	飽和カルボン酸		HCOOH
			CH₃COOH
			CH₃CH₂COOH
			C₁₅H₃₁COOH
			C₁₇H₃₅COOH
	不飽和カルボン酸		C₁₇H₃₃COOH
			C₁₇H₃₁COOH
			C₁₇H₂₉COOH
2価カルボン酸	飽和カルボン酸		HOOC−COOH
			HOOC−(CH₂)₂−COOH
			HOOC−(CH₂)₄−COOH
	不飽和カルボン酸		(構造式 マレイン酸型)
			(構造式 フマル酸型)

		名称	示性式・構造式
1価カルボン酸	飽和カルボン酸	ギ酸	
		酢酸	
		プロピオン酸	
		パルミチン酸	
		ステアリン酸	
	不飽和カルボン酸	オレイン酸	
		リノール酸	
		リノレン酸	
2価カルボン酸	飽和カルボン酸	シュウ酸	
		コハク酸	
		アジピン酸	
	不飽和カルボン酸	マレイン酸	
		フマル酸	

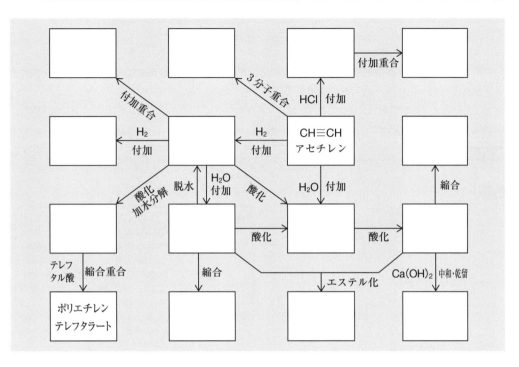

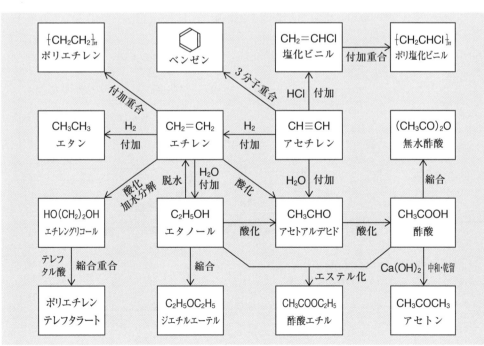

例題 **50** $C_3H_6O_2$ の異性体

分子式 $C_3H_6O_2$ で表されるエステル A，B がある。A，B を水酸化ナトリウム水溶液とともに加熱すると，A からは C の塩と D が，B からは E の塩と F がそれぞれ得られた。C，E は酸性の物質で，E のみが銀鏡反応を示した。また，F を強く酸化すると C が生じた。❶

(1) エステル A，B の示性式と名称を答えよ。

(2) エステル A，B と構造異性体の関係にある化合物 G は，水に溶けやすく，A や B に比べて融点が高かった。化合物 G の示性式を答えよ。

解答 (1) A CH_3COOCH_3 酢酸メチル B $HCOOC_2H_5$ ギ酸エチル (2) C_2H_5COOH

▶ **ベストフィット** $C_2H_6(R^1+R^2)$＝エステル(R^1－COO－R^2)－エステル結合(－COO－)

解説 ▶

(1) Step1) 反応図を書く。

$$\boxed{A} \xrightarrow{NaOH} \boxed{C}の塩 \quad \boxed{C}＝酸性$$
$$\quad\quad\quad\quad \searrow \boxed{D}$$

$$\boxed{B} \xrightarrow{NaOH} \boxed{E}の塩 \quad \boxed{E}＝酸性(銀鏡〇)$$
$$\quad\quad\quad\quad \searrow \boxed{F}$$

❶ エステルを NaOH 水溶液とともに温めると加水分解され，カルボン酸のナトリウム塩とアルコールを生じる。カルボン酸のナトリウム塩を塩酸などで処理するとカルボン酸に戻る。

$R^1-COO-R^2 + NaOH \longrightarrow R^1-COONa + R^2-OH$

$R^1-COONa + HCl \longrightarrow R^1-COOH + NaCl$

$\boxed{C}・\boxed{E}＝R^1-COOH$(カルボン酸)

$\boxed{D}・\boxed{F}＝R^2-OH$(アルコール)

Step2) 異性体を書く。

分子式 $C_3H_6O_2(R^1-COO-R^2)$ からエステル結合(－COO－)を引くと，炭化水素基の和(R^1+R^2)が C_2H_6 とわかる。

$R^1+R^2＝C_3H_6O_2 - CO_2$
$\quad\quad\quad ＝C_2H_6$

R^1+R^2 に C_2H_6 を振り分けると，次の3種類の異性体が考えられる。

① (H)－C－O－(C₂H₅) $\xrightarrow{加水分解}$ H－C－OH + C₂H₅OH
　　‖O　　　　　　　　　　　‖O　　　　エタノール
　ギ酸エチル　　　　　　　　ギ酸

② (CH₃)－C－O－(CH₃) $\xrightarrow{加水分解}$ CH₃－C－OH + CH₃OH
　　　‖O　　　　　　　　　　　‖O　　　メタノール
　酢酸メチル　　　　　　　　酢酸

③ (C₂H₅)－C－O－(H)
　　　‖O　　　　エステルではなく，
　プロピオン酸　　カルボン酸に分類される。

Step3) 構造決定

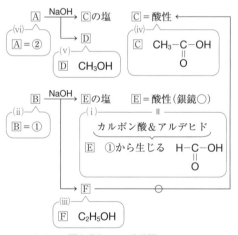

エタノール$\boxed{F}$を酸化 $\longrightarrow$ 酢酸$\boxed{C}$

$\boxed{F}$ CH₃－CH₂－OH ⇥ CH₃－C－H ⇥ CH₃－C－OH
　　　　　　　　　　　　　　‖O　　　　　　‖O
　　エタノール　　　アセトアルデヒド　　　酢酸

(2) 水に溶けやすく，$\boxed{A}$や$\boxed{B}$に比べて融点が高いことから，－COOH 基をもつことがわかる。よって，$\boxed{G}$は③である。

例題 **51** 油脂への水素の付加

example problem

ステアリン酸，オレイン酸，リノレン酸が，1分子ずつ結合した油脂がある。次の問いに答えよ。

(1) この油脂として考えられる異性体をすべて構造式で示せ。

(2) この油脂 2.0×10^{-3} mol に対して水素は標準状態で何 mL 付加するか。

解答 (1)

			(2) 1.8×10^2 mL
$CH_2-OCO-C_{17}H_{35}$	$CH_2-OCO-C_{17}H_{35}$	$CH_2-OCO-C_{17}H_{33}$	
$CH\ -OCO-C_{17}H_{33}$	$CH\ -OCO-C_{17}H_{29}$	$CH\ -OCO-C_{17}H_{35}$	
$CH_2-OCO-C_{17}H_{29}$	$CH_2-OCO-C_{17}H_{33}$	$CH_2-OCO-C_{17}H_{29}$	

ベストフィット 二重結合 1 個に対して水素が 1 分子付加する。

解説 ▶

(1) ステアリン酸＝A，オレイン酸＝B，リノレン酸＝Cとすると，下の6つの組み合わせが考えられる。ここで，①と⑥，②と④，③と⑤は同じものである。よって，①，②，③の3種類の異性体が考えられる。

①	②	③	④	⑤	⑥
⌈A	⌈A	⌈B	⌈B	⌈C	⌈C
├B	├C	├A	├C	├A	├B
⌊C	⌊B	⌊C	⌊A	⌊B	⌊A

(2)

		二重結合
ステアリン酸	$C_{17}H_{35}COOH$	0 個
	$(C_nH_{2n+1}COOH)$	
オレイン酸	$C_{17}H_{33}COOH$	1 個
	$(C_nH_{2n-1}COOH)$	
リノレン酸	$C_{17}H_{29}COOH$	3 個
	$(C_nH_{2n-5}COOH)$	
		計 4 個

油脂 1 mol に付加できる H_2 は 4 mol である。
油脂 2.0×10^{-3} mol に付加できる H_2 の体積は

$$2.0 \times 10^{-3}\,mol \times 4 \times 22.4 \times 10^3\,mL/mol$$
$$\fallingdotseq 1.8 \times 10^2\,mL$$

例題 **52** けん化価とヨウ素価

example problem

次の問いに答えよ。ただし，答えは整数とする。

(1) パルミチン酸のみからなる油脂のけん化価を求めよ。

(2) リノール酸のみからなる油脂のヨウ素価を求めよ。

解答 (1) 208　　(2) 174

ベストフィット 油脂 1 mol に KOH は常に 3 mol 反応する。I_2 は二重結合 1 個に対して 1 分子付加する。

解説 ▶

油脂はグリセリンと高級脂肪酸のエステルである。グリセリンと高級脂肪酸3分子の分子量の和から水3分子の分子量の和を引くと，油脂の分子量が求まる。

$$\overset{\text{18 g/mol} \times 3}{}$$

$CH_2-OCO-R^1$		CH_2-OH	$HOOC-R^1$	$(M_1\,(g/mol))$
$CH\ -OCO-R^2$	←	$CH\ -OH$	$HOOC-R^2$	$(M_2\,(g/mol))$
$CH_2-OCO-R^3$		CH_2-OH	$HOOC-R^3$	$(M_3\,(g/mol))$
$M\,(g/mol)$		92 g/mol		

$$M = 92 + (M_1 + M_2 + M_3) - \underset{54}{\boxed{(18 \times 3)}}$$

(1) パルミチン酸 $C_{15}H_{31}COOH$（分子量 256）からなる油脂の分子量は

$$92 + 256 \times 3 - 54 = 806$$

けん化価は油脂 1 g をけん化するのに必要な $\underline{KOH}$ の mg 数である。また，油脂 1 mol をけん化するのに必要な KOH（56 g/mol）は常に 3 mol である。

$$\underbrace{\underbrace{\frac{1\,g}{806\,g/mol}}_{\text{油脂の mol}} \times 3 \times 56\,g/mol}_{\text{KOH の mol}} \times \frac{10^3\,mg}{1\,g} \doteqdot 208\,mg$$

KOH の g

(2) リノール酸 $C_{17}H_{31}COOH$（分子量 280）からなる油脂の分子量は

$$92 + 280 \times 3 - 54 = 878$$

ヨウ素価は油脂 100 g に付加する $\underline{I_2（分子量\ 254）}$ の g 数である。また，二重結合 1 個に対して I_2 は 1 分子付加する。

リノール酸 1 分子には二重結合が 2 個あるため，油脂には 6 個の二重結合がある。したがって，油脂 1 mol に対して 6 mol の I_2 が付加する。

$$\underbrace{\underbrace{\frac{100\,g}{878\,g/mol}}_{\text{油脂の mol}} \times 6 \times 254\,g/mol}_{I_2\text{ の mol}} \doteqdot 174\,g$$

I_2 の g

類題

191 ［$C_4H_8O_2$ のエステル］　分子式 $C_4H_8O_2$ で表される 4 種類のエステル A, B, C, D がある。水酸化ナトリウム水溶液を加えて加熱し，溶液を酸性にすると，A ～ D それぞれからカルボン酸とアルコールが得られた。

　　それぞれから得られたカルボン酸に過マンガン酸カリウム水溶液を滴下すると，C と D から得られたカルボン酸は赤紫色を脱色した。また，A, B, C, D から得られたアルコールをそれぞれ E, F, G, H とすると，F, H はヨードホルム反応を示した。

(1)　化合物 A ～ D の構造式とその名称を示せ。

(2)　アルコールの沸点を調べると E ＜ F ＜ H ＜ G の順であった。このようになる理由を述べよ。

191 ◀ 例 50
過マンガン酸カリウム（酸化剤）を脱色
→ C, D はアルデヒド（還元性）

イソプロピル基

192 ［油脂の量的関係］　リノール酸とグリセリンをエステル化し，油脂が生成した。次の問いに答えよ。

(1)　この反応を構造式を用いた化学反応式で表せ。

(2)　この油脂の分子量を求めよ。

(3)　この油脂 43.9 g に付加できる水素は標準状態で何 L か。

192 ◀ 例 51

193 ［油脂］

(1)　1 種類の高級脂肪酸からなる油脂 1.0 g をけん化するのに必要な水酸化カリウムは 190 mg であった。この油脂の分子量を求めよ。ただし，答えは整数とする。

(2)　(1)の油脂 100 g にヨウ素 86.2 g が付加した。油脂を構成する高級脂肪酸 1 分子中の炭素間にある二重結合はいくつか。

193 ◀ 例 52
(1)油脂の分子量を M として，けん化価を計算する。
(2)(1)の分子量より，油脂 100 g の物質量〔mol〕を求める。

194 [カルボン酸・エステル]　次の化合物について，示性式のものは物質名を，物質名のものは構造式を示せ。また，下の問いに答えよ。

① $(COOH)_2$　　② $(CH_3CO)_2O$　　③ $C_2H_5COOCH_3$

④ $CH_3COOC_2H_5$　　⑤ $C_2H_2(COOH)_2$（シス形）　　⑥ ギ酸

⑦ フマル酸　　⑧ 無水マレイン酸　　⑨ ギ酸メチル　　⑩ 乳酸

(1) 銀鏡反応を示す物質を選び，記号で答えよ。

(2) 鏡像異性体をもつ物質を選び，記号で答えよ。

(3) ヒドロキシ酸に分類されるものを選び，記号で答えよ。

(4) 異性体の関係にあるものを選び，記号で答えよ。

(5) ③，④，⑨はどのような酸とアルコールから生じるかそれぞれ答えよ。

(6) ヨードホルム反応を示す物質を選び，記号で答えよ。

195 [エステルの合成]　氷酢酸 2 mL にエタノール 3 mL を加え，さらに①濃硫酸を数滴加えたのち，沸騰石を加え 80℃ の湯浴中で 5 分間加熱した。反応後，内容物を冷却し，その中にジエチルエーテルと②飽和炭酸水素ナトリウム水溶液を加えると，上層と下層に分離した。その後，上層を取り出し③塩化カルシウム水溶液を加え，再び上層を取り出し，④無水塩化カルシウムの固体を少量加え一晩放置した。塩化カルシウムをろ過し，ろ液を蒸留したところ芳香のある化合物が得られた。

(1) この実験について，次の(ア)〜(オ)から誤っているものを 1 つ選べ。

　　(ア) 水分を多く含む試薬やぬれた器具を使用してはならない。

　　(イ) 沸騰石を入れるのは，突沸を防ぐためである。

　　(ウ) 試験管の口に長いガラス管を取りつけたのは内容物の蒸発を防ぐためである。

　　(エ) 純粋な酢酸ではなく，酢酸水溶液を使用する方がエステルの生成量は多い。

　　(オ) この反応を長時間続けても，どの反応物も完全になくなることはない。

(2) 下線部①〜④の目的を簡潔に説明せよ。

(3) この実験における試験管内で起こる反応は次のようになる。

$$CH_3-COOH + C_2H_5-^{18}O-H \longrightarrow 右辺$$

右辺にあてはまるのは次の A 〜 E のうちどれか。ただし，O の存在を明らかにするために，エタノールの酸素原子として同位体 ^{18}O を用いた。

A　$CH_3COO-C_2H_5+H_2^{18}O$　　　B　$CH_3COO-^{18}O-C_2H_5+H_2$

C　$CH_3CO-^{18}O-C_2H_5+H_2O$　　D　$CH_3CO-C_2H_5+HO-^{18}O-H$

E　$CH_3COO-^{18}O-H+C_2H_6$

(4) 酢酸エチルと同じ分子式をもつ化合物 A 〜 C を加水分解したところ，A からは D と E が，B からは F と G が，また，C からは G と H が得られた。E と G はともに酸性の化合物で，G は銀鏡反応を示した。D，F および H はいずれも中性の化合物で，F はヨードホルム反応を示したが，D と H は示さなかった。A 〜 C の構造式を示せ。

195
(2)
①濃硫酸
→脱水作用
②弱酸の遊離
③$6C_2H_5OH+CaCl_2$
→$CaCl_2・6C_2H_5OH$
　（水溶性）
④塩化カルシウム
→乾燥剤

196 [酸無水物] リンゴ酸 $HOOC-CH(OH)-CH_2-COOH$ を脱水して得られる
有機化合物 A, B, C がある。A～C に臭素を作用させると A, B のみが臭
素を脱色した。また，A～C を穏やかに加熱したところ，A は分子式
$C_4H_2O_3$ の化合物 D に変化した。C は酸無水物である。A～D の構造式を
示せ。また，A, B についてはその名称も答えよ。

196
A, B が臭素を脱
色
→脱水により二重
結合が形成されて
いる。

197 [高級脂肪酸の推定] ある量の鎖式不飽和脂肪酸のメチルエステル A を完
全にけん化するには，$5.00\,mol/L$ の水酸化ナトリウム水溶液 $20.0\,mL$ が必要
であった。また，同量の A を飽和脂肪酸のメチルエステルに変えるには，
水素 $6.72\,L$（標準状態）を必要とした。A の化学式として最も適当なものを，
次の①～⑥から選べ。

① $C_{15}H_{29}COOCH_3$ ② $C_{15}H_{31}COOCH_3$ ③ $C_{17}H_{29}COOCH_3$

④ $C_{17}H_{31}COOCH_3$ ⑤ $C_{19}H_{31}COOCH_3$ ⑥ $C_{19}H_{39}COOCH_3$

197
物質量〔mol〕
＝モル濃度〔mol/L〕
　　　　×体積〔L〕

198 [油脂の構造決定] ある油脂 $30.0\,g$ を完全にけん化するのに，水酸化カリウ
ム $7.00\,g$ を要した。けん化後，塩酸を加えてエーテル抽出を行ったところ，
飽和脂肪酸 A と不飽和脂肪酸 B が $2：1$ の物質量の比で含まれていた。飽和
脂肪酸 A の分子量は 200 であり，この油脂のヨウ素価は 35.3 であった。次
の問いに答えよ。

(1) この油脂の分子量を求めよ。

(2) 脂肪酸 A および B の示性式を答えよ。

(3) この油脂として考えられるものを構造式ですべて示せ。

198
けん化価
→油脂の分子量
ヨウ素価
→二重結合の数

199 [セッケンと合成洗剤] 油脂は（ ア ）と（ イ ）のエステルである。常温
で液体の油脂を（ ウ ）といい，（ ウ ）のうち，油脂を構成する（ ア ）
が（ エ ）結合を多く含む場合，（ オ ）となる。①セッケンとは（ カ ）
と水酸化ナトリウムなどを反応させてつくられる脂肪酸のアルカリ金属塩の
総称で，（ キ ）性の（ ク ）基部分を油滴側に，（ ケ ）性の（ コ ）基
を外側の水に向けて油滴を取り囲む。この構造を（ サ ）といい，小滴とな
って水中に分散する。この作用を（ シ ）といい，その結果できた溶液を
（ ス ）という。Ca^{2+} や（ セ ）を多く含む（ ソ ）中では沈殿を生じ
（ タ ）力が著しく低下するが，合成洗剤は低下しにくい。また，②セッケ
ンの水溶液は一般に（ チ ）性であるが，合成洗剤は（ ツ ）性である。

(1) 文章中の空欄(ア)～(ツ)に適当な語句やイオン式を入れよ。

(2) 下線部①の反応を化学反応式で表せ。ただし，脂肪酸はすべて
$R-COOH$ とする。

(3) 下線部②について，その理由を説明せよ。

200 [$C_5H_{10}O_2$ のエステル]　分子式 $C_5H_{10}O_2$ で表されるエステルは，加水分解すると銀鏡反応を示すカルボン酸 A と不斉炭素原子をもつアルコール B になる。このエステルの構造式を示せ。また，次の(1)〜(4)のうち，誤っているものを 1 つ選べ。

(1)　化合物 A を濃硫酸で脱水すると，一酸化炭素を生じる。

(2)　化合物 A は，ホルムアルデヒドの酸化により生じる。

(3)　化合物 B を酸化すると，アルデヒドを生じる。

(4)　化合物 B はヨードホルム反応を示す。

201 [エステルの構造決定]　化合物 A は炭素，水素，酸素からなるエステルであり，環状構造をもたない。化合物 A の分子量は 100 以上 200 以下であることがわかっている。化合物 A について元素分析を行ったところ，各元素の質量百分率は炭素 67.6 %，水素 9.9 %，酸素 22.5 % であった。化合物 A 355 mg を完全に加水分解すると，飽和アルコールである化合物 B 185 mg と，不飽和カルボン酸である化合物 C 215 mg が生成した。化合物 B を硫酸酸性二クロム酸カリウム水溶液で穏やかに酸化すると，中性の化合物 D が生成した。化合物 B および化合物 D のそれぞれに，ヨウ素と水酸化ナトリウム水溶液を加えて温めると，いずれにおいても特有のにおいをもつ沈殿が生じた。化合物 B の構造異性体である化合物 E は，炭化水素基に枝分かれ構造をもつ。化合物 E を硫酸酸性二クロム酸カリウム水溶液で穏やかに酸化すると，中性の化合物 F が生成した。アンモニア性硝酸銀水溶液に化合物 F を加えて加熱すると，銀の単体が析出した。化合物 C の炭素原子間二重結合に臭素を付加させたところ，不斉炭素原子を 2 つもつカルボン酸が生成した。なお，化合物 A の加水分解の前後で炭化水素基の部分は変化しないものとする。

(1)　化合物 A の分子式を答えよ。

(2)　化合物 B，D，E の構造式をそれぞれ示せ。

(3)　化合物 C には複数の構造が考えられる。すべて構造式で示せ。

202 [エステルの構造決定]　分子式 $C_{12}H_{20}O_4$ で表されるエステル A がある。A を水酸化ナトリウム水溶液に加えて，長時間煮沸したあと，冷却した。これにエーテルを加えてよく振り，静置したら 2 層に分離した。このうち，エーテル層からはいずれも分子式が $C_4H_{10}O$ である化合物 B と C が得られた。また，水層を酸性にしたところ化合物 D が析出した。

　B と C をそれぞれ硫酸酸性二クロム酸カリウム水溶液で穏やかに酸化したところ，B からは銀鏡反応を示す化合物を生じたが，C は酸化されなかった。また，B と C を濃硫酸で脱水すると，いずれも同一のアルケンを生じた。一方，D を加熱しても何も起こらなかったが，D のシス−トランス異性体を加熱すると，容易に脱水反応が起こった。A 〜 D の構造式を示せ。ただし，B 〜 D についてはその名称も答えよ。

201
エステルの物質量
＝カルボン酸の物質量
＝アルコールの物質量
(R^1-COO-R^2
　　　　　＋H_2O
　→ R^1-COOH
　　　　　＋R^2-OH)
より，化合物 B，C の分子量，分子式を決定する。

分子式より A は分子内にエステル結合を 1 つもつ。

202
NaOH 水溶液
・溶媒は水（極性）
・有機化合物の塩（極性）が溶けやすい。
→ RCOONa は水層
エーテル
・有機溶媒（極性なし）
・有機化合物（極性なし）が溶けやすい。
→ ROH はエーテル層

4章

有機化合物

▶ **1** 芳香族化合物

● **確認事項** 以下の空欄に適当な語句，記号または化学式を入れよ。

● **芳香族炭化水素** ベンゼン環をもつ炭化水素

おもな芳香族炭化水素

構造式	
	① ② ③ ④ ⑤ ⑥ ⑦
名称	①(　　　　) ②(　　　　) ③(　　　　) ④(　　　　) ⑤(　　　　) ⑥(　　　　) ⑦(　　　　)　　　　　　　　　名称と構造式は覚える。

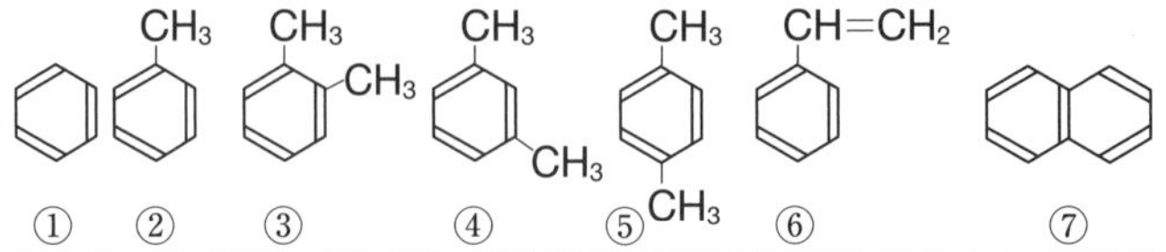

反応

置換	二重結合があるが，⑧(　　　)反応は起こりにくく，⑨(　　　)反応が起こりやすい。 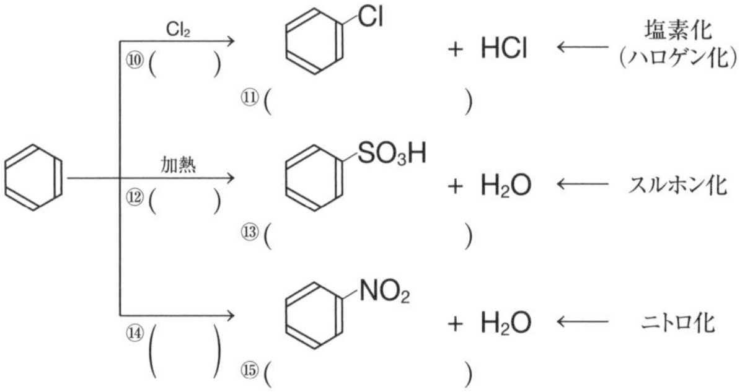 ⑩(　　　) ⑪(　　　)　塩素化（ハロゲン化） ⑫(　　　) ⑬(　　　)　スルホン化 ⑭(　　　) ⑮(　　　)　ニトロ化
酸化	ベンゼン環に直接結合した炭化水素基は酸化されると，その⑯(　　　)に関係なく⑰(　　　)になる。 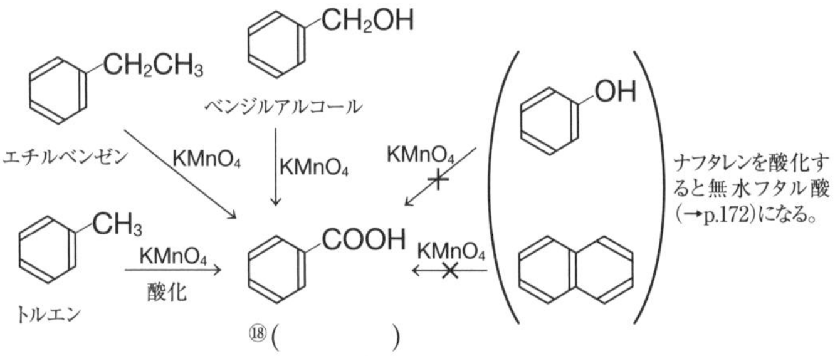 ⑱(　　　)　ナフタレンを酸化すると無水フタル酸（→p.172）になる。
付加	特別な条件で起こる（通常，芳香族化合物は置換反応を起こす）。 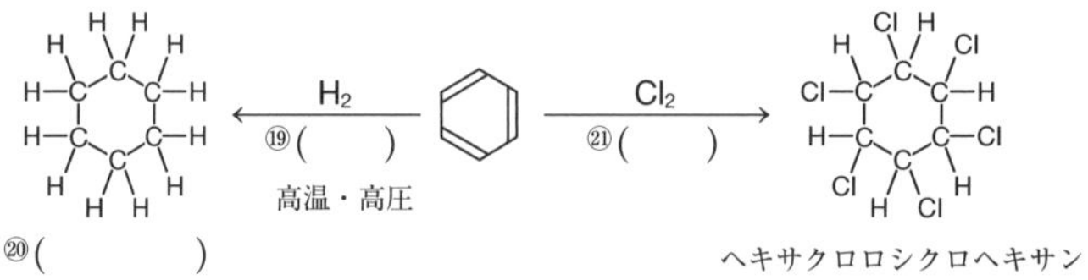 ⑲(　　　) ⑳(　　　) ㉑(　　　)　ヘキサクロロシクロヘキサン

● **フェノール類** ベンゼン環に直接 —OH 基が結合した化合物

おもなフェノール類

	フェノール類				アルコール
構造式	⟨OH⟩	⟨OH, CH₃⟩	⟨OH, COOH⟩	⟨OH⟩(ナフタレン)	CH₂OH
名称	㉒ ( )	㉓ ( )	㉔ ( )	㉕ ( )	㉖ ( )
FeCl₃	紫	青	赤紫	紫	㉗ ( )

フェノールとアルコールの比較

	フェノール	アルコール
液性	㉘ ( )	㉙ ( )
Na	㉚ ( )	㉛ ( )
NaOH	㉜ ( )	㉝ ( )
FeCl₃	㉞ ( )	㉟ ( )
エステル化	㊱ ( )	㊲ ( )

反応

製法	㊳ ( )法 $\cdots CH_2=CH-CH_3 \rightarrow$ ⟨$CH_3-CH-CH_3$⟩ $\xrightarrow{O_2}$ ⟨$CH_3-\overset{O-OH}{\underset{CH_3}{C}}$⟩ $\xrightarrow{H_2SO_4}$ ⟨OH⟩ $+ CH_3-\overset{O}{C}-CH_3$ (㊳) ㊴ ( ) ㊵ ( ) **アルカリ融解** ⟨ ⟩ $\xrightarrow{H_2SO_4}$ ⟨SO_3H⟩ ㊶( ) $\xrightarrow{アルカリ融解}$ ⟨ONa⟩ $\xrightarrow{CO_2, H_2O}$ ⟨OH⟩ $\xrightarrow[(Fe)]{Cl_2}$ ⟨Cl⟩ ㊷( ) ㊸( ) ㊹( ) **加水分解**	
置換	o(オルト), p(パラ)位で置換反応を起こしやすい。 ⟨$\overset{OH}{\underset{Br}{Br}}Br$⟩ $\xleftarrow{Br_2}$ ⟨OH⟩ $\xrightarrow[(H_2SO_4)]{HNO_3}$ ⟨$\overset{OH}{\underset{NO_2}{O_2N}}NO_2$⟩	
ナトリウムフェノキシド + CO₂	常温・常圧 ㊺( )によってフェノールが生成。 ⟨ONa⟩ $+ CO_2 + H_2O \xrightarrow{(H_2CO_3)}$ ⟨OH⟩ $+ NaHCO_3$ 高温・高圧 強制的に CO_2 を導入し, ㊻( ) が生成。 ⟨ONa⟩ $+ CO_2 \longrightarrow$ ⟨$\overset{OH}{COONa}$⟩ $\xrightarrow{HCl}$ ⟨$\overset{OH}{COOH}$⟩	

㉒フェノール
㉓o-クレゾール
㉔サリチル酸
㉕1-ナフトール
㉖ベンジルアルコール
㉗×

㉘弱酸性
㉙中性
㉚〇
㉛〇
㉜〇
㉝×
㉞〇
㉟×
㊱〇
㊲〇

㊳クメン
㊴フェノール
㊵アセトン
㊶NaOH(固)
㊷NaOHaq
㊸高温・高圧
㊹ナトリウムフェノキシド
㊺弱酸の遊離
㊻サリチル酸ナトリウム

4章
有機化合物

● 芳香族カルボン酸　ベンゼン環に —COOH 基が結合した化合物

おもな芳香族カルボン酸とその製法

名称	製法
(47)(　　　　)	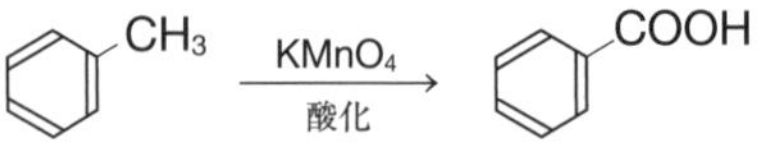CH3 KMnO4 酸化 COOH
(48)(　　　　)	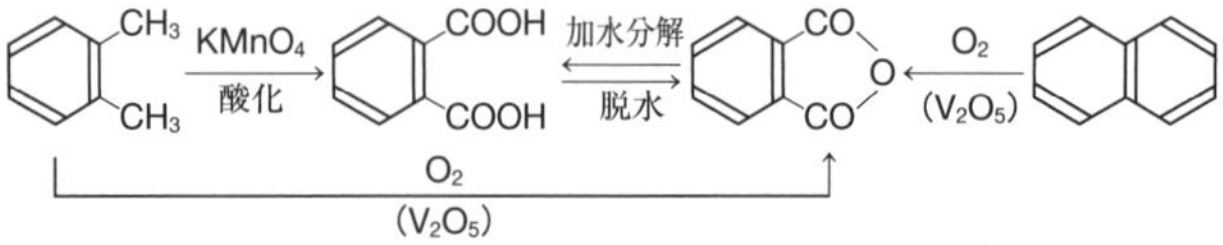CH3 CH3 KMnO4 酸化 COOH COOH 加水分解 脱水 CO O CO O2 (V2O5) O2 (V2O5)
(49)(　　　　)	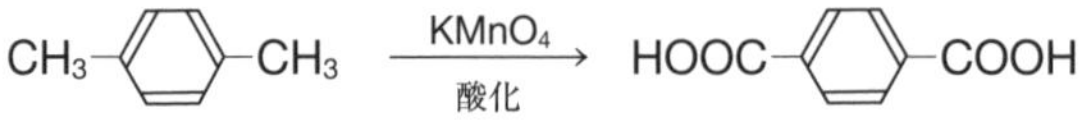CH3 CH3 KMnO4 酸化 HOOC COOH
サリチル酸	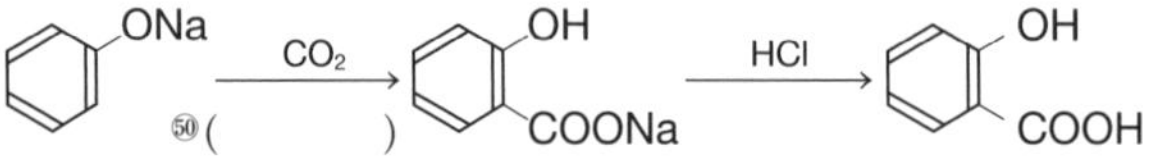ONa CO2 (50)(　　　　) OH COONa HCl OH COOH

解答
(47)安息香酸
(48)フタル酸
(49)テレフタル酸
(50)高温・高圧

芳香族カルボン酸の酸の強さ　カルボン酸と同程度。

(51)(　　　)と反応（中和反応）	COOH + NaOH COONa + H2O
酸の強さ	酸の強さ (52)(　　　　)>>(53)(　　　　)>(54)(　　　　)>(55)(　　　　) 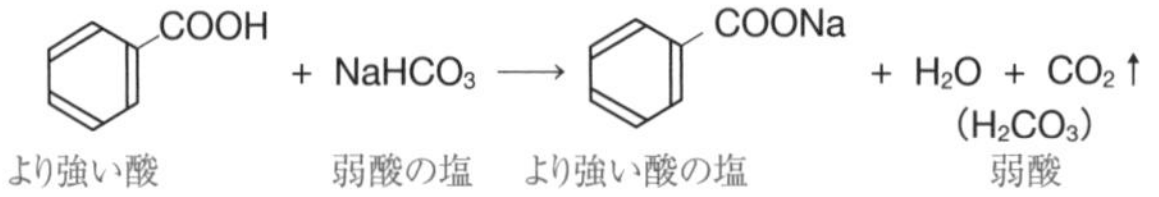COOH + NaHCO3 COONa + H2O + CO2↑ (H2CO3) より強い酸 弱酸の塩 より強い酸の塩 弱酸

(51)塩基
(52)塩酸（硫酸）
(53)カルボン酸
(54)炭酸
(55)フェノール

サリチル酸の反応　—OH 基，—COOH 基の両方の性質を示す。

反応	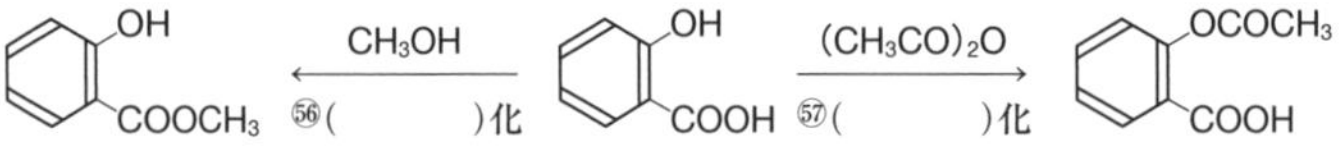OH COOCH3 CH3OH (56)(　　　)化 OH COOH (CH3CO)2O (57)(　　　)化 OCOCH3 COOH	
名称	(58)(　　　　　　　　) （フェノール類に分類）	(59)(　　　　　　　　) （カルボン酸に分類）
状態	無色の液体	無色の固体
$FeCl_3$	(60)(　　　)	(61)(　　　)
$NaHCO_3$	(62)(　　　)	(63)(　　　)

(56)エステル
(57)アセチル
(58)サリチル酸メチル
(59)アセチルサリチル酸
(60)○
(61)×
(62)×
(63)○

● 芳香族アミン　ベンゼン環に—NH₂基が結合した化合物

物性

溶解性	水に⑥(　　　　)。
液性	⑥(　　　　)性 塩基の強さ　NaOH>> アニリン

⑥ニトロベンゼン
⑥ Sn，HCl
⑥ NaOHaq
⑥アニリン
⑦赤紫
⑦アニリンブラック
⑦アミド結合
⑦ジアゾ
⑦低温
⑦塩化ベンゼンジアゾニウム
⑦フェノール
⑦カップリング
⑦ p-ヒドロキシアゾベンゼン

反応

製法	[ベンゼン環]—NO₂ ⑥(　　) → 還元 [ベンゼン環]—NH₃⁺Cl⁻ ⑥(　　) → [ベンゼン環]—NH₂ ⑥(　　)　　アニリン塩酸塩　　⑥(　　　　)
中和	[ベンゼン環]—NH₂ →HCl [ベンゼン環]—NH₃Cl
検出反応	さらし粉(→ p.83)水溶液　⑦(　　)色 K₂Cr₂O₇　　⑦(　　　　　　)(黒色)
アセチル化	[ベンゼン環]—NH₂ →(CH₃CO)₂O [ベンゼン環]—N(H)—C(=O)—CH₃ ⑦(　　　　) アセチル基　　+ CH₃COOH
ジアゾカップリング	⑦(　　)化　アニリンを⑦(　　)で亜硝酸ナトリウムと塩酸で反応。 [ベンゼン環]—NH₂ + NaNO₂ + 2HCl →(0〜5℃) [ベンゼン環]—N⁺≡NCl⁻ + NaCl + 2H₂O ⑦(　　　　　　) 5℃以上の条件下では，直ちに分解して⑦(　　　　)を生成する。 [ベンゼン環]—N⁺≡NCl⁻ →(H₂O, 5℃以上) [ベンゼン環]—OH + N≡N↑ + HCl (N₂) ⑦(　　　　)　ジアゾニウム塩とフェノール類や芳香族アミンが反応してアゾ化合物(アゾ基—N=N—)を生じる反応。 (アゾ化合物) [ベンゼン環]—N⁺≡NCl⁻ + [ベンゼン環]—ONa → [ベンゼン環]—N=N—[ベンゼン環]—OH + NaCl ナトリウムフェノキシド　⑦(　　　　　) (p-フェニルアゾフェノール)

● 有機化合物の分離の原理

中和	酸性物質は塩基と塩をつくり，水に溶ける。 酸性物質＝カルボン酸，フェノール，スルホン酸 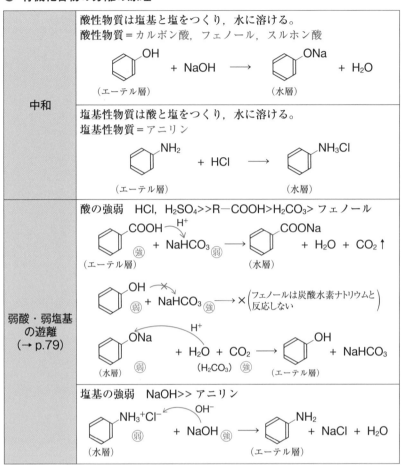	

（→ p.79）

例 上記の2つの反応を利用して，有機化合物を分離できる。

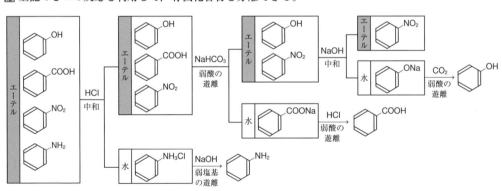

● 芳香族化合物の反応系統図

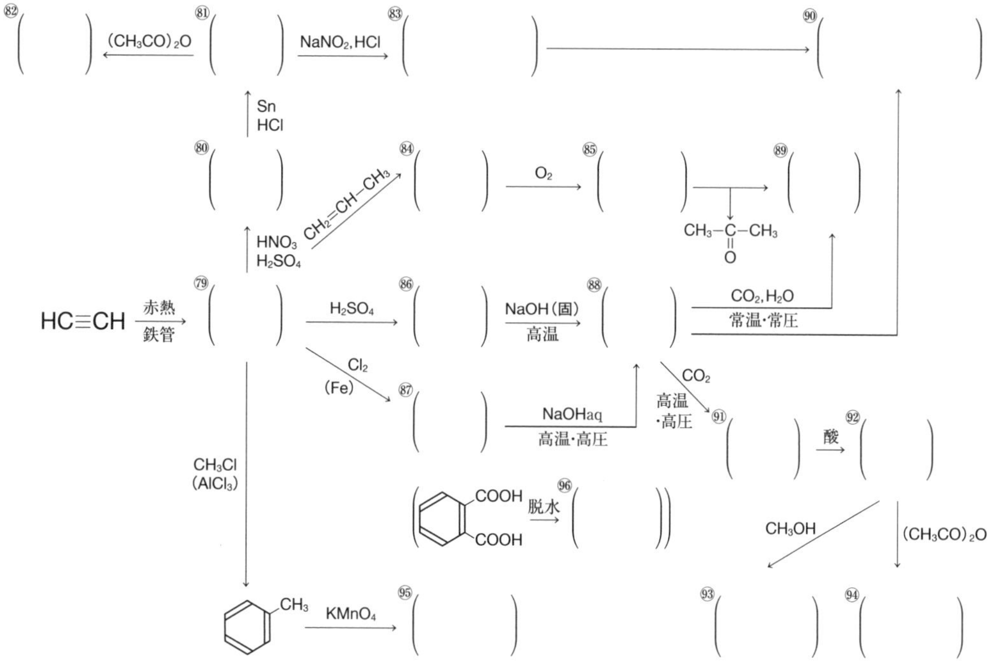

⑧2 ← (CH₃CO)₂O — ⑧1 — NaNO₂, HCl → ⑧3 ———————→ ⑨0

↑ Sn HCl

⑧0

HNO₃ H₂SO₄ / CH₂=CH–CH₃ → ⑧4 — O₂ → ⑧5 ——→ ⑧9

CH₃–C–CH₃ ‖ O

HC≡CH — 赤熱 鉄管 → ⑦9 — H₂SO₄ → ⑧6 — NaOH(固) 高温 → ⑧8 — CO₂, H₂O 常温・常圧 →

Cl₂ (Fe) → ⑧7 — NaOHaq 高温・高圧 → 高温 ・高圧 / CO₂ → ⑨1 — 酸 → ⑨2

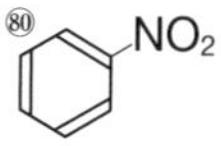

CH₃Cl (AlCl₃)

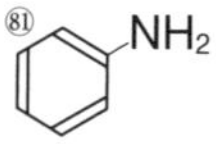

COOH COOH — 脱水 → ⑨6

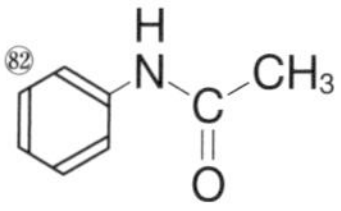

CH₃OH   (CH₃CO)₂O

CH₃ — KMnO₄ → ⑨5   ⑨3   ⑨4

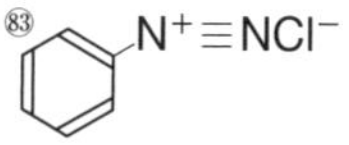

解答

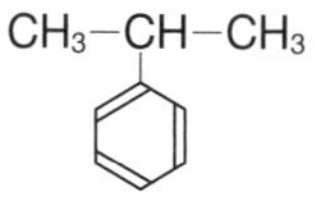

⑦9 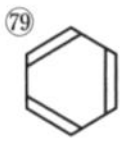 (benzene)

⑧0 ⬡–NO₂

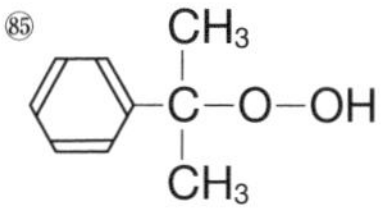

⑧1 ⬡–NH₂

⑧2 ⬡–N(H)–C(=O)–CH₃

⑧3 ⬡–N⁺≡NCl⁻

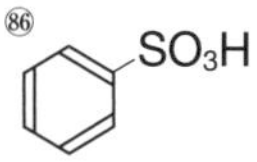

⑧4 CH₃–CH–CH₃ (cumene)

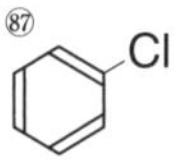

⑧5 ⬡–C(CH₃)(CH₃)–O–OH

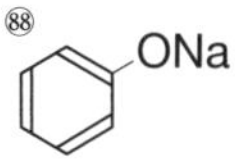

⑧6 ⬡–SO₃H

⑧7 ⬡–Cl

⑧8 ⬡–ONa

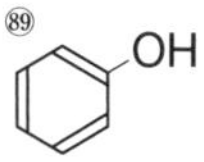

⑧9 ⬡–OH

⑨0 ⬡–N=N–⬡–OH

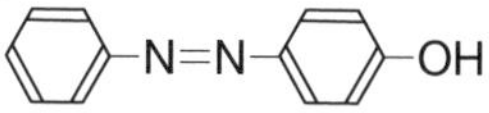

⑨1 ⬡(OH)(COONa)

⑨2 ⬡(OH)(COOH)

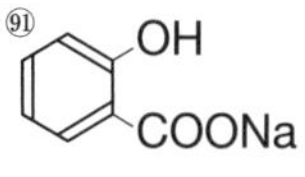

⑨3 ⬡(OH)(COOCH₃)

⑨4 ⬡(OCOCH₃)(COOH)

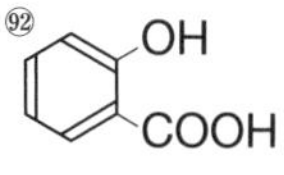

⑨5 ⬡–COOH

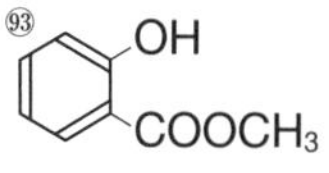

⑨6 phthalic anhydride (⬡ with CO–O–CO ring) (⬡ with CO–O–O–CO)

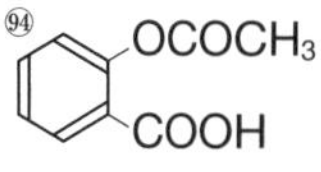

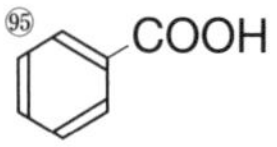

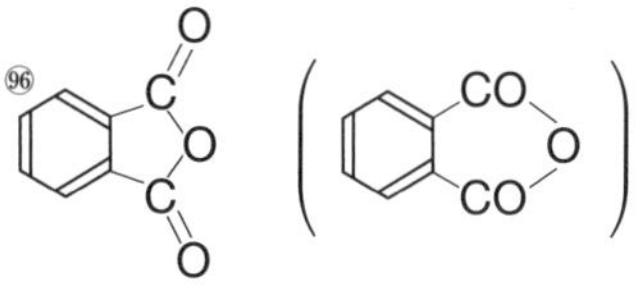

表1（構造式から名称を書く）

分類	構造式	分類	名称	構造式
炭化水素	（ベンゼン環）	フェノール類		（ベンゼン環）−OH
	（ベンゼン環）−CH$_3$			（ベンゼン環）−CH$_3$, −OH
	（ベンゼン環）−C$_2$H$_5$			（ナフタレン環）−OH
	（ベンゼン環）−CH$_3$, −CH$_3$	その他		（ベンゼン環）−CH$_2$−OH
	（ベンゼン環）−CH＝CH$_2$	カルボン酸		（ベンゼン環）−COOH
	（ナフタレン環）			（ベンゼン環）−OH, −COOH
その他	（ベンゼン環）−NO$_2$			（ベンゼン環）−COOH, −COOH
	（ベンゼン環）−NH$_2$			HOOC−（ベンゼン環）−COOH
	（ベンゼン環）−SO$_3$H			
	（ベンゼン環）−Cl			

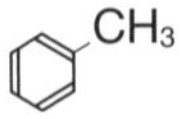

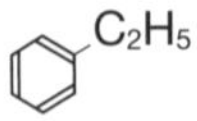

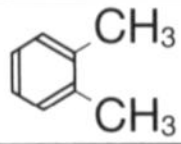

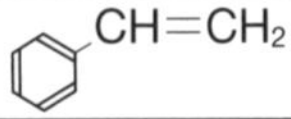

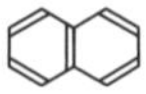

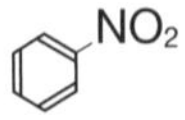

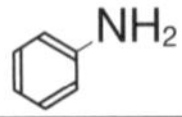

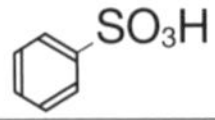

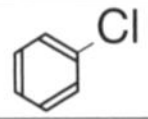

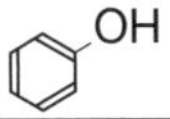

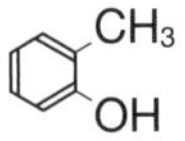

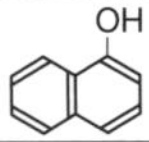

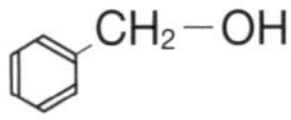

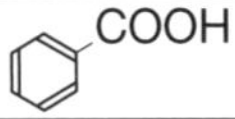

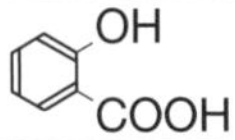

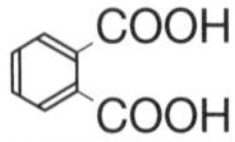

表2（名称から構造式を書く）

分類	名称	構造式	分類	名称	構造式
炭化水素	ベンゼン		フェノール類	フェノール	
	トルエン			o-クレゾール	
	エチルベンゼン			1-ナフトール	
	o-キシレン		その他	ベンジルアルコール	
	スチレン		カルボン酸	安息香酸	
	ナフタレン			サリチル酸	
その他	ニトロベンゼン			フタル酸	
	アニリン			テレフタル酸	
	ベンゼンスルホン酸				
	クロロベンゼン				

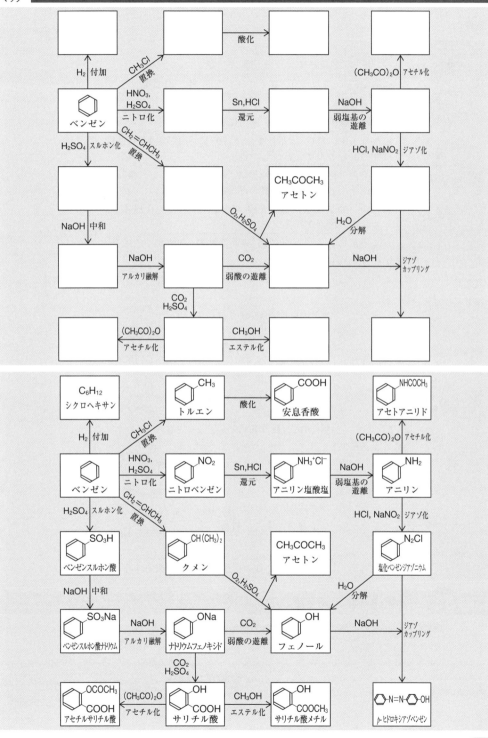

● 有機化合物と人間生活

洗剤 (→ p.161)

染料

染料	天然染料	植物染料	インジゴ　青　例 ジーンズ アリザリン　赤　例 プリンターのインク
		動物染料	カルミン酸(コチニール虫)　紅　例 食品
	合成染料	アゾ染料(→ p.173)	
染色法	直接染料	水溶性で繊維分子との分子間力によって染着。	
	酸性・塩基性染料	染料分子中の酸性・塩基性を示す官能基が，繊維中の塩基性・酸性の部分とイオン結合し染着。	
	建染め染料	水に不溶の色素を化学的処理によって水溶性とし，染着後，再び化学反応によって色素を再生させる。	
	媒染染料	あらかじめ金属塩に繊維を浸すことによって，金属イオンと染料中の色素が錯体を形成し染着。	
	分散染料	水に不溶の色素に，分散剤(界面活性剤)を加え，色素を水中に分散させて染着。	

医薬品

医薬品	対症療法薬(症状を緩和する医薬品)	サリチル酸系(→ p.172)	アセチルサリチル酸(アスピリン) (97)(　　　)作用	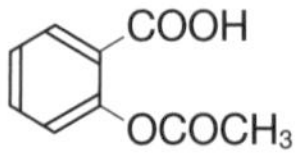
			サリチル酸メチル (98)(　　　)作用	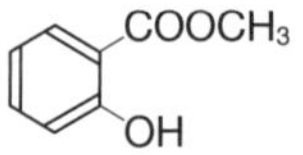
		アミド系	アセトアニリド 解熱作用(副作用㊅)	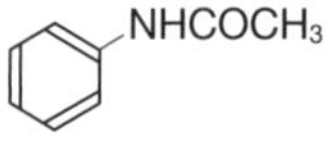
			アセトアミノフェン 解熱作用(副作用㊈)	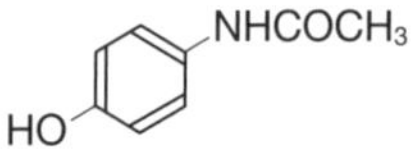
	化学療法薬(原因を取り除く医薬品)	サルファ剤	スルファニルアミドを基本構造とする抗菌物質の総称。	サルファ剤の基本構造 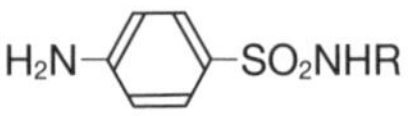
		抗生物質	微生物由来。他の微生物の生育を阻害する。	

解答

(97)解熱
(98)消炎

例題 53 芳香族化合物の異性体

example problem

次の分子式で表される芳香族化合物の異性体の構造式をすべて示せ。

(1)　$C_6H_4Cl_2$　　(2)　C_7H_7Br　　(3)　C_7H_8O

解答　解説参照。

ベストフィット
Step 1)　置換基を決める。
Step 2)　置換基の位置を決める。

解説 ▶..

(1) Step 1) 置換基を決める。

$$C_6H_6 \xrightarrow[-(H \times 2)]{+(Cl \times 2)} C_6H_4Cl_2 ❶❷$$

Step 2) 置換基の位置を決める。❸

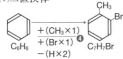

o-ジクロロ　　　m-ジクロロ　　　p-ジクロロ
ベンゼン　　　　ベンゼン　　　　ベンゼン

計 3 種類

> ❶分子式の H
> 数と一致する
> か確認する。
>
> C₆H₆　　C₆H₄Cl₂
>
> ❷ベンゼンの分子式 C_6H_6 と比較して置換基を決める。
> ❸ベンゼン二置換体は対称面に注意して，置換基の位置を決める。
>
> 対称面　　対称面

(2) Step 1) 置換基を決める。

(i)二置換体

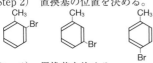

$$C_6H_6 \xrightarrow[-(H \times 2)]{\substack{+(CH_3 \times 1) \\ +(Br \times 1)❹}} C_7H_7Br$$

Step 2) 置換基の位置を決める。

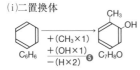

(ii)一置換体(CH₃ の H が Br に置換)

Step 2

×

計 4 種類

> ❹C 数が増えているとき，炭化水素基(−CH₃など)で調整をする。
> ❺O 数が 1 のとき，まず−OH 基を考える。

(3) Step 1) 置換基を決める。

(i)二置換体

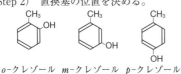

$$C_6H_6 \xrightarrow[-(H \times 2)]{\substack{+(CH_3 \times 1) \\ +(OH \times 1)❺}} C_7H_8O$$

Step 2) 置換基の位置を決める。

o-クレゾール　m-クレゾール　p-クレゾール

(ii)一置換体(CH₃ の H が OH に置換)

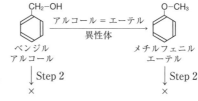

ベンジル　　　　　　　　　　メチルフェニル
アルコール　　　　　　　　　エーテル

アルコール ＝ エーテル
異性体

Step 2　　　　　　　　　Step 2
×　　　　　　　　　　　×

計 5 種類

例題 **54** フェノールとアルコール

example problem

　次の記述(1)〜(7)について，フェノールの性質は P，エタノールの性質は E，両方にあてはまる性質は○，両方ともあてはまらない性質は×を書け。

(1) 水溶液は酸性を示す。　　(2) 金属 Na と反応する。

(3) 水酸化ナトリウム水溶液と反応する。　　(4) 炭酸水素ナトリウムと反応する。

(5) 強く酸化するとカルボン酸になる。　　(6) 塩化鉄(Ⅲ)水溶液で呈色する。

(7) カルボン酸と脱水してエステル結合を形成する。

解答 (1) P　(2) ○　(3) P　(4) ×　(5) E　(6) P　(7) ○

▶ **ベストフィット** フェノールは弱酸性，アルコールは中性を示す。

解説 ▶ ‥‥

フェノール		アルコール
![フェノールの電離]　[弱酸性] 水溶液中で–OH 基がわずかに電離し，弱酸性を示す。	(1) 液性	$R-OH \xrightarrow{\quad\times\quad} R-O^- + H^+$ [中性] 電離せず，中性を示す。水素結合により水には溶解する。
2 ![フェノール]OH $+ 2Na \longrightarrow 2$![フェノール]ONa $+ H_2$	(2) Na	$2R-OH + 2Na \longrightarrow 2R-ONa + H_2$
–OH 基が金属 Na と反応し，H_2 を発生する。		
フェノールは弱酸性なので，水酸化ナトリウム水溶液(塩基)と反応(中和)する。 ![フェノール]OH $+ NaOH \longrightarrow$![フェノール]ONa $+ H_2O$	(3) 水酸化ナトリウム水溶液	アルコールは中性なので，塩基と反応しない。 $R-OH + NaOH \longrightarrow \times$
![フェノール]OH $+ NaHCO_3 \xrightarrow{\quad\times\quad}$ ⑨$\xrightarrow{H^+}\times\longrightarrow$⑭ フェノールは炭酸より弱い酸なので，弱酸の遊離は起こらない。	(4) 弱酸の遊離	アルコールは中性なので，弱酸の遊離は起こらない。
酸化によりカルボン酸が生成するのは，ベンゼン環に直接結合する炭化水素基がある場合である。フェノールはカルボキシ基になる炭素原子をもっていない。 ![フェノール]OH $\xrightarrow{\quad\times\quad}$![安息香酸]COOH C×6　　　　　　C×7	(5) 酸化	第一級アルコールは酸化されると，アルデヒドを経てカルボン酸になる。 　　$\overset{H}{\underset{H}{R-C-OH}} \longrightarrow \underset{\parallel O}{R-C-H} \longrightarrow \underset{\parallel O}{R-C-OH}$ [第一級アルコール]　[アルデヒド]　　[カルボン酸]
フェノールはベンゼン環に直接結合する–OH 基をもつため，塩化鉄(Ⅲ)水溶液で呈色する。 ![フェノール]OH	(6) 塩化鉄(Ⅲ)	アルコールは呈色しない。ベンジルアルコールもアルコールに分類されるため，呈色しない。 ![ベンジルアルコール]CH_2OH
![フェノール]OH $+ R-COOH \longrightarrow$![エステル]$O-C-R$ 　　　　　　　　　　　　　　　　　　$\parallel O$ 　　　　　　　　　　　　　$+ H_2O$	(7) エステル	$R^1-OH + R^2-COOH \longrightarrow R^1-O-C-R^2$ 　　　　　　　　　　　　　　　　　　$\parallel O$ 　　　　　　　　　　　　　　$+ H_2O$
–OH 基がカルボン酸と脱水して，エステルを生成する。		

例題 55 ベンゼンの誘導体およびフェノールの合成

下図はベンゼンの反応系統図である。□□□に化合物の構造式を，(　　　)に試薬を，[　　　]に必要な条件・触媒を入れよ。また，下の問いに答えよ。

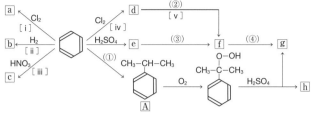

(1) a～eを合成する反応の名称を答えよ。

(2) フェノールの製法のうち，Aを原料とした方法を何とよぶか。

(3) e→f，f→gを合成する反応の名称をそれぞれ答えよ。

(4) 図中の化合物で最も強い酸の名称を答えよ。

解答

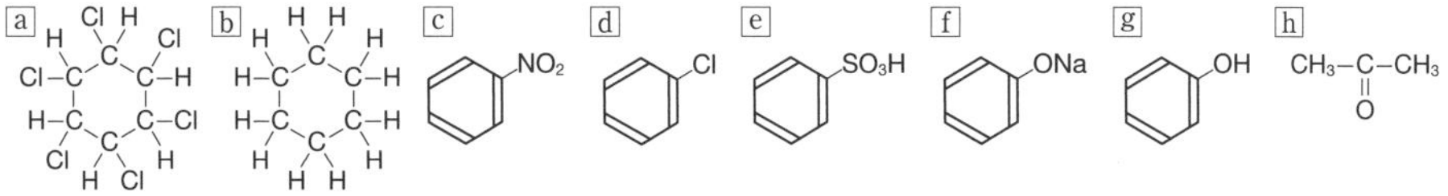

a ～h 構造式

① CH₂=CH−CH₃　② NaOHaq　③ NaOH(固)　④ CO₂ + H₂O(H₂CO₃)

[i] 紫外線　　[ii] Pt(Ni)　　[iii] H₂SO₄　　[iv] Fe　　[v] 高温・高圧

(1) a付加　b付加　c置換(ニトロ化)　d置換(塩素化)　e置換(スルホン化)　(2) クメン法

(3) e→f アルカリ融解　f→g 弱酸の遊離　(4) ベンゼンスルホン酸

ベストフィット フェノールの合成はクメン法，アルカリ融解，加水分解の3種類がある。

解説▶

(1)

置換反応(反応 c～e)	付加反応(反応 a,b)　(特別な条件で起こる)
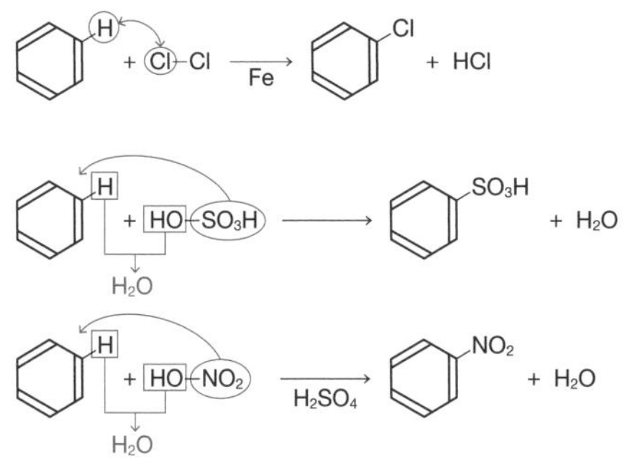 (反応図)	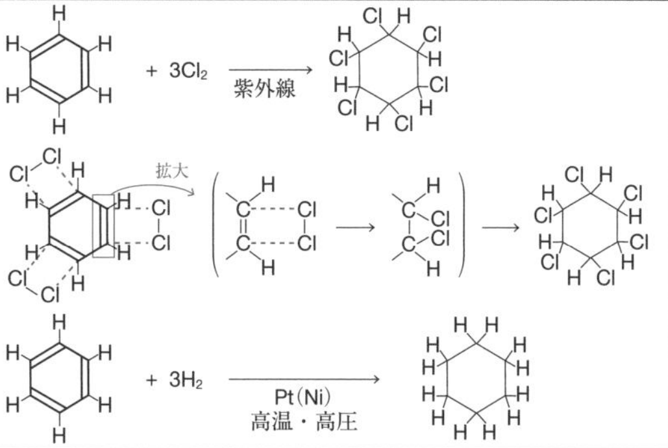 (反応図)

(2) クメン法では副生成物としてアセトンが生成する。

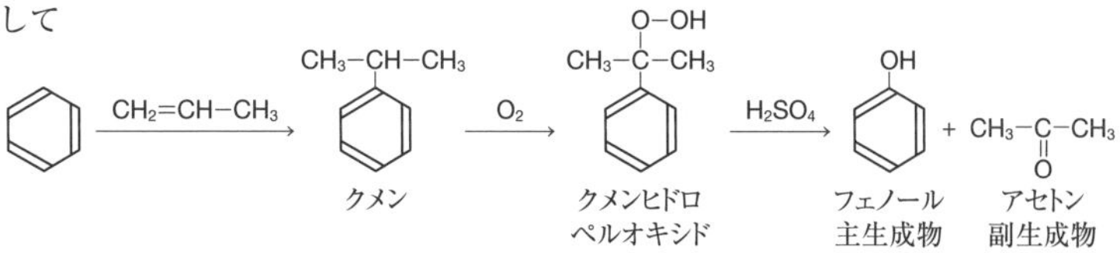

(反応図)　クメン　クメンヒドロペルオキシド　フェノール 主生成物　アセトン 副生成物

(3) ベンゼンスルホン酸は強酸のため，強塩基の NaOHaq と中和反応
をする。また，NaOH（固）に融解し強制的に反応させると，NaOH
の−OH 基と−SO₃H 基が置換する。これをアルカリ融解という。

(4) 酸の強さ $\underbrace{\text{塩酸} > \text{スルホン酸}}_{\text{強酸}} >> \underbrace{\text{カルボン酸} > \text{炭酸} > \text{フェノール}}_{\text{弱酸}}$

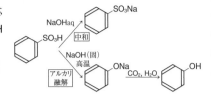

例題 56 サリチル酸とアゾ化合物

下図はアゾ化合物の生成系統図である。□ に化合物の構造式を入れよ。また，下の問いに答
えよ。

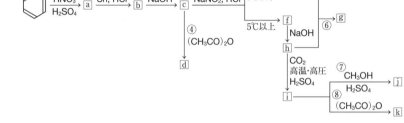

(1) © から ① の反応において，発生する気体の名称を答えよ。

(2) ⓗ から ① の反応において，高温・高圧下の条件でないときに生成する物質の名称を答えよ。

(3) ①〜⑧の反応の名称を答えよ。また，④に関しては，その結果生じる結合の名称も答えよ。

解答

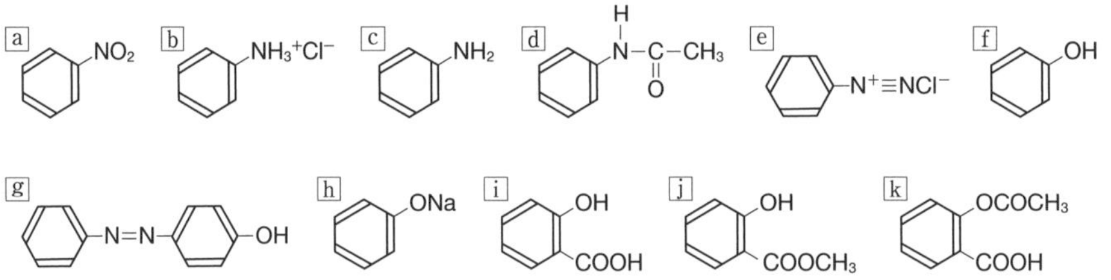

[a] ○-NO₂ [b] ○-NH₃⁺Cl⁻ [c] ○-NH₂ [d] ○-N(H)-C(=O)-CH₃ [e] ○-N⁺≡NCl⁻ [f] ○-OH

[g] ○-N=N-○-OH [h] ○-ONa [i] ○(OH)(COOH) [j] ○(OH)(COOCH₃) [k] ○(OCOCH₃)(COOH)

(1) 窒素   (2) フェノール   (3) ① ニトロ化 ② 還元 ③ 弱塩基の遊離
(4) アセチル化，アミド結合 ⑤ ジアゾ化 ⑥ カップリング ⑦ エステル化 ⑧ アセチル化

▶ ベストフィット　ジアゾ化は 5℃ 以下で行う（5℃ 以上では分解してフェノールを生じる）。

解説 ▶‥‥

(1) ジアゾニウムイオンは非常に不安定である。低温下でないと，安定な窒素 N_2 が脱離する。

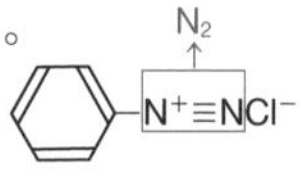

○-N⁺≡NCl⁻ → N₂

(2) ナトリウムフェノキシドは低温
下では，炭酸と反応して弱酸の遊
離によりフェノールが生じる。高
温・高圧下では強制的に CO_2 と反
応し，サリチル酸ナトリウムが生
成する。

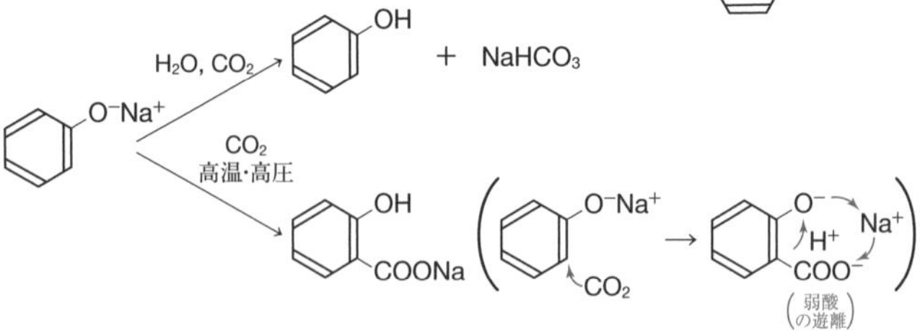

H_2O, CO_2 → ○-OH + $NaHCO_3$

$\dfrac{CO_2}{\text{高温・高圧}}$ → ○(OH)(COONa) （弱酸の遊離）

(3)

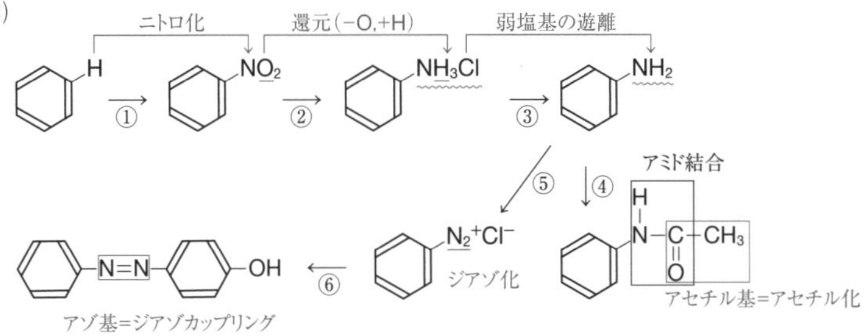

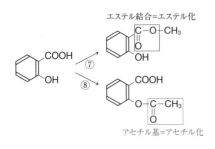

ニトロ化 ① → NO₂ 還元(−O,+H) ② → NH₃Cl 弱塩基の遊離 ③ → NH₂

④ アミド結合 アセチル基=アセチル化

⑤ ジアゾ化 N₂⁺Cl⁻

⑥ アゾ基=ジアゾカップリング N=N—OH

エステル結合=エステル化

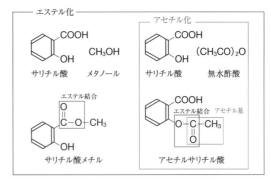

⑦ C−O−CH₃ / OH

⑧ COOH / O−C−CH₃ アセチル基=アセチル化

─ エステル化 ─

COOH / OH サリチル酸 CH₃OH メタノール

アセチル化

COOH / OH サリチル酸 (CH₃CO)₂O 無水酢酸

エステル結合 C−O−CH₃ / OH サリチル酸メチル

COOH / O−C−CH₃ エステル結合 アセチル基 アセチルサリチル酸

無水酢酸などによりアセチル基を導入するエステル化を特にアセチル化とよぶ。命名法がエステルと異なるので注意する。

例題 57 芳香族化合物の分離　　example problem

　次の手順によりエーテル溶液中の有機化合物を分離した。(A)〜(D)に含まれている芳香族化合物を構造式で示せ。また，下の問いに答えよ。

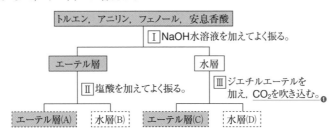

トルエン，アニリン，フェノール，安息香酸
　Ⅰ NaOH水溶液を加えてよく振る。

エーテル層　　　　　　　　　水層
　Ⅱ 塩酸を加えてよく振る。　　Ⅲ ジエチルエーテルを加え，CO₂を吹き込む。❶

エーテル層(A)　水層(B)　　エーテル層(C)　水層(D)

(1) 操作Ⅰ〜Ⅲによって起こる反応の名称を答えよ。

(2) 操作Ⅲでジエチルエーテルを加える理由を説明せよ。

(3) 水層(B)，(D)の化合物をエーテル層に抽出したい。どのような操作を行えばよいか。

解答　(A) CH₃　(B) NH₃⁺Cl⁻　(C) OH　(D) COO⁻Na⁺

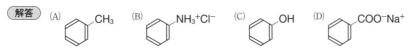

(1) Ⅰ 中和　Ⅱ 中和　Ⅲ 弱酸の遊離
(2) CO₂を吹き込むことによって生成する有機化合物をエーテル層に抽出するため。
(3) (B) 水酸化ナトリウム水溶液を加える。　(D) 塩酸を加える。

ベストフィット 有機化合物の塩は水層，有機化合物はエーテル層へ移動する。
フェノール，安息香酸は酸性，アニリンは塩基性である。

解説▶

(1)(2)

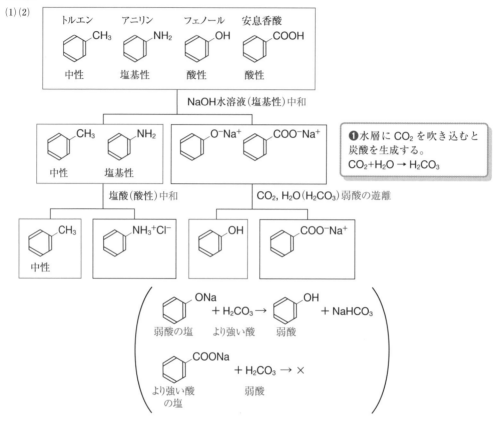

(3) 弱酸・弱塩基の遊離

例題 58 C₈H₁₀ の異性体

C_8H_{10} の異性体

example problem

　分子式 C_8H_{10} で表される芳香族炭化水素 A，B，C，D がある。A〜D を KMnO₄ で酸化すると，A からは安息香酸が，B，C，D からはそれぞれジカルボン酸の E，F，G が生成した。E を加熱すると容易に脱水反応が起こり H を生じた。また，B，C，D のベンゼン環に直接結合している H 原子 1 つを塩素原子に置換した化合物には，それぞれ 2 種，3 種，1 種の異性体が存在した。A〜D および H の構造式を示せ。

解答

A （エチルベンゼン）
B（o-キシレン）
C（m-キシレン）
D（p-キシレン）
H（無水フタル酸）

> ▶ **ベストフィット**
>
> KMnO₄で酸化すると，ベンゼン環に直接結合した炭化水素基が，その炭素数に関係なく−COOH基になる。
>
>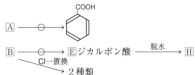

解説 ▶

Step 1） 反応図

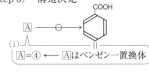

[A] ──○──→ (COOH)

[B] ──○──→ [E]ジカルボン酸 ──脱水──→ [H]
　　Cl一置換 ──→ 2種類

[C] ──○──→ [F]ジカルボン酸
　　Cl一置換 ──→ 3種類

[D] ──○──→ [G]ジカルボン酸
　　Cl一置換 ──→ 1種類

Step 2） 異性体

二置換体

C₆H₆ ＋(CH₃×2) −(H×2) → C₈H₁₀（o, m, p）

一置換体

C₆H₆ ＋(CH₂CH₃×1) −(H×1) → C₈H₁₀

① o-キシレン
② m-キシレン
③ p-キシレン
④ エチルベンゼン

Step 3） 構造決定

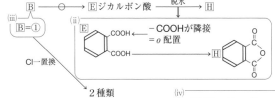

[A] ──○──→ (COOH)
(i) [A]＝④ ← [A]はベンゼン一置換体

[B] ──○──→ [E]ジカルボン酸 ──脱水──→ [H]
(iii) [B]＝①
(ii) ─COOHが隣接 ＝o配置
[E]（COOH, COOH）──→ [H]
Cl一置換 ──→ 2種類

[C] ──○──→ [F]ジカルボン酸
　　Cl一置換 ──→ 3種類

[D] ──○──→ [G]ジカルボン酸
　　Cl一置換 ──→ 1種類

(iv) [C][D]＝② or ③
Clで置換したときに生じる異性体を考える。

② ──→
③ ──→

[C]＝② [D]＝③

① ──→ 2種類

4章 有機化合物

4. 芳香族化合物

203 [芳香族の構造] 次の化合物の構造式を示せ。また，下の問いに答えよ。
① トルエン　② フェノール　③ ニトロベンゼン　④ *o*-キシレン
⑤ *p*-クレゾール　⑥ 安息香酸　⑦ ナフタレン　⑧ フタル酸
⑨ サリチル酸　⑩ ナトリウムフェノキシド　⑪ アセチルサリチル酸
⑫ アニリン　⑬ 塩化ベンゼンジアゾニウム　⑭ クメン
⑮ サリチル酸メチル　⑯ ベンジルアルコール
(1) $FeCl_3$ 水溶液で呈色するものを選べ。
(2) さらし粉で呈色するものを選べ。
(3) 炭酸水素ナトリウムと反応し，気体を発生するものを選べ。

203
(1)フェノール類の検出
(2)アニリンの検出
(3)炭酸より強い酸

204 [芳香族化合物の異性体] 次の分子式で表される芳香族化合物の異性体はいくつあるか。ただし，（　）のあるものは，その異性体のみを数えよ。
(1) $C_6H_4Br_2$　(2) C_8H_{10}　(3) C_6H_5OCl（二置換体）　(4) $C_6H_3Cl_3$

204 ◀例53

205 [フェノールとアルコールおよびエーテル] 化合物 A ～ C は分子式 C_7H_8O で表される芳香族化合物である。A ～ C に金属ナトリウムを加えたところ，A のみが反応を示さなかった。また，NaOH を加えたところ，B はよく溶けたが A，C は反応を示さなかった。また，C を硫酸酸性の $K_2Cr_2O_7$ 水溶液と反応させたところ，酸性を示す化合物 D が得られた。この物質はトルエンを酸化しても得られる。
(1) C_7H_8O で表される芳香族化合物のうち，①アルコール，②エーテル，③フェノール類に分類されるものを構造式でそれぞれ 1 つずつ示せ。
(2) B を無水酢酸でアセチル化したあと酸化し，触媒を用いて加水分解したところ医薬品の原料となる物質が得られた。B の構造式とその原料となる物質の名称を答えよ。
(3) A，C，D の示性式をそれぞれ示せ。

205 ◀例54
(2)アセチル化により，アセチル基（－COCH₃）が導入される。

206 [ベンゼンの反応系統] 次の文中の(ア)～(ソ)に適当な語句を入れよ。また，下の問いに答えよ。
　(a)ベンゼンに（　ア　）を作用させるとクメンが生成する。これを酸化したのち，酸性にすると（　イ　）と（　ウ　）が生成する。(b)（　イ　）に水酸化ナトリウム水溶液を加えると（　エ　）が生成する。一方，(c)ベンゼンに（　オ　）と濃硫酸の混合物を作用させるとニトロベンゼンが生成する。これを(d)固体の（　カ　）と液体の（　キ　）で還元し，水酸化ナトリウム水溶液を加えるとアニリンが生成し，さらに(e)（　ク　）と塩酸を作用させることによって（　ケ　）を得ることができる。(f)（　エ　）と（　ケ　）を反応させると（　コ　）を得ることができるが，これは染料などに使われる（　サ　）化合物の一種である。
　(g)（　エ　）に高温・高圧下で二酸化炭素を反応させると（　シ　）を生成し，この水溶液を酸性にすると（　ス　）が得られる。(h)（　ス　）に無水酢酸を反

206 ◀例55, 56
反応経路図を思い浮かべるとわかりやすい。

応させるとエステルである（　セ　）が，(i)濃硫酸を触媒にしてメタノールを
反応させるとエステルである（　ソ　）が得られる。

(1) 下線部(a)による(イ)の製法を何とよぶか。

(2) 下線部(e)の反応においては，低温・高温のどちらで行うのがよいか。

(3) ジアゾ化とよばれる過程は下線部(a)～(i)のどれか。

(4) ジアゾカップリングとよばれる過程は下線部(a)～(i)のどれか。

(5) 下線部(d)でアニリンが生成したことを確認する方法を説明せよ。

(6) 下線部(h)，(i)の構造式を用いた化学反応式，および反応の名称を答えよ。
また，生じた(セ)，(ソ)の医薬品としての用途を答えよ。

(7) 下線部(b)，(d)，(f)の反応を構造式を用いた化学反応式で表せ。

207 [芳香族化合物の分離]　安息香酸，トルエン，ニトロベンゼン，アニリンを
少量ずつ含むジエチルエーテル溶液を分液ろうとに入れた。これに希塩酸を
加え，よく振ったのち静置したところ，A層とB層の2層に分離した（図の
ア）。次に，B層を抜き取った分液ろうと（図のイ）に，新たに水酸化ナトリ
ウム水溶液を入れて，よく振ったのち静置したところ，C層とD層の2層
に分離した（図のウ）。C層に主成分として溶けている化合物を構造式で2つ
答えよ。

207 ◀例57
図式化して考えると
わかりやすい。

ア　分液ろうと　A層　B層

B層を抜き取る　A層

水酸化ナトリウム
水溶液を入れて，
よく振ったのち
静置する

ウ　C層　D層

208 [C₈H₈O₂の異性体]　分子式 $C_8H_8O_2$ で表される芳香族化合物 A～C に炭
酸水素ナトリウムを加えると，すべて気体を発生しながら溶解した。また，
A～Cを過マンガン酸カリウムで酸化すると A，C からはそれぞれ D，E が，
B からは F が得られた。この D，E は同一の分子式で表されるジカルボン
酸であり，F はトルエンを酸化して得られる化合物と同じであった。一方，
D は加熱すると容易に脱水反応を起こし，化合物 G を生成したが，E は脱
水反応を示さなかった。

208 ◀例58
炭酸水素ナトリウム
と反応→炭酸より強
い酸

(1) 下線部より，A～C はある官能基をもつ。その官能基の名称を答えよ。

(2) (1)より，考えられる A～C の異性体を構造式ですべて示せ。

(3) A，B，D，F，G の構造式をそれぞれ示せ。

(4) C として考えられる化合物は2種類ある。C のベンゼン環の水素1つを
塩素で置換したとき，異性体が4種類存在した。C の構造式を示せ。

4章

有機化合物

·····•·····•····•··· 練習問題 **···•····•·····•·····**

209 [化合物の性質]　次の(1)～(9)の記述にあてはまる化合物を，(ア)～(ク)よりすべて選べ。あてはまるものがないときは「なし」と書け。

(1)　その水溶液は，水酸化ナトリウム水溶液で中和することができる。

(2)　水溶液中における電離度が1に近い化合物である。

(3)　その水溶液は炭酸水素ナトリウムと反応する。

(4)　触媒があると，水中で比較的容易に加水分解する。

(5)　水には溶けにくいが，酸の水溶液には塩をつくって溶ける。

(6)　*p*-フェニルアゾフェノールの原料であり，塩基性の化合物である。

(7)　通常，ベンゼンを原料にして1回(1段階)の置換反応で生じる。

(8)　原料となる物質に，鉄を利用してつくることができる。

(9)　エタノールを酸化したときに得られる化合物である。

(ア)　クロロベンゼン　　(イ)　ベンゼンスルホン酸　　(ウ)　アニリン

(エ)　フェノール　　(オ)　ニトロベンゼン　　(カ)　エタノール

(キ)　酢酸　　(ク)　酢酸エチル

209
(1)酸性物質
(2)塩または強酸，強塩基
(3)炭酸より強い酸
(4)エステル
(5)塩基性物質

210 [芳香族化合物の分離]　サリチル酸，フェノール，アニリンおよびニトロベンゼンの4種類の化合物を含むエーテル溶液がある。各化合物を分離するために，2通りの方法で操作を行った。A～Hには各化合物がそれぞれどのような状態で含まれているか。構造式で示せ。

210中和と弱酸・弱塩基の遊離により化合物を分離する。

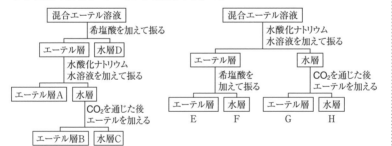

211 [芳香族化合物の識別]　次の(1)～(4)の各物質をジエチルエーテルに溶かし，別々の試験管に入れた。[　]の物質だけを検出するために必要な試薬を【試薬】より1つ選べ。また，そのときの変化を【変化】からすべて選べ。

(1)　[安息香酸]　　*o*-クレゾール　　トルエン

(2)　[アニリン]　　ナフタレン　　ニトロベンゼン

(3)　[サリチル酸メチル]　　アセチルサリチル酸　　*m*-キシレン

(4)　[ベンズアルデヒド]　　テレフタル酸　　スチレン

【試薬】① 塩酸　　② 水酸化ナトリウム水溶液

　　　③ 炭酸　　④ アンモニア性硝酸銀水溶液

　　　⑤ 塩化鉄(Ⅲ)水溶液　　⑥ 炭酸水素ナトリウム水溶液

【変化】(ア) 気体が発生する　　(イ) 溶液の色が変化する

211水に溶けにくい有機化合物も塩になると水に溶ける。

(ウ) 加えた水溶液に溶ける　(エ) 金属が析出する
(オ) 溶液が白濁する

212 ［芳香族化合物の分離］ フェノール，ニトロベンゼン，アニリン，酢酸を含むエーテル溶液がある。この混合溶液を右図の操作により各成分に分離した。

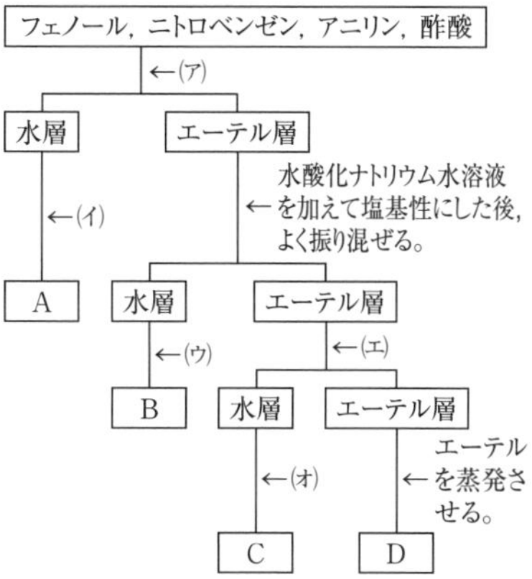

(1) 操作(ア)～(オ)にあてはまるものを，次の①～⑥から１つずつ選べ。ただし，同じ選択肢を選んでよい。
① 炭酸ナトリウム水溶液を十分加え，よく振り混ぜる。
② 希塩酸を加えて酸性にしたのち，よく振り混ぜる。
③ エーテルを加えてよく振り混ぜ，分離したエーテル層のエーテルを蒸発させる。
④ 水酸化ナトリウム水溶液を加えて塩基性にしたあと，よく振り混ぜる。
⑤ 希塩酸を加えて酸性にしたあと，エーテルを加えてよく振り混ぜ，分離したエーテル層のエーテルを蒸発させる。
⑥ 水酸化ナトリウム水溶液を加えて塩基性にしたあと，エーテルを加えてよく振り混ぜ，分離したエーテル層のエーテルを蒸発させる。

(2) A～Dにあてはまる化合物を構造式で示せ。

(3) Dに濃塩酸を加えると油滴が生じたが，これにスズを加えて60℃に加熱したところ，油滴が消失した。油滴が消失した理由を説明せよ。

212 水酸化ナトリウム水溶液は，酢酸とフェノールの両方と反応するため，操作(ア)で両者を分離しておく。

213 ［$C_8H_8O_2$ の異性体］ 分子式が $C_8H_8O_2$ で表される芳香族エステルA～Dがある。Aはベンゼン二置換体で，メタ位に置換基が結合している。その他はベンゼン一置換体である。A，Bは銀鏡反応を示したが，C，Dは示さなかった。そこでC，Dをそれぞれ加水分解し，芳香族化合物のみを分離，精製したところCからはEが，DからはFが得られた。EとFをそれぞれ炭酸水素ナトリウム水溶液に入れたところ，Eのみが塩をつくって溶けた。Fを $KMnO_4$ 水溶液で酸化しても芳香族カルボン酸は得られなかった。

(1) A～Fの構造式をそれぞれ示せ。

(2) Fに濃硝酸と濃硫酸の混合物を作用させると得られる化合物を構造式で示せ。

(3) A～Fのうち，塩化鉄(Ⅲ)と呈色反応するものをすべて選べ。

213
残りのCとOの数
$C_8H_8O_2$(分子式)
$-C_6$(ベンゼン環)
$-C\quad O_2$
(エステル結合)
C_1　(残り)

214 ［芳香族化合物の推定］ 次の文を読み，エステルAを構造式で示せ。

(1) 分子式 $C_{10}H_{12}O_2$ で表されるエステルAがある。Aを加水分解したところフェニル基(C_6H_5-)を含むカルボン酸BとアルコールCが得られた。カルボン酸Bを $KMnO_4$ 水溶液で酸化すると，容易に脱水されるジカルボ

214 分解してできたものを構造決定してから，それをもとにエステルAの構造を考える。

ン酸 D が得られた。一方，アルコール C はヨードホルム反応を示した。

(2) 分子式 $C_{11}H_{14}O_2$ で表されるエステル A がある。A を加水分解したところ，$FeCl_3$ 水溶液で呈色する化合物 B と不斉炭素原子をもつ化合物 C が得られた。

215 [アニリンの反応] ベンゼン環を含む化合物 A 372 mg を①乾燥した試験管に入れ，無水酢酸 510 mg を少しずつ加えてよく振り混ぜると発熱しながら反応した。この反応液を熱いうちに②約 10 mL の冷水中に流し込みよくかき混ぜると，結晶が生成した。この結晶を精製したところ，分子式 C_8H_9NO の化合物 B が 432 mg 得られた。A の希塩酸溶液を氷でよく冷やしながら，その中に亜硝酸ナトリウム水溶液を加えると，塩化物 C を含む水溶液が得られた。C を含む水溶液を温めると，③気体が発生し，D と HCl が生成した。D に塩化鉄(Ⅲ)水溶液を加えると，溶液は呈色した。また，D を水酸化ナトリウム水溶液に溶かし，この溶液を C を含む水溶液に加えると，染料にもなる④化合物 E が沈殿した。

215 塩酸と亜硝酸ナトリウムから，ジアゾ化が起こっていると考える。

(1) 化合物 A ～ E の構造式を示せ。

(2) 下線部①で，乾燥した試験管を使用する理由を答えよ。

(3) 下線部②で，反応液を冷水中に流し込む理由を答えよ。

(4) 下線部③の気体の化学式を答えよ。

(5) 下線部④の色を答えよ。

(6) この実験の収率を計算せよ。ただし，収率は以下のように求められる。

$$収率〔\%〕 = \frac{実際に得られた B の質量〔g〕}{理論的に得られる B の質量〔g〕} \times 100$$

216 [芳香族化合物の構造決定] 炭素，水素，酸素からなるエステルがある。その分子式は $C_{20}H_{22}O_4$ である。エステルの加水分解を行うと化合物 A，B，C が得られた。二クロム酸カリウムの希硫酸溶液との反応では，穏やかに酸化され，A からは化合物 D が得られ，B からは化合物 E が得られた。D，E に十分な量のヨウ素と水酸化ナトリウム水溶液を加えて加熱したところ，D は黄色沈殿が生成した。D，E をアンモニア性硝酸銀水溶液に加えて加熱したところ，どちらも銀鏡反応を示さなかった。D の分子式は C_3H_6O であった。C，E はフェニル基（C_6H_5-）をもち，E の分子量は 134 であった。67 mg の E を完全燃焼すると，二酸化炭素 198 mg と水 45 mg のみが得られた。C に濃硫酸と濃硝酸の混合物を反応させると，C の水素原子の 1 つだけがニトロ基に置換した生成物が得られる。この置換反応において，ニトロ基の位置が異なる構造異性体は，この生成物を含めて 3 種類考えられる。

216 エステルの加水分解を行うと化合物 A，B，C が得られた。
→エステル結合が 2 つある。

(1) 化合物 A，B，D，E の構造式を示せ。

(2) 化合物 C の分子式を答えよ。

(3) 化合物 C の構造式を示せ。

(4) 化合物 E の構造異性体のなかで，フェニル基をもち，アンモニア性硝酸銀水溶液に加えて加熱すると銀鏡反応を示す化合物の構造式を 2 つ示せ。

217 [染料] 次の文中の(ア)～(サ)に適当な語句を入れよ。

217 官能基の変化を追っていく。

　水や有機溶媒に溶け，繊維の染色などを目的として用いる色素を染料といい，(ア)と(イ)に分類される。(ア)の代表的なものとしてタデアイの葉から得られるインジゴや，コチニール虫から得られる(ウ)がある。インジゴは水に対する溶解性が(エ)いため，吸着させる方法として建染めが行われる。建染めとはインジゴを還元して(オ)性の化合物へ変換して染める方法である。まず，インジゴに水酸化ナトリウム水溶液と亜ジチオン酸ナトリウム $Na_2S_2O_4$ を加えると，黄色化合物 A が生成する。この化合物 A は(カ)塩であり，(オ)性が高い。これを繊維に吸着させたあと，空気中の酸素で(キ)させるともとの青色のインジゴに戻る。

　チオインジゴはインジゴに類似した化学構造をもち，人工的につくられた(イ)である。その他，(イ)として広く用いられているものに，分子内に(ク)基をもつ(ク)化合物がある。(ク)化合物には，メチルオレンジ，クリソイジンなどがあり，最も代表的な(ク)化合物はアニリンを出発点として，塩化物の(ケ)を経て生成される(コ)がある。(ケ)より(コ)を生じる反応を(サ)という。

218 [医薬品] 次の文を読み，下の問いに答えよ。

218 医薬品の分類とそれぞれの特徴をしっかりと覚える。

　病気によって生じる不快な症状を抑える薬を(ア)薬という。これに属する薬の例として解熱鎮痛作用をもち，サリチル酸と無水酢酸を反応させて得られる(イ)がある。一方，病気の原因を取り除く薬を(ウ)薬とよび，これに属する薬の例として，アオカビから発見された世界初の抗生物質(エ)や，抗生物質と同様に抗菌作用をもち，分子中に共通した(オ)の部分構造をもつサルファ剤などがある。現在，この抗生物質に対する抵抗力をもつ(カ)菌の出現が問題となっている。これとは別に，病原菌を死滅させたり，繁殖を抑えたりする目的で使われる消毒液も医薬品である。例えば，食器の消毒に塩素を含む(キ)が，また，けがの消毒にヨウ素を含む(ク)が使用されるが，両ハロゲン化合物の殺菌作用はそれらの(ケ)作用による。一方，手指の消毒に使用される(コ)などのフェノール類の殺菌作用はタンパク質の変性による。

(1) (ア), (ウ), (カ), (ケ)に最も適する語句を答えよ。

(2) (イ), (エ), (オ)に最も適する医薬品を下の選択肢から選べ。
　　① ストレプトマイシン　　② ペニシリン　　③ ニトログリセリン
　　④ アセトアニリド　　⑤ アスピリン　　⑥ スルファニルアミド
　　⑦ アセトアミノフェン　　⑧ サルバルサン

(3) (イ)の医薬品の構造式を答えよ。

(4) (キ), (ク), (コ)に最も適する消毒薬を下の選択肢から選べ。
　　① ヨードチンキ　　② クレゾール　　③ オキシドール
　　④ エタノール　　⑤ さらし粉

▶**1** 高分子化合物の分類と特徴

● **確認事項** 以下の空欄に適当な語句を入れよ。

● **高分子化合物** 分子量がおよそ1万以上の化合物を高分子化合物（高分子）という。

	有機高分子化合物	無機高分子化合物
天然 高分子化合物	デンプン，セルロース， タンパク質	雲母，石英
合成 高分子化合物	ポリエチレン，ナイロン， 合成ゴム	シリコーン樹脂，炭素繊維

● **合成高分子化合物の分類**

①繊維
②樹脂
③ゴム

分類	用途	例
合成①（　　　）	張力を加えて糸状に成型されたもの。	ナイロン66，ポリエチレンテレフタラート
合成②（　　　） （プラスチック）	塊状や膜（フィルム）状に成型されたもの。	ポリエチレン，ポリ塩化ビニル，フェノール樹脂
合成③（　　　）	外力によって伸び縮みが可能な構造をもつもの。	ブタジエンゴム，スチレン－ブタジエンゴム

● **高分子化合物の生成反応** 小さな構成単位がくり返し共有結合してできる。

④単量体
⑤重合
⑥重合体
⑦重合度

モデル	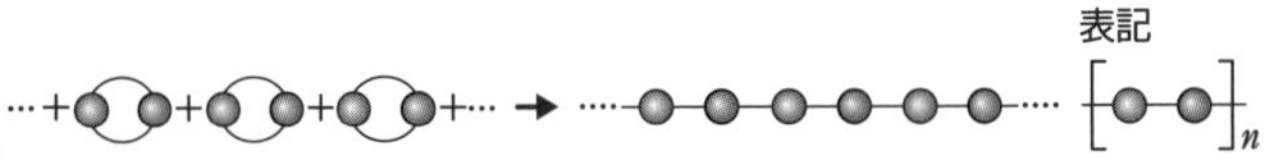 表記			
用語	④（　　　） （モノマー）	⑤（　　　）	⑥（　　　） （ポリマー）	n ⑦（　　　）
説明	構成単位となる小さな分子	単量体が次々と結合する	重合してできた高分子化合物	重合体中の単量体の数

● **重合反応の種類**

⑧縮合
⑨付加
⑩開環
⑪付加縮合

⑧（　　　） 重合	2個以上の官能基をもつ単量体が，単量体間で水などの簡単な分子がとれて重合する反応。 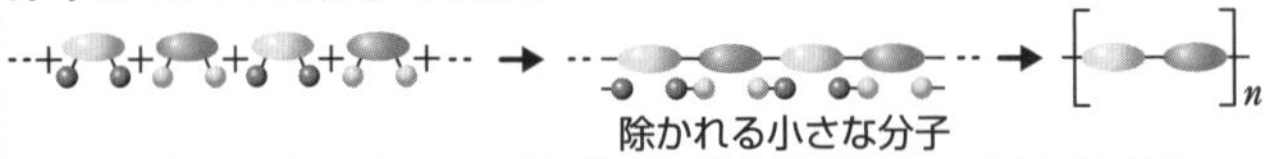 除かれる小さな分子
⑨（　　　） 重合	不飽和結合をもつ単量体が，単量体間で次々と付加反応をして重合する反応。 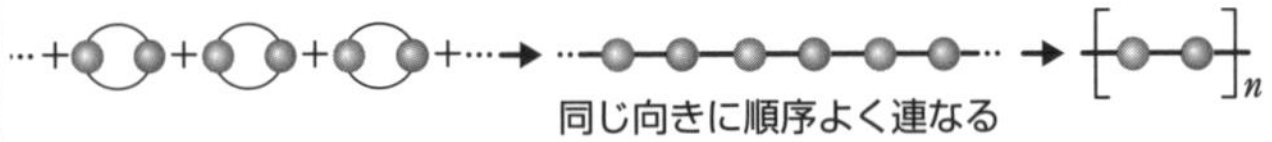 同じ向きに順序よく連なる
⑩（　　　） 重合	環状の単量体が，その環を開きながら重合する反応。 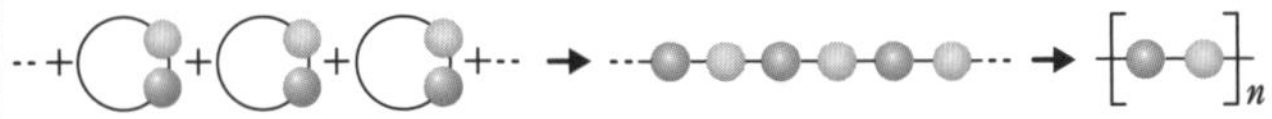
⑪（　　　）	（おもに＞C＝Oに）付加反応と縮合反応をくり返し重合する反応。 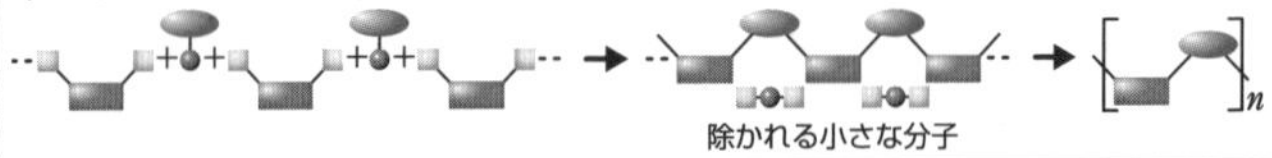 除かれる小さな分子

● 高分子化合物の特徴

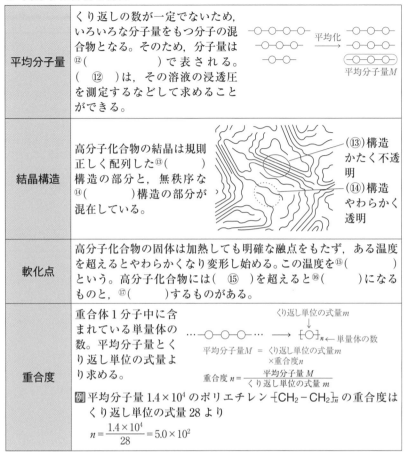

平均分子量	くり返しの数が一定でないため，いろいろな分子量をもつ分子の混合物となる。そのため，分子量は⑫(　　　　　)で表される。(⑫)は，その溶液の浸透圧を測定するなどして求めることができる。		
結晶構造	高分子化合物の結晶は規則正しく配列した⑬(　　　)構造の部分と，無秩序な⑭(　　　)構造の部分が混在している。	(⑬)構造 かたく不透明 (⑭)構造 やわらかく透明	
軟化点	高分子化合物の固体は加熱しても明確な融点をもたず，ある温度を超えるとやわらかくなり変形し始める。この温度を⑮(　　　　　)という。高分子化合物には(⑮)を超えると⑯(　　　)になるものと，⑰(　　　)するものがある。		
重合度	重合体1分子中に含まれている単量体の数。平均分子量とくり返し単位の式量より求める。		

重合度 $n = \dfrac{\text{平均分子量 } M}{\text{くり返し単位の式量 } m}$

平均分子量 M ＝ くり返し単位の式量 m ×重合度 n

例 平均分子量 1.4×10^4 のポリエチレン $\left[CH_2 - CH_2 \right]_n$ の重合度は くり返し単位の式量 28 より

$$n = \dfrac{1.4 \times 10^4}{28} = 5.0 \times 10^2$$

● 高分子化合物の構造と熱的性質

鎖状構造（二次元）		立体網目構造（三次元）
	構造	
熱を加えるとやわらかくなって変形し，冷却してもその変形が維持される(⑱(　　　)性)。	構造	加熱すると重合が進み，三次元の網目構造が発達し，硬化する(⑲(　　　)性)。
溶媒に⑳(　　　)。ただし，デンプンなどは溶媒に㉑(　　　)で，コロイド溶液となる。	溶解	溶媒に(⑳)。
単量体1分子あたり2方向に反応してできることが多い。	反応	単量体1分子あたり3方向以上に反応してできることが多い。

解答
⑫平均分子量
⑬結晶
⑭非結晶
⑮軟化点
⑯液体
⑰分解
⑱熱可塑
⑲熱硬化
⑳不溶
㉑可溶

5章
高分子化合物

▶1 糖類

● **確認事項** ● 以下の空欄に適当な語句，化学式または数字を入れよ。

● **糖類の分類** 多価アルコールで，一般式 $C_nH_{2m}O_m$ で表される化合物[※1,2]。

解答

構造(モデル)	名称	分子式	加水分解後の生成物
単糖 それ以上小さな分子に加水分解できないもの。			
	①(　　　　　) （ブドウ糖）	③(　　　　　)	―
	②(　　　　　) （果糖）		―
	ガラクトース		―
二糖 2分子の単糖が脱水縮合したもの。加水分解で単糖が2分子生じる。			
	④(　　　　　) （麦芽糖）	⑦(　　　　　)	グルコース(2分子)
	⑤(　　　　　) （ショ糖）		グルコース，フルクトース
	⑥(　　　　　) （乳糖）		グルコース，ガラクトース
多糖 多数の単糖が脱水縮合したもの。加水分解で多数の単糖分子が生じる。			
	デンプン	⑨(　　　　　)	グルコース
	⑧(　　　　　)		グルコース

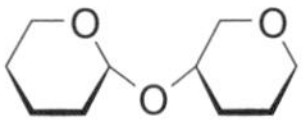

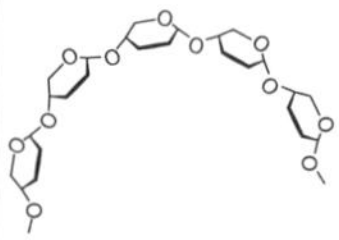

[※1] $C_n(H_2O)_m$ と書くことができるので炭水化物ともよばれる。
[※2] デオキシリボース $C_5H_{10}O_4$ のように $C_n(H_2O)_m$ で表せない糖類もある。

① グルコース
② フルクトース
③ $C_6H_{12}O_6$
④ マルトース
⑤ スクロース
⑥ ラクトース
⑦ $C_{12}H_{22}O_{11}$
⑧ セルロース
⑨ $(C_6H_{10}O_5)_n$

● **糖類の性質**

水溶性	分子内に⑩(　　　　　)基が多数存在し，水に溶けるものが多いが，多糖は水に溶けにくい。 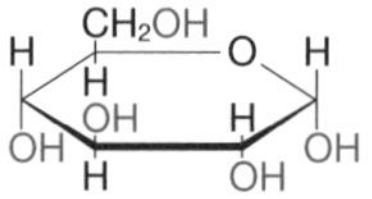
還元性	環が開いた鎖状構造に還元性を示す官能基（ホルミル基など）をもつため，単糖，二糖は還元性を示すものが多い。鎖状構造になるには，環にヘミアセタール構造をもつ必要がある。 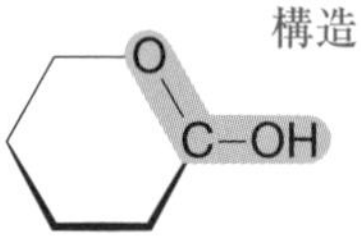
脱水縮合と加水分解	ヒドロキシ基の脱水縮合によりグリコシド結合（エーテル結合）が生じる。酸や酵素による加水分解で最終的に単糖に戻る。 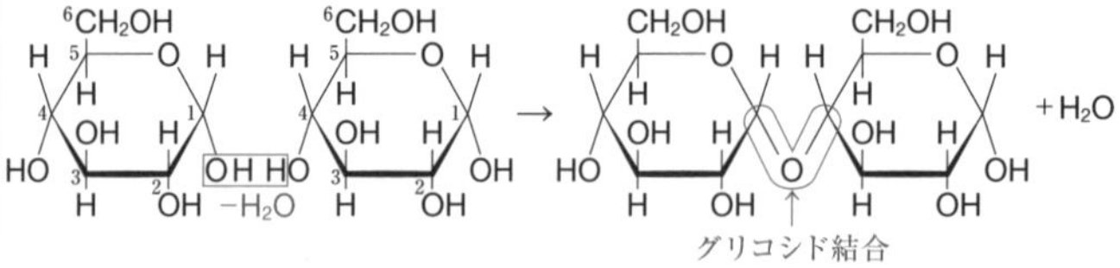

⑩ ヒドロキシ

● **単糖** それ以上小さな分子に加水分解できない糖類。すべて還元性を示す。

解答
⑪ $n\mathrm{H_2O}$
⑫ $n\mathrm{C_6H_{12}O_6}$
⑬ホルミル
⑭立体異性体
⑮示す

① グルコース(ブドウ糖) $\mathrm{C_6H_{12}O_6}$

製法	デンプンやセルロースを酸とともに加熱し，加水分解する。 $(\mathrm{C_6H_{10}O_5})_n + ⑪(\qquad)\xrightarrow{酸}⑫(\qquad)$
構造	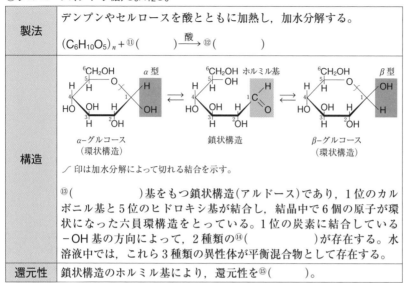 ／印は加水分解によって切れる結合を示す。 ⑬(　　　　　)基をもつ鎖状構造(アルドース)であり，1位のカルボニル基と5位のヒドロキシ基が結合し，結晶中で6個の原子が環状になった六員環構造をとっている。1位の炭素に結合している −OH 基の方向によって，2種類の⑭(　　　　　)が存在する。水溶液中では，これら3種類の異性体が平衡混合物として存在する。
還元性	鎖状構造のホルミル基により，還元性を⑮(　　　)。

② フルクトース(果糖) $\mathrm{C_6H_{12}O_6}$

⑯ケトン
⑰ 6
⑱ 5

構造	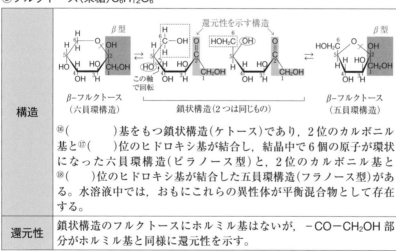 ⑯(　　　　　)基をもつ鎖状構造(ケトース)であり，2位のカルボニル基と⑰(　　)位のヒドロキシ基が結合し，結晶中で6個の原子が環状になった六員環構造(ピラノース型)と，2位のカルボニル基と⑱(　　)位のヒドロキシ基が結合した五員環構造(フラノース型)がある。水溶液中では，おもにこれらの異性体が平衡混合物として存在する。
還元性	鎖状構造のフルクトースにホルミル基はないが，$-\mathrm{CO-CH_2OH}$ 部分がホルミル基と同様に還元性を示す。

③ ガラクトース $\mathrm{C_6H_{12}O_6}$

構造	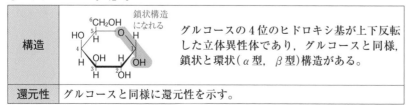 グルコースの4位のヒドロキシ基が上下反転した立体異性体であり，グルコースと同様，鎖状と環状(α型，β型)構造がある。
還元性	グルコースと同様に還元性を示す。

④単糖類の反応

単糖類の還元性	還元剤 $R-CHO + H_2O \longrightarrow R-COOH + 2H^+ + \boxed{2e^-}$ 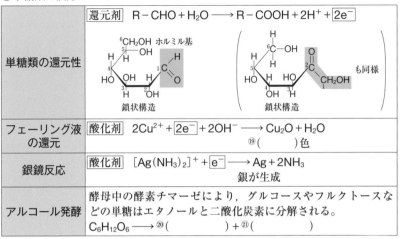
フェーリング液の還元	酸化剤 $2Cu^{2+} + \boxed{2e^-} + 2OH^- \longrightarrow Cu_2O + H_2O$ ⑲（　　　　）色
銀鏡反応	酸化剤 $[Ag(NH_3)_2]^+ + \boxed{e^-} \longrightarrow Ag + 2NH_3$ 銀が生成
アルコール発酵	酵母中の酵素チマーゼにより，グルコースやフルクトースなどの単糖はエタノールと二酸化炭素に分解される。 $C_6H_{12}O_6 \longrightarrow$ ⑳（　　　　）＋㉑（　　　　）

● **二糖**　2分子の単糖が脱水縮合した糖。加水分解で単糖が2分子生じる。

分子式	㉒（　　　　）← $(C_6H_{12}O_6) \times 2 - H_2O$ と考えられる。
構造	糖中の1位の$-OH$基と，他の糖の$-OH$基が脱水縮合してできる$-C-O-C-$結合を㉓（　　　　）結合という。1位の$-OH$基がα型のときα-グリコシド結合，β型のときβ-グリコシド結合という。もとの単糖の$-OH$基の位置番号を用いて表す。下図では㉔（　　　　）結合となる。 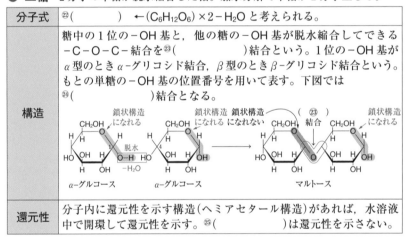
還元性	分子内に還元性を示す構造(ヘミアセタール構造)があれば，水溶液中で開環して還元性を示す。㉕（　　　　）は還元性を示さない。

①マルトース（麦芽糖）$C_{12}H_{22}O_{11}$

構造	2分子の㉖（　　　　）の1位と4位の$-OH$基が脱水縮合した構造。 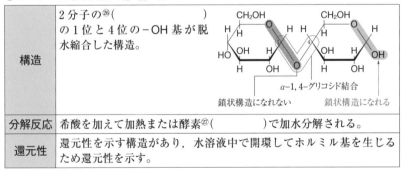
分解反応	希酸を加えて加熱または酵素㉗（　　　　）で加水分解される。
還元性	還元性を示す構造があり，水溶液中で開環してホルミル基を生じるため還元性を示す。

②スクロース(ショ糖)C₁₂H₂₂O₁₁

構造	㉘( )の1位の-OH基と五員環構造の ㉙( )の2位の-OH基が脱水縮合した構造。 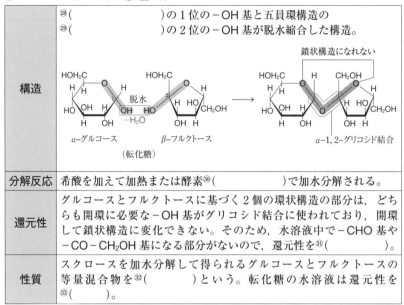
分解反応	希酸を加えて加熱または酵素㉚( )で加水分解される。
還元性	グルコースとフルクトースに基づく2個の環状構造の部分は，どちらも開環に必要な-OH基がグリコシド結合に使われており，開環して鎖状構造に変化できない。そのため，水溶液中で-CHO基や-CO-CH₂OH基になる部分がないので，還元性を㉛( )。
性質	スクロースを加水分解して得られるグルコースとフルクトースの等量混合物を㉜( )という。転化糖の水溶液は還元性を㉝( )。

③ラクトース(乳糖)C₁₂H₂₂O₁₁

構造	㉞( )の1位の-OH基と㉟( )の4位の-OH基が脱水縮合した構造。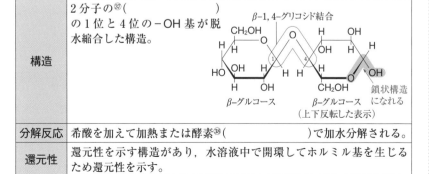
分解反応	希酸を加えて加熱または酵素㊱( )で加水分解される。
還元性	還元性を示す構造があり，水溶液中で開環してホルミル基を生じるため還元性を示す。

④セロビオース C₁₂H₂₂O₁₁

構造	2分子の㊲( )の1位と4位の-OH基が脱水縮合した構造。
分解反応	希酸を加えて加熱または酵素㊳( )で加水分解される。
還元性	還元性を示す構造があり，水溶液中で開環してホルミル基を生じるため還元性を示す。

解答
㉘ α-グルコース
㉙ β-フルクトース
㉚ スクラーゼ(インベルターゼ)
㉛ 示さない
㉜ 転化糖
㉝ 示す

㉞ β-ガラクトース
㉟ β-グルコース
㊱ ラクターゼ

㊲ β-グルコース
㊳ セロビアーゼ

5章
高分子化合物

グルコース（還元性：　　　）		
α型	鎖状構造	β型

フルクトース（還元性：　　　）		
β型（六員環）	鎖状構造	β型（五員環）
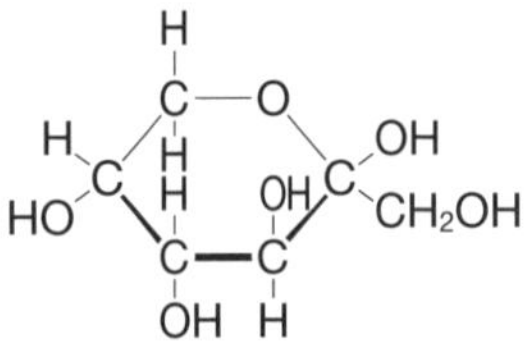		

ガラクトース（還元性：　　　）		
α型	鎖状構造	β型
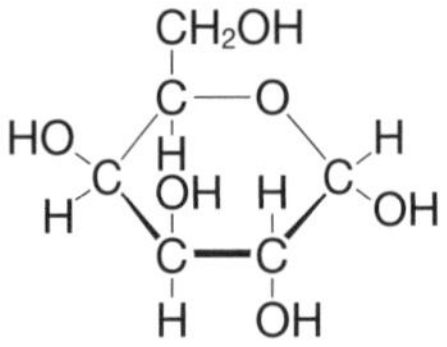		

マルトース（還元性：　　　）	スクロース（還元性：　　　）

ラクトース（還元性：　　　）β-ガラクトース＋β-グルコース	セロビオース（還元性：　　　）

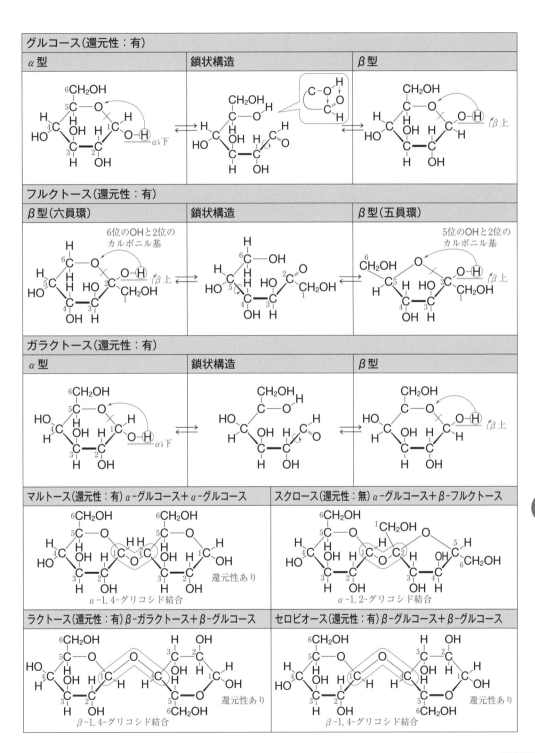

グルコース（還元性：有）

α 型	鎖状構造	β 型

フルクトース（還元性：有）

β 型（六員環）	鎖状構造	β 型（五員環）

6位のOHと2位の
カルボニル基

5位のOHと2位の
カルボニル基

ガラクトース（還元性：有）

α 型	鎖状構造	β 型

マルトース（還元性：有）α-グルコース+α-グルコース

還元性あり

α-1,4-グリコシド結合

スクロース（還元性：無）α-グルコース+β-フルクトース

α-1,2-グリコシド結合

ラクトース（還元性：有）β-ガラクトース+β-グルコース

還元性あり

β-1,4-グリコシド結合

セロビオース（還元性：有）β-グルコース+β-グルコース

還元性あり

β-1,4-グリコシド結合

● **多糖** 多数の単糖が脱水縮合した糖類。加水分解で最終的に多数の単糖分子が生じる。一般に数十万から数百万という大きな分子量をもつ。

分子式	㊴(　　　　　　　)←$(C_6H_{12}O_6)×n-(H_2O)×n$と考えられる。
還元性	末端に還元性を示す構造があっても，その割合は全体に対してきわめて小さいため，還元性はほとんど示さない。
性質	水に溶けにくく，単糖や二糖とは異なり甘みを示さない。

①アミロース($(C_6H_{10}O_5)_n$)

構造	比較的分子量の小さい多糖で㊵(　　　　　　　)が1，4-グリコシド結合で直鎖状につながった構造。立体構造は㊶(　　　　　)となる。 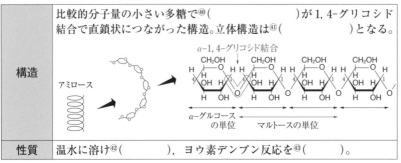
性質	温水に溶け㊷(　　　)，ヨウ素デンプン反応を㊸(　　　)。

②アミロペクチン($(C_6H_{10}O_5)_n$)

構造	㊹(　　　　　　　)が，1，4-グリコシド結合と1，6-グリコシド結合でつながっており，比較的分子量が大きく，枝分かれ状につながった構造。立体構造は㊺(　　　　)したらせん構造となる。 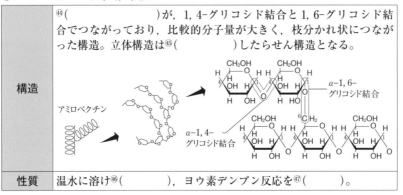
性質	温水に溶け㊻(　　　)，ヨウ素デンプン反応を㊼(　　　)。

③デンプン($(C_6H_{10}O_5)_n$)

構造	デンプンは，数百～数千個のα-グルコースが縮合重合してできた多糖で，㊽(　　　　)と㊾(　　　　　　)の混合物。
存在	デンプンは，植物体内で㊿(　　　)によってつくられる。米，小麦やいも類に多く含まれている。
性質	冷水には溶け51(　　　)が，熱水には溶けてコロイド状(デンプンのり)になる。デンプンの水溶液は，還元性を52(　　　)。

④デキストリン($(C_6H_{10}O_5)_n$)

概要	デンプンの加水分解を途中でやめた，デンプンの分子量よりも小さい種々の糖類。	〈デンプン〉
性質	低分子量のものほど水に溶けやすい。	⇩加水分解　〈デキストリン〉

⑤グリコーゲン

概要	多数の⁵³($\qquad$)が結合した化合物で，分子量が数百万にも達する。アミロペクチンよりも枝分かれが多いらせん構造をもつ。動物の体内にエネルギー貯蔵物質として存在する。
性質	低分子量のものほど水に溶けやすい。

⑥デンプンの反応

酸による加水分解	デンプンは酸により適当な位置のグリコシド結合が加水分解され，最終的に⁵⁴($\qquad$)となる。
酵素による加水分解	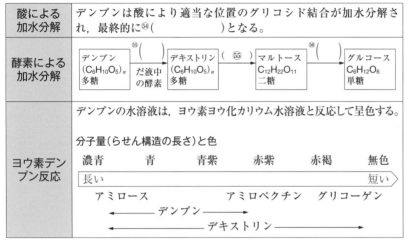
ヨウ素デンプン反応	デンプンの水溶液は，ヨウ素ヨウ化カリウム水溶液と反応して呈色する。 分子量(らせん構造の長さ)と色 濃青　青　青紫　赤紫　赤褐　無色 長い　　　　　　　　　　　　短い アミロース　　　アミロペクチン　グリコーゲン ←デンプン→ ←デキストリン→

● セルロース($C_6H_{10}O_5)_n$

構造	⁵⁷($\qquad$)が1, 4-グリコシド結合で多数つながった構造。六員環部分が，結合方向に交互に180°回転した形で縮合重合し，直線状に伸びている。直線状の分子は，平行に並んで，分子間に多くの⁵⁸($\qquad$)ができ，強い繊維となる。 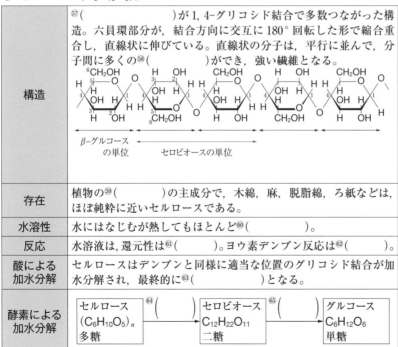
存在	植物の⁵⁹($\qquad$)の主成分で，木綿，麻，脱脂綿，ろ紙などは，ほぼ純粋に近いセルロースである。
水溶性	水にはなじむが熱してもほとんど⁶⁰($\qquad$)。
反応	水溶液は，還元性は⁶¹($\qquad$)。ヨウ素デンプン反応は⁶²($\qquad$)。
酸による加水分解	セルロースはデンプンと同様に適当な位置のグリコシド結合が加水分解され，最終的に⁶³($\qquad$)となる。
酵素による加水分解	セルロース ($C_6H_{10}O_5)_n$ 多糖　→⁶⁴( )→ セロビオース $C_{12}H_{22}O_{11}$ 二糖 →⁶⁵( )→ グルコース $C_6H_{12}O_6$ 単糖

5章
高分子化合物

● セルロースの利用

①再生繊維（レーヨン）

概要	木材パルプなどのセルロースの短い繊維をいったん溶解してから，長い繊維として再生したものを[66]（　　　）という。一般に，天然繊維を適当な溶媒に溶解したあと，再度凝固させて繊維に再生したものを[67]（　　　）という。またフィルム状に再生したものを[68]（　　　）という。再生繊維では，単量体の構造は変化しない。
ビスコースレーヨン	$(C_6H_{10}O_5)_n$ セルロース　→ NaOH 水溶液 → アルカリセルロース → CS₂ → セルロースキサントゲン酸ナトリウム → 希 NaOH 水溶液 → ビスコース → 希硫酸 → $(C_6H_{10}O_5)_m$ ビスコースレーヨン → セロハン
銅アンモニアレーヨン（キュプラ）	短い繊維 セルロース $(C_6H_{10}O_5)_n$ → シュバイツァー試薬 → セルロース溶液 → 希硫酸中に押し出す → 銅アンモニアレーヨン $(C_6H_{10}O_5)_m$ セルロース銅(II)アンモニア錯塩 **シュバイツァー試薬** 水酸化銅(II)を濃アンモニア水に溶かした溶液 $[Cu(NH_3)_4](OH)_2$

②半合成繊維（アセテート）

	セルロースは水素結合が強く成形が難しいので，－OH基をアセチル化して水素結合の影響を弱めて，繊維やフィルムにする。このように天然繊維を化学的に処理してから紡糸したものを[69]（　　　）という。半合成繊維では，重合度は変化しない。
アセテート繊維	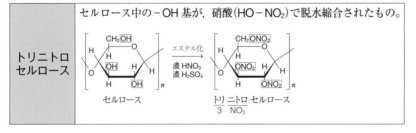

③トリニトロセルロース

	セルロース中の－OH基が，硝酸（HO－NO₂）で脱水縮合されたもの。
トリニトロセルロース	セルロース → エステル化 濃 HNO_3 濃 H_2SO_4 → トリニトロセルロース

例題 59 糖類の分類

次の①～⑧の糖類を(A)単糖，(B)二糖，(C)多糖に分類せよ。また，これらの糖類のうち，還元性を示さないものをすべて選べ。

① グルコース　　② ガラクトース　　③ マルトース　　④ アミロース

⑤ フルクトース　⑥ ラクトース　　　⑦ セルロース　　⑧ スクロース

解答 (A) ①②⑤　　(B) ③⑥⑧　　(C) ④⑦　　還元性を示さないもの ④⑦⑧

▶ ベストフィット 単糖はすべて還元性を示す。二糖のスクロースは還元性を示さない。

解説▶

多糖，二糖，単糖の対応関係を整理する。

多糖	混合物	二糖	単糖
④アミロース　アミロペクチン	→デキストリン	→③マルトース	→①グルコース
		⑧スクロース	→ グルコース，⑤フルクトース
		⑥ラクトース	→ グルコース，②ガラクトース
⑦セルロース		→セロビオース	→グルコース

※赤字の糖は還元性を示さない。

例題 60 グルコースの性質

グルコースは水溶液中で，右図のような3つの構造(A)，(B)および(C)が一定の割合で混ざった平衡状態となる。

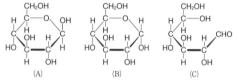

(1) (A)～(C)の構造はそれぞれ鎖状構造，α-グルコース，β-グルコースのどれか。

(2) グルコースに対して次の反応を試みた。変化が見られる反応をすべて選べ。

① フェーリング液の還元　　　　　② 銀鏡反応

③ ヨウ素ヨウ化カリウム水溶液の呈色反応　④ ヨードホルム反応

(3) (2)で見られた反応を示す官能基は何か。

解答 (1) (A) β-グルコース　(B) α-グルコース　(C) 鎖状構造

(2) ①②　　(3) ホルミル基

▶ ベストフィット 糖類の鎖状⇄環状の平衡は，ヘミアセタール構造によって起こる。

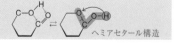

解説▶

(1)，(3) グルコースは次の平衡状態となる。

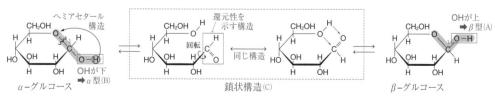

5章
高分子化合物

(2) ①, ②は酸化還元反応である。

| 還元剤 | $R-CHO + H_2O \longrightarrow R-COOH + 2H^+ + \boxed{2e^-}$ （グルコース）

| 酸化剤 | $2Cu^{2+} + \boxed{2e^-} + 2OH^- \longrightarrow Cu_2O$（赤色）$+ H_2O$（フェーリング液の還元）

| 酸化剤 | $[Ag(NH_3)_2]^+ + \boxed{e^-} \longrightarrow Ag + 2NH_3$（銀鏡反応）

③ デンプンなど

ヨウ素分子がらせん構造に入る
ことで呈色（ヨウ素デンプン反応）

ヨウ素分子

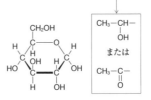

グルコース ⬡ ではらせん構造とならない。

④ ヨードホルム反応を示す構造がない。

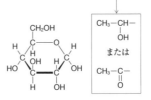

CH_3-CH-
　　　OH

または

CH_3-C-
　　　O

✦check!

例題 **61** 糖類の計算
example problem

(1) グルコースがアルコール発酵するときの反応を化学反応式で表せ。

(2) グルコース 18 g から得られるエタノールは何 g か。

(3) 平均分子量 4.86×10^6 のデンプンは平均何個のグルコース単位で構成されているか。

(4) デンプン 16.2 g を溶かした水溶液に希硫酸を加えて長時間加熱し，完全に加水分解すると何 g のグルコースが得られるか。

解答 (1) $C_6H_{12}O_6 \longrightarrow 2C_2H_5OH + 2CO_2$ (2) 9.2 g (3) 3.00×10^4 個 (4) 18.0 g

▶ **ベストフィット** グルコースはアルコール発酵により，エタノールと二酸化炭素が生成する。

解説 ▶ ･･･

(1) ① H の数をあわせる

$C_6H_{12}O_6 \longrightarrow \underline{2C_2H_5OH} + 2CO_2$

② C の数をあわせる

必ず CO_2 の発泡が見られる。

(2) $C_6H_{12}O_6 \longrightarrow 2C_2H_5OH + 2CO_2$

$18g$
↓ 分子量 180
$\dfrac{18}{180}$ mol $\longrightarrow \dfrac{18}{180} \times 2$ mol
↓ 分子量 46
$\dfrac{18}{180} \times 2 \times 46 = 9.2$ g

(3) デンプンの分子式は $(C_6H_{10}O_5)_n$
くり返し単位の式量は 162 より

$n = \dfrac{\text{平均分子量}}{\text{くり返し単位の式量}} = \dfrac{4.86 \times 10^6}{162} = 3.00 \times 10^4$

❶

❶
CH$_2$OH

$\boxed{H}-O-$ ... $-O-\boxed{H}$

単糖の構造 − 水 ＝ くり返し単位
$C_6H_{12}O_6 - H_2O = C_6H_{10}O_5$
　180　　　 18　　　162

(4)

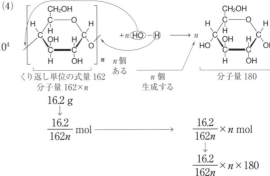

くり返し単位の式量 162
分子量 $162 \times n$

16.2 g
↓
$\dfrac{16.2}{162n}$ mol

n 個
生成する

分子量 180

$\longrightarrow \dfrac{16.2}{162n} \times n$ mol
↓
$\dfrac{16.2}{162n} \times n \times 180$
$= 18.0$ g

例題 62 再生繊維・半合成繊維

example problem

次の文章を読み，(ア)～(オ)に適当な語句を入れよ。

天然繊維には綿や麻，羊毛などが広く知られている。綿や麻の主成分は（　ア　）であり，紙の原料にもなっている。（　ア　）は単糖である（　イ　）がくり返し長くつながった構造をしている。再生繊維の代表例としては（　ウ　）に（　エ　）を溶解させて得たシュバイツァー試薬に（　ア　）を溶解させたあと，適当な方法により紡糸した銅アンモニアレーヨンや，（　ア　）を濃水酸化ナトリウムと二硫化炭素で処理したあと，希水酸化ナトリウム水溶液に溶解させて得られるビスコースを紡糸したビスコースレーヨンなどがあげられる。半合成繊維としては（　ア　）の（　オ　）基を無水酢酸と少量の硫酸でアセチル化したアセテート繊維がある。

解答 (ア) セルロース　(イ) β-グルコース　(ウ) 濃アンモニア水
(エ) 水酸化銅(Ⅱ)　(オ) ヒドロキシ

ベストフィット **再生繊維は短い繊維を長い繊維に再生，半合成繊維は官能基を化学的に処理。**

解説▶

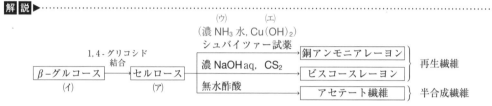

類題

219 ［糖類の分類］ 次の(ア)～(カ)の記述にあてはまる糖類を，下の①～⑥より選べ。

(ア) 単糖である。　(イ) 二糖である。　(ウ) 多糖である。

(エ) フェーリング液を還元する。

(オ) ヨウ素ヨウ化カリウム水溶液を加えると紫色を呈する。

(カ) 希酸で完全に加水分解すると，グルコースだけを生じる。

① グルコース　② フルクトース(果糖)　③ スクロース(ショ糖)

④ マルトース(麦芽糖)　⑤ アミロース　⑥ セルロース

219◀例 59, 例 60
単糖はすべて還元性を示す。

220 ［アルコール発酵］ スクロースの酵素による発酵は，次のような反応で進む。

check!

$$C_{12}H_{22}O_{11} + H_2O \xrightarrow{\text{酵素}} C_6H_{12}O_6 + C_6H_{12}O_6 \xrightarrow{\text{酵素}} 4C_2H_5OH + 4CO_2$$

スクロース 68.4 g を溶かした水溶液に酵素を加えて発酵させた。スクロースの 80.0 % が発酵したとすると，エタノールは何 g 得られるか。

220◀例 61
スクロース 1 mol からエタノールは 4 mol 生成する。

5章 高分子化合物

221 [アミロースの加水分解]　ある酵素を用いてアミロースを加水分解したところ、マルトースが生成した。

check!

(1)　アミロースの分子式を$(C_6H_{10}O_5)_n$として、マルトースへの加水分解反応を係数にnを含む化学反応式で表せ。

(2)　162 g のアミロースから生成したマルトースの質量を求めよ。ただし、アミロースはすべて加水分解されて、マルトースのみを生じるものとする。

221 ◀例61
マルトースは二糖なので、くり返し単位2つ分で1つの二糖になる。これをnで表す。

練習問題

222 [フルクトース]　フルクトースは、水溶液中では図に示すように、六員環構造、鎖状構造 X、および五員環構造の平衡状態にある。

(1)　五員環構造の置換基 $R^1 \sim R^4$ に適する官能基や原子を答えよ。ただし、図にはフルクトースの β 形のみが示してある。

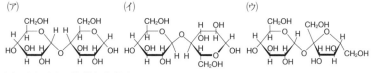

六員環構造　　　　鎖状構造　　　　五員環構造

(2)　図の六員環構造および五員環構造には存在しないが、鎖状構造 X には存在する結合あるいは官能基として最も適当なものを、次の①〜⑤のうちから一つ選べ。

　①　エステル結合　　②　エーテル結合　　③　カルボキシ基

　④　カルボニル基　　⑤　ヒドロキシ基

222
(2)フルクトースは鎖状構造で
$-CO-CH_2OH$ 部分が還元性を示す。

223 [酵素]　次の糖を分解する酵素とそれによって生成する単糖を答えよ。

(1)　マルトース　　(2)　セロビオース

(3)　スクロース　　(4)　ラクトース

223 酵素は分解する糖の名前の語尾を「アーゼ」にする。

224 [二糖の構造と性質]　次の(ア)〜(ウ)はスクロース、セロビオース、マルトースのいずれかである。下の問いに答えよ。

(ア)　　　　　　　　　(イ)　　　　　　　　　(ウ)

(1)　(ア)〜(ウ)の物質名を答えよ。

(2)　(ア)〜(ウ)を構成する単糖を答えよ。

(3)　次の性質にあてはまるものを(ア)〜(ウ)からすべて選べ。

　①　還元性を示す。

　②　セルロースに酵素セルラーゼを作用させると得られる。

　③　加水分解すると転化糖が得られる。

224
二糖 ＝
グルコース
＋他の単糖

$^6CH_2OH$
$_5$ ───O

の構造の位置から炭素の番号を決め、六員環、五員環、−OH 基の位置により構成する単糖を考える。

225 [スクロース] スクロースが還元性を示さない理由として適当な記述を(1)〜(5)のうちから1つ選べ。

(1) スクロースは，グルコースとガラクトースが還元性を示す OH の部分で結合しているため。

(2) スクロースは，グルコースとフルクトースがエステル結合により結合しているため。

(3) スクロースは，水溶液中で容易に転化糖に変化するため。

(4) スクロースは，水溶液中で −CHO 基や −COCH$_2$OH 基になる部分がないため。

(5) スクロースは，グルコース部分が五員環構造をとっているため。

225 還元性を示す構造が二糖の形成に使われている。

226 [スクロースの加水分解] スクロース(右図)はグルコースとフルクトースを脱水縮合すると生成する。

(1) スクロースを加水分解したときの化学変化を化学反応式で表せ。

(2) スクロース 17.1 g を完全に加水分解して得られるグルコースは何 g か。

(3) スクロース 11.4 g を一部加水分解し，フェーリング液を加えて加熱したところ，1.43 g の Cu$_2$O が生じた。スクロースの何 % が加水分解されたか。ただし，単糖 1 mol につき，Cu$_2$O は 1 mol 生じるとする。

226 (3)スクロース 1 mol が加水分解すると，還元性を示す単糖が何 mol 生じるか考える。

227 [糖類の推定] 7種の糖類(A 〜 G)について，以下の実験を行った。

① 7種の糖類のうち，糖類 F と糖類 G は水に不溶であった。ただし，糖類 F は熱湯には溶けた。

② 糖類 A 〜 E のそれぞれの水溶液に，フェーリング液を加え，おだやかに加熱すると，糖類 A 〜 D の水溶液は，フェーリング液を還元したが，糖類 E の水溶液は還元しなかった。

③ 糖類 B の水溶液に希硫酸を加え，加熱して完全に加水分解すると，糖類 A のみが得られた。

④ 糖類 E の水溶液に希硫酸を加え，加熱して完全に加水分解すると，糖類 A と糖類 D の等量混合物が得られた。また，糖類 C を同様に加水分解すると，糖類 A とガラクトースの等量混合物が得られた。

(1) 実験結果より推定される糖類 A 〜 G の名称を(ア)〜(キ)より選べ。

(ア) ラクトース　(イ) フルクトース　(ウ) マルトース　(エ) スクロース

(オ) デンプン　(カ) セルロース　(キ) ブドウ糖

(2) 糖類 A の水溶液が還元性を示すのはなぜか。その理由を 30 字以内で記せ。

(3) 糖類 E の水溶液が還元性を示さないのはなぜか。その理由を構造に基づき 30 字以内で記せ。

227 分子量の比較的小さな単糖，二糖は水に溶ける。

5章

高分子化合物

228 [糖類の性質] 糖に関する記述として下線部に誤りを含むものを，次の(1)～(5)のうちから一つ選べ。

(1) 単糖であるグルコースの分子式は $C_6H_{12}O_6$ なので，グルコース単位からなる二糖のマルトースの分子式は $\underline{C_{12}H_{24}O_{12}}$ となる。

(2) スクロースから得られる転化糖は，<u>還元性を示す</u>。

(3) α-グルコースと β-グルコースは，<u>互いに立体異性体である</u>。

(4) 単糖であるグルコースとフルクトースは，<u>互いに構造異性体である</u>。

(5) グルコースの鎖状構造と環状構造では，<u>不斉炭素原子の数が異なる</u>。

228 スクロースを加水分解することを転化といい，生じたグルコースとフルクトースの等量混合物を転化糖という。

229 [デンプンとセルロース] デンプンとセルロースに関する記述として誤りを含むものを，次の(1)～(4)のうちから1つ選べ。

(1) デンプンは α-グルコースが縮合重合した高分子化合物で，らせん状の構造をもつ。

(2) デンプンは希硫酸を加えて加熱すると加水分解される。

(3) セルロースは β-グルコースが縮合重合した高分子化合物で，直線状の構造をもつ。

(4) 銅アンモニアレーヨンとビスコースレーヨンは，いずれも繰り返し単位の構造がセルロースとは異なる。

229 再生繊維では，単量体の構造は変化しない。

230 [デンプンの加水分解] デンプン 72.9 g を含む水溶液に希硫酸を加えて加熱し，完全に加水分解するとグルコースが x〔g〕得られる。このグルコース x〔g〕をアルコール発酵させると，エタノール y〔g〕が得られる。

♦check!

(1) デンプンの重合度を n として，加水分解反応の化学反応式を書け。ただし，重合度は十分に大きく，末端は無視してもよい。

(2) グルコースのアルコール発酵を化学反応式で示せ。

(3) x および y の値を有効数字3桁で求めよ。

230 グルコース，エタノールの係数を n で表す。

231 [グリコシド結合]

(1) α-グルコース2分子が1位と4位の間で結合（$\alpha-1,4$-グリコシド結合）してできる化合物 A の名称を書き，その構造を構造式で示せ。

(2) α-グルコース2分子が1位と6位の間で結合（$\alpha-1,6$-グリコシド結合）してできる化合物 B の構造を構造式で示せ。

(3) 化合物 A，B は還元性があるか。

(4) $\alpha-1,4$-グリコシド結合により，多数の α-グルコースが結合してできる高分子化合物 C の名称を書け。

231 2つのグルコースの間で H_2O が脱水する。

232 [二糖の構造推定] ある二糖の構造を決定するために，二糖中のすべてのヒドロキシ基（$-OH$）をメトキシ基（$-OCH_3$）に置換した。このように処理したものを希硫酸中で加熱すると，すべてのグリコシド結合が加水分解され，次のような物質 A，B を得た。この処理では，1位の炭素に結合した $-OH$ は，$-OCH_3$ に置換されても再び $-OH$ に戻ることがわかっている。もとの二糖の構造を構造式で示せ。

232 $-OCH_3$ として残っている部分はグリコシド結合に使われていない。

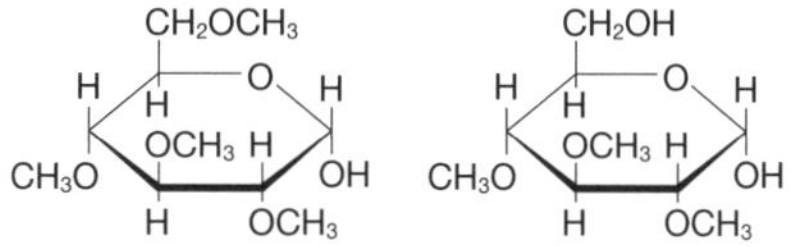

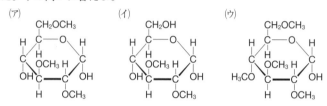

A   B

233 [アミロペクチンの枝分かれ]　アミロペクチンでは，α‐グルコースがおもに 1 位と 4 位のヒドロキシ基で縮合しているが，1 位と 6 位のヒドロキシ基でも縮合しているため，枝分かれ構造をもつ。平均分子量が 4.05×10^5 のアミロペクチン中のヒドロキシ基（－OH）すべてを完全にメチル化してメトキシ基（－OCH₃）に変換したあと，加水分解すると α‐グルコース間の結合だけが加水分解され，図に示す物質(ア)，(イ)，(ウ)が 23：1：1 の物質量の比で得られた。下の問いに答えよ。

(ア)   (イ)   (ウ)

(1)　このアミロペクチン 1 分子あたり，平均何個のグルコースが縮合しているか，有効数字 3 桁で求めよ。

(2)　下線部の 1,6-グリコシド結合を形成していた構造は(ア)〜(ウ)のどれか。

(3)　このアミロペクチンは，1 分子中に平均何個の枝分かれ構造をもつか，有効数字 2 桁で求めよ。

234 [トリアセチルセルロース]　(a)セルロース（右図）はアミロースに比べ，水に対する溶解性が小さい。セルロースの溶解性を改善するためには，(b)セルロースのヒドロキシ基をほかの官能基に変換することが有効である。たとえば，(c)セルロースと無水酢酸を反応させると写真フィルムなどに用いられているトリアセチルセルロースが得られる。トリアセチルセルロースでは，

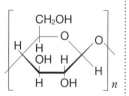

セルロースのすべてのヒドロキシ基が（　ア　）に変換され，溶媒に溶けやすくなる。これに対し，セルロースを化学的処理によりビスコースとしたあと，繊維状に再生したものを（　イ　）という。また，ビスコースからセルロースを膜状に再生すると（　ウ　）が得られる。

(1)　文中の(ア)〜(ウ)に適当な語句を入れよ。

(2)　下線部(a)について，セルロースがアミロースに比べ水に対する溶解性が小さい理由を，分子の構造と結合に注目して説明せよ。

(3)　下線部(b)について，ヒドロキシ基に対して，濃硝酸と濃硫酸の混合物を十分に反応させて得られる高分子化合物の名称を答えよ。

(4)　下線部(c)について，トリアセチルセルロースの構造式を書け。

(5)　セルロース 16.2 g から得られるトリアセチルセルロースは何 g か。

233
(2)枝分かれ構造は 3 か所以上のグリコシド結合を含む。

(3)1 分子を構成する(ア)，(イ)，(ウ)の比も 23：1：1 である。

234
濃硝酸 ＋ 濃硫酸でエステル化
C-OH→C-ONO₂

無水酢酸でアセチル化
C-OH
　→C-OCOCH₃

▶ **2 タンパク質**

● **確認事項** ● 以下の空欄に適当な語句，数字または化学式を入れよ。

● アミノ酸

構造	・分子中にアミノ基−NH_2とカルボキシ基 −$COOH$が同一の炭素原子に結合しているもの を①(　　　　　)という。 ・生体を構成するタンパク質は②(　　)種類の α−アミノ酸からできている。 ・R＝H(グリシン)以外は③(　　　　)原子があり，鏡像異性体が存在。 $R-\overset{H}{\underset{NH_2}{C}}-COOH$
	④(　　　　　　　) ⑤(　　　　　　　)
	R−の中に−COOH基をもつアミノ酸。 例 アスパラギン酸，グルタミン酸 / R−の中に−NH_2基をもつアミノ酸。 例 リシン

	名称	構造式	所在 / 構造の特徴	等電点
アミノ酸	グリシン	⑥(　　)−$\overset{}{\underset{NH_2}{CH}}-COOH$	絹，ゼラチン / 最も単純なアミノ酸。	6.0
	アラニン	⑦(　　)−$\overset{}{\underset{NH_2}{CH}}-COOH$	絹 / タンパク質に広く分布	6.0
	フェニル アラニン	⑧(　　)−$CH_2-\overset{}{\underset{NH_2}{CH}}-COOH$	カボチャの種子 / ベンゼン環をもつ。	5.5
	セリン	$CH_2-\overset{}{\underset{NH_2}{CH}}-COOH$ ⑨(　　)	絹 / −OH 基をもつ。	5.7
	システイン	$CH_2-\overset{}{\underset{NH_2}{CH}}-COOH$ ⑩(　　)	毛やつめ / −SH 基をもつ。	5.1
	アスパラギン酸	$CH_2-\overset{}{\underset{NH_2}{CH}}-COOH$ ⑪(　　)	植物のタンパク質 / −COOH基を2個もつ。	2.8
	グルタミン酸	$CH_2-CH_2-\overset{}{\underset{NH_2}{CH}}-COOH$ ⑫(　　)	小麦，大豆 / −COOH基を2個もつ。	3.2
	リシン	$CH_2-CH_2-CH_2-CH_2-\overset{}{\underset{NH_2}{CH}}-COOH$ ⑬(　　)	大豆 / −NH_2基を2個もつ。	9.7

● アミノ酸の性質

双性 イオン	$R-\overset{H}{\underset{NH_2}{C}}-COOH$ （⑭　）性 （⑮　）性 → 結晶中や水溶液中 → $R-\overset{H}{\underset{NH_3^+}{C}}-COO^-$ 分子内塩
	⑭(　　)性と⑮(　　)性 の両方の性質を示す。 ⑯(　　)イオン (両性イオン)
性質	・一般の有機化合物に比べて融点や沸点が⑰(　　)。 ・水には溶け⑱(　　)が，有機溶媒には溶け⑲(　　)。 理由 (⑯)イオンどうしが互いに⑳(　　)により引き合う。

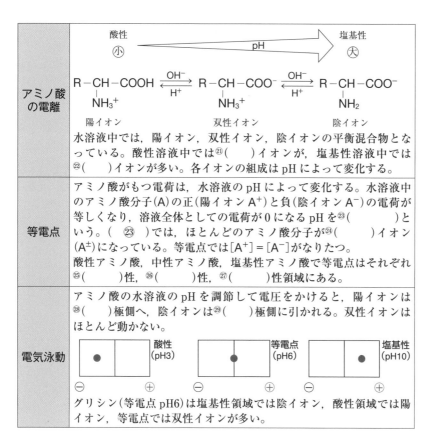

アミノ酸の電離	酸性 小 → pH → 塩基性 大 $R-CH-COOH \underset{H^+}{\overset{OH^-}{\rightleftharpoons}} R-CH-COO^- \underset{H^+}{\overset{OH^-}{\rightleftharpoons}} R-CH-COO^-$ NH_3^+（陽イオン）　NH_3^+（双性イオン）　NH_2（陰イオン） 水溶液中では，陽イオン，双性イオン，陰イオンの平衡混合物となっている。酸性溶液中では㉑（　）イオンが，塩基性溶液中では㉒（　）イオンが多い。各イオンの組成は pH によって変化する。
等電点	アミノ酸がもつ電荷は，水溶液の pH によって変化する。水溶液中のアミノ酸分子(A)の正(陽イオン A⁺)と負(陰イオン A⁻)の電荷が等しくなり，溶液全体としての電荷が 0 になる pH を㉓（　）という。(㉓)では，ほとんどのアミノ酸分子が㉔（　）イオン(A±)になっている。等電点では[A⁺]＝[A⁻]がなりたつ。 酸性アミノ酸，中性アミノ酸，塩基性アミノ酸で等電点はそれぞれ㉕（　）性，㉖（　）性，㉗（　）性領域にある。
電気泳動	アミノ酸の水溶液の pH を調節して電圧をかけると，陽イオンは㉘（　）極側へ，陰イオンは㉙（　）極側に引かれる。双性イオンはほとんど動かない。 酸性(pH3) 等電点(pH6) 塩基性(pH10) ⊖ ⊕ ⊖ ⊕ ⊖ ⊕ グリシン(等電点 pH6)は塩基性領域では陰イオン，酸性領域では陽イオン，等電点では双性イオンが多い。

● アミノ酸の反応

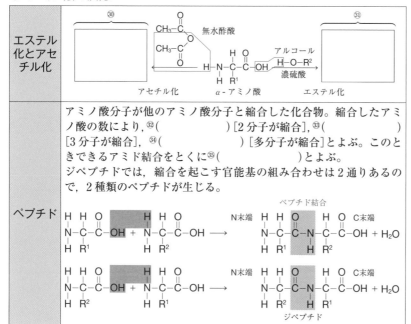

| エステル化とアセチル化 | ㉚　　　　　　　　　　　　　　　　　　　　　　　㉛
アセチル化 ← 無水酢酸 CH_3-CO, CH_3-CO O $H-N-C-C-OH$ α-アミノ酸 → エステル化 アルコール $H-O-R^2$ 濃硫酸 |
| ペプチド | アミノ酸分子が他のアミノ酸分子と縮合した化合物。縮合したアミノ酸の数により，㉜（　　　　　）[2分子が縮合]，㉝（　　　　　）[3分子が縮合]，㉞（　　　　　）[多分子が縮合]とよぶ。このときできるアミド結合をとくに㉟（　　　　　）とよぶ。
ジペプチドでは，縮合を起こす官能基の組み合わせは 2 通りあるので，2 種類のペプチドが生じる。 ペプチド結合 N末端 C末端 H H O H H O N末端 H H O H H O C末端 H₂O ジペプチド |

● タンパク質の構造

タンパク質	20 種類からなる $\alpha-$アミノ酸分子が多数縮合したポリペプチド。縮合するアミノ酸の数とその配列順序および㊱(　　　　　)によってタンパク質の生理的機能が決まる。
一次構造	タンパク質中のアミノ酸の㊲(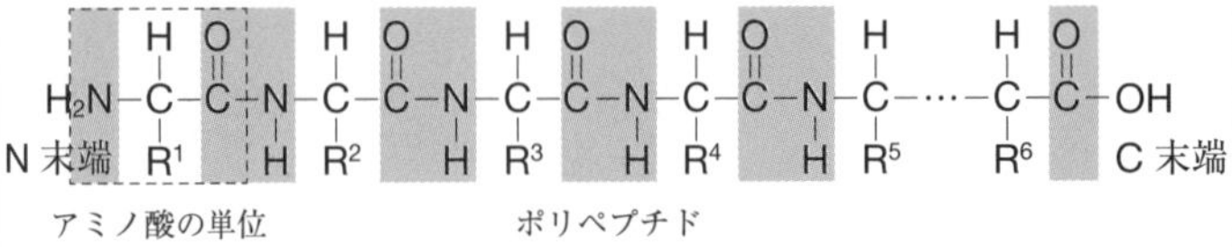　　　　　)。 H$_2$N−C−C−N−C−C−N−C−C−N−C−C−N−C−C−……−C−C−OH N 末端　R^1　H R^2　H R^3　H R^4　H R^5　　R^6　C 末端 アミノ酸の単位　　　　ポリペプチド
二次構造	ポリペプチドの骨格構造の中の >C=O と −NH$_2$ との間の㊳(　　　)結合によって安定化した，比較的狭い範囲でくり返される規則正しい立体構造。 水素結合 >C=O…H−N− 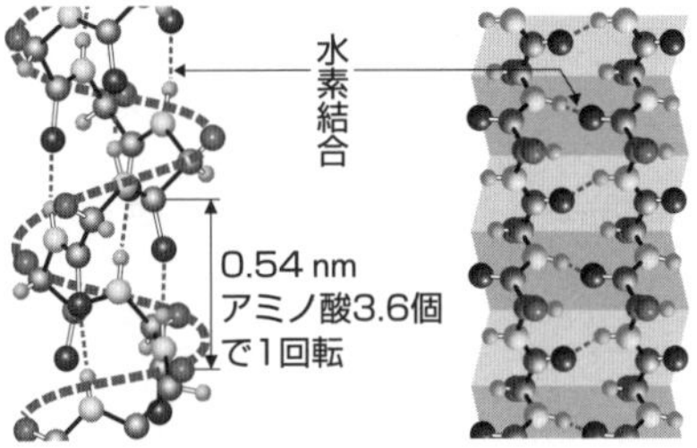 　　　　　| 　　　　　H 0.54 nm アミノ酸3.6個で1回転 水素結合 α-ヘリックス（らせん形構造）　　β-シート（ジグザグ形構造）
三次構造	二次構造が折りたたまれたポリペプチド鎖全体の立体構造。イオン結合やジスルフィド結合によって安定化する。 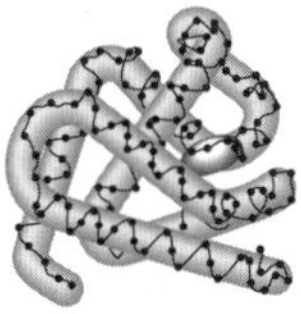 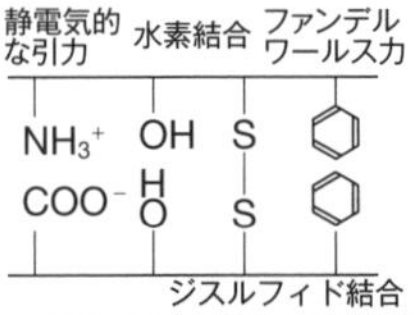 静電気的な引力　水素結合　ファンデルワールス力 NH$_3^+$　OH　S　 COO$^-$　　　S　 　　　　　ジスルフィド結合
四次構造	三次構造をもつポリペプチド鎖が，複数個一定の立体的配置に集合する構造。ファンデルワールス力などによって安定化する。 
ジスルフィド結合	2 つの−SH 基が立体的に近い位置にあるとき，−S−S−という共有結合(ジスルフィド結合)が生じ，立体構造が安定化する。

● タンパク質の性質

コロイド	水に溶かすと㊴(　　　)コロイドとなる。多量の電解質を加えると水和している水が除かれて沈殿し，㊵(　　　)が起こる。
加水分解	酸・塩基・酵素などで加水分解され，いろいろなアミノ酸を生成。 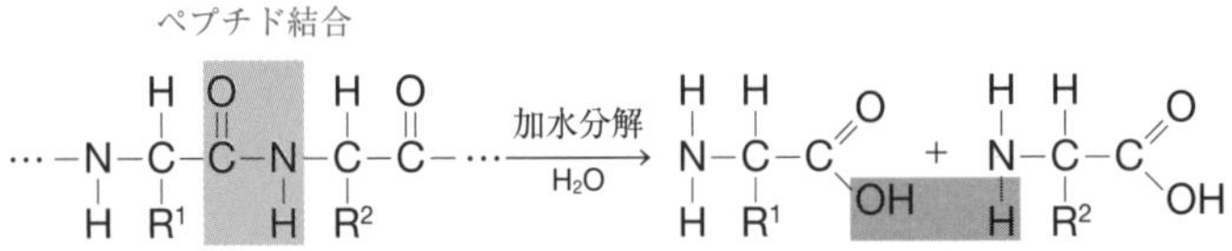 ペプチド結合 ……−N−C−C−N−C−C−　→(加水分解 H$_2$O)→　−N−C−C−O + −N−C−C−OH 　　H R^1　H R^2　　　　　　H R^1 OH　H R^2
㊶(　　　)	タンパク質に熱，酸，塩基，アルコール，重金属イオン(Cu^{2+}，Hg^{2+}，Pb^{2+}など)を作用させると，立体構造が変化して，凝固したり沈殿したりする。これは，立体構造を保っている水素結合やその他の力が加熱や化学薬品に弱いために起こる。 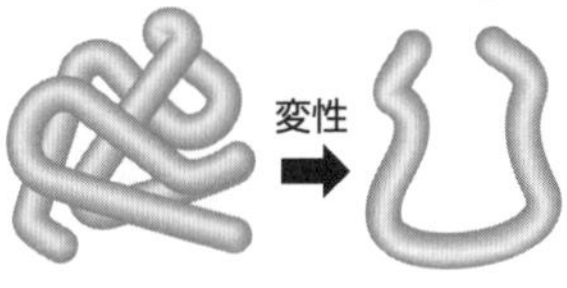 変性

● タンパク質の反応

解答
㊷ニンヒドリン
㊸赤紫
㊹アミノ
㊺窒素
㊻赤
㊼青
㊽硫黄
㊾PbS
㊿キサントプロテ
イン
(51)ベンゼン環
52ニトロ
53ビウレット
54トリペプチド

反応名	操作	呈色	検出
㊷( ) 反応	ニンヒドリンの水溶液を加えて加熱。	㊸( )色	アミノ酸やタンパク質の㊹( )基。
㊺( ) の検出	タンパク質水溶液にNaOHを加えて加熱。	アンモニアが発生，リトマス試験紙 ㊻( )色→㊼( )色	タンパク質やアミノ酸中の(㊺)原子。
㊽( ) の検出	タンパク質水溶液にNaOHを加えて加熱し，酢酸鉛(Ⅱ)(CH₃COO)₂Pbを加える。	㊾( )の黒色沈殿	タンパク質やアミノ酸中の(㊽)原子。
㊿( ) 反応	タンパク質水溶液に濃硝酸を加えて加熱。	黄色	タンパク質やアミノ酸中の
	冷却後にアンモニア水を加える。	橙黄色	51( )の 52( )化。
53( ) 反応	タンパク質水溶液にNaOH水溶液と硫酸銅(Ⅱ)水溶液を加える。	赤紫～青紫色	54( ) 以上で呈色。

● タンパク質の組成による分類

55単純
56複合

55( ) タンパク質	ポリペプチドだけで構成。

分類		タンパク質	性質	所在
繊維状タンパク質	何本も束になり強い	ケラチン	硫黄を含む。水に不溶。	毛髪，つめ，羽毛，羊毛など
		フィブロイン	水に不溶。	絹
		コラーゲン	水で煮るとゼラチン。	骨，皮膚など
球状タンパク質	親水基を外側に向けた球状	アルブミン	水に可溶。食塩水に可溶。	血液，牛乳など
		グロブリン	水に不溶。食塩水に可溶。	卵白，牛乳，血液，筋肉など
		グルテリン	水に不溶。食塩水に不溶。	小麦，米など

56( ) タンパク質	ポリペプチドのほかにリン酸，核酸，色素，糖類などを含む。その多くは球状タンパク質。

名称	例	含まれる物質	所在
リンタンパク質	カゼイン	リン酸	牛乳
核タンパク質	ヒストン	核酸	細胞
色素タンパク質	ヘモグロビン	色素	血液
糖タンパク質	ムチン	糖類	だ液

5章
高分子化合物

● **酵素** タンパク質の一種で，生体内の反応に対し⑤⑦(　　　　)としてはたらく。

解答
⑤⑦触媒
⑤⑧基質特異性
⑤⑨活性部位
⑥⓪最適温度
⑥①最適 pH

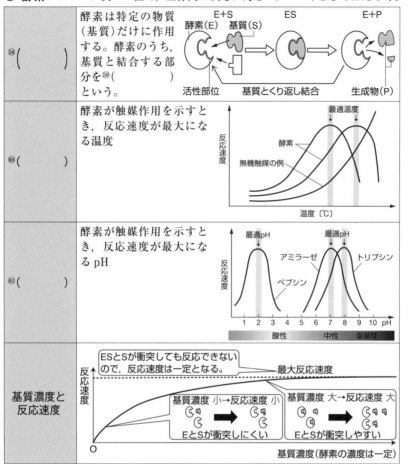

| ⑤⑧(　　　) | 酵素は特定の物質（基質）だけに作用する。酵素のうち，基質と結合する部分を⑤⑨(　　　)という。 | |
| 最適温度 | | |

⑤⑧(　　　)
酵素は特定の物質（基質）だけに作用する。酵素のうち，基質と結合する部分を⑤⑨(　　　)という。

E＋S　　ES　　E＋P
酵素(E)　基質(S)
活性部位　基質とくり返し結合　生成物(P)

⑥⓪(　　　)
酵素が触媒作用を示すとき，反応速度が最大になる温度

最適温度
反応速度
酵素
無機触媒の例
温度〔℃〕

⑥①(　　　)
酵素が触媒作用を示すとき，反応速度が最大になる pH

最適pH　　　最適pH
反応速度
アミラーゼ　　トリプシン
ペプシン
1 2 3 4 5 6 7 8 9 10 pH
酸性　　中性　　塩基性

基質濃度と
反応速度

ESとSが衝突しても反応できないので，反応速度は一定となる。
最大反応速度
反応速度
基質濃度 小→反応速度 小
EとSが衝突しにくい
基質濃度 大→反応速度 大
EとSが衝突しやすい
O　基質濃度(酵素の濃度は一定)

● **おもな酵素**

⑥②チマーゼ
⑥③マルターゼ
⑥④スクラーゼ
⑥⑤ラクターゼ
⑥⑥アミラーゼ
⑥⑦マルターゼ
⑥⑧アミラーゼ
⑥⑨セルラーゼ
⑦⓪セロビアーゼ
⑦①リパーゼ
⑦②ペプシン
⑦③トリプシン

単糖の発酵	$C_6H_{12}O_6 \xrightarrow{\text{⑥②(　　　)}} 2C_2H_5OH + 2CO_2$
二糖の加水分解	$C_{12}H_{22}O_{11} + H_2O \longrightarrow 2C_6H_{12}O_6$ マルトース $\xrightarrow{\text{⑥③(　　　)}}$ グルコース ＋ グルコース スクロース $\xrightarrow[\text{(インベルターゼ)}]{\text{⑥④(　　　)}}$ グルコース ＋ フルクトース ラクトース $\xrightarrow{\text{⑥⑤(　　　)}}$ グルコース ＋ ガラクトース
多糖の加水分解	デンプン $\xrightarrow{\text{⑥⑥(　　　)}}$ マルトース $\xrightarrow{\text{⑥⑦(　　　)}}$ グルコース グリコーゲン $\xrightarrow{\text{⑥⑧(　　　)}}$ マルトース $\xrightarrow{\text{(⑥⑦)}}$ グルコース セルロース $\xrightarrow{\text{⑥⑨(　　　)}}$ セロビオース $\xrightarrow{\text{⑦⓪(　　　)}}$ グルコース
油脂の加水分解	油脂 $\xrightarrow{\text{⑦①(　　　)}}$ 脂肪酸 ＋ モノグリセリド
タンパク質の加水分解	タンパク質 $\xrightarrow[\text{(すい液)}]{\text{⑦②(　　　)(胃液) / ⑦③(　　　)}}$ ペプチド

例題 63 アミノ酸

example problem

次の文章を読み，㋐〜㋖に適当な語句・数字を入れよ。

アミノ酸は塩基性の（ ㋐ ）基と酸性の（ ㋑ ）基を分子中にもっている。タンパク質を構成するアミノ酸は，これら2つの官能基が同一の炭素原子に結合しており，α-アミノ酸とよばれる。グリシン以外のα-アミノ酸は（ ㋒ ）原子をもつので，それらのアミノ酸には（ ㋓ ）異性体が存在する。アミノ酸が（ ㋔ ）縮合してできた化合物をペプチドといい，このとき生じた（ ㋕ ）結合を特にペプチド結合という。グリシンとアラニンのジペプチドは，鏡像異性体を考慮しないとき，（ ㋖ ）種類の構造異性体が存在する。

解答 ㋐ アミノ　㋑ カルボキシ　㋒ 不斉炭素
㋓ 鏡像　㋔ 脱水　㋕ アミド　㋖ 2

ベストフィット ペプチドの構造異性体は N 末端，C 末端を固定して考える。

解説▶

・α-アミノ酸
－COOH と －NH₂ が同じ炭素に結合

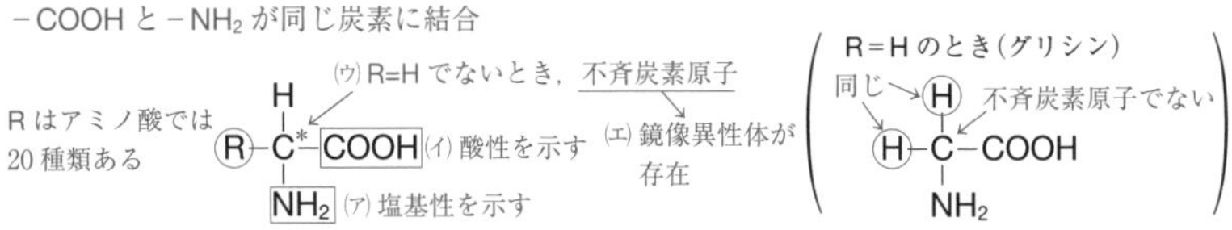

・ペプチド

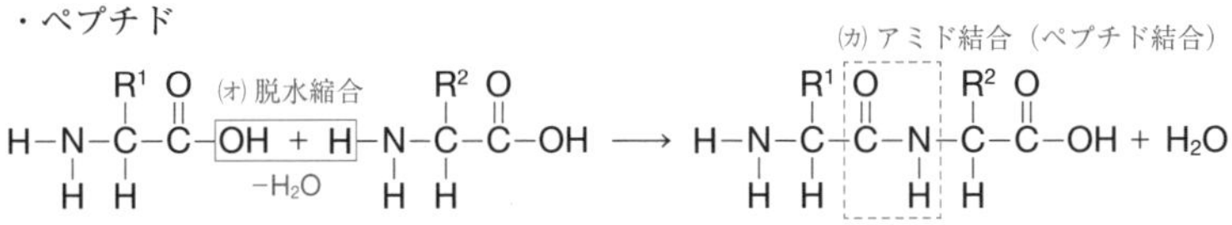

・グリシンとアラニンのペプチド

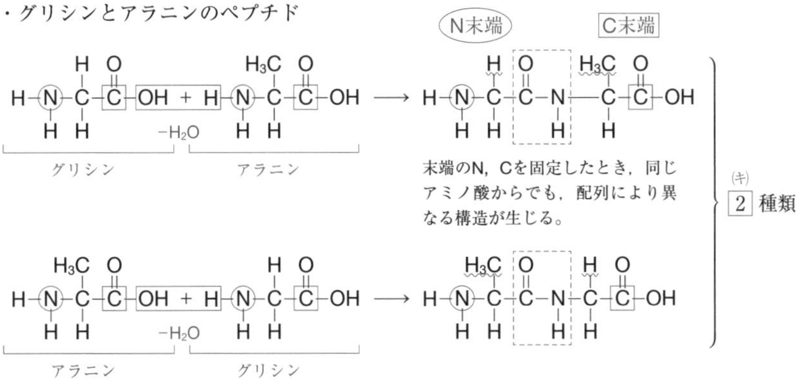

末端のN, Cを固定したとき，同じアミノ酸からでも，配列により異なる構造が生じる。

㋖ 2 種類

別解 略記を使って考える（Ⓒ＝COOH 末端，Ⓝ＝NH₂ 末端）

Ⓝ－Gly－Ⓒ ＋ Ⓝ－Ala－Ⓒ ⟶ Ⓝ－Gly－Ⓒ－Ⓝ－Ala－Ⓒ

Ⓝ－Ala－Ⓒ ＋ Ⓝ－Gly－Ⓒ ⟶ Ⓝ－Ala－Ⓒ－Ⓝ－Gly－Ⓒ

5章 高分子化合物

例題 64 アミノ酸と等電点

example problem

α-アミノ酸の1つであるグリシンの等電点は6.0である。右のイオンは，グリシン水溶液のpHを，(a) 1.0, (b) 6.0, (c) 11.0 にしたときに存在するイオンである。それぞれの水溶液に最も多く存在するグリシンのイオンを①～③から選べ。

①
$$H-\underset{\underset{NH_3^+}{|}}{\overset{\overset{H}{|}}{C}}-COO^-$$

②
$$H-\underset{\underset{NH_3^+}{|}}{\overset{\overset{H}{|}}{C}}-COOH$$

③
$$H-\underset{\underset{NH_2}{|}}{\overset{\overset{H}{|}}{C}}-COO^-$$

解答 (a) ②　(b) ①　(c) ③

▶ ベストフィット

等電点のpHより値が小さいときは陽イオン，大きいときは陰イオンが多く存在する。

解説 ▶⋯⋯⋯⋯⋯⋯⋯⋯⋯⋯⋯⋯⋯

等電点では，双性イオンが最も多く，わずかに陽イオンと陰イオンも存在する。等電点では陽イオンと陰イオンの濃度が等しい。

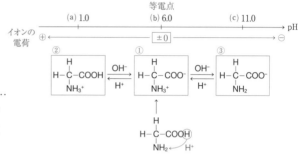

例題 65 アミノ酸・タンパク質の検出

example problem

次の反応は，アミノ酸またはタンパク質について調べるために行われる。これらの反応によって，検出される構造または物質を語群から選べ。

(1) 試料にニンヒドリンの水溶液を加えて加熱すると，赤紫色になる。

(2) 試料に水酸化ナトリウムを加えて加熱したあと，酢酸鉛(Ⅱ) $(CH_3COO)_2Pb$ を加えると黒色の沈殿が生じる。

(3) 試料に濃硝酸を加えて加熱すると，黄色になり，冷却後にアンモニア水を加えると，橙黄色になる。

(4) 試料に水酸化ナトリウム水溶液と硫酸銅(Ⅱ)水溶液を加えると赤紫色になる。

[語群] 硫黄　　ベンゼン環　　ペプチド結合　　アミノ酸

解答 (1) アミノ酸　(2) 硫黄　(3) ベンゼン環　(4) ペプチド結合

▶ ベストフィット 反応名と何を検出しているかを整理する。

解説 ▶⋯⋯⋯⋯⋯⋯⋯⋯⋯⋯⋯⋯⋯

(1)	ニンヒドリン反応 (アミノ基の検出)	アミノ酸中のアミノ基と反応する。タンパク質では，アミノ基がペプチド結合に使われており，ほとんど反応しない。
(2)	硫黄の検出	タンパク質水溶液が水酸化ナトリウムとの加熱により分解され S^{2-} ができ，Pb^{2+} と結合して PbS の黒色沈殿が生じる。
(3)	キサントプロテイン反応 (ベンゼン環の検出)	タンパク質中のベンゼン環が濃硝酸によってニトロ化され，呈色する。
(4)	ビウレット反応 (トリペプチドの検出)	ペプチド結合と Cu^{2+} が配位結合し錯体を形成する。この錯体は，トリペプチド以上が必要である。

生体内の化学反応に対して触媒作用をもつ酵素も，タンパク質を主体とする高分子化合物である。酵素の触媒作用は特定の反応にだけ寄与するのが特徴である。すなわち，それぞれの酵素が作用する相手は決まっており，これを酵素の（　ア　）特異性という。また，酵素反応には反応速度を最大にする最適（　イ　）や最適（　ウ　）が存在する。多くの酵素の場合，最適温度は 40℃ 付近にあり，この温度を大幅に超えると，酵素活性が失われる。これは，酵素がタンパク質からできていることから，熱によってタンパク質が（　エ　）し，立体構造が変化するためである。

解答　(ア) 基質　　(イ)(ウ) 温度 / pH（順不同）　　(エ) 変性

ベストフィット　酵素は活発にはたらく最適温度と最適 pH がある。

解説▶

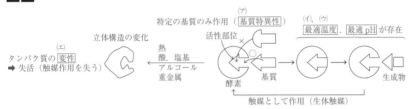

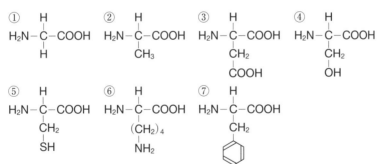

235　[アミノ酸の分類と検出]　次の①〜⑦の α−アミノ酸について，下の問いに答えよ。

① H₂N−C(H)(H)−COOH

② H₂N−C(H)(CH₃)−COOH

③ H₂N−C(H)(CH₂−COOH)−COOH

④ H₂N−C(H)(CH₂−OH)−COOH

⑤ H₂N−C(H)(CH₂−SH)−COOH

⑥ H₂N−C(H)((CH₂)₄−NH₂)−COOH

⑦ H₂N−C(H)(CH₂−C₆H₅)−COOH

(1)　(A)酸性アミノ酸，(B)中性アミノ酸，(C)塩基性アミノ酸に分類せよ。

(2)　不斉炭素原子をもつアミノ酸をすべて選べ。

(3)　次の(ア)〜(エ)によって検出されるアミノ酸をそれぞれすべて選べ。ただし，反応が見られない場合には×を書け。

(ア)　試料にニンヒドリンの水溶液を加えて加熱すると，赤紫色になる。

(イ)　試料に水酸化ナトリウムを加えて加熱したあと，酢酸鉛（Ⅱ）(CH₃COO)₂Pb を加えると黒色の沈殿が生じる。

(ウ)　試料のタンパク質水溶液に濃硝酸を加えて加熱すると，黄色になり，冷却後にアンモニア水を加えると，橙黄色になる。

(エ)　試料のタンパク質水溶液に水酸化ナトリウム水溶液と硫酸銅（Ⅱ）水溶液を加えると赤紫色になる。

235　◀例63，65
検出反応
ニンヒドリン反応
→−NH₂
酢酸鉛（Ⅱ）
→ S
濃硝酸
→（ベンゼン環）
NaOH，Cu²⁺
→トリペプチド

5章　高分子化合物

236 [アミノ酸の電離平衡] タンパク質の構成単位であるアミノ酸は，水溶液中では双性イオンを含む次のような電離平衡が存在する。空欄に適するイオンの構造式を示せ。

(1) アスパラギン酸

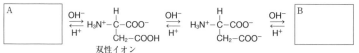

双性イオン

(2) リシン

$H_3N^+-\overset{H}{\underset{(CH_2)_4-NH_3^+}{\overset{|}{\underset{|}{C}}}}-COOH$
$\underset{H^+}{\overset{OH^-}{\rightleftarrows}}$
C
$\underset{H^+}{\overset{OH^-}{\rightleftarrows}}$
$H_2N-\overset{H}{\underset{(CH_2)_4-NH_3^+}{\overset{|}{\underset{|}{C}}}}-COO^-$
$\underset{H^+}{\overset{OH^-}{\rightleftarrows}}$
D

双性イオン

236 ◀ 例 64
酸性領域では
－COOH
－NH$_3^+$
塩基性領域では
－COO$^-$
－NH$_2$

237 [ペプチドの異性体]
(1) グリシン1分子とアラニン2分子がペプチド結合してできた鎖状トリペプチドは何種類できるか。ただし，鏡像異性体は考慮しなくてよい。
(2) グルタミン酸1分子とアラニン2分子がペプチド結合してできた鎖状トリペプチドは何種類できるか。ただし，鏡像異性体は考慮しなくてよい。

237 ◀ 例 63
3つのアミノ酸の
順列を考える。

238 [酵素] 次の(1)～(5)の記述のうち，誤っているものを選べ。
(1) 酵素は特定の物質とのみ反応する。
(2) 酵素は，変性により活性部位の立体構造が変化すると失活する。
(3) 酵素は，反応の活性化エネルギーや反応エンタルピーを小さくする。
(4) 酵素には，反応速度が最大になる温度やpHが存在する。
(5) 酵素を0℃付近に冷却し，常温に戻しても，そのはたらきは失われる。

238 ◀ 例 66
酵素は生体触媒ともいう。触媒は活性化エネルギーを下げるが，反応エンタルピーは変化しない。

◆ • • • • • • • • • • **練習問題** • • • • • • • • • • ◆

239 [アミノ酸の性質] 次の(1)～(5)の記述のうち，正しいものを選べ。
(1) すべてのアミノ酸のアミノ基とカルボキシ基は，同一の炭素原子に結合している。
(2) タンパク質を構成する天然アミノ酸に含まれる元素は，水素，炭素，窒素，酸素の4種類だけである。
(3) アミノ酸は無水酢酸と縮合してエステルをつくる。
(4) アミノ酸は分子内に，塩基性のアミノ基と酸性のカルボキシ基をもつので，アミノ酸の水溶液は，すべて中性である。
(5) アミノ酸は有機溶媒には溶けにくい。

239 アミノ酸の結晶は分子内塩を形成し，互いに静電気的引力で引き合っている。

240 [アミノ酸の電気泳動] α-アミノ酸は水に溶解させると分子内の特定部分に電荷をもつ状態で存在する。(a)アラニンの場合，pH6.0の水溶液ではイオンAの割合が最も多く，酸を加えるにつれてイオンBが増加する。(b)適切なpHの下で電気泳動を行うと，移動のようすの違いにより異なるアミノ酸を識別できる。

240
等電点より pH が
大きい領域
→全体が−
小さい領域
→全体が＋

$$H_2N-\overset{\overset{\displaystyle R}{|}}{\underset{\underset{\displaystyle H}{|}}{C}}-COOH$$

α-アミノ酸分子
の構造式

	構造式中の R	等電点
アラニン	$-CH_3$	6.0
リシン	$-CH_2-CH_2-CH_2-CH_2-NH_2$	9.7
グルタミン酸	$-CH_2-CH_2-COOH$	3.2

(1) 下線部(a)について，イオンAとイオンBを，分子内の電荷の位置を明示した構造式で示せ。

(2) アミノ酸の結晶は一般の有機化合物に比べて融点が高い。その理由を説明せよ。

(3) 下線部(b)について，アラニン，リシン，グルタミン酸を溶かした水溶液のpHを5.0に調整したあと，直流電圧をかけて電気泳動を行った。それぞれのアミノ酸について最も適当な挙動を，次の①～③より選べ。
① 陽極に向けて移動する。　　② 陰極に向けて移動する。
③ どちらの電極に向けても移動しない。

241 [ペプチドの計算] ペプチドについて，次の問いに答えよ。

(1) グリシン $C_2H_5NO_2$ 3分子からなる鎖状のトリペプチドAがある。
① A中に含まれる窒素の質量パーセントを小数第1位まで求めよ。
② A 18.9 g に水酸化ナトリウム水溶液を加えて加熱し，含まれる窒素をすべてアンモニアに変換すると，アンモニアの体積〔L〕は標準状態でいくらになるか求めよ。

(2) グリシンとアラニン $C_3H_7NO_2$ からなる重合度 10，分子量 686 のポリペプチドBがある。
① グリシンの重合度を x として，分子量を x を用いて表せ。
② B 2.00 mol を完全に加水分解して得られるグリシンの質量〔g〕を有効数字3桁で求めよ。

241
⑴ A の構造式を
書いて考える。

⑵①
アラニンの重合度
は $10-x$

5章

高分子化合物

242 [窒素の含有量] 1種類の α-アミノ酸からなる直鎖状のポリペプチド(分子量 54460)が 0.326 g ある。これに水酸化ナトリウム水溶液を加えて加熱したところ，ポリペプチドに含まれる窒素がすべてアンモニアに変換され，標準状態で 44.8 mL のアンモニアを得た。

(1) このポリペプチドに含まれる窒素の質量パーセントはいくらか。有効数字3桁で答えよ。

(2) この α-アミノ酸は1分子中に1個のアミノ基を含み，他に窒素原子は含まない。この α-アミノ酸の分子量はいくらか。整数で答えよ。

(3) このポリペプチド1分子は，何個の α-アミノ酸から構成されているか。その数を求めよ。

242
窒素の含有率〔％〕
$$=\frac{N の質量}{ポリペプチド質量}\times100$$

窒素の割合から
α-アミノ酸の分
子量を考える。

243 [ペプチドの構造推定]　グリシンを除く2種類のアミノ酸AとBとを混ぜ合わせて脱水縮合反応によりジペプチドを合成するとき，鏡像異性体を区別しないとしても，（　ア　）種類のジペプチドが生成する可能性がある。

アミノ酸A　　　　　　　　　アミノ酸B

$$\underset{H_2N-CH-COOH}{\overset{R^1}{|}} \qquad \underset{H_2N-CH-COOH}{\overset{R^2}{|}}$$

　そこで，アミノ酸AとBとから1種類のジペプチドのみを合成するため，アミノ酸Aをエタノールに溶かし，少量の濃硫酸を加えて煮沸しエステルCを合成した。一方，アミノ酸Bに無水酢酸を作用させると，アミノ基の水素原子がアセチル基で置換された化合物Dが得られた。つづいて，エステルCと化合物Dを用いて脱水縮合反応を行うと，ジペプチドのエステルEが合成できた。エステルEの立体異性体数は，鏡像異性体の混ざったアミノ酸AとBを用いると（　イ　）種類となるが，天然由来のL-アミノ酸を用いると1種類となる。

(1)　エステルCの構造式を書け。

(2)　化合物Dの構造式を書け。

(3)　エステルEの構造式を書け。

(4)　(ア)，(イ)に適当な数字を入れよ。

243 エステル化とアセチル化により，ペプチド結合が形成される官能基が限定される。

不斉炭素原子1つにつき2つの鏡像異性体が存在する。

244 [ペプチドの構造推定]　あるタンパク質を加水分解したところ，分解生成物の1つとしてトリペプチドTが得られた。トリペプチドTを分析したところ，分子式が$C_{14}H_{19}N_3O_5$であることがわかった。ある酵素を作用させることにより，トリペプチドTから1つアミノ酸を切断するとα-アミノ酸AおよびジペプチドBが得られた。<u>α-アミノ酸Aの水溶液に濃硝酸を加えて加熱すると黄色を呈した。</u>また，α-アミノ酸Aを分析したところ，その分子式は$C_9H_{11}NO_2$であることがわかった。一方，ジペプチドBは不斉炭素原子を1つだけもっていた。ジペプチドBを加水分解すると，α-アミノ酸Cおよびα-アミノ酸Dが得られ，α-アミノ酸Cは不斉炭素原子をもたなかった。1分子のα-アミノ酸Cと1分子のα-アミノ酸Dが脱水縮合すると，ジペプチドBだけでなく，ジペプチドEやエステルFも生じた。

(1)　下線部の反応の名称を答えよ。また下線部から，α-アミノ酸Aの構造についてどのようなことがわかるか説明せよ。

(2)　(1)と分子式から，α-アミノ酸Aとして考えられる化合物はいくつあるか答えよ。なお，鏡像異性体は区別しなくてよい。また，ここでは天然のα-アミノ酸だけでなく，α-アミノ酸で総称される化合物すべてを考えよ。

(3)　α-アミノ酸Cの構造式を書け。

(4)　エステルFの構造式を書け。

244 Tを加水分解して得られるB

$$\begin{array}{r} C_{14}H_{19}N_3O_5 \\ +\quad H_2O \\ -\ C_9H_{11}NO_2 \\ \hline C_5H_{10}N_2O_4 \end{array}$$

(2) α-アミノ酸の一般式は

$$\underset{H_2N-C-COOH}{\overset{\overset{\displaystyle H}{|}}{\underset{\displaystyle R}{|}}}$$

? 245 [ペプチドの構造推定]

　ある遺伝情報に基づいて合成された 10 個の α-アミノ酸からなるペプチドがある。このペプチドは右表に示す 6 種類の α-アミノ酸から構成されていることがわかっている。このペプチドのアミノ酸配列(一次構造)を決定するために、次の実験を行った。ただし、各実験において反応は完全に進行したものとする。

ペプチドに含まれる α-アミノ酸

α-アミノ酸	側鎖(−R)
システイン(C)	−CH$_2$−SH
アスパラギン酸(D)	−CH$_2$−COOH
グリシン(G)	−H
リシン(K)	−(CH$_2$)$_4$−NH$_2$
セリン(S)	−CH$_2$−OH
チロシン(Y)	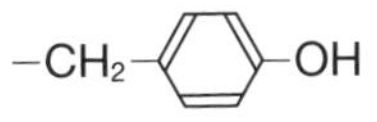 −CH$_2$−〈ベンゼン環〉−OH

〔実験 1〕　このペプチドを、酸性アミノ酸のカルボキシ基側のペプチド結合を加水分解する酵素によって、2 つのペプチド断片①、②に切断した。

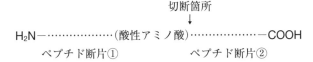

切断箇所
↓
H$_2$N−……………(酸性アミノ酸)……………−COOH
　ペプチド断片①　　　　　　　ペプチド断片②

〔実験 2〕　ペプチド断片①はキサントプロテイン反応に対し陽性であった。また、N 末端(ペプチドの両末端のうち−NH$_2$基側)のアミノ酸に固体の水酸化ナトリウムを加えて加熱し、酢酸鉛(Ⅱ)水溶液を加えると黒色沈殿を生じた。

〔実験 3〕　ペプチド断片②の N 末端のアミノ酸は塩基性を示し、C 末端(ペプチドの両末端のうち−COOH 基側)のアミノ酸は鏡像異性体のないアミノ酸であった。このペプチド断片 0.1 mol にペプチドの N 末端側から 1 つずつアミノ酸を加水分解して切り離す酵素を作用させると、右図に示すようにアミノ酸 C, G, K, S が生じた。

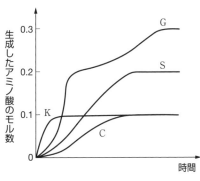

(1)　ペプチド断片②は何個のアミノ酸がつながっているか。数値を答えよ。

(2)　(i)　ペプチド断片①の一次構造を例にならって示せ。

　　(ii)　このペプチド全体の一次構造を例にならって示せ。

　　　例：N 末端から順に、システイン、アスパラギン酸、グリシンが並んでいる場合

　　　　　C−D−G

246 [タンパク質の分類と構造] 次の(ア)～(オ)に適当な語句を入れよ。

タンパク質のポリペプチド鎖は，部分的にα-ヘリックスとよばれる（　ア　）構造をとることが多い。また，隣り合ったポリペプチド鎖どうしが折れ曲がって並んだβ-シートとよばれる構造をとることもある。α-ヘリックスやβ-シートのような立体構造をタンパク質の（　イ　）次構造という。このような構造は，ポリペプチド鎖の NH 基と C＝O 基が分子内または分子間で（　ウ　）結合することによって安定に保たれている。さらにポリペプチド鎖全体では（　イ　）次構造がイオン結合や 2 つの硫黄原子間でできる（　エ　）結合によって折りたたまれ安定化した立体構造をとる。このようにしてできたポリペプチド鎖が複数集まり一定の立体的配置をとる。このような複数のポリペプチド鎖の集合した構造を（　オ　）次構造という。タンパク質の性質には，これらの立体構造が影響を及ぼす。

247 [タンパク質の性質] タンパク質に関する次の記述(1)～(5)のうちから，下線をつけた部分に誤りを含むものを 1 つ選べ。

(1) タンパク質の水溶液に，水酸化ナトリウム水溶液と硫酸銅(Ⅱ)水溶液を加えたところ，紫色になった。これはタンパク質中に多数のペプチド結合が存在することを示す。

(2) タンパク質の水溶液に硫酸ナトリウム水溶液を加えると沈殿が生成する。この現象を塩析という。

(3) 酵素はタンパク質の一種であり，生体内の反応を速やかに進めるための触媒作用を行う。その触媒作用は温度や pH の影響を受けやすい。

(4) タンパク質に重金属イオンやアルコールを作用させると変性する。これは，一部のペプチド結合が切れるためである。

(5) α-アミノ酸だけから構成されているタンパク質と，アミノ酸以外に色素や糖などが結合しているタンパク質を，それぞれ単純タンパク質，複合タンパク質という。

248 [タンパク質の分類] タンパク質は多数の（　A　）がペプチド結合してできた高分子化合物で，生命活動を支える重要な物質である。タンパク質は形状から あ タンパク質と い タンパク質の 2 つに大別される。 い タンパク質の例としては，皮膚などに含まれるコラーゲンがあげられる。また，構成成分で分類すると，加水分解によって（　A　）だけを生じるタンパク質を単純タンパク質という。加水分解したとき，（　A　）以外に糖類，色素，核酸，脂質，リン酸などを生じるものを（　B　）タンパク質という。例えば，赤血球中のヘモグロビンは色素と結合した（　B　）タンパク質である。食品に含まれるタンパク質には，単純タンパク質として，卵白に含まれる う や小麦粉に含まれる え などがある。また，牛乳中に存在するカゼインは お と結合した（　B　）タンパク質である。

(1) 文中の(A)，(B)に最も適当な語句を入れよ。

(2) 文中の あ ～ お に最も適当な語句を次から選べ。

246
一次構造
アミノ酸配列
二次構造
部分的な立体構造
三次構造
ポリペプチド鎖全体
四次構造
複数のポリペプチド鎖による

247 タンパク質の立体構造を保っている水素結合や，その他の力を加熱や化学薬品で変化させると変性する。

248
形状による分類
→繊維状，球状
成分による分類
→単純，複合

① 膜状　　② 繊維状　　③ 球状　　④ フィブロイン
⑤ トリプシン　　⑥ ケラチン　　⑦ グルテニン（グルテリン）
⑧ アルブミン　　⑨ 糖類　　⑩ 核酸　　⑪ 脂質　　⑫ リン酸

249 ［アミノ酸と等電点］　0.10 mol/L
のあるα-アミノ酸水溶液 10 mL
に，0.10 mol/L の塩酸 10 mL を加
えた。この水溶液を 1.0 mol/L の
水酸化ナトリウム水溶液で滴定す
ると，右図のような滴定曲線が得
られた。次の問いに答えよ。

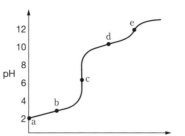

加えた水酸化ナトリウム水溶液の体積〔mL〕
あるα-アミノ酸の滴定曲線

(1)　α-アミノ酸は，一般に水溶
液中で，溶液の pH によって次
のような電離平衡の状態にあ
る。

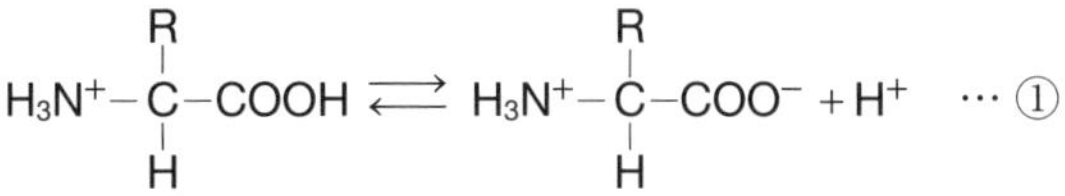

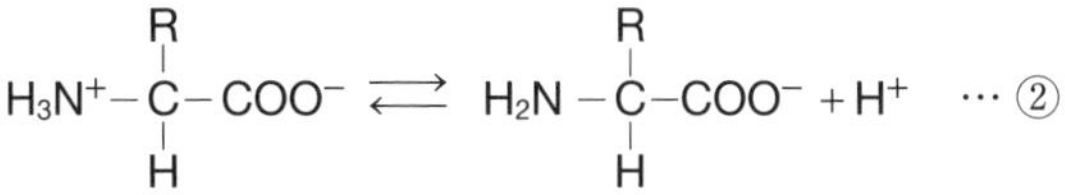

$$H_3N^+-\overset{\overset{R}{|}}{\underset{\underset{H}{|}}{C}}-COOH \rightleftharpoons H_3N^+-\overset{\overset{R}{|}}{\underset{\underset{H}{|}}{C}}-COO^- + H^+ \quad \cdots ①$$

$$H_3N^+-\overset{\overset{R}{|}}{\underset{\underset{H}{|}}{C}}-COO^- \rightleftharpoons H_2N-\overset{\overset{R}{|}}{\underset{\underset{H}{|}}{C}}-COO^- + H^+ \quad \cdots ②$$

平衡式①と②における平衡定数 K_1 と K_2 を表す式について

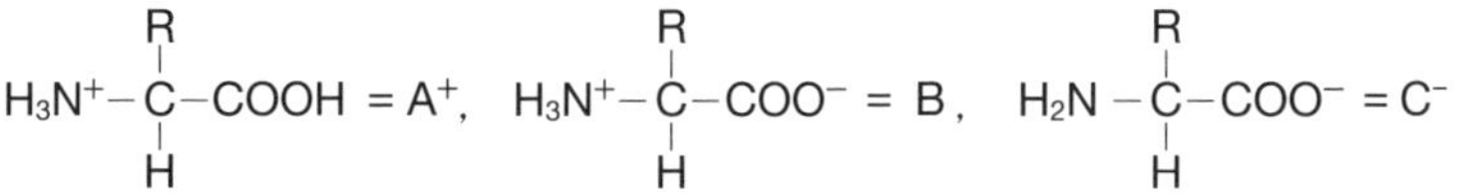

$$H_3N^+-\overset{\overset{R}{|}}{\underset{\underset{H}{|}}{C}}-COOH = A^+, \quad H_3N^+-\overset{\overset{R}{|}}{\underset{\underset{H}{|}}{C}}-COO^- = B, \quad H_2N-\overset{\overset{R}{|}}{\underset{\underset{H}{|}}{C}}-COO^- = C^-$$

とおくとそれぞれどのように表せるか。下から選べ。

$K_1 = \boxed{ア}$，　$K_2 = \boxed{イ}$

① $\dfrac{[B][H^+]}{[A^+]}$　　② $\dfrac{[A^+]}{[B][H^+]}$　　③ $\dfrac{[H^+]}{[A^+][B]}$　　④ $\dfrac{[A^+][H^+]}{[B]}$

⑤ $\dfrac{[C^-][H^+]}{[B]}$　　⑥ $\dfrac{[H^+]}{[C^-][B]}$　　⑦ $\dfrac{[C^-]}{[B][H^+]}$　　⑧ $\dfrac{[B][H^+]}{[C^-]}$

⑨ $\dfrac{[B]}{[C^-][H^+]}$

(2)　図中の点 c では，電離によって生じる陽イオン，双性イオン，陰イオン
の電荷が全体として 0 となっている。このときの pH を何というか。

(3)　図中の点 b では $[A^+] = [B]$，点 d では $[B] = [C^-]$ となっている。式①の
平衡定数を $K_1 = 5.0 \times 10^{-3}$ mol/L，式②の平衡定数を $K_2 = 2.0 \times 10^{-10}$ mol/L
とすると，点 b および点 d での pH はそれぞれいくらか。$\log_{10} 2 = 0.3$，
$\log_{10} 5 = 0.7$ とする。

(4)　点 c では $[A^+] = [C^-]$ となっている。点 c における pH はいくらか。

難 (5)　アラニンでは，$K_1 = 4.0 \times 10^{-3}$ mol/L，$K_2 = 2.5 \times 10^{-10}$ mol/L である。
pH5.0 のとき最も多く存在するアラニンの構造式を書け。

249
(3)K_1，K_2 の式に
それぞれ$[A^+] =$
$[B]$，$[B] = [C^-]$
の条件を代入して
求める。

(4)K_1，K_2 の式の
両辺をかけ合わせ
て$[H^+]$の式を導
く。

▶ 3 核酸

● **確認事項** 次の空欄に適当な語句または記号を入れよ。────────

● 核酸

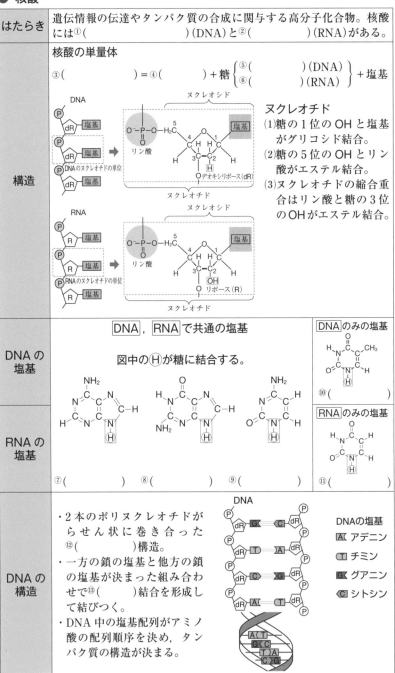

はたらき	遺伝情報の伝達やタンパク質の合成に関与する高分子化合物。核酸には①(　　　　　　　　　　)(DNA)と②(　　　　　　　)(RNA)がある。

構造

核酸の単量体

③(　　　　　　　　) ＝ ④(　　　　　　) ＋ 糖 {⑤(　　　　　　　)(DNA) / ⑥(　　　　　　　)(RNA)} ＋ 塩基

ヌクレオチド
(1) 糖の1位の OH と塩基がグリコシド結合。
(2) 糖の5位の OH とリン酸がエステル結合。
(3) ヌクレオチドの縮合重合はリン酸と糖の3位の OH がエステル結合。

DNA の塩基 / RNA の塩基

DNA，RNA で共通の塩基	DNA のみの塩基
図中の Ⓗ が糖に結合する。	⑩(　　　　　　)
⑦(　　　) ⑧(　　　) ⑨(　　　)	RNA のみの塩基 ⑪(　　　　　　)

DNA の構造

・2本のポリヌクレオチドがらせん状に巻き合った⑫(　　　　　　)構造。
・一方の鎖の塩基と他方の鎖の塩基が決まった組み合わせで⑬(　　　)結合を形成して結びつく。
・DNA 中の塩基配列がアミノ酸の配列順序を決め，タンパク質の構造が決まる。

DNA の塩基
Ⓐ アデニン
Ⓣ チミン
Ⓖ グアニン
Ⓒ シトシン

解答
①デオキシリボ核酸
②リボ核酸
③ヌクレオチド
④リン酸
⑤デオキシリボース
⑥リボース
⑦アデニン
⑧グアニン
⑨シトシン
⑩チミン
⑪ウラシル
⑫二重らせん
⑬水素

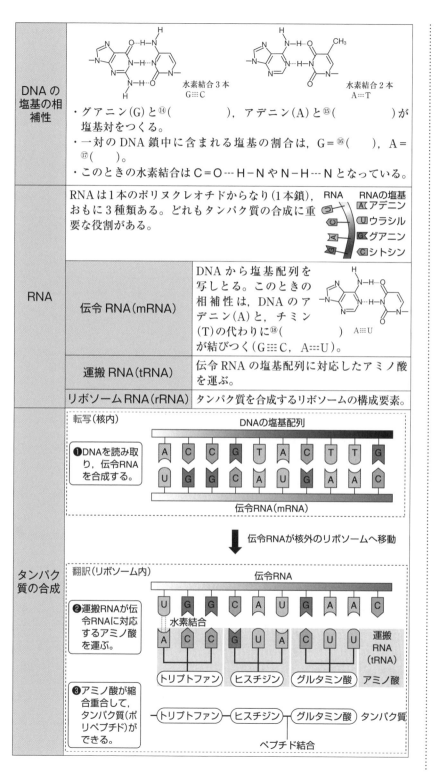

DNAの塩基の相補性	

水素結合3本
G≡C

水素結合2本
A≡T

・グアニン(G)と⑭(　　　　　　)，アデニン(A)と⑮(　　　　　　)が塩基対をつくる。

・一対の DNA 鎖中に含まれる塩基の割合は，G＝⑯(　　)，A＝⑰(　　)。

・このときの水素結合は C＝O･･･H−N や N−H･･･N となっている。

RNA		
	RNA は1本のポリヌクレオチドからなり(1本鎖)，おもに3種類ある。どれもタンパク質の合成に重要な役割がある。	RNA の塩基 Ａ アデニン Ｕ ウラシル Ｇ グアニン Ｃ シトシン
伝令 RNA(mRNA)	DNA から塩基配列を写しとる。このときの相補性は，DNA のアデニン(A)と，チミン(T)の代わりに⑱(　　　　　)が結びつく(G≡C，A≡U)。	A≡U
運搬 RNA(tRNA)	伝令 RNA の塩基配列に対応したアミノ酸を運ぶ。	
リボソーム RNA(rRNA)	タンパク質を合成するリボソームの構成要素。	

タンパク質の合成	

転写(核内)

❶DNAを読み取り，伝令RNAを合成する。

DNAの塩基配列
A C C G T A C T T G
U G G C A U G A A C

伝令RNA(mRNA)

伝令RNAが核外のリボソームへ移動

翻訳(リボソーム内)　　伝令RNA

❷運搬RNAが伝令RNAに対応するアミノ酸を運ぶ。

U G G C A U G A A C
水素結合
A C C　G U A　C U U　運搬RNA(tRNA)
トリプトファン　ヒスチジン　グルタミン酸　アミノ酸

❸アミノ酸が縮合重合して，タンパク質(ポリペプチド)ができる。

トリプトファン−ヒスチジン−グルタミン酸　タンパク質
ペプチド結合

例題 67 DNA の構造

核酸には，デオキシリボ核酸と（　ア　）とがある。核酸の構成単位は 5 つの炭素を骨格とする（　イ　）と，窒素を含む塩基と，リン酸とが結合した（　ウ　）とよばれる物質である。デオキシリボ核酸を構成する塩基には，アデニン，シトシン，（　エ　），（　オ　）がある。核酸は（　ウ　）どうしが縮合重合してできた鎖状の高分子化合物である。

(1)　(ア)～(オ)に適当な語句を入れよ。

(2)　あるデオキシリボ核酸の塩基の組成(モル分率)を調べたところ，アデニンが 23 % であった。シトシンは何 % か求めよ。

解答　(1)　(ア) リボ核酸　(イ) 糖(五炭糖)　(ウ) ヌクレオチド　(エ)/(オ)　グアニン / チミン(順不同)　(2) 27 %

▶ **ベストフィット**　塩基の組成は，アデニン＝チミン，グアニン＝シトシン

解説 ▶

(1)　DNA のくり返し単位の構造＝ヌクレオチド

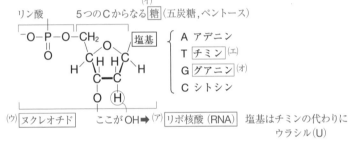

(2)　塩基は水素結合により互いに塩基対をつくり(相補的塩基対)，二重らせん構造を形成している。

A≡T
組成　23%→23%
　　　　A　T　G　C
　　　 23 ＋ 23 ＋ x ＋ x ＝ 100%
C≡G
組成　x〔%〕→x〔%〕
とする
　　　　　　x ＝ 27%

例題 68 塩基の相補性

右図は，2 本のヌクレオチド鎖の一部を模式的に示しており，塩基の一部が不明な状態である。ヌクレオチド鎖 X および Y の間に形成される水素結合は全部で何本か。

X　A − C − □ − T − C
Y　□ − □ − G − □ − G

解答　13 本

▶ **ベストフィット**　塩基の相補性は A≡T ，G≡C である。
　　　　　　　　　　　　水素結合　2 本　　　3 本

解説 ▶

A − C − C − T − C
┊┊ ┊┊┊ ┊┊┊ ┊┊ ┊┊┊
T − G − G − A − G
2本＋3本＋3本＋2本＋3本＝13本

250 [核酸の構成] (ア)〜(ク)に適当な語句を入れよ。

天然高分子化合物には，核酸，多糖類，タンパク質などがある。核酸の構成単位は，(ア)と(イ)と(ウ)が結合したヌクレオチドである。核酸は，ヌクレオチドどうしが(ア)部分のヒドロキシ基と(イ)部分のヒドロキシ基の間で脱水縮合してできた鎖状の高分子化合物である。核酸には DNA と RNA があり，DNA は(エ)，(オ)，(カ)，(キ)の4種類の(ウ)をもつ。(エ)と(キ)，(オ)と(カ)はそれぞれ対をつくり二重らせん構造を形成する。RNA は(キ)のかわりに(ク)をもつ。

251 [塩基の割合] ある核酸の核酸塩基を分析したところ，アデニンの物質量の割合が19％であった。他の核酸塩基，すなわちグアニン，シトシン，チミンのそれぞれの割合を求めよ。

252 [塩基の推定] 二重らせん構造を形成し，2本のポリヌクレオチド鎖の重合度が同じで，2種類の塩基のみが含まれている DNA を合成した。この DNA から得られた混合物について元素分析を行ったところ，炭素46.0％，水素4.21％，窒素37.5％であった。この DNA に含まれる2種類の塩基の名称を書け。なお，DNA の4種類の塩基の分子式および分子量は次の通りである。

▼check!

アデニン：$C_5H_5N_5$（分子量 135）　　　グアニン：$C_5H_5N_5O$（分子量 151）

シトシン：$C_4H_5N_3O$（分子量 111）　　　チミン：$C_5H_6N_2O_2$（分子量 126）

250 ◀例67
核酸
＝リン酸＋糖＋塩基
塩基の組み合わせ
→相補的塩基対

251 ◀例67
相補的塩基対を形成し，物質量は A＝T，G＝C である。

252 ◀例67,68
相補性から A ⋮⋮⋮ T，G ⋮⋮⋮ C のどちらかを形成している。

練習問題

253 [核酸の構造] 核酸は，(a)糖と塩基から構成された化合物の1つのヒドロキシ基が(ア)の分子式をもつ酸とエステル結合した(イ)とよばれる化合物が単量体となり，(イ)がさらに鎖状に脱水縮合した高分子である。デオキシリボ核酸とも称される DNA 分子は，4種の塩基が(b)アデニンとチミンの間，グアニンとシトシンの間でそれぞれ特定の塩基対を形成できる性質をもつ。この性質にもとづき，生体内では2本の DNA 分子が(ウ)構造を形成している。

(1) 文中の(ア)〜(ウ)にあてはまる語句を①〜⑩より選べ。

① β–シート　　② ポリエステル　　③ ヌクレオチド

④ H_2SO_4　　⑤ ポリペプチド　　⑥ α–ヘリックス　　⑦ H_3PO_4

⑧ 二重らせん　　⑨ ヌクレオシド　　⑩ HNO_3

253
ヌクレオチド
＝リン酸＋糖＋塩基
ヌクレオシド
＝糖＋塩基

5章 高分子化合物

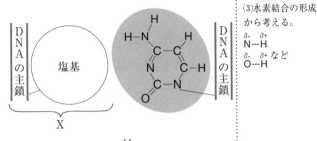

(2) 下線部(a)について，β-リボースの構造を示す。RNA の構造では，β-リボース中の1つのヒドロキシ基が塩基で置き換わり，2つのヒドロキシ基がエステル結合に使われる。塩基で置き換わるヒドロキシ基と，エステル結合に使われるヒドロキシ基を，それぞれのヒドロキシ基が結合する炭素の番号で示せ。

(2)反応に使われる －OH 基は 1, 3, 5 位である。

(3) 下線部(b)について，図は二重らせんの一部である。右側の塩基(灰色部分)と水素結合を形成する左側の部分 X として最も適当なものを，下の①〜④のうちから選べ。

(3)水素結合の形成から考える。
δ- δ+
N---H
δ- δ+ など
O---H

254 [DNA の組成] ある微生物の細胞1個に含まれるすべての DNA の質量の総和が，4.0×10^{-14} g であることがわかっている。この DNA の塩基組成を調べたところ，全塩基数に対するグアニン(G)の数の割合が 21 % であった。

(1) この微生物の DNA の全塩基数に対するアデニン，チミン，シトシンの数の割合[%]をそれぞれ答えよ。

(2) この微生物のヌクレオチド構成単位の式量の平均値を有効数字2桁で答えよ。ただし，各塩基を含むヌクレオチド構成単位の式量には次の値を用いよ。

塩基	アデニン	シトシン	グアニン	チミン
式量	310	290	330	300

(3) この微生物の細胞1個に含まれるすべての DNA の塩基対の数を有効数字2桁で答えよ。

254
(2) (1)で求めた割合から式量の平均値を求めることができる。
(3) (2)で求めた平均式量からくり返し単位の数が計算できる。
塩基対は塩基数の $\frac{1}{2}$ になる。

255 [タンパク質の合成]　核酸の構成単位は，リン酸と糖と環状構造の塩基（核酸塩基）が結合したヌクレオチドとよばれる物質である。核酸はヌクレオチドどうしが糖部分の−OHと，リン酸部分の−OHとの間で（　ア　）した鎖状の高分子化合物である。核酸には，その糖部分が（　イ　）でできているDNAと，（　ウ　）でできているRNAがある。1953年，ワトソンとクリックにより，DNAは2本のヌクレオチド鎖がアデニン−チミン，グアニン−シトシンの塩基対をつくり，（　エ　）構造をつくることが提唱された。

DNAからタンパク質が合成されるとき，（　エ　）構造の一部がほどけて，その遺伝情報が（　オ　）RNAに伝えられる。これを遺伝情報の（　カ　）という。（　オ　）RNAは核の外でリボソームと結合し，タンパク質の合成の準備をする。アミノ酸をリボソームに運ぶのは（　キ　）RNAである。このように（　オ　）RNAのもつ遺伝情報にもとづいて，タンパク質が合成されることを遺伝情報の（　ク　）という。

(1) 文中の(ア)～(エ)にあてはまる語句を入れよ。

(2) 文中の(オ)～(ク)にあてはまる語句を次の①～⑥から選べ。
　　① リボソーム　　② 翻訳　　③ 伝令（メッセンジャー）
　　④ 複製　　⑤ 転写　　⑥ 運搬（転移）

(3) 下線部について，一般にグアニンとシトシンの含量が高い2本鎖DNAは，アデニンとチミンの含量が高い同じ長さの2本鎖DNAよりも，加熱したときに1本鎖DNAになりにくい。この理由を50字以内で答えよ。

256 [DNA中の官能基の変換]　ヒトの細胞内には，図1のようにシトシンをメチル化する酵素が存在する。いま，グアニンとシトシンの塩基対のみによって構成される30塩基対の2本鎖DNAを，この酵素を用いてメチル化した。図2に示すこれら2種類のヌクレオチドの分子量は，それぞれ307と347で，リン酸部分は電離していないものとして，次の問いに答えよ。

図1

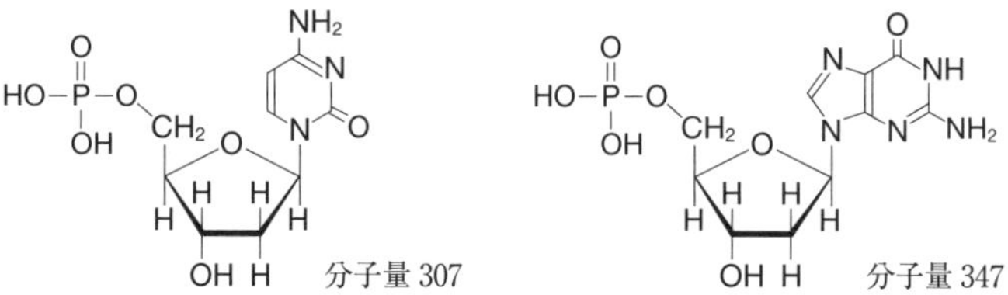

図2

(1) 酵素を用いてすべてをメチル化した場合，2本鎖DNAの分子量はいくらか。

(2) 酵素を用いてメチル化し，反応終了後に分子量を測定したところ，平均分子量は18600であった。このDNAに含まれるシトシンのうち，何％がメチル化されたか。有効数字2桁で答えよ。

255
タンパク質の合成
DNA
↓ 転写
mRNA ｝セントラルドグマ
↓ 翻訳 ← tRNA
タンパク質

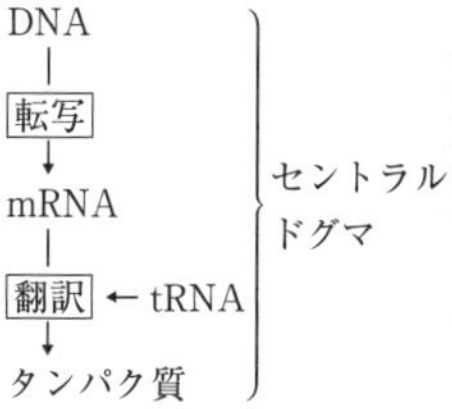

(3)2つの相補的塩基対で形成される結合の違いを考える。

256 グアニンとシトシンはそれぞれ30分子ずつ含まれている。シトシンがすべてメチル化されたとして分子量を求め，測定値と比較する。

(1)メチル化前の未反応2本鎖DNAの分子量を求め，注目するシトシンの構造部分の増加量について計算する。

▶**1** 合成高分子化合物

● **確認事項** 以下の空欄に適当な語句または数字を入れよ。

● **合成高分子化合物の分類**

分類	性質
合成①（　　　）	張力を加えて糸状に成型されたもの。
合成②（　　　）	塊状や膜（フィルム）状に成型されたもの。
合成③（　　　）	外力によって伸び縮みが可能な構造をもつもの。

解答
①繊維
②樹脂
③ゴム

● **合成繊維**

①縮合重合による反応

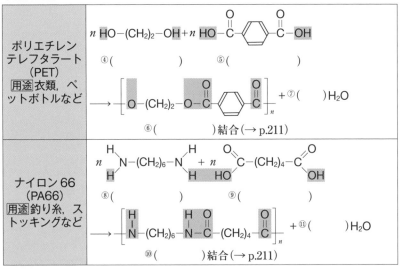

| ポリエチレンテレフタラート（PET）
用途 衣類, ペットボトルなど | |
| ナイロン66（PA66）
用途 釣り糸, ストッキングなど | |

④（　　）⑤（　　）⑥（　　）結合(→ p.211)　⑦2n

⑧（　　）⑨（　　）⑩（　　）結合(→ p.211)　⑪2n

④エチレングリコール
⑤テレフタル酸
⑥エステル
⑦2n
⑧ヘキサメチレンジアミン
⑨アジピン酸
⑩アミド
⑪2n

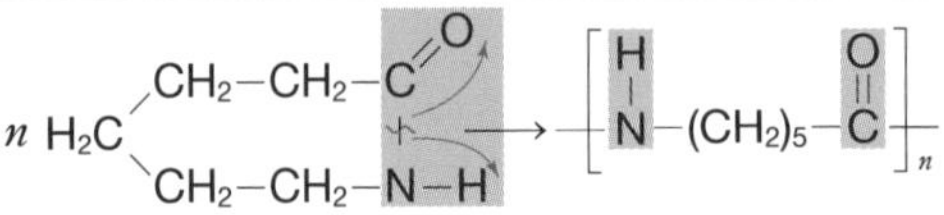

②開環重合による反応

| ナイロン6
用途 釣り糸, ストッキングなど | |

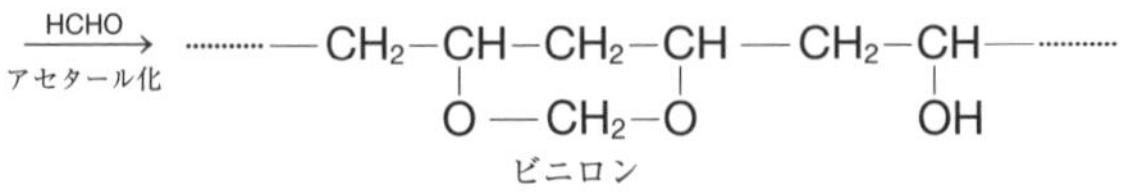

⑫（　　）

⑫ ε－カプロラクタム

③付加重合による反応

| ポリアクリロニトリル
用途 セーターなど | 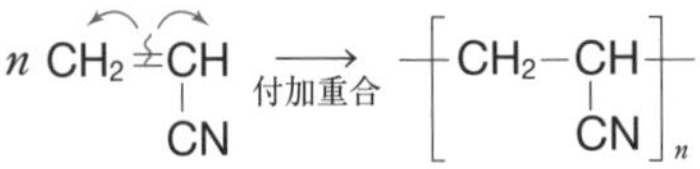 |
| ビニロン
用途 衣料, 魚網, ロープなど | |

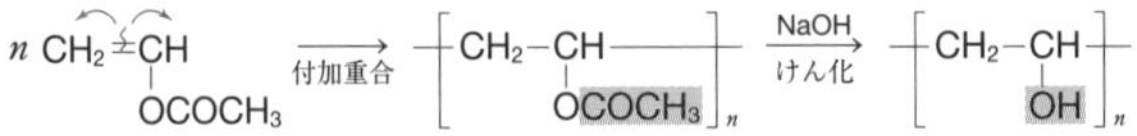

⑬（　　）※−CN は−C≡N

⑭（　　）⑮（　　）⑯（　　）

⑬アクリロニトリル
⑭酢酸ビニル
⑮ポリ酢酸ビニル
⑯ポリビニルアルコール

● **熱可塑性樹脂**

付加重合による合成樹脂（プラスチック）

ポリビニル系

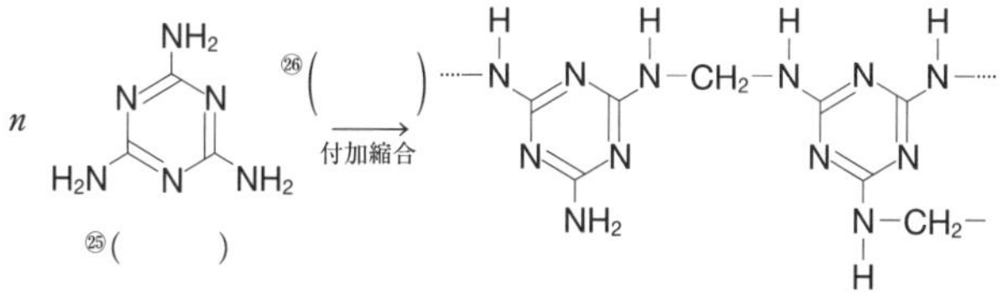

解答
⑰ポリエチレン
⑱ポリプロピレン
⑲ポリ塩化ビニル
⑳ポリスチレン

反応のしくみ	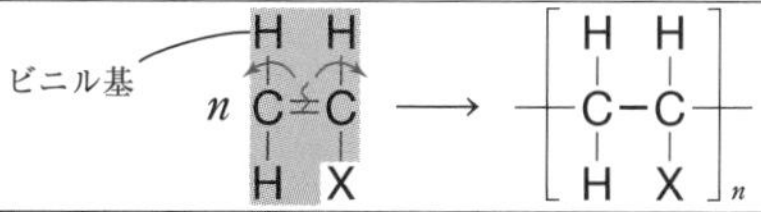		ビニル基　n $\overset{H}{\underset{H}{C}}{=}\overset{H}{\underset{X}{C}}$ → $\left[\overset{H}{\underset{H}{C}}-\overset{H}{\underset{X}{C}}\right]_n$
物質名	略号	−X	用途
⑰（　　　）	PE	−H	包装用フィルム，ごみ袋
⑱（　　　）	PP	−CH$_3$	自動車の内外装
⑲（　　　）	PVC	−Cl	水道パイプ
⑳（　　　）	PS	$\langle\bigcirc\rangle$	食品用容器
ポリ酢酸ビニル	PVAc	$-O-\overset{}{\underset{O}{C}}-CH_3$	接着剤，ガム，洗濯のり

その他

メタクリル樹脂 （ポリメタクリル酸メチル） 用途 有機ガラス	n $\overset{H}{\underset{H}{C}}{=}\overset{CH_3}{\underset{C-O-CH_3\ ;\ O}{C}}$ → $\left[\overset{H}{\underset{H}{C}}-\overset{CH_3}{\underset{C-O-CH_3\ ;\ O}{C}}\right]_n$
	メタクリル酸メチル

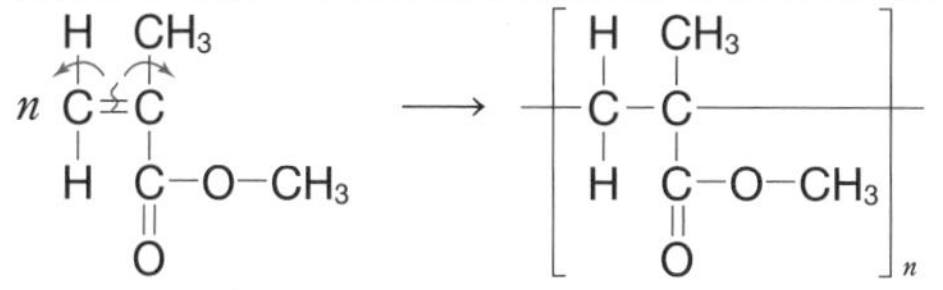

● **熱硬化性樹脂**

㉑フェノール
㉒ホルムアルデヒド
㉓尿素
㉔ホルムアルデヒド
㉕メラミン
㉖ホルムアルデヒド

フェノール樹脂 用途 プリント基板，電気器具	n ㉑（　　） ＋ ㉒（　　） → 酸触媒 ノボラック（$n<10$）／塩基触媒 レゾール（$n=1,2$） → 硬化剤 加熱／加熱 フェノール樹脂
尿素樹脂 用途 日用雑貨，電気器具	n H$_2$N−C−NH$_2$; O ＋ ㉔（　　）／㉓（　　） → 付加縮合 （尿素樹脂構造式）
メラミン樹脂 用途 食器，化粧板	n （メラミン構造式） ㉖（　　）／㉕（　　） → 付加縮合 （メラミン樹脂構造式）

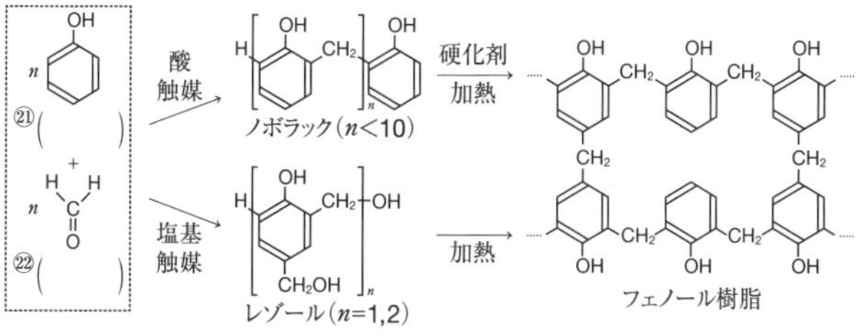

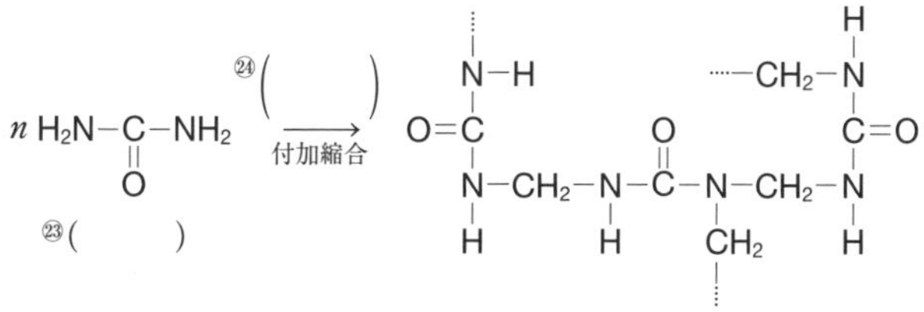

● ゴム

①天然ゴム

解答
㉗ラテックス
㉘ポリイソプレン
㉙シス
㉚硫黄
㉛架橋
㉜加硫

天然ゴム	ゴムノキから採取した㉗(　　　　　　)とよばれる樹液を酸で処理すると，凝固して生ゴム（天然ゴム）が得られる。生ゴムの主成分は㉘(　　　　　　)で，その二重結合のまわりの立体配置はすべて㉙(　　)形である。 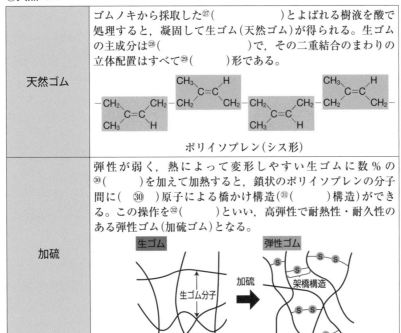 ポリイソプレン（シス形）
加硫	弾性が弱く，熱によって変形しやすい生ゴムに数 % の㉚(　　)を加えて加熱すると，鎖状のポリイソプレンの分子間に(㉚)原子による橋かけ構造㉛(　　　　)構造）ができる。この操作を㉜(　　　　)といい，高弾性で耐熱性・耐久性のある弾性ゴム（加硫ゴム）となる。 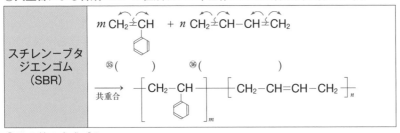

②合成ゴム

㉝ブタジエン
㉞クロロプレン

反応のしくみ	n CH₂=CX–CH=CH₂ ⟶ —[CH₂–CX=CH–CH₂]ₙ—		
物質名	−X	物質名	−X
㉝(　　　　　　)ゴム （ポリブタジエン）	−H	㉞(　　　　　　)ゴム （ポリクロロプレン）	−Cl

③共重合による合成ゴム　2種類以上の単量体による重合は共重合という。

㉟スチレン
㊱ 1,3-ブタジエン

スチレン-ブタジエンゴム（SBR）	m CH₂=CH（ベンゼン環） + n CH₂=CH–CH=CH₂ ㉟(　　) ㊱(　　　　　　) 共重合 —[CH₂–CH（ベンゼン環）]ₘ[CH₂–CH=CH–CH₂]ₙ—

④その他の合成ゴム

シリコーンゴム	ケイ素が高分子化合物の鎖をつくっている合成ゴム。耐熱性，耐寒性に優れ，また電気的にも絶縁性に優れている。	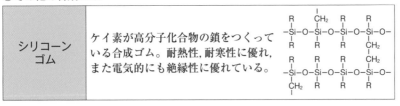

● イオン交換樹脂

イオン交換樹脂	酸性または塩基性の基をもつ多孔質の合成樹脂で，電解質水溶液を入れると水溶液中のイオンと樹脂中のイオンが入れかわる性質をもつ。一般に，㊲(　　　　)と少量の p−ジビニルベンゼンが共重合した三次元網目状構造の重合体に，酸性または塩基性の基を導入した合成樹脂である。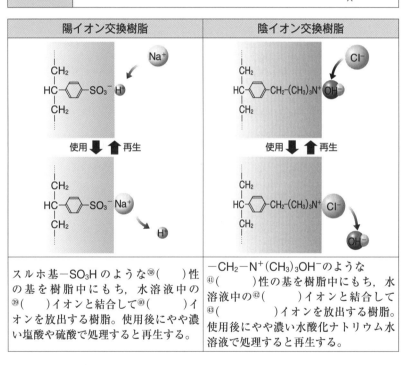

陽イオン交換樹脂	陰イオン交換樹脂
スルホ基−SO₃H のような㊳(　　)性の基を樹脂中にもち，水溶液中の㊴(　　)イオンと結合して㊵(　　)イオンを放出する樹脂。使用後にやや濃い塩酸や硫酸で処理すると再生する。	−CH₂−N⁺(CH₃)₃OH⁻のような㊶(　　)性の基を樹脂中にもち，水溶液中の㊷(　　)イオンと結合して㊸(　　)イオンを放出する樹脂。使用後にやや濃い水酸化ナトリウム水溶液で処理すると再生する。

書き取りドリル 次の単量体からなる重合体について，構造を重合度 *n* として書き，名前を答えよ。

単量体	重合体	単量体	重合体
エチレン	( )	プロピレン（プロペン）	( )
n C=C (H H / H H) →		n C=C (H H / H CH₃) →	
塩化ビニル	( )	アクリロニトリル	( )
n C=C (H H / H Cl) →		n C=C (H H / H C≡N) →	
酢酸ビニル	( )	スチレン	( )
n C=C (H H / H O-C-CH₃ ‖ O) →		n C=C (H H / H ⟨benzene⟩) →	
メタクリル酸メチル	( )	テトラフルオロエチレン	( )
n C=C (H CH₃ / H C-O-CH₃ ‖ O) →		n C=C (F F / F F) →	
1,3-ブタジエン	( )	クロロプレン	( )
n C=C-C=C (H H H H / H H) →		n C=C-C=C (H Cl H H / H H) →	

単量体	重合体
1,3-ブタジエンとスチレン	( )
m C=C-C=C (H H H H / H H) + n C=C (H H / H ⟨benzene⟩) →	
1,3-ブタジエンとアクリロニトリル	( )
m C=C-C=C (H H H H / H H) + n C=C (H H / H C≡N) →	
テレフタル酸とエチレングリコール	( )
n HO-C-⟨benzene⟩-C-OH (‖O ‖O) + n HO$-(CH_2)_2-$OH →	
ヘキサメチレンジアミンとアジピン酸	( )
n H-N$-(CH_2)_6-$N-H (H H) + n HO-C$-(CH_2)_4-$C-OH (‖O ‖O) →	

単量体	重合体	単量体	重合体
エチレン 	(ポリエチレン)略 PE	プロピレン(プロペン) 	(ポリプロピレン)略 PP
塩化ビニル 	(ポリ塩化ビニル)略 PVC	アクリロニトリル 	(ポリアクリロニトリル)
酢酸ビニル 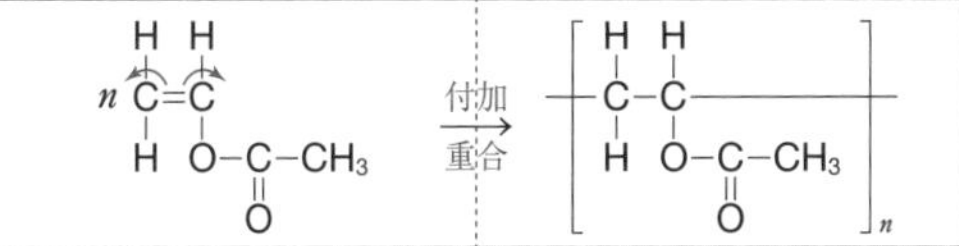	(ポリ酢酸ビニル)略 PVAc	スチレン 	(ポリスチレン)略 PS
メタクリル酸メチル 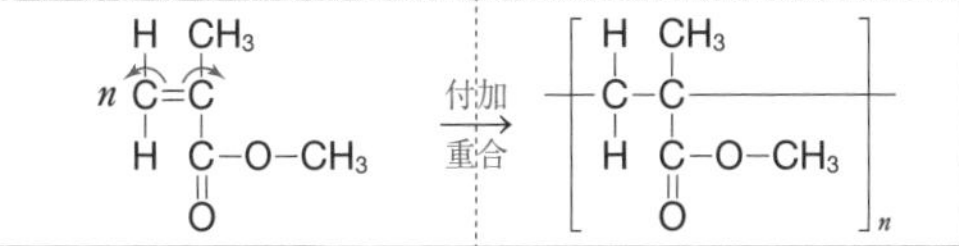	(ポリメタクリル酸メチル)略 PMMA	テトラフルオロエチレン 	(ポリテトラフルオロエチレン)
1,3-ブタジエン 	(ポリブタジエン, ブタジエンゴム)	クロロプレン 	(ポリクロロプレン, クロロプレンゴム)

各行の反応は「付加重合」による。

単量体	重合体
1,3-ブタジエンとスチレン 	(スチレン-ブタジエンゴム)略 SBR
1,3-ブタジエンとアクリロニトリル 	(アクリロニトリル-ブタジエンゴム)略 NBR
テレフタル酸とエチレングリコール 	(ポリエチレンテレフタラート)略 PET
ヘキサメチレンジアミンとアジピン酸	(ナイロン 66)←アミン由来の C 数 6, カルボン酸由来の C 数 6

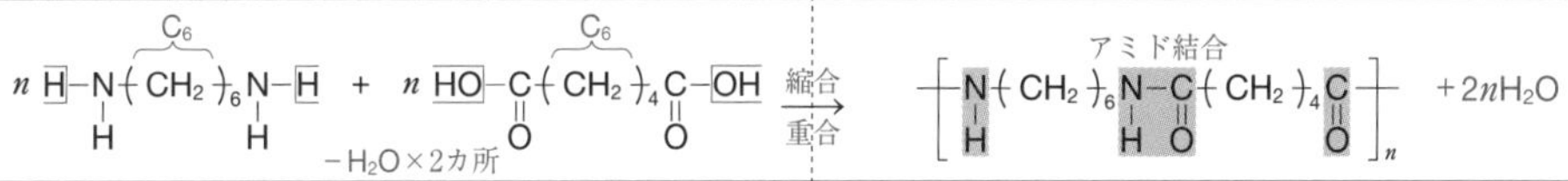

SBR・NBR は共重合。

テレフタル酸とエチレングリコール：

$$n\,\mathrm{HO{-}C{-}\langle benzene\rangle{-}C{-}OH} + n\,\mathrm{HO(CH_2)_2OH} \xrightarrow[重合]{縮合} \mathrm{[C{-}\langle benzene\rangle{-}C{-}O(CH_2)_2O]} + 2n\mathrm{H_2O}$$
（−H₂O×2カ所、エステル結合）

ヘキサメチレンジアミンとアジピン酸：

$$n\,\mathrm{H{-}N(CH_2)_6N{-}H} + n\,\mathrm{HO{-}C(CH_2)_4C{-}OH} \xrightarrow[重合]{縮合} \mathrm{[N(CH_2)_6N{-}C(CH_2)_4C]} + 2n\mathrm{H_2O}$$
（−H₂O×2カ所、アミド結合、C₆）

例題 69 合成高分子化合物

一般に高分子化合物は，1種類または数種類の比較的小さな構成単位が，数百から数千個以上を繰り返し結合した分子である。この小さな構成単位を（　ア　）といい，それが繰り返し結合する反応を（　イ　）という。また，（　イ　）で生成した高分子化合物を（　ウ　）という。不飽和結合を有する（　ア　）の付加反応の繰り返しで進行する（　イ　）を（　エ　），（　ア　）どうしの縮合の繰り返しで進行する（　イ　）を（　オ　），環状の（　ア　）から鎖状の（　ウ　）を生成する（　イ　）を（　カ　）という。

(1) (ア)〜(カ)に適当な語句を語群から選び答えよ。

[語群]　単位格子　会合体　単量体　重合体　複合体　重合　架橋

　　　　共重合　縮合重合　付加縮合　開環重合　付加重合

(2) (オ)に該当する反応式はどれか。1つ選べ。

① $n\ \mathrm{HO{+}(CH_2)_2OH} + n\ \mathrm{HO{-}\underset{O}{\overset{\|}{C}}{-}\bigcirc{-}\underset{O}{\overset{\|}{C}}{-}OH} \longrightarrow \left[\mathrm{O{+}(CH_2)_2O{-}\underset{O}{\overset{\|}{C}}{-}\bigcirc{-}\underset{O}{\overset{\|}{C}}}\right]_n + 2n\mathrm{H_2O}$

② $n\ \mathrm{CH_2{=}\underset{CN}{\overset{|}{CH}}} \longrightarrow \left[\mathrm{CH_2{-}\underset{CN}{\overset{|}{CH}}}\right]_n$　③ $n\ \mathrm{H_2C} \longrightarrow \left[\mathrm{\underset{O}{\overset{\|}{C}}{+}(CH_2)_5\underset{H}{\overset{|}{N}}}\right]_n$

解答　(1) (ア) 単量体　(イ) 重合　(ウ) 重合体　(エ) 付加重合　(オ) 縮合重合　(カ) 開環重合　(2) ①

▶ **ベストフィット**　$-\mathrm{C}{=}\mathrm{C}-$ の構造があるとき，付加重合が起こる。

$-\underset{O}{\overset{\|}{C}}{-}\mathrm{OH}+\mathrm{HO}-$，$-\underset{O}{\overset{\|}{C}}{-}\mathrm{OH}+\mathrm{H}{-}\underset{H}{\overset{|}{N}}-$ の構造があるとき，縮合重合が起こる。

例題 70 熱硬化性樹脂

次の　ア　〜　カ　に適当な語句を入れよ。

酸または塩基の触媒を用いて，フェノールと　ア　を加熱すると，反応1で示される　イ　反応と，その生成物が反応2で示される　ウ　反応をくり返しながら重合し，　エ　が生成する。このような重合反応は　オ　という。酸を触媒に用いた場合，中間生成物は　カ　という物質ができ，これに硬化剤を加えて加熱して，立体網目状構造を形成する。

$\bigcirc\mathrm{OH} + \boxed{ア} \longrightarrow \bigcirc\mathrm{^{OH}_{CH_2OH}}$　　　　　反応1

$\bigcirc\mathrm{^{OH}_{CH_2OH}} + \bigcirc\mathrm{OH} \longrightarrow \bigcirc\mathrm{^{OH}}{-}\mathrm{CH_2}{-}\bigcirc\mathrm{^{OH}} + \mathrm{H_2O}$　反応2

解答 ア ホルムアルデヒド イ 付加 ウ 縮合 エ フェノール樹脂
　　　　オ 付加縮合 カ ノボラック

ベストフィット 架橋構造はホルムアルデヒドで形成する。

解説 ▶ ....

熱硬化性樹脂は付加縮合(付加反応と縮合反応のくり返し)により得られることが多い。

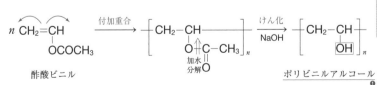

例題 **71** ビニロンの合成

example problem

次の反応はビニロン合成反応を示している。下の問いに答えよ。

$$n\ CH_2{=}CH \xrightarrow{\text{I}} \left[CH_2{-}CH \right]_n \xrightarrow[\text{NaOH}]{\text{II}} \left[CH_2{-}CH \right]_n$$
$$\quad\quad\ OCOCH_3 \qquad\qquad OCOCH_3 \qquad\qquad\quad OH$$
$$\qquad\qquad\qquad\qquad (a) \qquad\qquad\qquad\qquad (b)$$

$$\xrightarrow{\text{繊維}} \xrightarrow{\text{III(アセタール化)}} \cdots CH_2{-}CH{-}CH_2{-}CH{-}CH_2{-}CH{-}\cdots$$
$$\qquad\qquad\qquad\qquad O{-}CH_2{-}O \qquad\qquad OH$$

(1) 化合物(a), (b)の名称を答えよ。

(2) Iの重合の名称を答えよ。

(3) IIの段階のような, 塩基を用いたエステルの加水分解反応は特に何とよばれるか。

(4) IIIの段階(アセタール化)で加える化合物の名称を答えよ。

解答 (1) (a) ポリ酢酸ビニル (b) ポリビニルアルコール
　　　　　(2) 付加重合 (3) けん化 (4) ホルムアルデヒド

ベストフィット ビニロンはビニルアルコールの合成と
　　　　　　　　　アセタール化の2段階でつくる。

解説 ▶ ....

(1)～(4)

$$n\ CH_2{=}CH \xrightarrow{\text{付加重合}} \left[CH_2{-}CH \right] \xrightarrow[\text{NaOH}]{\text{けん化}} \left[CH_2{-}CH \right]_n$$
$$\quad\ OCOCH_3 \qquad\qquad\quad O{+}C{-}CH_3]_n \qquad\qquad\quad \boxed{OH}$$

酢酸ビニル
ポリ酢酸ビニル
ポリビニルアルコール ❶

加水分解 O

$$\cdots CH_2{-}CH{-}CH_2{-}CH{-}CH_2{-}CH{-}\cdots \xrightarrow[\boxed{HCHO}❷]{\text{アセタール化}} \cdots CH_2{-}CH{-}CH_2{-}CH{-}CH_2{-}CH{-}\cdots$$
$$\qquad OH \qquad\quad OH \qquad\quad OH \qquad\qquad\qquad\qquad O{-}CH_2{-}O \qquad\qquad OH$$

ポリビニルアルコール
ビニロン
ヒドロキシ基が減少するので, 親水性が低下する。

❶ ビニルアルコールは
不安定なため, ポリビ
ニルアルコールを直接
ビニルアルコールより
つくることができない。

❷
$$-CH{-}CH_2{-}CH{-}$$
$$\quad OH \quad O \quad HO$$
$$\qquad\qquad C \quad {-}H_2O$$
$$\qquad\quad H \quad H$$

check!

例題 72 合成高分子化合物の計算

(1) 平均分子量が 5.6×10^5 のポリエチレンの平均重合度を求めよ。

(2) ナイロン 66 はヘキサメチレンジアミン（分子量 116）とアジピン酸（分子量 146）が縮合重合して生成される。ナイロン 66 の平均分子量が 3.39×10^4 のとき，この分子 1 分子中にアミド結合はおよそ何個含まれるか。有効数字 2 桁で求めよ。

(3) ナイロン 66 を 1.13×10^3 g つくるのにアジピン酸は何 g 必要か。

解答 (1) 2.0×10^4 (2) 3.0×10^2 個 (3) 7.30×10^2 g

ベストフィット

$$重合度 = \frac{平均分子量}{くり返し単位の式量}$$

$$結合の数 = くり返し単位中の構造の数 \times 重合度$$

解説

(1)

平均分子量 5.6×10^5

$$\left[\mathrm{CH_2 - CH_2} \right]_n \quad 式量\ 28$$

$$重合度\ n = \frac{平均分子量}{くり返し単位の式量} = \frac{5.6 \times 10^5}{28} = 2.0 \times 10^4$$

(2)

$\mathrm{H_2O}$ 2 個分脱水　　アミド結合 2 個分 ➡ 1 分子中にアミド結合は $2n$ 個ある。➡ n を求める。

$$n\ \mathrm{H-N-(CH_2)_6-N-H} + n\ \mathrm{HO-C-(CH_2)_4-C-OH} \longrightarrow \left[\mathrm{N-(CH_2)_6-N-C-(CH_2)_4-C} \right]_n + 2n\mathrm{H_2O}$$

ヘキサメチレンジアミン　　アジピン酸
分子量 116　　　　分子量 146　　　　$-\mathrm{H_2O} \times 2$ ➡ くり返し単位の式量
　　　　　　　　　　　　　　　　　　　$116 + 146 - 18 \times 2 = 226$
　　　　　　　　　　　　　　　　　　　平均分子量 3.39×10^4

$$重合度\ n = \frac{平均分子量}{くり返し単位の式量} = \frac{3.39 \times 10^4}{226} = 1.50 \times 10^2$$

アミド結合は $2n$ 個あるので　$2 \times \underset{重合度\ n}{1.50 \times 10^2} = 3.00 \times 10^2$

くり返し単位中のアミド結合数

(3) $n\ \mathrm{H-N-(CH_2)_6-N-H} + n\ \mathrm{HO-C-(CH_2)_4-C-OH} \longrightarrow \left[\mathrm{N-(CH_2)_6-N-C-(CH_2)_4-C} \right]_n + 2n\mathrm{H_2O}$

分子量 146　　　　　　　　　　　　　　式量 226

$$1.13 \times 10^3 \mathrm{g}$$

$$n \times \frac{1.13 \times 10^3}{226n}\ \mathrm{mol} \longleftarrow \frac{1.13 \times 10^3}{226n}\ \mathrm{mol}$$

分子量 = くり返し単位の式量 × 重合度

$$n \times \frac{1.13 \times 10^3}{226n}\ \mathrm{mol} \times 146\ \mathrm{g/mol} = 7.30 \times 10^2\ \mathrm{g}$$

(1) イオン交換樹脂はポリスチレンを p-ジビニルベンゼンで架
橋した構造に陽イオンや陰イオンを交換できる官能基 X を導
入してできている。陽イオン交換樹脂と陰イオン交換樹脂に
導入されている官能基をそれぞれ(ア)～(エ)から選べ。

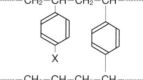

(ア) $-OH$ (イ) $-CH_2-N^+(CH_3)_3OH^-$

(ウ) $-NH_2$ (エ) $-SO_3H$

(2) 1.0×10^{-1} mol/L の食塩水 1.0×10^2 mL を，陰イオン交換樹
脂を詰めたガラス管に通し，水を通した。流出した溶液を中
和するのに必要な 5.0×10^{-2} mol/L の塩酸の体積〔mL〕を求めよ。なお，用いた食塩水中の Cl^- は
すべて OH^- に交換されたものとする。

解答 (1) 陽イオン交換樹脂 (エ) 陰イオン交換樹脂 (イ) (2) 2.0×10^2 mL

▶ **ベストフィット** **陽イオン交換樹脂** 樹脂中の H^+ と溶液中の陽イオンが交換される。
陰イオン交換樹脂 樹脂中の OH^- と溶液中の陰イオンが交換される。

解説 ▶ ･･･

(1) 陽イオン(Na^+ など)や陰イオン(Cl^- など)と交換できる H^+ や OH^- をもつ。

(2)

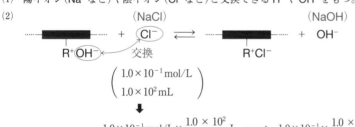

中和するのに必要な HCl の体積を V〔mL〕とすると

$$\underbrace{1.0 \times 10^{-1} \times \frac{1.0 \times 10^2}{1000} \text{ mol}}_{OH^- \text{の物質量}} = \underbrace{5.0 \times 10^{-2} \text{ mol/L} \times \frac{V}{1000} \text{ L} \times ①}_{H^+ \text{の物質量}} \overset{HClの価数}{}$$

$$V = 2.0 \times 10^2 \text{ mL}$$

■ 🖱️ **類題**

257 [合成高分子化合物] 次の(1)～(6)の合成高分子化合物の(A)名称，(B)単量体の
構造式，(C)単量体の名称を答えよ。

(1) $\left[\begin{array}{c} N-(CH_2)_6-N-C-(CH_2)_4-C \\ | \qquad\quad | \quad || \qquad\qquad\quad || \\ H \qquad\quad H \ O \qquad\qquad\quad O \end{array} \right]_n$

(2) $\left[\begin{array}{c} N-(CH_2)_5-C \\ | \qquad\qquad || \\ H \qquad\qquad O \end{array} \right]_n$

(3) $\left[\begin{array}{c} CH_2-CH \\ | \\ CN \end{array} \right]_n$

(4) $\left[\begin{array}{c} CH_3 \\ | \\ CH_2-C \\ | \\ COOCH_3 \end{array} \right]_n$

(5) $\left[\begin{array}{c} CH_2-C=C-CH_2 \\ | \quad\ | \\ H_3C \end{array} \right]_n$

(6) $\left[CH_2-CH=CH-CH_2 \right]_m \left[\begin{array}{c} CH_2-CH \\ | \\ \bigcirc \end{array} \right]_n$

257 ◀ 例 69
重合によって生成
した結合の場所を
特定する。

5章

高分子化合物

258 [ナイロン610]　セバシン酸は示性式 HOOC(CH₂)₈COOH で表される。セバシン酸とヘキサメチレンジアミンを縮合させると，ナイロン610 が得られる。ナイロン610 の構造式を示せ。

258 ◀例69
官能基に注目して考える。

259 [合成樹脂]　(1)～(5)の合成高分子を得るのに必要な単量体を下の構造式(ア)～(カ)から選べ。また，熱硬化性樹脂にあてはまるものをすべて選べ。
(1)　ビニロン　　(2)　フェノール樹脂　　(3)　ナイロン6
(4)　尿素樹脂　　(5)　ポリメタクリル酸メチル

(ア)　　　　　(イ)　　　　　(ウ)　　　　　(エ)　　　　　　(オ)　　　(カ)

259 ◀例69，70

$n\mathrm{H-N} \atop \mathrm{O=C}$（囲み）

→ $\left[\begin{matrix}\mathrm{N-C}\\\mathrm{H~~O}\end{matrix}\right]_n$

260 [ビニロン]　ビニロンをつくるには，まず単量体の(ア)を付加重合させて(イ)にしたのち，水酸化ナトリウムを用いて加水分解する。得られた(ウ)は水に溶けるので，(エ)でアセタール化処理してヒドロキシ基を減らして，ビニロンとする。ビニロンは魚網，テントなどの原料として使われている。

$$\left[\begin{matrix}\mathrm{CH_2-CH}\\|\\\mathrm{OH}\end{matrix}\right]_n \xrightarrow{(エ)} \cdots -\mathrm{CH_2-CH-CH_2-CH}- \cdots$$
(ウ)　　　　　　　　　　　　　　　$\mathrm{O}-\boxed{オ}-\mathrm{O}$

(1)　(ア)～(オ)に適当な語句または構造を入れよ。
(2)　下線部について，重合度を n として化学反応式を構造式を用いて書け。

260 ◀例71

$\mathrm{C=C}\atop\mathrm{OH}$ の構造は不安定なので，

$\mathrm{C=C}\atop\mathrm{O-C-CH_3}$

を加水分解する。
アセタール化は
$\mathrm{H-C-H}\atop\mathrm{O}$
を使う。

261 [高分子化合物の計算]
(1)　ナイロン66(くり返し単位の式量226)の平均分子量は 4.52×10^4 である。平均重合度を求めよ。
(2)　ポリエチレンテレフタラート(PET)は，テレフタル酸(分子量166)とエチレングリコール(分子量62)から合成される。平均分子量 5.76×10^4 の PET 1分子中に含まれるエステル結合は何個か。
(3)　(2)のポリエチレンテレフタラート 14.4 g をつくるのに必要なエチレングリコールの質量は何 g か。

261 ◀例72
(2)テレフタル酸とエチレングリコールから水が2分子脱水する。くり返し単位あたり2個のエステル結合ができる。

262 [イオン交換樹脂]　1.0×10^{-1} mol/L の食塩水 10 mL を，陽イオン交換樹脂を詰めたガラス管に通し，水を通してすべての HCl を管から流出させた。このとき得られた塩酸は 100 mL であった。用いた食塩水中の Na⁺はすべて H⁺に交換されたものとして次の問いに答えよ。
(1)　この塩酸の pH を求めよ。
(2)　この塩酸を中和するのに必要な 5.0×10^{-2} mol/L の水酸化ナトリウム水溶液の体積[mL]を求めよ。
(3)　使用済みの陽イオン交換樹脂をもとの状態に戻すにはどのようにすればよいか，説明せよ。

262 ◀例73
食塩水がすべて HCl として流出している。HCl の物質量を求めてから計算する。

263 [平均分子量と重合度] 図に示すポリスチレン 0.45 g を含むトルエン溶液 200 mL を調製した。溶液の温度が 20℃ のとき，この溶液の浸透圧は 50 Pa であった。このポリスチレンの平均分子量と重合度を計算し，有効数字 2 桁で答えよ。気体定数 $R = 8.31 \times 10^3 \, \mathrm{Pa \cdot L/(K \cdot mol)}$

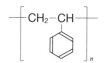

263 ファントホッフの法則 $\Pi = cRT$ を用いる。

264 [ビニロンの計算]

(1) 330 g のポリビニルアルコールがある。このポリビニルアルコールのヒドロキシ基の 32 % にホルムアルデヒドでアセタール化処理を行ったとき，得られるビニロンの質量を求めよ。

(2) (1)の反応で必要なホルムアルデヒドの質量はいくらか。

(3) 平均分子量 3.30×10^4 のポリビニルアルコールから，平均分子量 3.48×10^4 のビニロンが得られた。このとき，ポリビニルアルコールのヒドロキシ基の何 % がアセタール化されたか。有効数字 2 桁で答えよ。

(4) ビニロンはポリビニルアルコールと比べて，親水性が低い。その理由を述べよ。

264 ビニロンはくり返し単位 2 つを基準に考える。

265 [官能基の変換] 平均分子量が 5.20×10^4 のポリスチレンに濃硫酸を加えて一部のベンゼン環にスルホ基を導入した。1 つのベンゼン環に対して導入されたスルホ基は最大で 1 つとして次の問いに答えよ。

(1) スルホン化前のポリスチレンの重合度を求めよ。

(2) スルホ基が導入された割合が 40 % のとき，平均分子量はいくらか。

(3) ポリスチレン 100 g にスルホ基を導入した結果，113 g の生成物が得られた。何 % がスルホン化されたか求めよ。

265 ポリスチレンのベンゼン環のうち，α〔%〕がスルホン化されている場合，

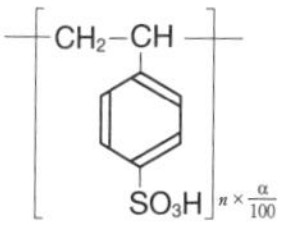

と書ける。

266 [アルキド樹脂・ポリカーボネート] 次の単量体から合成される高分子化合物のうち，□ に適する構造を書け。

(1)

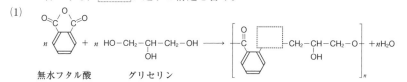

無水フタル酸　　　グリセリン

266 両末端の構造も 2 つの単量体の結合によりできる。

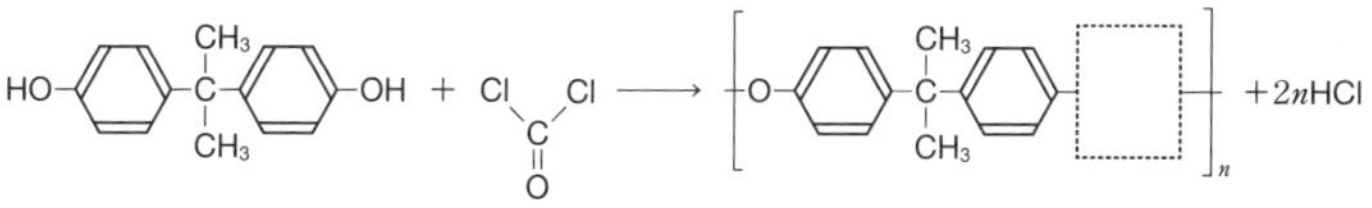

(2)

HO—⟨⟩—C(CH₃)(CH₃)—⟨⟩—OH ＋ Cl—CO—Cl ⟶ [—O—⟨⟩—C(CH₃)(CH₃)—⟨⟩—□—]ₙ ＋2nHCl

ビスフェノール A　　　ホスゲン

5章
高分子化合物

267 [尿素樹脂] 尿素とホルムアルデヒドの付加縮合からなる熱硬化性樹脂の構造として最も適当なものを次の(ア)〜(エ)のうちから1つ選べ。

(ア)

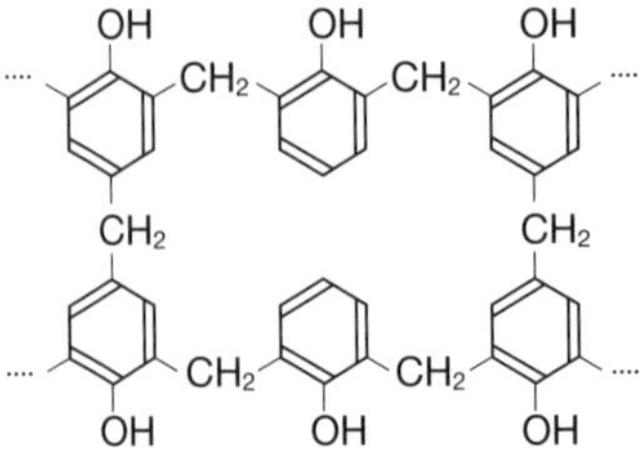

(イ)

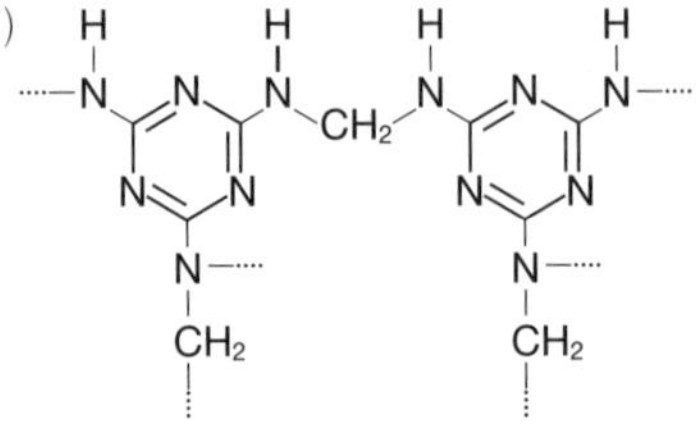

(ウ)
$$-CH_2-N-C-N-CH_2-$$

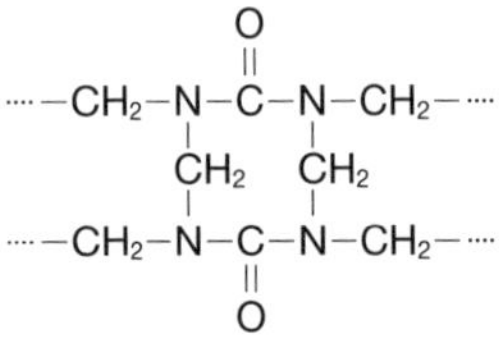

(エ)

267
尿素
H_2N　　NH_2
O
の構造をもつものを選ぶ。

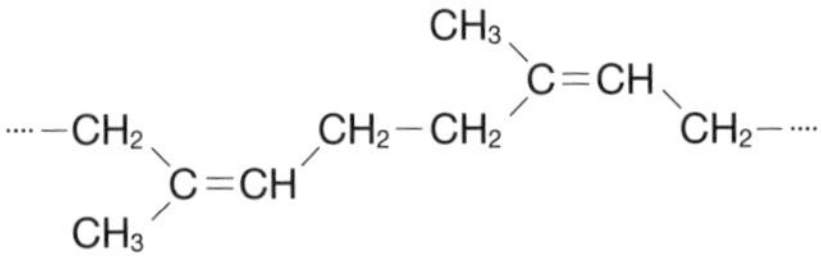

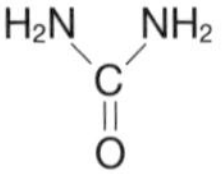

268 [天然ゴムと合成ゴム] ゴムノキの樹皮に切り傷をつけると、ラテックスが流れ出てくる。これを集めて ア を加えると、凝固して イ になる。これが天然ゴムである。(a)天然ゴムの主成分は A であり、ウ 形の構造をもつ。 イ に(b)硫黄を加えて加熱することにより、弾性の高いゴムをつくることができる。さらに多くの硫黄を加え加熱すると、この物質は エ なる。

A の単量体に似た構造をもつ単量体を重合させると、天然ゴムに似た性質の合成ゴムが得られる。合成ゴムである(c)ブタジエンゴムや(d)クロロプレンゴムは、それぞれの単量体を オ させることによってつくられる。

(1) ア 〜 オ に適する語句を語群から選べ。また A には適する化合物名を答えよ。
　[語群]
　酸　塩基　生ゴム　シリコーンゴム　付加重合　縮合重合　トランス
　シス　やわらかく　かたく

(2) 下線部(a),(c),(d)の高分子の構造式を、下の例にならって記せ。
　(例)

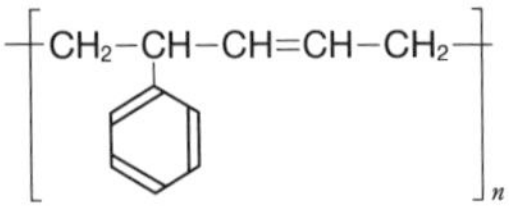

$$\left[CH_2-CH-CH=CH-CH_2 \right]_n$$

(3) 下線部(b)の操作を何とよぶか。

268
$C-C=C-C$

C
　$C=C$
C 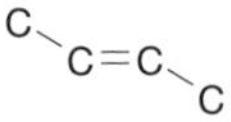
トランス形

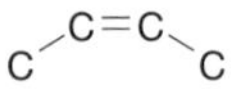

C　$C=C$　C
シス形
がある。

ブタジエン
=ブタン+ジ+エン
　C数4 + 2つの + $C=C$

クロロ=Cl

(4) 天然ゴムとブタジエンゴムについて，誤っているものを1つ選べ。
　　① 天然ゴムもブタジエンゴムも，硫黄原子を含む。
　　② 天然ゴムもブタジエンゴムも，架橋構造をもつ。
　　③ 天然ゴムもブタジエンゴムも，メチル基をもたない。
　　④ 天然ゴムもブタジエンゴムも，決まった融点をもたない。
　　⑤ 天然ゴムもブタジエンゴムも，触媒を用いて水素と反応させることができる。
(5) スチレン－ブタジエンゴム（SBR）は，スチレンとブタジエンの共重合によってつくられる。構成単位であるスチレンとブタジエンの数の比が1:3，分子量が 4.00×10^4 の SBR にブタジエン由来の二重結合はいくつ含まれるか。有効数字2桁で求めよ。

［シリコーンゴム］　二重結合を含む合成ゴムは，空気中でしだいに酸化され，弾性を失って劣化する。一方，ケイ素と酸素からなる骨格の重合体に架橋構造を導入してできたシリコーンゴムは二重結合を含まず，耐久性や耐薬品性などに優れている。このゴムはジクロロジメチルシランを加水分解した生成物の縮合重合体である。空欄に適する構造を答えよ。

$$\begin{array}{c}\text{CH}_3 \\ | \\ \text{Cl}-\text{Si}-\text{Cl} \\ | \\ \text{CH}_3 \end{array} + 2\text{H}_2\text{O} \longrightarrow \begin{array}{c}\text{CH}_3 \\ | \\ \boxed{\text{A}}-\text{Si}-\boxed{\text{A}} \\ | \\ \text{CH}_3 \end{array} + 2\text{HCl}$$

$$n\begin{array}{c}\text{CH}_3 \\ | \\ \boxed{\text{A}}-\text{Si}-\boxed{\text{A}} \\ | \\ \text{CH}_3 \end{array} \longrightarrow \left[\boxed{\quad\text{B}\quad}\right]_n + n\text{H}_2\text{O}$$

［イオン交換樹脂］
(1) 25℃において，純水に塩化ナトリウムとミョウバン $\text{AlK(SO}_4)_2$ を等量混合させた混合水溶液に次の処理を行った。流出してくる水溶液中に含まれるイオンをイオン式でそれぞれ記せ。
　　(ア) 陽イオン交換樹脂に通す。
　　(イ) 陰イオン交換樹脂に通す。
　　(ウ) 陽イオン交換樹脂と陰イオン交換樹脂を等量混合したものに通す。
(2) 十分な量の陽イオン交換樹脂を詰めた円筒に濃度未知の硫酸銅（Ⅱ）水溶液 10.0 mL を通したあと，純水で完全に洗い流した。この流出液を 5.00×10^{-2} mol/L の水酸化ナトリウム水溶液で中和滴定したところ，中和点までに要した水酸化ナトリウム水溶液の体積は 16.8 mL であった。用いた硫酸銅（Ⅱ）水溶液の濃度〔mol/L〕を有効数字3桁で答えよ。ただし，すべての反応は完全に進行するものとする。

章

高分子化合物

(5)スチレン：ブタジエンが1:3の構造を1つのユニットとして考えて，このユニットのくり返し単位から求める。

加水分解により HCl が生成する。

$$\begin{array}{c}\text{Si} \parallel \text{Cl} \\ \text{HO} - \text{H}\end{array}$$

(1)混合水溶液中に含まれているのは，Na^+，Cl^-，Al^{3+}，K^+，$\text{SO}_4{}^{2-}$ である。

(2)銅（Ⅱ）イオンは2価であり，1 mol の銅（Ⅱ）イオンに対し，H^+ は2 mol 交換される。

章

分子化合物

▶**1** 高分子化合物と人間生活

● **確認事項** 次の空欄に適当な語句を入れよ。

● 衣料 　繊維の分類

①(　　　)繊維	植物や動物からとれる繊維。	
種類	例	説明
②(　　　)繊維 吸水性に優れ,酸に弱い。	木綿 麻	セルロース($C_6H_{10}O_5)_n$ からなる。
③(　　　)繊維 保温性・吸水性に優れ, 塩基に弱い。	羊毛	ケラチン(硫黄 S を含むタンパク質)からなる。
	絹	蚕 の出すまゆ糸(フィブロインとセリシン)からなり,まゆ糸からできた生糸からセリシンを熱水などで除いて絹糸にする。

④(　　　)繊維　天然繊維の構造を変化させた繊維や石油からつくられる繊維。	
種類	例
⑤(　　　)繊維	ビスコースレーヨン, セロハン, 銅アンモニアレーヨン
⑥(　　　)繊維	アセテート
⑦(　　　)繊維	ナイロン, ポリエチレンテレフタラート, アクリル繊維

● プラスチック

プラスチックの種類

マーク	名称／用途	マーク	名称／用途
1 PET	⑧(　　　　　　) 飲料などの容器	2 HDPE	⑨(　　　　　　) 買い物袋, ごみ袋, 水道パイプ
3 PVC	ポリ塩化ビニル 水道パイプ, 建材, ラップ,ホース	4 LDPE	低密度ポリエチレン 包装用フィルム, 電線被膜
5 PP	⑩(　　　　　　) 自動車の内外装, 衣装箱	6 PS	⑪(　　　　　　) 食品用容器, テレビ・冷蔵庫・洗濯機などの内外装
7 OTHER	その他		

プラスチックのリサイクル

⑫(　　　) リサイクル	回収されたプラスチックを破砕, 洗浄, 分別, 脱水, 乾燥したあと, 溶融, 成形することで素材をそのまま再利用する方法。
⑬(　　　) リサイクル	プラスチックを, 熱分解, または触媒, 溶媒を用いて化学的に分解して, 燃料や化学工業の原料として利用する方法。
⑭(　　　) リサイクル	プラスチックを焼却して, 熱エネルギーを回収する方法。直接プラスチックを燃焼させるときは, 有害排気が出ないようにする。

● 機能性高分子

名称	特徴	用途
⑮(　　　)高分子	水があると網目構造の中のカルボン酸ナトリウム－COONa に由来する構造がイオンに電離する。このとき，高分子の内外でイオン濃度に差ができることで浸透圧が生じ，水を取り込む。同時に高分子内で生じる陰イオン－COO⁻どうしの反発によって，網目の空間が広がり，そのすきまに水分子を閉じ込める。 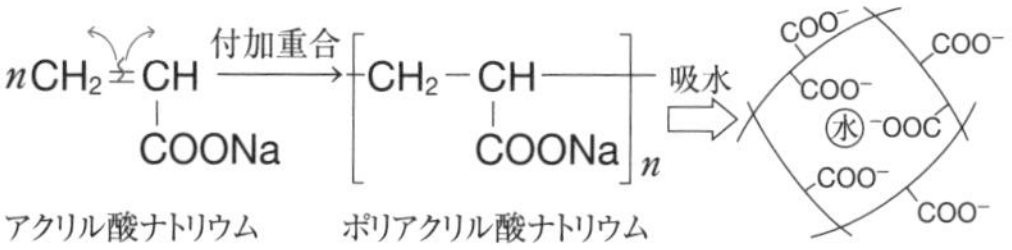 nCH₂＝CH －付加重合→ ［CH₂－CH］$_n$ －吸水→ （図） COONa　　　　　　　　COONa アクリル酸ナトリウム　　ポリアクリル酸ナトリウム	紙おむつ，保水剤
⑯(　　　)高分子	白川英樹博士らは，アセチレンを付加重合させて得た⑰(　　　　　　　)にヨウ素を添加することで導電性をもつ（　⑰　）を合成した。白川博士はこの研究でノーベル化学賞を受賞した。 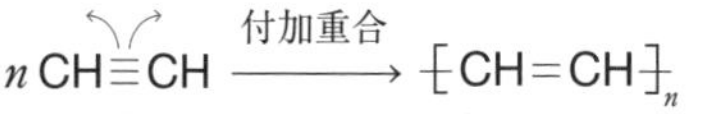 nCH≡CH －付加重合→ ［CH＝CH］$_n$ アセチレン　　　　ポリアセチレン	タッチパネル，電池など
⑱(　　　)高分子	合成高分子は，一般に自然界では分解されないが，乳酸を重合して得られた高分子(⑲(　　　))は，微生物によって分解される。  nHO－C－C－OH －縮合重合→ ［O－C－C］$_n$ 　　　H O　　　　　　　　　　H O 　　　CH₃　　　　　　　　　　CH₃ 乳酸　　　　　　　　　ポリ乳酸	容器など

例題 **74** 繊維の分類

example problem

　繊維は天然繊維と化学繊維に大きく分けられる。天然繊維には(a)木綿,麻などの植物繊維と,羊毛,(b)絹などの動物繊維がある。化学繊維は,化学工程を経てつくられる繊維で,セルロースなどの天然高分子を原料とする(c)再生繊維と合成高分子を原料とする合成繊維に大別される。再生繊維は,パルプなどの短い植物繊維をいったん溶液としたのち,非常に長い繊維に成形したもので,レーヨンとよばれている。半合成繊維としてはアセテート繊維がよく知られている。

(1)　下線部(a)について,木綿の性質として最も適当なものを選べ。

　(ア)　酸にも塩基にも弱い。　　　　　(イ)　酸には強いが,塩基には弱い。

　(ウ)　酸には弱いが,塩基には強い。　(エ)　酸にも塩基にも強い。

(2)　下線部(b)について,絹糸の主成分は何とよばれるタンパク質か。

(3)　下線部(c)について,再生繊維はつくり方の違いにより2種類のレーヨンがある。それぞれ何とよぶか。

5章 高分子化合物

ベストフィット　繊維の特徴や製法を覚える。

解説▶

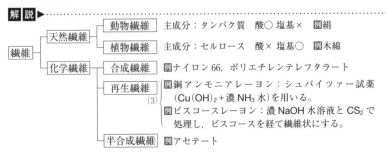

(2)　絹

セリシン（光沢なし）
→溶解
フィブロイン
（光沢あり）

熱したセッケン水でセリシンを溶解させて光沢のある絹糸とする。

例題 75　プラスチックの利用　　example problem

(1)ポリ塩化ビニル，(2)ポリスチレン，(3)ポリエチレンの説明として適当なものを選べ。

(ア)　軽量で耐水性に優れ，フィルム，ホース，包装材料などに用いられる。重合反応条件によって密度の異なる樹脂を合成でき，触媒を用いると高密度の樹脂が得られる。

(イ)　絶縁性，着色性に優れ，加工しやすく透明であり，発泡させたものは断熱材や緩衝材に用いられる。燃焼させると多くのすすを生じる。

(ウ)　軟化点が低く，有機溶媒に溶けやすい。接着剤や塗料に用いられる。

(エ)　難燃性で耐薬品性に優れ，パイプやホースに用いられる。ただし，低温で燃焼させると有毒ガスが発生するため注意が必要である。

（解答）　(1)　（エ）　　(2)　（イ）　　(3)　（ア）

ベストフィット　生活の中での用途をおさえる。

解説▶

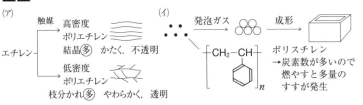

練習問題

271　[ポリ乳酸]　右図のような1分子内にカルボキシ基とヒドロキシ基とをそれぞれ1つずつもつ乳酸を重合させるとポリ（　ア　）系合成繊維であるポリ乳酸が得られる。このポリ乳酸は，自然界にそのままの形で廃棄されても，微生物の作用によって最終的に水と二酸化炭素になる（　イ　）性プラスチックとして期待されている。

$$CH_3-\overset{\overset{\displaystyle H}{|}}{C}-\overset{\overset{\displaystyle |}{C}}{\underset{\displaystyle OH}{|}}-OH$$

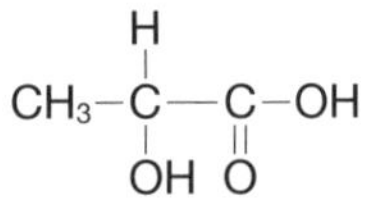

271　分子内に $-COOH$ と $-OH$ をもつため，分子間で脱水縮合し，$-\overset{}{C}-O-$（エステル）を形成する。

(1) (ア), (イ)に適当な語句を入れよ。

(2) ある単一の分子量をもつポリ乳酸 9.00 g 中には 1.00×10^{-3} mol のカルボキシ基がある。次の問いに答えよ。

  (i) ポリ乳酸の物質量はいくらか。

  (ii) ポリ乳酸の分子量を重合度 n を用いて表せ。

  (iii) 重合度 n を有効数字 3 桁で求めよ。

  (iv) ポリ乳酸 9.00 g が完全に分解されたとき，発生する二酸化炭素の体積は標準状態で何 L か。

(2)(i)末端の −COOH 基 が 未反応のまま残っている。

272 [繊維] 綿などの植物繊維と絹などの動物繊維は，衣服の素材として優れた特徴をもち，古くから利用されてきた。

  綿の主成分である ア は水や色素と結びつきやすいヒドロキシ基 −OH を多数もつため，吸湿性が大きく，染色性がよい。水には溶解しないが， イ を加えて煮沸すると，加水分解されてグルコースになる。

  絹は，カイコが吐き出したまゆ糸から得られる繊維である。まゆ糸は，フィブロインという繊維状タンパク質がセリシンという ウ で包まれた構造をしている。まゆ糸はつやが少ないが，(a)熱水または塩基性水溶液で処理することにより，光沢に富み，軽くしなやかな肌触りをもつ絹糸が得られる。

  一方，ナイロンは絹のような性質をもつ繊維の合成をめざして開発され，光沢や肌触りが絹に似ている。また，(b)ナイロンと絹では化学構造の一部が共通しており，この部分では分子間に水素結合が形成されている。アメリカのカロザースが発明したナイロン 66 は，ヘキサメチレンジアミン $H_2N-(CH_2)_6-NH_2$ とアジピン酸 $HOOC-(CH_2)_4-COOH$ を加熱しながら，生成する水を除去することにより合成される。

(iv)ポリ乳酸中の C はすべて CO_2 に分解される。くり返し単位をもとに考える。

(1) 文中の ア 〜 ウ に適当な語句を選べ。

  ① アミロース   ② ケラチン   ③ セルロース   ④ アミラーゼ

  ⑤ 二硫化炭素   ⑥ シュバイツァー試薬   ⑦ 希硫酸

  ⑧ アミノ酸   ⑨ タンパク質

(2) 下線部(a)の工程では，まゆ糸を構成する物質にどのような変化が起きるか。次の①〜⑤のうち，最も適当なものを選べ。

  ① セリシンが溶解し，除去される。

  ② フィブロインとセリシンが架橋される。

  ③ フィブロインの繊維が短く切断される。

  ④ 繊維が完全に溶解し，構造を変えて再生される。

  ⑤ 分子中のヒドロキシ基の一部がアセタール化される。

272 表面のタンパク質が変性し，溶解する。

(3) 下線部(b)で示したナイロンと絹に共通した化学構造はどれか。最も適当なものを選べ。

ナイロンはアミド結合を含む。絹はタンパク質である。

(ア) $-(CH_2)_6-$

(イ) $-\underset{\underset{O}{\|}}{C}-O-\underset{\underset{O}{\|}}{C}-$

(ウ) $-\underset{\underset{O}{\|}}{C}-\underset{\underset{H}{|}}{N}-$

(エ) $-CH=CH-$

(オ) $-\underset{\underset{\underset{OH}{|}}{CH_2}}{CH}-$

(カ) $-\underset{\underset{\underset{SH}{|}}{CH_2}}{CH}-$

273 [高分子化合物の利用] 次の表はさまざまな合成高分子の性質や用途，およびこれらを合成する際に用いる重合方法をまとめたものである。

	性質	用途	重合方法
(a)	有機溶媒に溶けやすい，低軟化点	ビニロン繊維原料 接着剤・塗料	付加重合
(b)	絹のような感触，低吸湿性	ストッキング，傘地	縮合重合
(c)	耐熱性，耐光性，透明性	清涼飲料水用容器 ワイシャツ	縮合重合
(d)	透明性，耐候性	光ファイバー 板材料，風防ガラス	付加重合
(e)	耐摩耗性，耐寒性，弾力性	タイヤ	付加重合

高分子(a)〜(e)に対応する構造式として最も適当なものを1つずつ選べ。またその名称を答えよ。

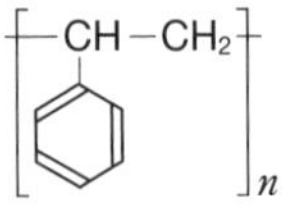

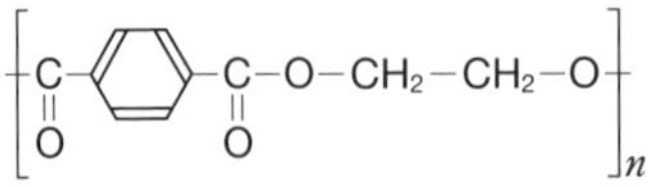

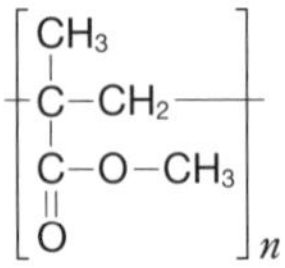

274 [高分子化合物の利用] 高分子化合物に関する次の(1)〜(5)の記述のうち，正しいものをすべて選べ。

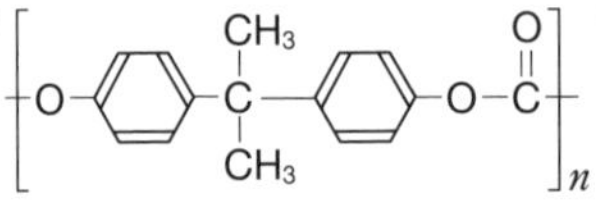

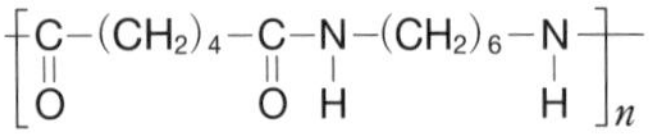

(1) 代表的な熱硬化性樹脂であるフェノール樹脂(ベークライト)は，フェノールと酢酸を酸触媒の存在下で縮合重合させて合成される。

(2) 多価カルボン酸と多価アルコールとの縮合重合によってつくられた熱硬化性樹脂はアルキド樹脂とよばれ，塗料や接着剤，画材などに広く用いられている。

(3) アクリロニトリルを縮合重合すると得られるポリアクリロニトリルを主成分とした合成繊維をアクリル繊維といい，肌触りが羊毛に似ていて暖かみに富む。

(4) ポリエチレンテレフタラート(PET)はペットボトルやフリース衣料などに使用されているが，廃棄のため燃焼させるとダイオキシン類が発生する可能性がある。

(5) スチレンと1,3-ブタジエンとを共重合させて得られるスチレン－ブタジエンゴムは耐摩耗性に優れ，おもに自動車用タイヤに用いられている。

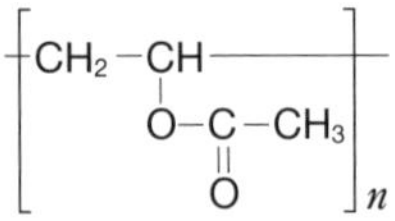

273
くり返し単位の両端の構造において

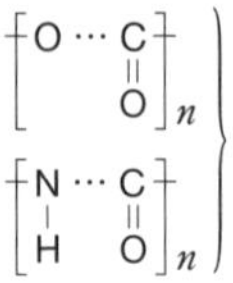

$$\left[O \cdots \underset{\underset{O}{\|}}{C}\right]_n$$
$$\left[\underset{\underset{H}{|}}{N} \cdots \underset{\underset{O}{\|}}{C}\right]_n$$

縮合による

274
アルキド樹脂
= アルコール(alcohol) +
(カルボン)酸(acid)
からなるエステル

275 [高分子化合物の利用]　高分子化合物に関する次の(1)〜(4)の記述のうち, 誤っているものをすべて選べ。

(1)　化学繊維には, レーヨンのような半合成繊維やポリエステルのような合成繊維がある。

(2)　有機高分子化合物には, デンプンのような天然高分子とポリエチレンテレフタラート(PET)のような合成高分子がある。また, 石英などは無機高分子化合物に分類される。

(3)　イオン交換樹脂は, 構造中のイオンと水溶液中のイオンを交換する機能をもっている樹脂であり, 陰イオンの交換にはカルボキシ基やスルホ基が関係している。

(4)　生ゴムまたは天然ゴムは, 分子の熱運動により分子の配列や立体的な構造が変化しやすいが, 加硫することでゴム特有の強い弾性を示すようになる。

276 [機能性高分子]　さまざまな機能をもつ合成高分子も製品の素材として利用されている。これらのうち, 紙おむつや土壌の保水剤として使われる機能性高分子は(a)高吸水性高分子とよばれる。また, (b)ポリアセチレンは, 導電性高分子として利用することが試みられている。

　合成高分子は, 自然界では分解されにくく, いつまでも残留するため, 環境汚染の大きな要因となっている。このため, 土中の微生物によって分解される(c)生分解性高分子の研究が盛んに行われている。

　また, 資源の有効利用と環境保全のため, (d)合成高分子のリサイクルが重要である。

(1)　下線部(a)の1つにポリアクリル酸ナトリウムがある。架橋したポリアクリル酸ナトリウムが水を多量に吸収できる理由を, 水と接したときに生じる−COONa の電離にもとづいて説明せよ。

$$\left[\begin{array}{c} CH_2-CH \\ | \\ COO^-Na^+ \end{array}\right]_n$$

(2)　下線部(b)について, ポリアセチレンの構造を記せ。重合度は n とせよ。

(3)　下線部(c)について, 2種類の単量体の共重合反応により得られる化合物 X は, 生分解性があるため, 農業分野における土壌被覆シートや生分解性ゴミ袋の材料として用いられる。化合物 X の単量体である2種類の化合物の構造式を記せ。

化合物 X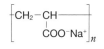

(4)　下線部(d)について, 次の記述(ア)〜(エ)のうち, マテリアルリサイクルにあてはまるものを1つ選べ。

(ア)　洗って, そのまま再利用する。

(イ)　熱を加えて融かして, もう一度成形して用いる。

(ウ)　化学反応で分解して, モノマーを回収して用いる。

(エ)　燃やして発生する熱からエネルギーを取り出して利用する。

275 加硫はゴムの分子構造を硫黄で架橋して強くしている。

276 (1) −COONa が電離すると高分子鎖に固定された −COO⁻ と Na⁺ が生じる。

(2) ポリアセチレンはアセチレンの付加重合によってできる。

(3) 構造式中の結合のうち, 分解できる部分を探して推定する。

(4) リサイクル
「マテリアル」＝「物質」として
「ケミカル」＝「化学」反応をともなう
「サーマル」＝「熱」を得る

単位

SI接頭辞

○SI接頭辞　単位の10の整数乗倍を示す接頭語

接頭辞	記号	倍数	接頭辞	記号	倍数
デカ	da	10^1	デシ	d	10^{-1}
ヘクト	h	10^2	センチ	c	10^{-2}
キロ	k	10^3	ミリ	m	10^{-3}
メガ	M	10^6	マイクロ	μ	10^{-6}
ギガ	G	10^9	ナノ	n	10^{-9}
テラ	T	10^{12}	ピコ	p	10^{-12}

☐ 化学でよく用いるSI接頭辞

例 ①1 km は何 m か。

1 km の「k」は10^3の接頭辞

1 km $= 1 \times 10^3$ m

②1 mg は何 g か。

1 mg の「m」は10^{-3}の接頭辞

1 mg $= 1 \times 10^{-3}$ g

③1013 hPa（大気圧）は何 Pa か。

$$1013 \text{ hPa} = 1.013 \times 10^3 \text{ hPa}$$
$$= 1.013 \times 10^3 \times 10^2 \text{ Pa}$$
$$= 1.013 \times 10^5 \text{ Pa}$$

単位

○次元解析　単位より計算式を推定する方法

(1)単位から公式を導く。

ⅰ)速さに関する公式

速さ　＝　距離　÷　時間
〔m/s〕　〔m〕　　〔s〕

a)単位　→　日本語

速さは1 s(秒)間に進む距離〔m〕

例 速さ5 m/sで60 s運動すると何m進むか。

m/s×s＝m　→　5 m/s×60 s＝300 m

b)次元解析

①m/sとsよりmを求める。

m/s× s $= \dfrac{m}{s} \times s = m$

速さ×時間　　　　＝距離

②mとsよりm/sを求める。

m ÷ s $= \dfrac{m}{s} = $ m/s

距離÷時間　　　　＝速さ

③m/sとmよりsを求める。

m ÷m/s $= m \times \dfrac{s}{m} = s$

距離÷速さ　　　　＝時間

ⅱ)物質量に関する公式

モル質量　＝ 質量 ÷ 物質量
〔g/mol〕　〔g〕　　〔mol〕

モル体積　＝ 体積 ÷ 物質量
〔L/mol〕　〔L〕　　〔mol〕

アボガドロ定数＝ 数　÷ 物質量
〔 /mol〕　　〔個〕　　〔mol〕
　　　　↑
　　　省略される

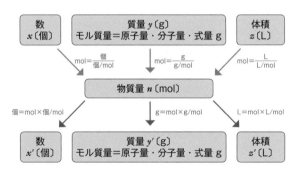

例 エタノール2.3 gは何 molか。（エタノールのモル質量 46 g/mol）

g÷g/mol＝g× $\dfrac{mol}{g}$ ＝ mol　→　$\dfrac{2.3 \text{ g}}{46 \text{ g/mol}} = 5.0 \times 10^{-2}$ mol

(2)公式より単位を考える。

例 気体定数 $R = 8.31 \times 10^3$ の単位は？

気体の状態方程式

$$pV = nRT \quad \text{より} \quad R = \frac{pV}{nT} = \frac{p\,[\text{Pa}] \times V\,[\text{L}]}{n\,[\text{mol}] \times T\,[\text{K}]} \quad R = \text{Pa}\cdot\text{L}/(\text{mol}\cdot\text{K})$$

気体定数Rの数値，単位はp, Vのとる単位によって異なってくる。［高校範囲外］

①$p = 1.013 \times 10^5$ Pa, $V = 22.4$ L, $n = 1$ mol, $T = 273$ K($0\,{}^\circ\text{C}$)

$$R = \frac{1.013 \times 10^5 \times 22.4}{1 \times 273} \fallingdotseq 8.31 \times 10^3 \ \text{Pa}\cdot\text{L}/(\text{mol}\cdot\text{K})$$

②$p = 1$ atm, $V = 22.4$ L, $n = 1$ mol, $T = 273$ K

$$R = \frac{1 \times 22.4}{1 \times 273} \fallingdotseq 0.0821 \ \text{atm}\cdot\text{L}/(\text{mol}\cdot\text{K})$$

③$p = 1.013 \times 10^5$ Pa, $V = 22.4 \times 10^{-3}$ m^3, $n = 1$ mol, $T = 273$ K

$$R = \frac{1.013 \times 10^5 \times 22.4 \times 10^{-3}}{1 \times 273} \fallingdotseq 8.31 \ \text{Pa}\cdot\text{m}^3/(\text{mol}\cdot\text{K})$$

○SI接頭辞などを使用した単位変換

例 ①1 km は何 mm か。

$$1 \ \text{km} \times \overset{\text{km}\to\text{m}}{\frac{10^3 \ \text{m}}{1 \ \text{km}}} \times \overset{\text{m}\to\text{mm}}{\frac{1 \ \text{mm}}{10^{-3} \ \text{m}}} = 1 \times 10^3 \times 10^3 \ \text{mm} = 10^6 \ \text{mm}$$

> 1km=10^3mなので，$\dfrac{10^3 \text{m}}{1 \text{km}}$=1より
> 「×1」をしていることになる。
> →数値を変えずに単位のみを変換できる。

③1 cm^3 は何 m^3 か。

$$1 \ \text{cm}^3 \times \underbrace{\left(\frac{10^{-2} \ \text{m}}{1 \ \text{cm}} \times \frac{10^{-2} \ \text{m}}{1 \ \text{cm}} \times \frac{10^{-2} \ \text{m}}{1 \ \text{cm}}\right)}_{\text{cm}^3}^{\text{m}^3} = 10^{-6} \ \text{m}^3$$

②1 辺 0.69 nm の立方体の体積は何 cm^3 か。

$$0.69 \ \text{nm} \times \overset{\text{nm}\to\text{m}}{\frac{10^{-9} \ \text{m}}{1 \ \text{nm}}} \times \overset{\text{m}\to\text{cm}}{\frac{1 \ \text{cm}}{10^{-2} \ \text{m}}} = 0.69 \times 10^{-7} \ \text{cm}$$

$$(0.69 \times 10^{-7} \ \text{cm})^3 = (6.9 \times 10^{-8} \ \text{cm})^3 = 6.9^3 \times 10^{-24} \ \text{cm}^3$$
$$\fallingdotseq 3.3 \times 10^{-22} \ \text{cm}^3$$

④水銀の密度 13.6 g/cm^3 は何 kg/m^3 か。

$$\frac{13.6 \ \text{g}}{1 \ \text{cm}^3} \times \frac{1 \ \text{kg}}{10^3 \ \text{g}} \times \left(\frac{1 \ \text{cm} \times 1 \ \text{cm} \times 1 \ \text{cm}}{10^{-2} \ \text{m} \times 10^{-2} \ \text{m} \times 10^{-2} \ \text{m}}\right)$$
$$= 13.6 \times 10^{-3} \times 10^6 \ \text{kg/m}^3$$
$$= 1.36 \times 10^4 \ \text{kg/m}^3$$

付録

無機物質のまとめ

酸化剤か還元剤か判断する

−2	−1	0	+1	+2	+3	+4	+5	+6	+7
	NaH	H_2	H_2O						
H_2O	H_2O_2	O_2							
		C		CO	$H_2C_2O_4$	CO_2			
		N_2		NO	HNO_2	NO_2	HNO_3		
H_2S		S				SO_2		H_2SO_4	
	HCl	Cl_2	HClO		$HClO_2$		$HClO_3$		$HClO_4$
	KI	I_2							
		Na	NaCl						
		Mg		MgO					
		Mn		$MnCl_2$		MnO_2			$KMnO_4$
		Cr			$Cr_2(SO_4)_3$			$K_2Cr_2O_7$	
		Fe		$FeSO_4$	$FeCl_3$				
		Cu	Cu_2O	CuO					

小 ◀────── 酸化数 ──────▶ 大

還元剤   酸化剤

例 二酸化硫黄水溶液に硫化水素を吹き込む

Step1) 酸化数のはしごを書く

$$-2 \quad 0 \qquad\qquad +4 \quad +6$$

$H_2S \quad S \qquad\qquad SO_2 \quad H_2SO_4$

e^-を放出 = 還元剤 e^-を受け取る = 酸化剤
※近接する物質に変化する。
($H_2SO_4 \rightarrow SO_2$)

Step2) 酸化数が小さい方が還元剤になる

還元剤 硫化水素   酸化剤 二酸化硫黄

$$H_2S \longrightarrow S + 2H^+ + 2e^- \qquad SO_2 + 4H^+ + 4e^- \longrightarrow S + 2H_2O$$

Step3) 酸化還元反応の化学反応式を書く

$$SO_2 + 2H_2S \longrightarrow 3S + 2H_2O$$

イオン化列

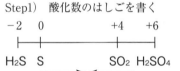

Li K   Ca Na   Mg Al   Zn Fe Ni   Sn Pb   (H) Cu Hg Ag   Pt   Au
リカちゃん, カナちゃん   まあ   あてに   すんな   ひ ど す ぎる 借   金

気体の製法と性質

○空欄 色：無色 臭い：無臭 水への溶解性：× 乾燥剤：何でもよい 捕集法：水上置換

気体	色	臭い	水への溶解性	水溶液	反応物		状態	加熱	乾燥剤	捕集法	パターン
水素				−	亜鉛	希硫酸	固＋液				パ1
酸素				−	過酸化水素	酸化マンガン(Ⅳ)	液＋固				パ1
					塩素酸カリウム	酸化マンガン(Ⅳ)	固＋固	○			
窒素				−	亜硝酸アンモニウム		固	○			
オゾン	淡青	特異臭	△	−	酸素		気	−	−	−	
塩素	黄緑	刺激臭	○	酸	酸化マンガン(Ⅳ)	濃塩酸	固＋液	○	酸・中	下方	パ1
					高度さらし粉	希塩酸	固＋液				

気体	色	臭い	水への溶解性	水溶液	反応物		状態	加熱	乾燥剤	捕集法	パターン
アンモニア		刺激臭	○	弱塩基	塩化アンモニウム	水酸化カルシウム	固＋固	○	中・塩	上方	バ4
塩化水素		刺激臭	○	酸	塩化ナトリウム	濃硫酸	固＋液	○	酸・中	下方	バ5
硫化水素		腐卵臭	△	弱酸	硫化鉄（Ⅱ）	希硫酸	固＋液		酸・中	下方	バ4
一酸化炭素			−		ギ酸	濃硫酸	液＋液	○			
二酸化炭素			△	弱酸	石灰石	希塩酸	固＋液		酸・中	下方	バ4
					炭酸水素ナトリウム		固	○			バ6
一酸化窒素			−		銅	希硝酸	固＋液				バ1
二酸化窒素	赤褐	刺激臭	○	酸	銅	濃硝酸	固＋液		酸・中	下方	バ1
二酸化硫黄		刺激臭	○	弱酸	亜硫酸水素ナトリウム	希硫酸	固＋液		酸・中	下方	バ4
					銅	濃硫酸	固＋液	○			バ1

Point1 ハロゲンを除く単体は，無色・無臭で水に溶けにくい。

Point2 「固体のみ」および「濃硫酸」を用いる反応は原則として加熱が必要。

Point3 気体の乾燥において，$CaCl_2$とNH_3，H_2SO_4とH_2Sは反応する。

アルカリ土類金属の塩の水溶性

	硝酸塩	炭酸塩	水酸化物	硫酸塩	水
ベリリウム Be		沈殿を生成	沈殿を生成		熱水と反応
マグネシウム Mg		沈殿を生成	沈殿を生成		熱水と反応
カルシウム Ca		沈殿を生成		沈殿を生成	冷水と反応
ストロンチウム Sr		沈殿を生成		沈殿を生成	冷水と反応
バリウム Ba		沈殿を生成		沈殿を生成	冷水と反応

炎色反応

リアカー無きK村勝とうとする赤の馬力を努力

Li	Na	K	Ca	Sr	Ba	Cu
赤	黄	赤紫	橙赤	深赤	黄緑	青緑

陰イオンとの沈殿

塩化物イオン	Ag^+，Hg^{2+}，Pb^{2+}
クロム酸イオン	Ba^{2+}，Ag^+，Pb^{2+}
硫酸イオン	Ba^{2+}，Ca^{2+}，Pb^{2+}
炭酸イオン	Ba^{2+}，Ca^{2+}

※炭酸塩は塩酸と反応する。

$$CaCO_3 + 2HCl \longrightarrow CaCl_2 + H_2O + CO_2$$

錯イオンの形成

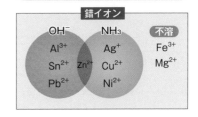

金属イオンの分離

③'$Al(OH)_3$は過剰の
NaOH水溶液で溶ける ↑

①'$PbCl_2$は熱水に溶ける
AgClは過剰のNH_3水で溶ける ↑

⑤SO_4^{2-}，CO_3^{2-}で沈殿　③OH^-で先に沈殿　①Cl^-で先に沈殿

Li	K	Ba	Ca	Na	Mg	Al	Zn	Fe	Ni		Sn	Pb	(H)	Cu	Hg	Ag

⑥S^{2-}で沈殿せず（炎色反応）　④中・塩基性でS^{2-}で沈殿　②酸性（中・塩基性も可）でS^{2-}で沈殿

命名法

基本構造の命名　組織名(IUPAC：国際純正・応用化学連合規則)

数	数詞	読み	日常での使用例	
			接頭語	
1	mono【meth】	モノ(メス)	モノクロ	1つの色
2	di【eth】	ジ(エス)	ジレンマ	2つの間
3	tri【prop】	トリ(プロプ)	トリオ	3人組
4	tetra【but】	テトラ(ブト)	テトラポッド	消波ブロック(4本脚)
5	penta	ペンタ	ペンタゴン	5角形(米国国防総省)
6	hexa	ヘキサ	ヘキサゴン	6角形
7	hepta	ヘプタ		
8	octa	オクタ	オクトパス	タコ(8本脚)
9	nona	ノナ		
10	deca	デカ		
多	poly	ポリ	ポリゴン	多角形

接尾語

単結合 ＝ ane(アン)
二重結合 ＝ ene(エン)
三重結合 ＝ yne(イン)

①C1〜C4までは【　】内，C5以上は数詞に接尾語をつけて主鎖を命名する。
　（環状の場合は前にシクロ(cyclo-)をつける）

$$CH_3 - CH_3 \quad =エタン \qquad CH_2 = CH - CH_3 \quad =プロペン$$
$$(eth\text{-}ane) \qquad\qquad (prop\text{-}ene)$$

②枝分かれ構造がある場合，全C数による命名ではなく，「側鎖名」＋「主鎖名」で表す。その際，側鎖は接頭語に「-yl」をつけて表記する。また，置換基(二重結合，三重結合も同様)の位置番号を明記するが，その数字はなるべく小さくなるようにする。位置番号と置換基は-(ハイフン)でつなぐ。

$$\boxed{CH_3}\ [C \times 1]が側鎖$$
$$CH_3 - CH - CH_2 - CH_3 \quad 2\text{-メチルブタン}$$
$$[C \times 4 + 単結合]が主鎖 \quad (2\text{-meth}\cdots yl\cdots but\cdots ane)$$

右端から数えると置換基の位置は "3" だがなるべく小さい "2" を採用する

③異なる置換基が複数ある場合は，置換基の順番はアルファベット順に記載する。

$$CH_3$$
$$CH_3\ \ CH_2$$
$$CH_3 - CH - CH - CH_2 - CH_3 \quad 3\text{-エチル-2-メチルペンタン}$$
$$(3\text{-}\underline{e}thyl\text{ -}2\text{-}\underline{m}ethyl\ pentane)$$

④同じ置換基がいくつかある場合は，置換基の名称の前に数詞をつける。位置番号は ,(カンマ)で区切る。この際，数詞は【　】内を使用しないことに注意する。

$$CH_3\ \ CH_3$$
$$CH_3 - CH - CH - CH_2 - CH_3 \quad 2,3\text{-ジメチルペンタン}$$
$$(2,3\text{-}\ \underline{d}imethyl\ pentane)$$

①C_2H_4（組織名：エテン）：エチレンのような慣用名は基本的に暗記するしかない。

②2-メチルブタンの慣用名はイソペンタン，2,2-ジメチルプロパンの慣用名はネオペンタンのように，慣用名では，主鎖を軸とした命名法と異なり全C数で命名する。

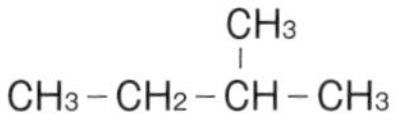

$$CH_3$$
$$|$$
$$CH_3-CH_2-CH-CH_3$$
2-メチルブタン（イソペンタン）

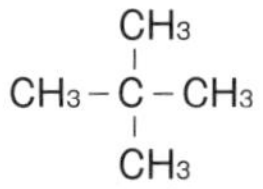

$$CH_3$$
$$|$$
$$CH_3-C-CH_3$$
$$|$$
$$CH_3$$
2,2-ジメチルプロパン（ネオペンタン）

官能基の命名

○アルコール：例 CH_3CH_2-OH
　接尾語"オール"(-ol)を付ける【ethanol エタノール】

○エーテル：例 $CH_3-O-CH_2CH_3$
　2個のアルキル基の名称の後ろにetherを置く【ethylmethylether エチルメチルエーテル】

○アルデヒド：例 CH_3-CHO
　それを酸化して得られるカルボン酸から命名【acetaldehyde アセトアルデヒド】 暗記

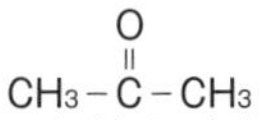

○ケトン：例 $CH_3-CO-CH_2CH_3$
　2個のアルキル基の名称の後ろにketoneを置く【ethylmethylketone エチルメチルケトン】

○カルボン酸：例 CH_3-COOH
　最初に発見された動植物の名称が語源【acetic acid 酢酸】 暗記

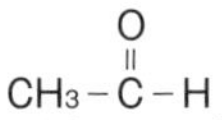

※以下，実際に物質例をあげる。各物質についてなぜその名前になるのかを確認すること。

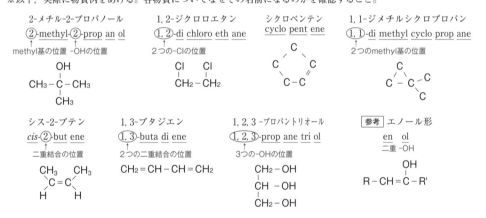

参考 覚えておくと便利な言葉

○アセト(acet)：語源はacetic="酢の，すっぱい"から。そこから転じてCH_3CO-基をアセチル(acet-yl)基という。

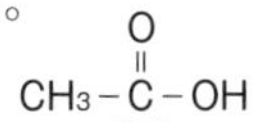

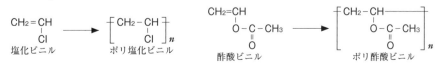

※ホルム(form)："蟻の〜"も同様

○ビニル：$CH_2=CH-$の構造をビニル基という。これに由来する高分子は非常に多い。

$$CH_2=CH$$
$$|$$
$$Cl$$
塩化ビニル
→
$$\left[CH_2-CH\right]_n$$
$$|$$
$$Cl$$
ポリ塩化ビニル

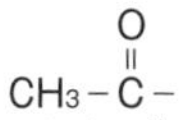

$$CH_2=CH$$
$$|$$
$$O-C-CH_3$$
$$\|$$
$$O$$
酢酸ビニル
→
$$\left[CH_2-CH\right]_n$$
$$|$$
$$O-C-CH_3$$
$$\|$$
$$O$$
ポリ酢酸ビニル

有機化学の検出反応

成分元素の検出

実験操作	元素	変化
燃焼，発生した気体(CO_2)を石灰水に通じる。	炭素C	石灰水の白濁($CaCO_3$)
燃焼，発生した液体(H_2O)を硫酸銅(Ⅱ)無水物($CuSO_4$)につける。	水素H	白色→青色($CuSO_4 \cdot 5H_2O$)
塩基とともに加熱，発生した気体を赤色リトマス紙に触れさせる。	窒素N	赤色→青色(NH_3)
塩基とともに加熱し，酢酸鉛(Ⅱ)水溶液(($CH_3COO)_2Pb$水溶液)を加える。	硫黄S	黒色沈殿(PbS)
銅線につけて加熱し，炎色反応を見る。	塩素Cl	青緑色の炎($CuCl_2$)

おもな反応の種類

酸化・還元	酸化はOが増える，Hが減る，酸化数が増える。還元はその逆。
付加・置換	付加→不飽和結合と反応。置換→原子・原子団と置き換わる。
脱水縮合・加水分解	脱水縮合→水分子がとれる。加水分解→水分子が加わる。
弱酸・弱塩基の遊離	弱酸(弱塩基)の塩＋強酸(強塩基)→弱酸(弱塩基)＋強酸(強塩基)の塩

検出反応

実験操作	検出	変化		ページ	変化がない場合
Br_2	不飽和結合	赤褐色(Br_2)の消失		p.135	アルカン・環状物質を疑う
金属ナトリウム(Na)	-OH(アルコール・フェノール)	水素の発生		p.145	エーテルを疑う
酸化($KMnO_4$, $K_2Cr_2O_7$など)	アルコールの級数	一級	アルデヒド→カルボン酸	p.145	
		二級	ケトン	p.145	
		三級	×	p.145	
	ベンゼンの置換数	側鎖がカルボキシ基へ		p.170	
硝酸銀水溶液($[Ag(NH_3)_2]^+$)	アルデヒド	銀白色の金属光沢(Ag)		p.146	ケトンを疑う
フェーリング液		赤色沈殿(Cu_2O)		p.146	
I_2 + NaOH(要加熱)	特徴的な構造	黄色沈殿(CHI_3)		p.147	
$FeCl_3$	フェノール類	青～紫色に呈色		p.171	ベンゼンに直接-OHが結合していない化合物(ベンジルアルコールなど)
さらし粉	アニリン	赤紫色		p.173	
$K_2Cr_2O_7$(酸化)		黒色(アニリンブラック)		p.173	

「変化がない場合」の欄には，変化がないと記されているときにまずは疑ってほしいものを挙げた。

試薬・触媒・条件

試薬・触媒・条件	反応・生成物・目的		ページ
光	アルカンの置換反応		p.134
	ベンゼンの塩素付加(紫外線)		p.170
加熱	カルボン酸の脱水による酸無水物の形成		p.158
Pt(触媒)	アルケン・アルキンへの水素付加		p.135
	ベンゼンからシクロヘキサンへの水素付加		p.170
Fe(触媒)	ベンゼンの塩素化		p.170
Sn	アニリンの生成(ニトロベンゼンの還元, HClも必要)		p.173
H_2SO_4	アルケンへの水の付加		p.135
	アルコールの脱水	$130 \sim 140℃$　分子間脱水	p.145
		$160 \sim 170℃$　分子内脱水	
	エステルの生成		p.159
	ベンゼンのスルホン化		p.170
NaOH	酸性物質(カルボン酸, スルホン酸, フェノール)の中和 ※フェノールは反応するが, アルコールは反応しない		p.174
	エステルの加水分解(けん化を含む)		p.160
	弱塩基の遊離(アニリン)		p.174
	NaOH(固):アルカリ融解	ナトリウムフェノキシドの生成	p.171
	NaOHaq(高温・高圧):加水分解		p.171
HCl	弱酸の遊離(カルボン酸, スルホン酸, フェノール)		p.174
$CO_2(H_2CO_3)$	H_2CO_3	弱酸の遊離(フェノール)	p.174
	CO_2	高温・高圧下でサリチル酸ナトリウムの生成	p.171
HNO_3/H_2SO_4	ベンゼンのニトロ化		p.170
プロペン	クメン法		p.171
無水酢酸	アセチル化		p.172
$NaNO_2$	アニリンのジアゾ化(HClも必要)		p.173

天然高分子化合物の書き方

○グルコースの書き方をマスターしよう

①

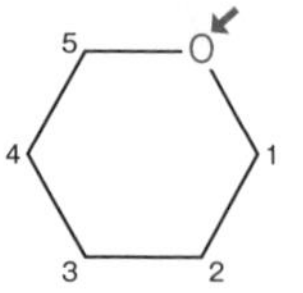

六角形の右側にO

②

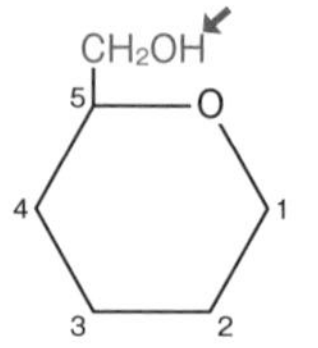

5位にCH₂OHを書く

③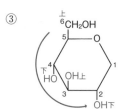

反時計回りに上・下・上・下と交互
になるように4 ～ 2位にOHを書く

④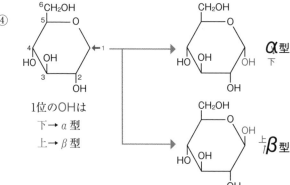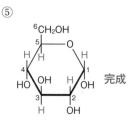

1位のOHは
下 → α型
上 → β型

α型
下

β型
上

⑤

完成

例 α-グルコース
　各頂点にHを補って完成！

○フルクトース（五員環構造）の書き方をマスターしよう

①

五角形の頂点にO

②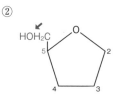

左上にCH₂OHを書く
このときの五角形の頂点は5位

③

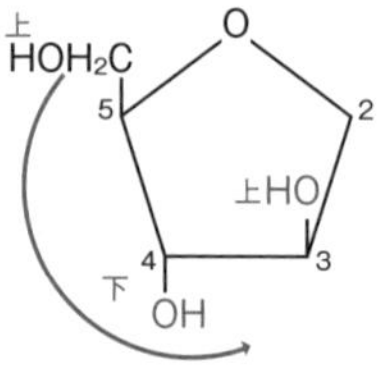

反時計回りに上・下・上と交互に
なるように4 ～ 3位にOHを書く

④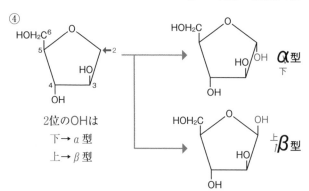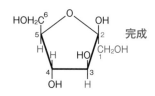

2位のOHは
下 → α型
上 → β型

α型
下

β型
上

⑤

完成

例 β-フルクトース
　2位にCH₂OHを
　3 ～ 5位にHを補って完成！

○フルクトースの平衡反応

＊五員環と六員環は鎖状構造を経て，平衡になる。

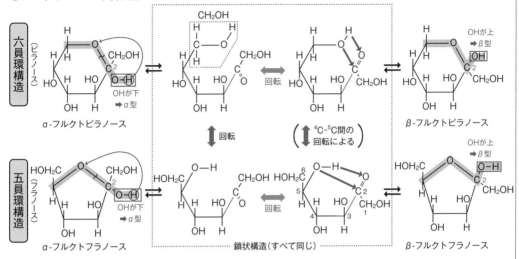

六員環構造（ピラノース）

α-フルクトピラノース　　回転　　鎖状構造　　回転　　β-フルクトピラノース

(⁴C-⁵C間の回転による)

五員環構造（フラノース）

α-フルクトフラノース　　回転　　鎖状構造（すべて同じ）　　回転　　β-フルクトフラノース

回転操作
立体の操作は紙やペン，指などを使って考えるとよい

反転操作
上下反転

位置が替わり，それぞれの番号で上下も逆になっている

○セロビオース（セルロース）の構造を理解しよう

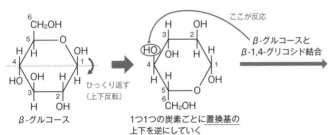

β-グルコース　　ひっくり返す（上下反転）　　1つ1つの炭素ごとに置換基の上下を逆にしていく

ここが反応

β-グルコースとβ-1,4-グリコシド結合

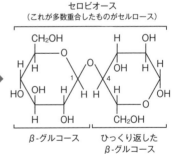

セロビオース（これが多数重合したものがセルロース）

β-グルコース　　ひっくり返したβ-グルコース

○スクロースの構造を理解しよう

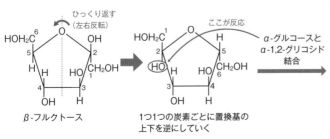

β-フルクトース　　ひっくり返す（左右反転）　　1つ1つの炭素ごとに置換基の上下を逆にしていく

ここが反応

α-グルコースとα-1,2-グリコシド結合

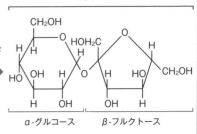

スクロース

α-グルコース　　β-フルクトース

次の各問いに答えよ。ただし，気体はすべて理想気体とし，気体定数 $R = 8.3 \times 10^3$ Pa·L/(mol·K) とする。

(1) 27℃，1.2 L の気体を同圧で 77℃ にすると気体の体積は何 L になるか。

圧力一定 $\Longleftrightarrow \dfrac{V_1}{T_1} = \dfrac{V_2}{T_2} \longrightarrow \dfrac{1.2 \text{ L}}{(27 + 273) \text{K}} = \dfrac{V_2}{(77 + 273) \text{K}}$　　$V_2 = 1.4$ L

$\underline{\hspace{5cm} 1.4 \hspace{1cm} \text{L}}$

(2) 容積一定の容器に 127℃ で気体を捕集したところ，8.0×10^4 Pa を示した。この気体を 7℃ としたとき，圧力は何 Pa を示すか。

体積一定 $\Longleftrightarrow \dfrac{p_1}{T_1} = \dfrac{p_2}{T_2} \longrightarrow \dfrac{8.0 \times 10^4 \text{ Pa}}{(127 + 273) \text{K}} = \dfrac{p_2}{(7 + 273) \text{K}}$　　$p_2 = 5.6 \times 10^4$ Pa

$\underline{\hspace{4cm} 5.6 \times 10^4 \hspace{1cm} \text{Pa}}$

(3) 127℃，1.00×10^5 Pa で体積が 600 mL を占める気体の物質量〔mol〕を求めよ。

気体の状態方程式 $\Longleftrightarrow n = \dfrac{pV}{RT} \longrightarrow n = \dfrac{1.00 \times 10^5 \text{ Pa} \times \dfrac{600}{1000} \text{ L}}{8.3 \times 10^3 \text{ Pa·L/(mol·K)} \times (127 + 273) \text{K}}$

$pV = nRT$　　　　　　　　　　　　　$\doteqdot 1.81 \times 10^{-2}$ mol　　$\underline{\hspace{3cm} 1.81 \times 10^{-2} \text{ mol}}$

(4) ある気体 1.0 g をピストン付き容器に封入し，27℃，大気圧（1.0×10^5 Pa）で測定したところ，780 mL となった。この気体の分子量を整数で求めよ。

気体の状態方程式 $\Longleftrightarrow \quad pV = \dfrac{w}{M} RT \longrightarrow M = \dfrac{1.0 \text{ g} \times 8.3 \times 10^3 \text{ Pa·L/(mol·K)} \times (27 + 273) \text{K}}{1.0 \times 10^5 \text{ Pa} \times \dfrac{780}{1000} \text{ L}}$

$pV = nRT$　　　　$M = \dfrac{wRT}{pV}$　　　　　　　$\doteqdot 32$ g/mol　　$\underline{\hspace{4cm} 32 \hspace{1cm}}$

(5) 87℃ で 4.0 L の気体は 1.5×10^5 Pa の圧力を示した。177℃，3.0×10^5 Pa にすると気体の体積は何 L になるか。

$\dfrac{p_1 V_1}{T_1} = \dfrac{p_2 V_2}{T_2} \longrightarrow \dfrac{1.5 \times 10^5 \text{ Pa} \times 4.0 \text{ L}}{(87 + 273) \text{K}} = \dfrac{3.0 \times 10^5 \text{ Pa} \times V_2}{(177 + 273) \text{K}}$　　$V_2 = 2.5$ L

$\underline{\hspace{5cm} 2.5 \hspace{1cm} \text{L}}$

(6) 1.0 mol の酸素を 27℃ で 8.3 L の容器に封入した。酸素が示す圧力〔Pa〕を求めよ。

気体の状態方程式 $\Longleftrightarrow p = \dfrac{nRT}{V} \longrightarrow p = \dfrac{1.0 \text{ mol} \times 8.3 \times 10^3 \text{ Pa·L/(mol·K)} \times (27 + 273) \text{K}}{8.3 \text{ L}}$

$pV = nRT$　　　　　　　　　　　　　$= 3.0 \times 10^5$ Pa　　$\underline{\hspace{3cm} 3.0 \times 10^5 \hspace{1cm} \text{Pa}}$

(7) 温度を 45℃ に保ったまま，1.0×10^5 Pa，8.0 L の気体の体積を 2.0 L にすると圧力は何 Pa になるか。

温度一定 $\Longleftrightarrow p_1 V_1 = p_2 V_2 \longrightarrow 1.0 \times 10^5 \text{ Pa} \times 8.0 \text{ L} = p_2 \times 2.0 \text{ L}$　　$p_2 = 4.0 \times 10^5$ Pa

$\underline{\hspace{4cm} 4.0 \times 10^5 \hspace{1cm} \text{Pa}}$

(8) 27℃ で，ある気体の圧力は 2.0×10^5 Pa であった。体積を一定に保って，圧力を 2.6×10^5 Pa にするには温度を何℃にすればよいか。

体積一定 $\Longleftrightarrow \dfrac{p_1}{T_1} = \dfrac{p_2}{T_2} \longrightarrow \dfrac{2.0 \times 10^5 \text{ Pa}}{(27 + 273) \text{K}} = \dfrac{2.6 \times 10^5 \text{ Pa}}{(t + 273) \text{K}}$　　$t = 117$ ℃

$\underline{\hspace{4cm} 117 \hspace{1cm} \text{℃}}$

(9) ある気体の密度は 17℃，1.0×10^5 Pa で 2.4 g/L であった。この気体の分子量はいくらか。

気体の状態方程式

$pV = nRT \Longleftrightarrow pV = \dfrac{w}{M} RT \Longleftrightarrow pM = dRT \Longleftrightarrow M = \dfrac{dRT}{p}$

$\longrightarrow M = \dfrac{dRT}{p} = \dfrac{2.4 \text{ g/L} \times 8.3 \times 10^3 \text{ Pa·L/(mol·K)} \times (17 + 273) \text{K}}{1.0 \times 10^5 \text{ Pa}} \doteqdot 58$ g/mol　$\underline{\hspace{3cm} 58 \hspace{1cm}}$

次の各問いに答えよ。ただし，原子量は問題集の裏表紙にある「原子量概数値」の値を用いよ。

(1)　質量パーセント濃度 8.0 % の塩化ナトリウム水溶液(密度 1.0 g/cm³)のモル濃度を求めよ。

$$1000 \text{ mL} \times 1.0 \text{ g/cm}^3 \times \frac{8.0}{100} \times \frac{1}{58.5 \text{ g/mol}} \fallingdotseq 1.4 \text{ mol}$$

<u>　1.4　</u> mol/L

(2)　1.0 mol/L グルコース $C_6H_{12}O_6$ 水溶液(密度 1.0 g/cm³)の質量モル濃度〔mol/kg〕を求めよ。

180 g $\left.\begin{array}{l} C_6H_{12}O_6 \\ 1.0 \text{ mol} \\ \hline 水 \\ (1000-180) \text{ g} \end{array}\right\}$ 1.0 g/cm³

$$質量モル濃度 = \frac{溶質〔mol〕}{溶媒〔kg〕} = \frac{1.0 \text{ mol}}{(1000-180) \text{ g} \times \dfrac{1 \text{ kg}}{10^3 \text{ g}}} \fallingdotseq 1.2 \text{ mol/kg}$$

1.0 L = 1000 mL = 1000 g

<u>　1.2　</u> mol/kg

(3)　質量パーセント濃度 8.0 % の水酸化ナトリウム水溶液は，モル濃度で表すと 2.20 mol/L である。この水溶液の密度は何 g/cm³ か。

88 g $\left.\begin{array}{l} \text{NaOH} \\ 2.20 \text{ mol} \\ \hline 水 \end{array}\right)$ 8.0 % 100 %

$$水溶液の密度 = \frac{水溶液〔g〕}{水溶液〔cm^3〕} = \frac{88 \text{ g} \times \dfrac{100}{8.0}}{1000 \text{ cm}^3} = 1.1 \text{ g/cm}^3$$

1.0 L = 1000 mL = 1000 cm³

<u>　1.1　</u> g/cm³

(4)　水 100 g に硫酸銅(Ⅱ)五水和物 25 g を完全に溶かして，硫酸銅(Ⅱ)水溶液を得た。この溶液の質量パーセント濃度を求めよ。式量 $CuSO_4 = 160$，分子量 $H_2O = 18$

25 g ○ $CuSO_4 \cdot 5H_2O$ 16 g 9 g ＋ 水 100 g ⟶ $CuSO_4$ 16 g 水 125 g

$$質量パーセント濃度 = \frac{溶質の質量〔g〕}{溶液の質量〔g〕} \times 100$$
$$= \frac{16 \text{ g}}{125 \text{ g}} \times 100 \fallingdotseq 13 \text{ %}$$

<u>　13　</u> %

(5)　ある水溶液のモル濃度は C〔mol/L〕，密度は d〔g/cm³〕である。また，溶解している溶質のモル質量は M〔g/mol〕である。この水溶液の質量パーセント濃度を C, d, M を用いて表せ。

CM〔g〕 $\left.\begin{array}{l} 溶質 \ C〔mol〕 \\ \hline 水 \end{array}\right\}$ d〔g/cm³〕
1 L = 1000 mL = 1000 d〔g〕

$$質量パーセント濃度 = \frac{溶質の質量〔g〕}{溶液の質量〔g〕} \times 100$$
$$= \frac{CM〔g〕}{1000 \, d〔g〕} \times 100 = \frac{CM}{10 \, d}〔\%〕$$

<u>　$\dfrac{CM}{10 \, d}$　</u> %

(6)　100 g の水に，モル質量が M〔g/mol〕である物質を完全に溶解させた。この水溶液の密度が d〔g/cm³〕，モル濃度が C〔mol/L〕であるとき，溶解した物質の質量は何 g か，C, d, M を用いて表せ。

○ ＋ 水 100 g ⟶ $\left.\begin{array}{l} \dfrac{x}{M}〔mol〕 溶質 \ x〔g〕 \\ \hline 100g \end{array}\right\}$ d〔g/cm³〕
x〔g〕 ＋ 100 g ⟶ $\dfrac{(100+x)〔g〕}{d〔g/cm^3〕}$ ⟶ $\dfrac{100+x}{d}$〔mL〕
M〔g/mol〕

$$\frac{\dfrac{x}{M}〔mol〕}{\dfrac{100+x}{d}〔mL〕 \times \dfrac{1 \text{ L}}{10^3 \text{ mL}}} = C〔mol/L〕$$

$$x = \frac{100 CM}{1000 \, d - CM}〔g〕$$

<u>　$\dfrac{100CM}{1000d - CM}$　</u> g

(7)　モル質量 M〔g/mol〕の物質を C〔mol〕溶かした 1.0 L の水溶液を調製した。この水溶液の密度は d〔g/cm³〕である。この水溶液の質量モル濃度 m〔mol/kg〕を M, C, d を用いて表せ。

○ ＋ 水 ⟶ $\left.\begin{array}{l} C〔mol〕 溶質 \ CM〔g〕 \\ \hline (1000d \\ -CM)〔g〕 \end{array}\right\}$ d〔g/cm³〕
C〔mol〕
M〔g/mol〕
1.0 L = 1000 mL = 1000 d〔g〕
↓
CM〔g〕

$$質量モル濃度 = \frac{溶質〔mol〕}{溶媒〔kg〕}$$

$$\frac{C〔mol〕}{(1000d - CM)〔g〕 \times \dfrac{1 \text{ kg}}{10^3 \text{ g}}} = \frac{1000 \, C}{1000 \, d - CM}〔mol/kg〕$$

<u>　$\dfrac{1000C}{1000d - CM}$　</u> mol/kg

次の各問いに答えよ。ただし，水のイオン積 $K_w = 1.0 \times 10^{-14} (mol/L)^2$ とする。

(1) $[H^+] = 1.0 \times 10^{-2}$ mol/L の水溶液の pH はいくらか。

$pH = -\log_{10}[H^+] = -\log_{10}10^{-2} = 2$

pH ___2___

(2) $[OH^-] = 1.0 \times 10^{-3}$ mol/L の水溶液の pH はいくらか。

水のイオン積 $K_w = [H^+][OH^-] = 1.0 \times 10^{-14}$ より，$[H^+] = 1.0 \times 10^{-11}$ mol/L

pH ___11___

(3) pH 4 の水溶液に水を加え，体積を 100 倍にした水溶液の pH はいくらか。

pH 4 での水素イオン濃度は，$[H^+] = 1.0 \times 10^{-4}$ mol/L

体積を 100 倍に希釈するので，$[H^+] = 1.0 \times 10^{-6}$ mol/L

pH ___6___

(4) pH 6 の水溶液に水を加え，体積を 100 倍にした水溶液の pH はおよそいくらか。

酸性溶液を薄めても塩基性にはならず，中性に近づくだけである。

pH ___7___

(5) 0.050 mol/L の硫酸水溶液の pH はいくらか。硫酸は完全に電離するものとする。

硫酸は 2 価の酸なので，電離後の水素イオン濃度は

$[H^+] = 0.050$ mol/L $\times 2 = 0.10 = 1.0 \times 10^{-1}$ mol/L

pH ___1___

(6) 0.010 mol/L の酢酸水溶液の pH を求めよ。ただし，電離度を 1.0×10^{-2} とする。

弱酸の水素イオン濃度は，溶液の濃度を c，電離度を α とすると，$[H^+] = c\alpha$ となる。

$[H^+] = 0.010$ mol/L $\times 1.0 \times 10^{-2} = 1.0 \times 10^{-4}$ mol/L

pH ___4___

(7) (6)の水溶液を 9 倍に薄めると，電離度は何倍になるか。酢酸の電離定数を 2.8×10^{-5} mol/L とする。

電離定数 K_a を c と α を用いて表すと，$K_a = c\alpha^2 \Longleftrightarrow \alpha = \sqrt{\dfrac{K_a}{c}}$

9 倍に薄めているので c を $\dfrac{c}{9}$ とすると，α は 3 倍になる。

___3___ 倍

(8) 標準状態で 224 mL のアンモニアを水に溶かして 100 mL にした水溶液の pH は 10 だった。アンモニアの電離度はいくらか。

pH 10 なので，アンモニア水の水酸化物イオン濃度は，$[OH^-] = 1.0 \times 10^{-4}$ mol/L

弱塩基の水酸化物イオン濃度は，溶液の濃度を c，電離度を α とすると，$[OH^-] = c\alpha$ となる。

また，溶液の濃度 c は，$c = \dfrac{\dfrac{224\ mL}{22400\ mL/mol}}{0.10\ L} = 0.10$ mol/L となる。よって，$\alpha = 1.0 \times 10^{-3}$

1.0×10^{-3}

(9) pH 1 の水溶液と pH 2 の水溶液とを 10 mL ずつ混合したときの水素イオン濃度はいくらか。

pH 1 と pH 2 の水溶液の水素イオンはそれぞれ 1.0×10^{-3} mol と 1.0×10^{-4} mol なので，混合した

ときの水素イオンは 1.1×10^{-3} mol となる。よって，水素イオン濃度は

$[H^+] = 1.1 \times 10^{-3}$ mol$/2.0 \times 10^{-2}$ L $= 5.5 \times 10^{-2}$ mol/L

5.5×10^{-2} mol/L

(10) 0.10 mol/L の酢酸水溶液 100 mL に酢酸ナトリウムを 5.0×10^{-3} mol 溶かした溶液の水素イオン濃度はいくらか。酢酸の電離定数を 2.8×10^{-5} mol/L とし，溶液の体積変化はないものとする。

	反応前	変化量	平衡時
$[CH_3COOH]$	c	$-x$	$c-x$
$[CH_3COO^-]$	c'	$+x$	$c'+x$
$[H^+]$	0	$+x$	x

$CH_3COOH \longrightarrow CH_3COO^- + H^+$

酢酸はほとんど電離しないため

$c-x \fallingdotseq c$，$c'+x \fallingdotseq c'$ と近似ができる。

電離定数 K_a は $K_a = \dfrac{[CH_3COO^-][H^+]}{[CH_3COOH]} = \dfrac{c'}{c}x$

$c = 0.10$ mol/L，$c' = \dfrac{5.0 \times 10^{-3}\ mol}{0.10\ L} = 5.0 \times 10^{-2}$ mol/L より，$x = 5.6 \times 10^{-5}$ mol/L

5.6×10^{-5} mol/L

次の各問いに答えよ。

(1) 水素 1.0 mol とヨウ素 1.5 mol を 100 L の容器に入れ，ある温度に保った。このときの水素の物質量は，はじめは減少し，時刻 t を過ぎると 0.1 mol になった。時刻 t において生成するヨウ化水素の物質量はいくらか。また，この温度における平衡定数を求めよ。ただし，反応は次式で表されるものとする。$H_2 + I_2 \rightleftharpoons 2HI$

	反応前〔mol〕	変化量	平衡時
H_2	1.0	-0.9	0.1
I_2	1.5	-0.9	0.6
HI	0	$+1.8$	1.8

$$K = \frac{[HI]^2}{[H_2][I_2]} = \frac{\left(\frac{1.8}{100}\right)^2}{\frac{0.1}{100} \times \frac{0.6}{100}} = 54$$

ヨウ化水素 1.8 mol　平衡定数 54

(2) ピストン付きの容器に 1.0 mol の四酸化二窒素 N_2O_4 を入れ，一定温度で圧力 2.0×10^5 Pa に保ったところ，一部が解離して二酸化窒素 NO_2 が生じ，平衡状態に達した（$N_2O_4 \rightleftharpoons 2NO_2$）。このとき，生成した二酸化窒素が 1.2 mol であったとすると，二酸化窒素の分圧はいくらか。また，圧平衡定数はいくらか。

	反応前〔mol〕	変化量	平衡時
N_2O_4	1.0	$-x$	$1.0-x$
NO_2	0	$+2x$	$2x$
合計	1.0	$+x$	$1.0+x$

平衡時の NO_2 の関係より，$2x = 1.2$　$x = 0.6$
二酸化窒素の分圧 p_{NO_2} は

$$2.0 \times 10^5 \text{ Pa} \times \frac{1.2 \text{ mol}}{1.6 \text{ mol}} = 1.5 \times 10^5 \text{ Pa}　\underline{1.5 \times 10^5 \text{ Pa}}$$

圧平衡定数 K_p は

$$K_p = \frac{p_{NO_2}^2}{p_{N_2O_4}} = \frac{(1.5 \times 10^5)^2}{0.5 \times 10^5} = 4.5 \times 10^5 \text{ Pa}$$

$$\underline{4.5 \times 10^5 \text{ Pa}}$$

(3) 酢酸は，水溶液中で次のような電離平衡の状態になる。$CH_3COOH \rightleftharpoons CH_3COO^- + H^+$
ある温度で酢酸の電離定数 K_a は 2.0×10^{-5} mol/L であった。この温度で pH の値が 3 の酢酸水溶液の濃度は何 mol/L か。ただし，この濃度における酢酸の電離度は 1 に比べて非常に小さいとする。

弱酸の電離度は 1 に比べて非常に小さい。溶液の濃度を c，電離度を α とすると，

$$K_a = c\alpha^2 \Longleftrightarrow \alpha = \sqrt{\frac{K_a}{c}}　\text{また pH 3 より，} [H^+] = c\alpha = \sqrt{cK_a} = 1.0 \times 10^{-3} \text{ mol/L となる。}$$

よって，$c = 5.0 \times 10^{-2}$ mol/L　　　　　　　　　　　　　　$\underline{5.0 \times 10^{-2} \text{ mol/L}}$

(4) 塩化鉛(Ⅱ)は難溶性の塩であり，その溶解度積は $K_{sp} = [Pb^{2+}][Cl^-]^2$ で表される。

(ア) ある温度での塩化鉛(Ⅱ)飽和水溶液のモル濃度は 5.0×10^{-3} mol/L であった。溶解度積 K_{sp} は何 $(\text{mol/L})^3$ か。

(イ) (ア)と同じ温度で 0.50 mol/L の塩酸 1.0 L に塩化鉛(Ⅱ)を何 mol まで溶かすことができるか。ただし，溶液中の塩化物イオンは，塩酸の電離によるものと近似してよい。また，溶液の体積変化はないものとする。

(ア) $PbCl_2 \longrightarrow Pb^{2+} + 2Cl^-$ より，$[Pb^{2+}] = 5.0 \times 10^{-3}$ mol/L，$[Cl^-] = 5.0 \times 10^{-3}$ mol/L $\times 2$ となる。
$K_{sp} = 5.0 \times 10^{-3}$ mol/L $\times (5.0 \times 10^{-3}$ mol/L $\times 2)^2 = 5.0 \times 10^{-7} (\text{mol/L})^3$　　$\underline{5.0 \times 10^{-7} (\text{mol/L})^3}$

(イ) $PbCl_2$ の溶解によって生じた Cl^- は塩酸から生じた Cl^- に比べて非常に少ないので，$[Cl^-] = 0.50$ mol/L となる。よって $K_{sp} = [Pb^{2+}][Cl^-]^2 = [Pb^{2+}] \times (0.50)^2 = 5.0 \times 10^{-7}$
よって，$[Pb^{2+}] = 2.0 \times 10^{-6}$ mol/L　　　　　　　　　　　　　$\underline{2.0 \times 10^{-6} \text{ mol}}$

ベストフィット化学

表紙デザイン
難波邦夫

● 編　者──実教出版編修部

● 発行者──小田　良次

● 印刷所──株式会社太洋社

● 発行所──実教出版株式会社

〒102-8377
東京都千代田区五番町5
電話〈営業〉(03) 3238-7777
　　〈編修〉(03) 3238-7781
　　〈総務〉(03) 3238-7700
https://www.jikkyo.co.jp/

002502023

ISBN978-4-407-35720-2

化学基礎の知識のまとめ

① 原子構造

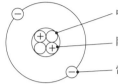

^4_2He

- 中性子（電荷をもたない）
- 陽子（正の電荷をもつ）
- 電子（負の電荷をもつ。質量は陽子の $\frac{1}{1840}$ ）

※陽子数が同じで中性子数が異なれば同位体（アイソトープ）

② 電子殻の電子数

$2n^2$ （$n = 1,\ 2,\ 3$）
(K)(L)(M)

③ 価電子

一番外側にある電子数（貴ガスは 0）

④ 電子式

価電子を書く

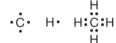

⑤ 周期表

縦が族，横が周期

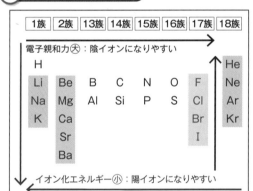

アルカリ金属
　常温で水と反応。炎色反応。1 価の陽イオン

アルカリ土類金属
　2 価の陽イオン

ハロゲン
　陰イオンになりやすい二原子分子
　Cl_2 は常温で気体（黄緑色）
　Br_2 は常温で液体（赤褐色）
　I_2 は常温で固体（黒紫色）

貴ガス
　単原子分子。他の物質とは反応しにくい

⑥ 結合

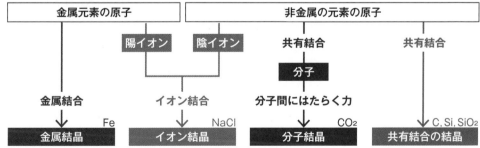

金属元素の原子		非金属の元素の原子	
	陽イオン　陰イオン	共有結合 → 分子	共有結合
金属結合	**イオン結合**	**分子間にはたらく力**	
Fe	NaCl	CO_2	C, Si, SiO_2
金属結晶	**イオン結晶**	**分子結晶**	**共有結合の結晶**
・金属光沢，延性・展性 ・融点が高いものが多い ・固体も液体も電気を通す	・かたい，もろい ・融点が高い ・液体や水溶液は電気を通す	・やわらかい ・融点が低い ・固体も液体も電気を通さない	・非常にかたい ・融点が非常に高い ・固体も液体も電気を通さない

化学基礎の計算のまとめ

⑦ 物質量

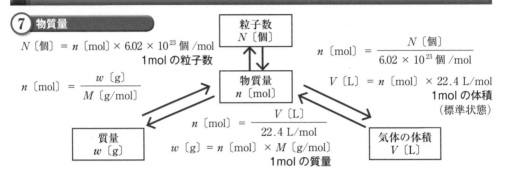

N〔個〕$= n$〔mol〕$\times 6.02 \times 10^{23}$ 個/mol
1mol の粒子数

n〔mol〕$= \dfrac{N \text{〔個〕}}{6.02 \times 10^{23} \text{ 個/mol}}$

粒子数
N〔個〕

物質量
n〔mol〕

V〔L〕$= n$〔mol〕$\times 22.4$ L/mol
1mol の体積
（標準状態）

n〔mol〕$= \dfrac{w \text{〔g〕}}{M \text{〔g/mol〕}}$

質量
w〔g〕

n〔mol〕$= \dfrac{V \text{〔L〕}}{22.4 \text{ L/mol}}$

w〔g〕$= n$〔mol〕$\times M$〔g/mol〕
1mol の質量

気体の体積
V〔L〕

⑧ 濃度

$$\text{質量パーセント濃度〔\%〕} = \frac{\text{溶質の質量〔g〕}}{\text{溶質の質量〔g〕} + \text{溶媒の質量〔g〕}} \times 100 \text{〔\%〕}$$

$$\text{モル濃度〔mol/L〕} = \frac{\dfrac{\text{溶質の質量〔g〕}}{\text{1mol の質量〔g〕}} \text{〔mol〕}}{\text{溶液の体積〔L〕}}$$

⑨ 電離度

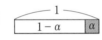

全体を 1 としたときの電離した部分の割合
（$0 < \alpha \leqq 1$）

⑩ pH

$[\text{H}^+] = 10^{-a}$ mol/L なら pH $= a$

⑪ 中和

価数 a 濃度 c〔mol/L〕 体積 V〔L〕	価数 b 濃度 c'〔mol/L〕 体積 V'〔L〕

H^+ の物質量〔mol〕$= \text{OH}^-$ の物質量〔mol〕

$acV = bc'V'$

⑫ 酸化剤と還元剤

必要とする電子数 a 濃度 c〔mol/L〕 体積 V〔L〕	放出する電子数 b 濃度 c'〔mol/L〕 体積 V'〔L〕

酸化剤 $\xleftarrow{\text{e}^-}$ 還元剤

$acV = bc'V'$

化学の知識のまとめ

⑬ 電池

イオン化傾向の大きい金属が負極として e^- を出す

⑭ 電気分解

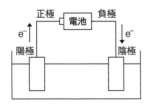

陰極　① Cu^{2+}, Ag^+ があれば e^- をもらって析出

　　　② H_2 を発生

　　　③ H_2O がなければ，Cu，Ag 以外も析出（溶融塩電解）

陽極　① Au, Pt, C 以外の金属が溶け出す

　　　（例）$\text{Cu} \rightarrow \text{Cu}^{2+} + 2\text{e}^-$

　　　② Cl_2, Br_2, I_2 発生

　　　③ O_2 を発生